上海科技专著出版资金资助项目
“十二五”国家重点图书出版规划项目

BIM 应用 · 施工

主　编　丁烈云
副主编　龚　剑　陈建国

同济大学出版社
TONGJI UNIVERSITY PRESS

内容提要

本书为“建筑信息模型 BIM 应用丛书”的分册之一，列选为“十二五”国家重点图书出版规划项目、上海科技专著出版资金资助项目。

本书由 BIM 领域的高校科研团队、施工企业以及软件研发机构的一线工程师共同编写，依托丰富的工程实例，兼备理论性与实践性，旨在推动 BIM 在工程施工阶段的理论研究和应用实践，推动建设工程信息化建设。全书共 8 章，以对数字建造的认识为基础，系统地介绍了 BIM 在工程施工阶段的应用点和具体实施过程。主要内容包括：BIM 应用的策划与准备，基于 BIM 的深化设计与数字化加工，基于 BIM 的虚拟建造，基于 BIM 的施工现场临时设施规划，以及两项重要的管控业务，即基于 BIM 的施工进度管理和工程造价管理，最后本书介绍了基于 BIM 的信息模型集成交付及其在建成后的设施管控中的应用。

本书内容新颖、系统、案例详实，是国内第一本深入、丰富、贴近实际的 BIM 施工应用类图书，可供建筑行业的管理人员和技术人员使用，其中包括建筑工程各阶段的专业人员、BIM 应用的组织管理者及 BIM 工程师，也可作为高等院校建筑、土木、工程管理等专业师生进行专业学习的参考用书。

图书在版编目(CIP)数据

BIM 应用·施工 / 丁烈云主编. -- 上海：同济大学出版社，2015.3（2018.3 重印）
（建筑信息模型 BIM 应用丛书/丁士昭主编）
ISBN 978-7-5608-5779-4

Ⅰ.①B… Ⅱ.①丁… Ⅲ.①建筑设计—计算机辅助—设计—应用软件 Ⅳ.①TU201.4

中国版本图书馆 CIP 数据核字(2015)第 033342 号

“十二五”国家重点图书出版规划项目
本书出版由上海科技专著出版资金资助

BIM 应用·施工

主　编 丁烈云　　**副主编** 龚剑　陈建国
责任编辑 赵泽毓　**助理编辑** 张富荣　**责任校对** 徐春莲　**封面设计** 朱奚凡　潘向蓁

出版发行　同济大学出版社　　www.tongjipress.com.cn
（地址：上海市四平路 1239 号　邮编：200092　电话：021-65985622）
经　　销　全国各地新华书店、建筑书店、网络书店
印　　刷　上海安兴汇东纸业有限公司
开　　本　787 mm×1092 mm　1/16
印　　张　20
字　　数　499 000
版　　次　2015 年 3 月第 1 版　　2018 年 3 月第 3 次印刷
书　　号　ISBN 978-7-5608-5779-4

定　　价　88.00 元

本书若有印装质量问题，请向本社发行部调换　　版权所有　侵权必究

建筑信息模型BIM应用丛书编委会

主　　　任：丁士昭

常务副主任：李建成

副　主　任：马智亮

编　　　委（按姓氏笔画排序）：

丁士昭　丁烈云　马智亮　王广斌

许　蓁　李建成　陈建国　龚　剑

本书编委会

主　　编：丁烈云

副 主 编：龚　剑　陈建国

编　　委（按姓氏笔画排序）：

丁烈云　于晓明　王　亮　杨宝明　张　铭

陈建国　龚　剑　崔　满　崔晓强　曾立民

BIM

总　序

BIM 作为建筑业的一个新生事物，出现在我国已经有十年了。在这十年中，通过不断的推广与实践，BIM 技术的应用在不断发展，在近两三年，更出现井喷之势。目前，BIM 技术的应用范围越来越广，成果越来越多。人们通过理论探索和应用实践，逐步认识到：

(1) BIM 不仅限于在设计工作中的应用，它的应用领域涉及建设项目的全生命周期，即包括建设项目决策期(前期论证分析)、实施期(设计阶段、施工阶段、采购活动等)与运营(运行)期；

(2) BIM 技术可为建设项目各参与方(投资方、开发方、政府管理方、设计方、施工方、工程管理咨询方、材料设备供货方、设施运行管理方等)服务，并为其提供了一个高效的协同工作平台；

(3) BIM 技术的应用可减少由于项目参与各方工作的不协同而引起的投资损失，并通过强化协同工作，有利于加快建设进度和提高工程质量；

(4) BIM 模型是建设项目信息的载体，BIM 模型的数据库是分布式的，是动态变化的，在应用过程中将不断更新、丰富和充实；

(5) 工程建设信息化的发展趋势是基于 BIM 的数字化建造，在此基础上建筑业的生产组织形式和管理方式将会发生与此趋势相匹配的巨大变革。

通过十年 BIM 的实践应用，人们取得了一个共识：BIM 已经并将继续引领建设领域的信息革命。随着 BIM 应用的逐步深入，建筑业的传统架构将被打破，一种以信息技术为主导的新架构将取而代之。BIM 的应用完全突破了技术范畴，将成为主导建筑业进行变革的强大推动力。这对于整个建筑行业而言,是挑战更是机遇。

美国BIM技术的应用在世界上先行一步,并十分注重相关理论的研究。美国buildingSMART alliance(bSa)曾经对美国工程建设领域BIM的应用情况作过详细调查,总结出目前美国市场上BIM在建设项目全生命周期中各阶段的25种不同应用并加以分析研究,用于指导实际工程中BIM的应用。另外,美国Charles Eastman教授等编著的*BIM Handbook: A Guide to Building Information Modeling for Owners, Managers, Designers, Engineers, and Contractors*则按照建设项目全生命周期中各参与者应用进行BIM应用分类。以上介绍的不同类型的分类框架对于我国BIM的应用也有很好的借鉴作用。我们可以结合目前国内BIM技术的发展现状、市场对BIM应用的接受程度以及我国建筑业的特点,对BIM的典型应用进行归纳和分析,以指导BIM的应用实践。

目前,国内BIM应用正在不断发展,形势一片大好,住建部颁布了《2011—2015建筑业信息化发展纲要》,在总体目标中提出了"加快建筑信息模型(BIM)、基于网络的协同工作等新技术在工程中的应用,推动信息化标准建设"的目标,同时住建部启动了中国BIM标准的制订工作。我国政府这一系列的措施必定对我国的BIM应用产生巨大的推动作用。

在当前BIM正蓬勃发展的大好形势下,对我国在这十年应用BIM的过程中业界在理论上和实践上所收获的很多成果进行总结和整理,无疑对推动BIM在下一阶段的应用和发展是大有裨益的。

同济大学出版社策划并组织"建筑信息模型BIM应用丛书"出版项目是一件很好的事,丛书编委会确定了本丛书的编写目的:阐述BIM技术在建设项目全生命周期中应用相关的基本知识和基础理论;介绍和分析BIM技术在国内外建设项目全生命周期中的实践应用及BIM应用的实施计划体系和实施计划的编制方法;以推动BIM技术在我国建设项目全生命周期中的应用。希望它成为一套较为系统、深入、内容丰富和贴近实践的BIM应用丛书。

本丛书编写团队由对BIM理论有深入研究的高校教师、科研人员以及对BIM应用有丰富经验的设计和施工企业的资深专家组成,来自十余家单位的近五十位专家参与了丛书的编写。这种多元化结构的写作团队十分有利于吸纳不同领域的专家从不同视角对BIM的认识,有利于共同探讨BIM的基本理论、应用现状和未来前景。

本丛书被列选为"十二五"国家重点图书出版规划项目,包括如下三个分册:《BIM应用·导论》、《BIM应用·设计》、《BIM应用·施工》。本丛书是一套开放的丛书,随着BIM理论研究和实践应用的深入和发展,还将继续组织编写其他分册，并根据BIM在中国建筑业的应用进程推出新版。

本丛书旨在系统介绍BIM理念，以及目前国内BIM在建设项目全生命周期中的应用，因此，本丛书的读者对象主要为：建筑行业的管理人员（包括领导）和技术人员，其中包括建筑工程各阶段的专业人员、BIM应用的组织管理者及BIM工程师。本丛书也可以作为高等院校建筑、土木、工程管理等专业师生进行专业学习的参考用书。

感谢本丛书编写团队的每一位成员对丛书编写和出版所作出的贡献，感谢读者群体对本丛书出版的支持和关心，感谢上海科技专著出版资金资助，感谢“建筑信息模型BIM应用丛书”成为首套列为“十二五”国家重点图书出版规划项目的BIM系列图书。感谢同济大学出版社为这套丛书的出版所做的大量卓有成效的工作。

BIM技术在我国开始应用和推广的时间不长，是一项处在不断发展中的新技术，限于相关知识的理解深度和有限的实践应用经验，丛书中谬误之处在所难免，恳请各位读者提出宝贵意见和指正。

2014年10月3日于上海

BIM

前　言

“建筑信息模型BIM应用丛书”是一套面向建设工程生产实践应用的丛书,《BIM应用·施工》分册由BIM领域的高校科研团队、施工企业以及软件研发机构的一线工程师共同编写,依托丰富的工程实例,兼备理论性与实践性,旨在推动BIM在工程施工阶段的理论研究和应用实践,加快建设工程信息化建设。

全书共8章,以对数字建造的认识为基础,系统地介绍了BIM在工程施工阶段的应用点和具体实施过程。主要内容包括:BIM应用的策划与准备,基于BIM的深化设计与数字化加工,基于BIM的虚拟建造,基于BIM的施工现场临时设施规划,以及两项重要的管控业务,即基于BIM的施工进度管理和工程造价管理,最后本书介绍了基于BIM的信息模型集成交付及其在建成后的设施管控中的应用。

本书的编写分工如下:

主　编:丁烈云(华中科技大学)

副主编:龚剑(上海建工集团)、陈建国(同济大学)

第1章:丁烈云(华中科技大学)、陈建国(同济大学)

第2章:上海建工集团(崔满)

第3章:上海建工集团(于晓明、张铭、吴杰、俞晓萌、王辉平、张云超)

第4章:上海建工集团(龚剑、于晓明、张松、俞晓萌、吴杰、吴波)

第5章:上海建工集团(崔晓强、张铭、俞晓萌、张云超、王正华、冷喆祥、方

刚、胡毅)

第6章:丁烈云(华中科技大学)

第7章 7.1—7.4:广联达软件股份有限公司(曾立民、袁正刚)

7.5:上海鲁班软件有限公司(杨宝明、陈磊、王永刚)

第8章 8.1:中建三局第一建设工程有限责任公司(王亮、尹奎、王兴坡)

8.2:中建三局第一建设工程有限责任公司(王兴坡、尹奎)、胡振中(清华大学)

在本书编写的过程中,得到了多方面的支持和帮助。本书提及的案例资料多数来自于所在章节执笔人单位的实际项目;引自于参考文献的案例信息请详见资料来源,在此对所有资料提供者和原创者表示感谢。同时,感谢上海建工集团裴贞、曹鸿新、庄郁对本书的组织和通稿所作的大量协调工作;感谢华中科技大学骆汉宾、叶艳兵、周迎、魏然、曾红波参与本书编写和资料搜集工作;感谢广联达软件股份有限公司BIM中心为第7章提供的大量案例素材和资料信息;感谢陈光、庄晓烨等对本书编写的参与和建议。感谢同济大学丁士昭教授、华南理工大学李建成教授、清华大学马智亮教授对本书进行了详细的审阅并提出了很多宝贵的意见。感谢同济大学出版社为本套丛书所做的大量策划与组织工作,以此搭建起集合国内BIM领域高校学者、资深专家及工程师的交流平台,这对BIM在国内的推广应用是非常有价值的。我们对以上个人及机构给予的帮助表示诚挚的感谢。

囿于我们的水平,书中不当之处甚至错漏在所难免,衷心希望各位读者给予批评指正。

本书编委会

2014年10月

BIM

目　录

BIM

1 绪 论

1.1 数字建造

1.1.1 信息技术在工程建设中的应用

信息技术深刻改变着传统产业的生产方式，尤其是在工程设计领域，从20世纪60年代的结构分析、70年代的参数化设计、80年代的计算机辅助设计，到90年代的3D可视化设计，大大提高了设计质量和效率。目前，信息技术在建筑设计、结构计算、工程施工和设施维护等领域的应用不断深化与推广，提高了建设效率，改善了管理绩效，并形成了专业化、集成化和网络化的特点。

1）专业化

工程建设过程中涉及合同管理、计划管理、成本管理、资金管理、安全管理、质量管理、进度管理、人员管理、设备管理、物资管理、分包管理、变更设计管理、定额管理、会计核算等内容。支持以上各类业务的软件很多，这些单一性功能的软件用来辅助技术和管理人员进行工程的设计和建造，如合同管理软件、进度控制软件和工程计量软件等。这些软件的功能更加趋于专业化，与工程项目管理理论结合更为紧密，软件功能更加具有针对性。然而，工程的质量、进度、成本等控制目标之间既相互制约又相互依存，工程管理追求的不是单一的目标，而是综合目标。单业务应用系统能够提高单一目标的管理绩效，但缺乏各功能之间的集成，各业务之间的信息共享和沟通程度不高，在各职能部门间往往形成信息孤岛，同时，由于缺乏来自各个业务数据所形成的综合信息，导致不能很好地形成知识以提供决策支持。

2）集成化

工程施工过程中对外涉及业主、监理、设计、地方政府、上级管理部门等多方利害关系人；对内涉及合同管理、现场施工管理、财务管理、概预算管理、材料设备管理等多个部门。通过集成化可实现工程现场管理与企业内部系统的一体化；实现工程管理与政府职能机构、客户以及工程相关方进行信息交互，实现信息的共享和传输，项目参与各方可以更加便捷地进行信息交流和协同工作。工程建设管理信息化需要将工程前期项目开发管理、工程实施管理和工程物业管理等在时间上的集成度提高。

当前集成化软件主要有国内的梦龙项目管理软件等，国外的 Microsoft Project，Primavera Project Planner 等。这些软件集成了进度管理、资源管理、费用管理和风险管理等功能。但是，多数仅停留在某一阶段的多个专业的多个系统之间的集成，如设计阶段 CAD、结构计算软件和工程量计算软件之间的集成。这些集成仍显局部，还不能够实现多阶段多专业各管理要素的全面系统集成。此外，这些系统集成仍然缺乏对集成基础通用数据格式和数据共享问题的解决手段，仍然“碎片化”。

3）网络化

网络技术有效地压缩了时空，从而将工程建设实施带入了网络化时代。在可行性研究与设计策划阶段，业主与设计咨询单位利用网络进行信息交流与沟通；在招投标阶段，业主和咨询单位利用网络进行招标，施工单位通过网络投标报价；在施工阶段，承包商、建筑师、顾问咨询工程师利用以 Internet 为平台的项目管理信息系统和专项技术软件实现施工过程信息化管理。在施工现场采用在线数码摄像系统，不但在现场的办公室能看到现场情况，而且即便在世界任何一个地方上网也可掌握项目进展信息和现场具体工序情况。同时结合无线上网技术，可不断将信息传给每一个在场与不在场的人员。在竣工验收阶段，各类竣工资料可自动生成并储存。

目前比较著名的网络平台有美国的 bidcom. com，buzzsaw. com，projectgrid. com，projecttalk. com 以及欧洲的 build-online. com 等网络公司所推出的网络化项目管理平台。譬如，Buzzsaw 协同作业平台可为项目参与各方的信息交流和协同工作、项目文档管理以及工作流管理提供支持。

这些网络系统的一个重要目标在于参与各方协同，而协同工作的核心是建设工程信息的共享与转换。显然，这些协同方式仍然存在模型数据标准的统一问题，主要以文档的相互共享与交换为主，缺乏一个统一的模型数据标准，协同的深度不够。

信息技术的应用在提高效率、改善效益的同时，却始终伴随着“信息孤岛”问题，这些应用的高度孤立性，给数据存储与管理带来了一定的障碍，从而造成信息共享与交换不畅。

1.1.2 工程建设信息化的发展趋势——数字建造

随着计算机、网络、通信等技术的发展,信息技术在工程建设领域的发展突飞猛进,其中以 BIM 为代表的新兴信息技术,成为前述各类信息技术的集大成者,它们正改变着当前工程建造的模式,推动工程建造模式转向以全面数字化为特征的数字建造模式。

数字建造的提出旨在区别于传统的工程建造方法和管理模式。数字建造的本质在于以数字化技术为基础,带动组织形式、建造过程的变革,并最终带来工程建造过程和产品的变革。从外延上讲,数字建造是以数字信息为代表的新技术与新方法驱动下的工程建设的范式转移,包括组织形式、管理模式、建造过程等全方位的变迁。数字建造将极大提高建造的效率,使得工程管理的水平和手段发生革命性的变化。

其中,建筑信息模型(BIM)技术是数字建造技术体系中的重要构成要素。

建筑信息模型(BIM)可以从 Building, Information, Model 三个方面去解释。Building 代表的是 BIM 的行业属性,BIM 服务的对象主要是建设行业;Information 是 BIM 的灵魂,BIM 的核心是创建建设产品的数字化设计信息,从而为工程实施的各个阶段、各个参与方的建设活动提供各种与建设产品相关的信息,包括几何信息、物理信息、功能信息、价格信息等;Model 是 BIM 的信息创建和存储形式,BIM 中的信息是以数字模型的形式创建和存储的,这个模型具有三维、数字化和面向对象等特征。

基于 BIM 技术的数字建造具有如下特征:

1) 两个过程

在 BIM 技术支持下,工程建造活动包括两个过程,即不仅仅是物质建造的过程,还是一个管理数字化、产品数字化的过程。

(1) 物质建造过程

物质建造过程的核心是构筑一个新的存在物,其过程主要体现为把工程设计图纸上的数字产品在特定场地空间变成实物的施工。施工的主要任务有:地基与基础施工,如支护开挖、基础浇筑等;主体结构施工,如梁、板、柱等承重构件的浇筑,以及各类非承重构件的砌筑;防水工程施工;装饰与装修工程施工,如暖通等设备安装、幕墙安装等等。通过上述任务,将物质供应链提供的"物料"如钢筋、混凝土等,通过人机设备加工浇筑安装成为具备特定功用的建筑构件与空间。

(2) 产品数字化过程

产品数字化过程不是一蹴而就完成的,而是一个不断丰富完善的过程,体现为随着项目不断推进,从初步设计、施工图设计、深化设计到建筑安装再到运营维护,建设项目全生命周期不同阶段都有相对应的数字信息不断地被增加进来,形成一个完整的数字产品,其承载着产品设计信息、建造安装信息、运营维修信息、管理绩效信息等。在设计阶段,数字产品信息从概要设计信息丰富为产品的深化设计信息;在建筑安装阶段,以深化设计而成的数字产品为载体,建造过程的各类信息,如设备及其备件的数字描述、设备调试信息、建造质量性能数据等被添加进来。项目竣工后,提交一个完整的数字建筑产品至运营阶段。在运营维护阶段,设施运行和维护信息又不断地被附加进来。

基于 BIM 的数字建造有效地连接了设计施工乃至全过程各个阶段,工程数字化成为与工程物质化同等重要的一个并行过程。

2) 两个工地

与工程建造活动数字化过程和物质化过程相对应,同时存在着数字工地和实体工地两个战场。数字工地以整个建造过程的可计算、可控制为目标,基于先进的计算、仿真、可视化、信息管理等技术,实现对实体工地的数字驱动与管控。数字工地与实体工地密不可分,体现在数字化建造模式下工程建造的“虚”与“实”的关系,以“虚”导“实”,即数字建造模式下的实体工地在数字工地的信息流驱动下,实现物质流和资金流的精益组织,工地按章操作,有序施工。

3) 两个关系

数字建造模式下,越来越凸显建造过程中的两种关系,即先试与后造,后台支持与前台操作。

一方面,数字建造过程越来越多地采用“先试后造”。譬如,现代工程结构越来越复杂,在有限的施工空间中往往存在着大量的交叉作业过程,通过虚拟建造能够更好地发现空间的冲突,并优化交叉作业的顺序,避免空间碰撞。再如大型设备和重型建筑构件的吊装,需要精确模拟吊装过程的受力状况,从而选择合适的吊机和吊具。通过 BIM 技术,从设计到施工再到维护,始终存在一个以可视化的“BIM 模型”为载体的虚拟数字建筑。以设计阶段的 BIM 为载体,到施工阶段的深化设计,再到基于 BIM 的虚拟施工仿真与演练,实现着工程建设领域的“先试后造”。通过“先试”环节发现潜在的问题并加以解决,从而可极大提高施工现场“后造”的效率。BIM 模式下的“先试后造”,正推动着工程建设领域向实现类似制造业领域的虚拟制造优势迈进。

另一方面,数字建造过程也越来越显示出后台与前台的关系。数字建造中少不了后台的知识和智慧支持,也少不了前台的人力与物力努力。工程建造体现为前台与后台的不断交互过程。譬如在工程施工中需要来自后台的监控,规范指导前台工人的施工以及监理工程师的质量监督。后台质量数据的统计分析支持前台发现施工中的质量控制薄弱点,并采取有针对性的措施。再如,在地铁工程施工中,前台需要不断采集地表沉降等各类数据并送往后台,后台基于数据挖掘结果与专家智慧给出风险点和风险预防措施,并反馈至前台。数字建造正是以“后台”的知识驱动着“前台”的运作。

4) 两个产品

基于BIM的数字建造，工程交付有两个产品，即不仅仅是交付物质的产品，同时还交付一个虚拟的数字产品。工程建设的上一阶段不仅向下一阶段交付实体的工程产品，还向下一阶段提交描述相应工程的数字模型(产品)。每一阶段的实体交付与数字交付都体现着一个价值增值的过程。项目竣工时，功能完整的实体建筑和描述完整的数字建筑两个产品同时交付。并且这一数字产品在工程运营存续的整个过程中起着重要作用，为工程的运营维护乃至改造报废提供支持。

BIM技术不仅仅支撑物质产品更好地交付，其本身就是数字产品交付的载体和体现。美国国家标准技术研究院将BIM定义为：在3D数字技术的基础上，集成建设工程项目全生命周期各阶段不同信息的数据模型，是对工程设施实体与功能特性的数字化表达。

基于BIM数字建造的核心在于数字化集成管理。传统的模式下，由于缺乏统一的信息编码与有效的集成载体，工程建造过程中各类信息的交换与流动显得杂乱无章，工程建设中的信息流动及其驱动的工程物质流动常显得粗放、不精益。BIM技术通过集成工程项目信息的收集、管理、交换、更新、储存过程和项目业务流程，实现着数字建造模式下数字流与物质流的高程度集成与高水平组织，推动工程建造走向精益化，实现精益建造。

简而言之，BIM技术成为数字建造模式的支撑技术，并最终体现在BIM技术对整个建设项目全生命周期各阶段、多要素的集成以及参与各方协同的支持上。BIM技术在工程建造中的应用，支撑了工程建造全过程、各要素和各实施主体的集成，实现了工程施工的物质产品交付与数字产品交付。

1.2 BIM与工程建造过程

工程建造涉及从规划、设计、施工到交付使用全过程的各个阶段。BIM技术对工程建造过程的支持主要体现为以下两个方面。

一方面，BIM技术降低了工程建造各阶段的信息损失，成为解决信息孤岛问题的重要支撑。

在传统信息创建和管理方式下，工程建造全生命周期信息在各个阶段的传递过程中不断地流失，形成各个阶段的信息孤岛。英国*Constructing the team: The Latham report*[1]表明，工程项目的成本有30%～40%损失在信息交换的环节。K. Svensson[2] 1998年研究了工程各阶段信息损失问题，如图1-1所示，横轴代表建设阶段，纵轴代表信息以及信息蕴含的知识。一个原本应该平滑递增的信息曲线，因为信息在各阶段向下一阶段传递时的损失而变得曲折。

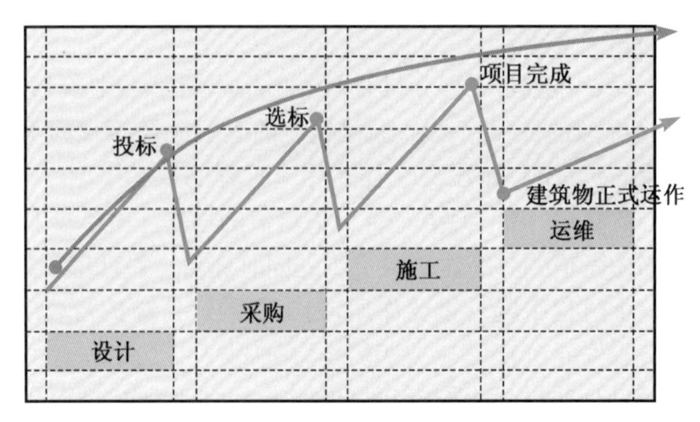

图 1-1　工程建设各阶段信息损失[2]

尽管在设计阶段 CAD 等技术使得工程设计信息以数字化形式存在，如项目空间信息等，但当信息转变为纸介质形式时，信息就极大地损失掉了。在施工阶段，无法获取必要的设计信息，在项目交付时无法将工程施工信息交付给业主。在运营维护阶段，积累到的新信息又仅以纸质保存，难以和前一阶段的信息集成。因而造成信息的再利用性极差，同一个项目需要不断重复地创建信息。

德国学者 Matti Hannus[3] 在通过图例表示信息技术在工程建设领域的应用历史和发展趋势的同时，也生动刻画了这些信息技术/系统之间存在的信息难以沟通共享和集成的“信息孤岛”现象。同时，各种不同的技术或标准，如 Internet 技术、EDI 电子数据交换、PDM 产品数据管理、IFC 数据模型、STEP 标准等，在试图局部或者是根本性地解决该问题。

BIM 遵循着“一次创建，多次使用”的原则，随着工程建造过程的推进，BIM 中的信息不断补充和完善，并形成一个最具时效性的、最为合理的虚拟建筑。因此，基于 BIM 的数字建造，既包含着对前一阶段信息的无损利用，也包含着新信息的创建、补充和完善，这些过程体现为一个增值的过程。BIM 模型一经建立，将为整个生命周期提供服务，并产生极大的价值，如：设计阶段的方案论证、业主决策、多专业协调、结构分析、造价估算、能量分析、光照分析等建筑物理分析和设计文档生成等；施工阶段的可施工性分析、施工深化设计、工程量计算、施工预算、进度分析和施工平面布置等；运营阶段的设施管理、布局分析（产品、家具等）和用户管理等。

另一方面，BIM 技术成为支撑工程施工中的深化设计、预制加工、安装等主要环节的关键技术。

BIM 在工程建造中的应用领域非常广泛[4]，如图 1-2 所示，BIM 支持从策划到运营的工程建造各阶段。其中，在施工阶段的应用主要有 3D 协调、场地使用规划、施工系统设计、数字化加工、3D 控制规划和记录模型等。

目前国内 BIM 技术在工程施工阶段的应用主要集中在施工前的 BIM 应用策划与准备，面向施工阶段的深化设计与数字化加工、虚拟施工，施工现场规划

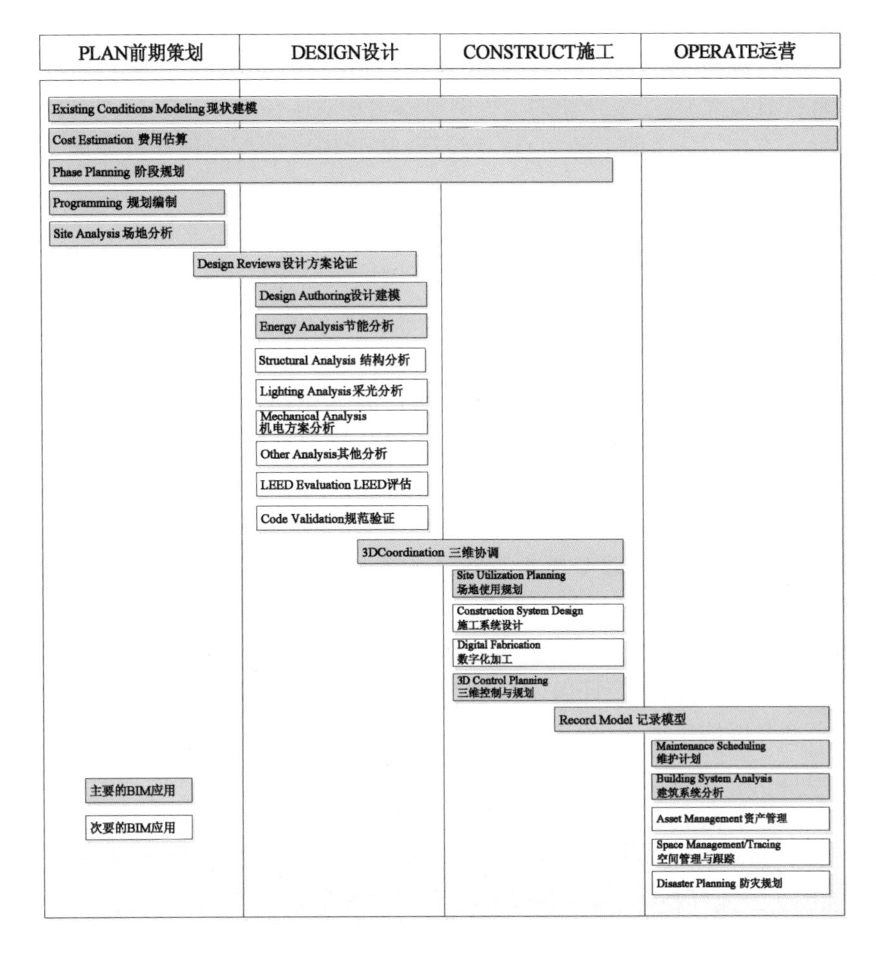

图 1-2 BIM 在工程建造过程中的应用领域[4]

以及施工过程中进度、成本控制等方面。本书以对数字建造的认识为基础，分别从 BIM 应用的策划与准备、基于 BIM 的深化设计与数字化加工、基于 BIM 的虚拟建造、基于 BIM 的施工现场临时设施规划，以及两项重要的管控业务，即基于 BIM 的施工进度管理和工程造价管理，最后本书介绍了基于 BIM 的信息模型集成交付及其在建成后的设施管控中的应用。

1) BIM 应用的策划与准备

在一项工程的施工阶段引入 BIM 应用，首先需要在应用前根据工程的特征和需求情况，进行 BIM 应用的策划和准备工作。BIM 应用的策划与准备工作包括 BIM 应用目标的确立、BIM 模型标准设置、BIM 应用范围界定、BIM 组织构架的搭建、信息交互方式的规定等内容。充分有效的策划与准备工作是施工阶段成功应用 BIM 技术的重要保障。

2) 基于 BIM 的深化设计与数字化加工

深化设计在整个项目中处于衔接初步设计与现场施工的中间环节。专业性深化设计主要涵盖土建结构、钢结构、幕墙、机电各专业、精装修的深化设计等。项目深化设计可基于综合的 BIM 模型,对各个专业深化设计初步成果进行校核、集成、协调、修正及优化,并形成综合平面图、综合剖面图。基于 BIM 的深化设计在日益大型化、复杂化的工程中显露出相对于传统深化设计无可比拟的优越性。有别于传统的平面 2D 深化设计,基于 BIM 的深化设计更能提高施工图的深度、效率及准确性。

传统设计的沟通主要通过阅读 2D 平面图来交换意见,立体空间的想象则需要靠设计者的知识及经验积累。即使在讨论阶段获得了共识,在实际执行时也会经常发现有认知不一的情形出现,施工完成后若不符合使用者需求,还需重新施工。基于 BIM 的深化设计通过 BIM 技术的引入,使得每个专业的角色可以更加方便地通过立体模型来沟通,基于 3D 空间浏览设计,在立体空间所见即所得,快速明确地锁定症结点,通过 BIM 技术可更有效地检查出视觉上的盲点。因此,BIM 模型在建筑项目中已经变成业务沟通的关键媒介,即使是不具备工程专业背景的人员,都能参与其中,工程团队各方均能给予较多正面的需求意见,减少设计变更次数。除了实时可视化的沟通,BIM 深化设计导出的施工图还可以帮助各专业施工有序合理地进行,提高施工安装成功率,进而减少人力、材料以及时间上的浪费,很大程度上降低施工成本。

通过 BIM 的精确设计后,可以大大减少专业间交错碰撞,且各专业分包利用模型开展施工方案、施工顺序讨论,可以直观、清晰地发现施工中可能产生的问题,并一次性给予提前解决,大量减少施工过程中的误会与纠纷,也为后阶段的数字化加工、建造打下坚实基础。

基于 BIM 的数字化加工是一个颠覆性的突破,基于 BIM 的预制加工技术、现场测绘放样技术、数字物流等技术的综合应用为数字化加工打下了坚实基础。基于 BIM 实现数字化加工,可以自动完成建筑物构件的预制,降低建造误差,大幅度提高构件制造的生产率,从而提高整个建筑建造的生产率。基于 BIM 的数字化加工将包含在 BIM 模型里的构件信息准确地、不遗漏地传递给构件加工单位进行构件加工,这个信息传递方式可以是直接以 BIM 模型传递,也可以是 BIM 模型加上 2D 加工详图的方式,由于数据的准确性和完备性,BIM 模型的应用不仅解决了信息创建、管理与传递的问题,而且 BIM 模型、3D 图纸、装配模拟、加工制造、运输、存放、测绘、安装的全程跟踪等手段为数字化建造奠定了坚实的基础。

3) 基于 BIM 的虚拟建造

基于 BIM 的虚拟建造能够极大地克服工程实物建造的一次性过程所带来的困难。在施工阶段,基于 BIM 的虚拟建造对施工方案进行模拟,包括 4D 施工模拟和重点部位的可建性模拟等。能够以不消耗实物的形式,对施工过程进行仿真演练,做到多次虚拟建造优化和一次实物安装建造的结合。基于 BIM 的数字化建造按照施工方案模拟现实的建造过程,通过反复的施工过程模拟,在虚拟的环境下发现施工过程中可能存在的问题和风险,并针对问题对模型和计划进行调整和修改,提前制订应对措施，进而优化施工方案和计划，再用来指导实际的项目施工，从而保证项目施工的顺利进行。

把BIM模型和施工方案集成，可以在虚拟环境中对项目的重点或难点进行可建性模拟，譬如对场地、工序、安装模拟等，进而优化施工方案。通过模拟来实现虚拟的施工过程，在一个虚拟的施工过程中可以发现不同专业需要配合的地方，以便真正施工时及早做出相应的布置，避免等待其余相关专业或承包商进行现场协调，从而提高了工作效率。

4）基于BIM的施工现场临时设施规划

施工现场规划能够减少作业空间的冲突，优化空间利用效益，包括施工机械设施规划、现场物流与人流规划等。将BIM技术应用到施工现场临时设施规划阶段，可更好地指导施工，为施工企业降低施工风险与成本运营。譬如在大型工程中大型施工机械必不可少，重型塔吊的运行范围和位置一直都是工程项目计划和场地布置的重要考虑因素之一，而BIM可以实现在模型上展现塔吊的外形和姿态，配合BIM应用的塔吊规划就显得更加贴近实际。将BIM技术与物联网等技术集成，可实现基于BIM施工现场实时物资需求驱动的物流规划和供应。以BIM空间载体，集成建筑物中的人流分布数据，可进行施工现场各个空间的人流模拟，检查碰撞，调整布局，并以3D模型进行表现。

5）基于BIM的施工进度管理

进度计划与控制是施工组织设计的核心内容，它通过合理安排施工顺序，在劳动力、材料物资及资金消耗量最少的情况下，按规定工期完成拟建工程施工任务。目前建筑业中施工进度计划表达的传统方法，多采用横道图和网络图的形式。将BIM与进度集成，可形成基于BIM的4D施工。基于BIM的4D施工模拟可将建筑从业人员从复杂抽象的图形、表格和文字中解放出来，以形象的3D模型作为建设项目的信息载体，方便建设项目各阶段、各专业以及相关人员之间的沟通和交流，减少建设项目因为信息过载或者信息流失而带来的损失，从而提高从业者的工作效率以及整个建筑业的效率。BIM技术可以支持工程进度管理相关信息在规划、设计、建造和运营维护全过程无损传递和充分共享。BIM技术支持项目所有参建方在工程的全生命周期内以同一基准点进行协同工作，包括工程项目施工进度计划编制与控制。基于BIM的施工进度管理，支持管理者实现各工作阶段所需的人员、材料和机械用量的精确计算，从而提高工作时间估计的精确度，保障资源分配的合理化。

6）基于BIM的工程造价管理

工程造价控制是工程施工阶段的核心指标之一，其依托于工程量与工程计价两项基本工作。基于BIM的工程造价相比于传统的造价软件有根本性改变，它可实现从2D工程量计算向3D模型工程量计算转变，完成工程量统计的BIM化；由BIM4D（3D＋时间/进度）建造模型进一步发展到BIM5D（3D＋成本＋进度）全过程造价管理，可实现工程建设全过程造价管理BIM化。

工程管理人员通过BIM5D模型在工程正式施工前即可确定不同时间节

点的施工进度与施工成本，可以直观地查看形象进度，并得到各时间节点的造价数据，从而避免设计与造价控制脱节、设计与施工脱节、变更频繁等问题，使造价管理与控制更加有效。基于 BIM 与工程造价信息的关联，当发生设计变更时，修改模型，BIM 系统将自动检测哪些内容发生变更，并直观地显示变更结果，统计变更工程量，并将结果反馈给施工人员，使他们能清楚地了解设计图纸的变化对造价的影响。

7) 基于 BIM 的工程信息模型集成交付及在设施管控中的应用

施工阶段及其前序阶段积累的 BIM 数据最终能够为建成的建(构)筑物及其设施增加附加价值，在交付后的运营阶段再现、再处理交付前的各种数据信息，从而更好地服务于运营阶段。基于 BIM 提供的 nD 数据，可实现建成设施的设施运营模拟、可视化维修与维护管理、设施灾害识别与应急管控等。

1.3　BIM 与工程管理业务系统的集成

随着建筑业的不断发展，工程项目的规模不断增长，工程建设领域的分工越来越精细。精细化的分工促使了各个管理业务系统的不断发展。在建筑设计领域，从 20 世纪 90 年代开始出现了 3D 可视化制图软件；在工程设计领域，则有有限元分析、参数化工程设计等技术；在施工管理领域，则有面向进度管理和面向成本控制的系列产品。但是，这些系统或产品的开发仅面向于工程建设中特定领域中的特定问题，没有从建筑业的角度考虑各个专业系统之间的信息传递与共享的需求。因此，这些系统之间是孤立的，彼此之间很难进行有效的信息沟通和集成。正因为如此，以上各个专业系统如同图 1-3 所示的各个“岛屿”，形成分离割裂的状态，也就是所谓的“自动化孤岛”(Islands of Automation)或“信息孤岛”(Islands of Information)[3]。

BIM 技术的应用则能够解决建筑业信息化孤岛的问题。事实上，BIM 本身就是一个集成了工程建造过程中的各个阶段、各个参与主体、各个业务系统的集成化技术。BIM 可以理解为一个连接各个信息孤岛之间的桥梁，可从根本上解决建筑全生命周期各阶段和各专业系统间的信息断层难题。

基于 BIM 的建筑构件模型能够和体量、材料、进度、成本、质量、安全等信息进行关联、查看、编辑和扩展，使得在一个界面下展现同一工程的不同业务信息成为可能。另一方面，IFC 等统一标准解决了不同业务系统之间的信息交互的问题，使得不同厂商开发的产品之间能够进行信息传递，解决了传统集成技术无法跨越的信息开放性的鸿沟，同时也使得各个厂商所开发的专业业务系统的数据能够集成到一个 BIM 模型中，真正实现信息在各个主体、各个阶段以及各个业务系统中的共享与传递。

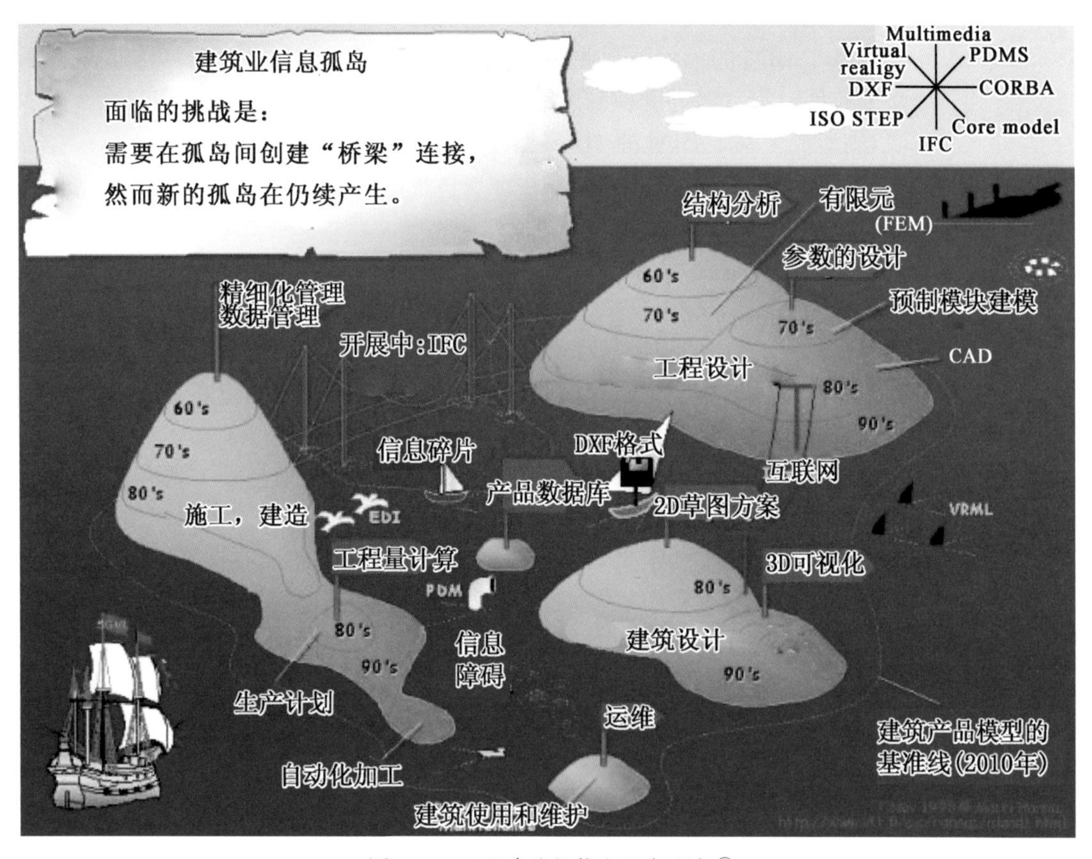

图 1-3　工程建造的信息孤岛现象①

除此之外，由于 BIM 模型是一种基于 3D 实体的建模技术，使得 BIM 能够与 RFID（Radio Frequency Identification，无线射频识别）、AR（Augumented Reality，增强现实）等技术集成。例如，利用 RFID 技术，可把建筑物及空间内各个物体贴上标签，实现对物体的管理，追踪其所在的位置及状态信息。一旦其状态信息发生变更，则自动更新 BIM 模型中相应的构件或实体。可以说 RFID 技术解决了 BIM 应用过程中的信息采集问题，也使得 BIM 模型中的信息更加准确和丰富。因此，应用 BIM 技术来集成工程管理各业务系统不仅能够将所有的信息集中在一个模型里面，同时还能使其通过 RFID 技术获取工程现场的信息，从而解决施工过程中信息的获取与更新的问题，而 BIM 所支持的 IFC 标准还能够使用户方便地从各个专业分析软件，如 Primevera，Microsoft Project，SAP 2000 等系统中提取相关信息，形成一

① 原图由 Matti Hannus 等人创作，详见 Evolution of IT in Construction over the last decades [DB/OL]. (2002-04-04) http://cic. vtt. fi。图中：VRML——虚拟现实建模语言，EDI——电子数据交换，PDM——产品数据管理，Multimedia——多媒体技术，PDMS——产品数据管理，CORBA——公共对象请求代理体系结构，Core Model——核心模型，IFC——基于对象的信息交换标准格式，ISO STEP——ISO 产品数据交换标准，DXF——数据交换格式，Virtual reality——虚拟现实。

个集成化的管理平台，解决前文所提到的各个专业系统之间信息断层问题。

基于 BIM 的工程管理业务系统的集成事实上是一个从 3D 模型到 nD 模型的扩展过程。以进度控制为例，将 BIM 的 3D 模型与进度计划之间建立关联，则形成了基于 BIM 的 4D 模型。基于 BIM 的 4D 施工模拟以 3D 模型作为建设项目的信息载体，方便了建设项目各阶段、各专业以及相关人员之间的信息流通，提高了沟通效率。此外，基于 4D 的进度控制能够将 BIM 模型和施工方案集成，在虚拟环境中对项目的重点或难点进行可建性模拟，譬如对场地、工序或安装等进行模拟，进而优化施工方案。通过模拟来实现虚拟的施工过程，在一个虚拟的施工过程中可以发现不同专业需要配合的地方，以便真正施工时及早做出相应的布置，避免等待其余相关专业或承包商进行现场协调，提高了工作效率。

在施工管理中，几乎所有的业务系统又都与进度信息相关联。

1）成本—进度

工程项目成本的定义为实施该工程项目所发生的所有直接费用和间接费用的总和。实际工程中，成本目标与进度目标密切相关，按照正常的作业进度，一般可使进度、成本和资源得到较好的结合。当由于某种原因不能按正常的作业进度进行时，进度与成本、资源的投入就可能相互影响。例如，某项作业工期延误，或因赶工期而需加班加点时，都会引起额外的支出，造成项目成本的提高。

2）质量—进度

工程项目的质量管理是检验项目完成后能否达到预先确定的技术要求和服务水平的要求。工程质量管理同样与进度目标密切相关。例如，工程师对某项不符合质量要求的作业下令返工时，就可能影响项目的进度，从而对项目成本产生影响。

3）安全—进度

工程的安全管理与进度管理之间也是息息相关的。工程项目所处的阶段不同，其可能产生的风险也不一样，安全控制的标准也不一样。例如在深基坑开挖过程中，随着开挖的深度不断增加，其安全风险水平不断增大，但是等到底板施工完成后，其安全风险水平又会显著降低。

4）合同—成本—进度

合同管理中，合同发生变更时往往也伴随着成本、进度、资源等多个业务要素的变更。

综上所述，各个业务系统的集成是一个基于 4D 模型的集成过程。通过 3D 实体构件，将其对应的工程量信息与进度计划任务项进行对接，实现基于成本控制的 5D 系统，如图 1-4 所示。同样地，通过 3D 实体构件，还能够将其对应的质量控制单元与进度计划任务项进行对接，实现基于质量控制的 6D 系统，如图 1-5 所示。在此基础上，还可以赋予其安全风险信息，形成基于安全控制的 7D 系统，如图 1-6 所示。

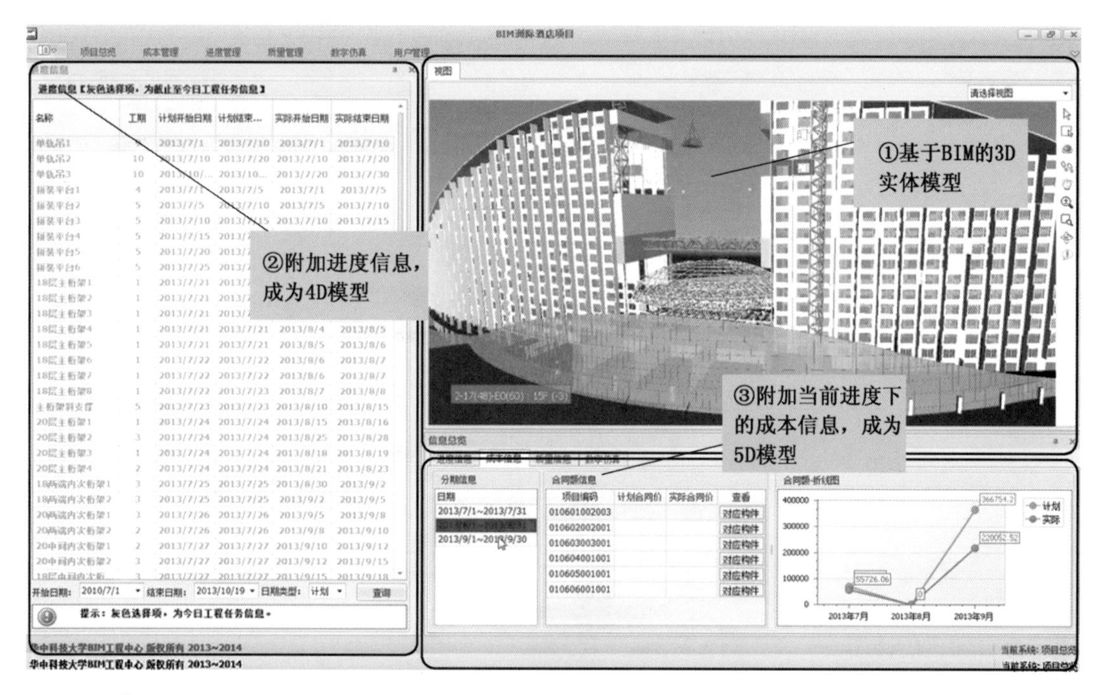

图 1-4　集成进度管理及成本管理的 5D 系统①

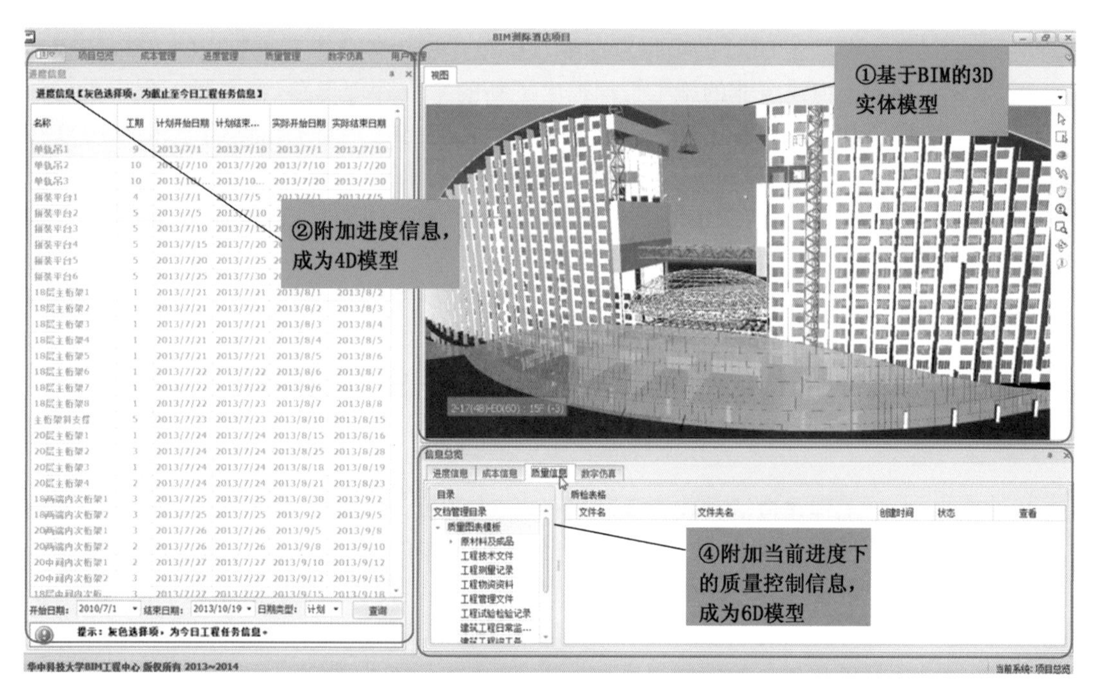

图 1-5　在 5D 基础上集成质量管理的 6D 系统①

① 资料来源：武汉国际博览中心 BIM 项目组。

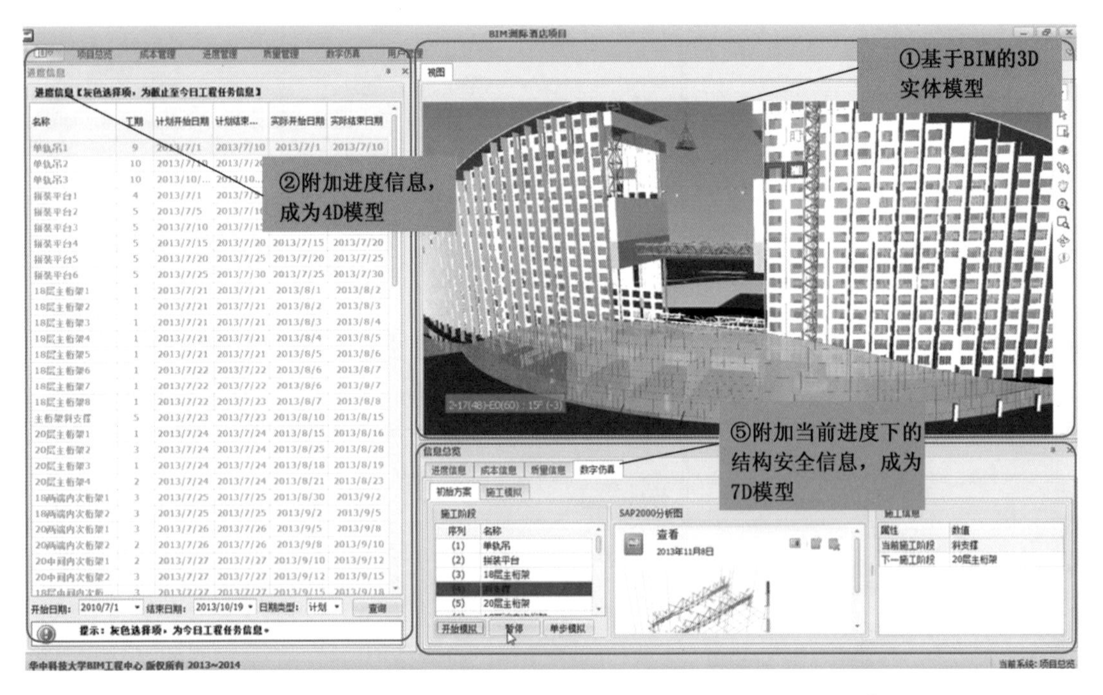

图 1-6　在 6D 基础上集成安全管理的 7D 系统①

在基于 BIM 的项目管理中，以 4D 模型为各业务系统集成的主线，不仅在理论上为建筑业的施工管理提出了新的集成管理思路，在实际工程中也已证明了其合理性和可行性。近年来有学者提出的 nD 的概念，将是未来 BIM 技术发展的方向，在 nD 概念下，BIM 将对所有的业务系统进行有机整合与集成，从根本上解决传统项目管理中业务要素之间的“信息孤岛”、“应用孤岛”和“资源孤岛”问题。

1.4　BIM 与工程实施多主体协同

工程建造活动能否顺利进行，很大程度上取决于参与各方之间信息交流的效率和有效性，许多工程管理问题如成本的增加、工期的延误等都与项目组织中各参与方之间的“信息沟通损失”有关。传统工程管理组织中信息内容的缺损、扭曲、过载以及传递过程的延误和信息获得成本过高等问题严重阻碍了项目各参与方的信息交流和传递，这在大型工程建设过程中尤其突出。工程项目全生命周期一般由策划、设计、施工和运营等阶段构成，传统管理模式按照全生命周期的不同阶段来划分，即每个阶段由不同的项目参与方来完成，在

① 资料来源：武汉国际博览中心 BIM 项目组。

建设过程中，不同参与方的管理是分割的。然而，由于专业分工及各参与方介入工程项目的时间差等问题，上游的决策往往不能充分考虑下游的需求，而下游的反馈又不能及时传达给上游，造成了信息管理中的"孤岛现象"，使项目参与方处于孤立的生产状态，不同参与方的经验和知识难以有效集成、不同阶段产生的大量资料和信息难以得到及时地传递和沟通，容易出现信息失效、内容短缺、信息内容扭曲、信息量过载、信息传递延误、信息沟通成本过高等一系列问题，加大了项目控制难度，造成工程工期拖延、成本增加及工程质量得不到保证等众多问题。传统模式下"分工合作"导致的问题主要有：设计中建筑、结构、设备等各专业间缺乏协调，设计深度不够，施工过程中各参与方信息交流不畅，工程变更频繁等。

基于BIM的工程项目管理，以BIM模型为基础，为建筑全生命周期过程中各参与方、各专业合作搭建了协同工作平台，改变了传统的组织结构及各参与方的合作关系，为项目业主和各参与方提供项目信息共享、信息交换及协同工作的环境，从而实现了真正意义上的协同工作。与传统的"金字塔式"组织结构不同，基于BIM的工程项目管理要求各参与方在设计阶段就全部介入工程项目，以此实现全生命周期各个参与方共同参与、协同工作的目标。

1）设计—施工协同

在设计—施工总承包模式下，施工单位在施工图设计阶段就可以介入项目，根据自己以往的施工经验，与设计单位共同商讨施工图是否符合施工工艺和施工流程的要求等问题，提出设计初步方案的变更建议，然后设计方做出变更以及进度、费用的影响报告，由业主审核批准后确定最终设计方案。

2）各专业设计协同优化

基于BIM的项目管理在设计过程中，各个专业如建筑、结构、设备（暖通、电、给排水）在同一个设计模型文件中进行，多个工种在同一个模型中工作，可以实时地进行不同专业之间以及各专业内部间的碰撞检测，及时纠正设计中的管线碰撞、几何冲突问题，从而优化设计。因此，施工阶段依据在BIM指导下的完整、统一的设计方案进行施工，就能够避免诸多工程接口冲突、施工变更、返工问题。

3）施工环节之间不同工种的协同

BIM模型能够支持从深化设计到构件预制，再到现场安装的信息传递，将设计阶段产生的构件模型供生产阶段提取、深化和更新。如将BIM 3D设计模型导入到专业的构件分析软件如Tekla里，完成配筋等深化设计工作。同时，自动导出数控文件，完成模具设计自动化、生产计划管理自动化、构件生产自动下料工作，实现构件设计、深化设计、预制构件、加工、预安装一体化管理。

4）总包与分包的协同

BIM技术能够搭建总承包单位和分包单位协同工作平台。由于BIM模型集成了建筑工程项目的多个维度信息，可以视为一个中央信息库。在建设过程中,项目各参与方在此中央信息库的基础上协同工作,可将各自掌握的项目信息进行处理,上传到信息平台,或者对信息平台上的信息进行有权限的修改,其他参与方便可以在一定条件下通过信息平台获取所需要的信息,实现信息共享与信息高效率、高保真率地传递流通。

以BIM技术为基础的工程项目建设过程是策划、设计、施工和运营集成后的一体化过程。事实上,在工程管理全过程的各个阶段,每一个阶段的结束与下一个阶段的开始都存在工作上的交叉与协作,信息上的交换与复用。而BIM模型则为建设工程中各阶段的参与主体提供了一个共享的工作平台与信息平台。基于BIM的工程管理能够实现不同阶段、不同专业、不同主体之间的协同工作,保证了信息的一致性及在各个阶段之间流转的无缝性,提高了工程设计、建造的高效率。有关参与方在设计阶段能有效地介入项目,基于BIM平台进行协同设计,并对建筑、结构、水暖电等各个专业进行虚拟碰撞分析,用以鉴别“冲突”,对建筑物的能耗性能模拟分析。所有工作都基于BIM数字模型与平台完成,保证信息输入的唯一性,这是一个快速、高效的过程。在施工过程中,还可以将合同、进度、成本、质量、安全等信息集成至BIM模型中,形成整体工程数字信息库,并随着工程项目的生命延续而实时扩充项目信息,使每个阶段各参与方都能够根据需要实时、高效地利用各类工程信息。

参考文献

[1] Cahill D, Puybaraud M C. Constructing the team: The Latham report (1994) [M]// Murray M, Langford D. Construction reports 1944—98. Oxford: Blackwell Science Ltd, 2003:ch11.

[2] Svensson K. Integrating facilitates management information: a process and product model approach[D]. Stockholm: The Royal Institute of Technology, 1998.

[3] Hannus M. Evolution of IT in construction over the last decades [DB/OL]. (2002-04-04)[2014-08-20]. http://cic.vtt.fi.

[4] Azhar S. Building information modeling (BIM): trends, benefits, risks, and challenges for the AEC industry[J]. Leadership Manage. Eng., 2011,11(3): 241-252.

BIM

2 BIM 应用的策划与准备

2.1 概述

策划又称"策略方案"和"战术计划"(Strategical /Tactical Planning),是指为了达成某种特定的目标,借助一定的科学方法,为决策、计划而构思、设计、制作策划方案的过程。

策划的作用是以最低的投入或最小的代价达到预期目的,让策划对象赢得更高的经济效益、社会效益。策划人为实现上述目标在科学调查研究的基础上,对现有资源进行优化整合,并进行全面、细致的构思谋划,从而制定详细、可操作性强的并在执行中可以进行完善的方案。

在一个项目中引入 BIM 技术,需要在应用前根据项目的特点和情况,进行详细周密的策划,开展准备工作。BIM 应用策划包括确定 BIM 应用目标、约定 BIM 模型标准、确定 BIM 应用范围、构建 BIM 组织构架、确定信息交互方式等内容。

2.2 BIM 实施目标确定

在选择某个建设项目进行 BIM 应用实施之前,BIM 规划团队首先要为项目确定BIM目标，这些BIM目标必须是具体的、可衡量的，以及能够促进建设项目的规划、设计、施工和运营成功进行的。

有些BIM目标对应于某一个BIM应用，也有一些BIM目标需要若干个BIM应用共同完成。在定义BIM目标的过程中可以用优先级表示某个BIM目标对该建设项目设计、施工、运营的重要性。

BIM需要达到什么样的目标？这是BIM实施前的首要工作，不同层次的BIM目标将直接影响BIM的策划和准备工作。表2-1是某个建设项目所定义的BIM目标案例。

表2-1　　某建设项目定义的BIM目标案例

序号	BIM目标	涉及的BIM应用
1	控制、审查设计进度	设计协同管理
2	评估变更带来的成本变化	工程量统计，成本分析
3	提高设计各专业效率	设计审查，3D协调，协同设计
4	绿色设计理念	能耗分析，节地分析、节水分析、环境评价
5	施工进度控制	建立4D模型
6	施工方案优化	施工模拟
7	运维管理	构建运维模型

BIM目标可划分三个层次等级：技术应用层面、项目管理层面和企业管理层面。

2.2.1　技术应用层面

从技术应用层面实现BIM目标一般指为提高技术水平，而采用一项或几项BIM技术，利用BIM的强大功能完成某项工作。例如：通过能量模型的快速模拟得到一个能源效率更高的设计方案，改善能效分析的质量；利用BIM模型结构化的功能，对模型中构件进行划分，从而进行材料统计的操作，最终达到材料管理的目的。

从技术应用层面达到某种程度的BIM目标，是目前国内BIM工作开展的主要内容，以建设项目规划、设计、施工、运营各阶段为例，采用先进的BIM技术，改变传统的技术手段，达到更好地为工程服务的目的，传统技术手段与BIM技术辅助对比如表2-2所示。

从目前BIM应用情况来看，技术应用层面的BIM目标最易实现，所产生的经济效益和影响最明显，只有在技术领域内大量实现BIM应用，才有可能在管理领域采用BIM的思维方式。首先达到技术层面的BIM目标是实现建筑业信息化管理的前提条件和必经之路。

表 2-2　　传统技术手段与 BIM 技术辅助对比

编号	所属阶段	技术工作	传统技术手段	BIM 技术辅助
1	规划阶段	场地分析	文档、图片描述	3D 表现
2		采光日照分析	公式计算	3D 动态模拟
3		能耗分析	公式计算	
4	设计阶段	建筑方案分析	文档描述、计算	3D 演示
5		结构受力分析	公式计算	模型受力计算
6		设计结果交付	2D 出图，效果图	3D 建模，模型
7	施工阶段	深化设计与加工	2D 图纸	3D 协调，自动生产
8		施工方案	文档、图片描述	3D 模拟
9		施工进度	进度计划文本	4D 模拟
10		材料管理	文档管理	结构化模型管理
11		成本分析	事后分析、事后管理	过程控制
12		施工现场	静态描述	动态模拟
13	运营阶段	维修计划	靠经验编制	科学合理编制
14		设备管理	日常传统维护	远程操作
15		应急预案	靠经验编制	科学数据支撑

2.2.2 项目管理层面

越来越多的工程项目，在招投标阶段就要求投标人具备相应的 BIM 团队规模、部门设置和 BIM 体系标准；在项目管理过程中要求承包方具备相应的 BIM 操作能力、技术水平和 BIM 管理经验。然而，目前 BIM 在项目管理层面的实施中出现了以下情形：

① 投标中盲目响应招标文件的 BIM 要求；

② 没有 BIM 执行标准和实施规划；

③ 团队东拼西凑，投标时设立的 BIM 部门和团队无法兑现落实；

④ 由于 BIM 标准的欠缺，模型质量低，BIM 操作能力和技术水平差强人意；

⑤ BIM 技术仅停留在办公室，未落实到工程管理中。

为提高项目管理水平，采用 BIM 技术，按照 BIM“全过程、全寿命”辅助工程建设的原则，改变原有的工作模式和管理流程，建立以 BIM 为中心的项目管理模式，涵盖项目的投资、规划、设计、施工、运营各个阶段。

BIM 既是一种工具，也是一种管理模式，在建设项目中采用 BIM 技术的根本目的是为了更好地管理项目。BIM 技术也只有在项目管理中“生根”，才有生存发展的空间，否则浪费了大量的人力物力，却没有得到相应的回报，这也是国内大多数 BIM 工程失败的主要原因。

因此，BIM 不是一场“秀”，BIM 技术必须和项目管理紧密结合在一起，

BIM 应当成为建筑领域工程师手中的工具，通过其强大功能的示范作用，逐渐代替传统工具，实实在在地为项目管理发挥巨大的作用。

基于 BIM 技术的工程项目管理信息系统，在以下方面对工程项目进行管理，以充分发挥基于 BIM 的项目管理理念。

① 项目前期管理模块。主要是对前期策划所形成的文件和 BIM 成果进行保存和维护，并提供查询的功能。

② 招标投标管理模块。在工程招投标阶段，施工单位对照招标方提供的工程量清单，进行工程量校核，此外还包括对流程、WBS（Work Breakdown Structure，工作分解结构）及合同的约定。

③ 进度管理模块。采用 BIM 技术管理进度不等同于 4D 模拟，模拟仅仅是一种记录和追溯，基于 BIM 技术实现的是对进度的比对和分析。

④ 质量管理模块。质量管理是一个质量保证体系，通过以验收为核心流程的规范管理和质量文档来实现。质量控制模块则用于对设计质量、施工质量和设备安装质量等的控制和管理。

⑤ 投资控制管理模块。在项目实施过程中进行动态成本分析时，需要将模型信息、流程和 WBS 工作任务分解紧密联系在一起，其中模型信息中反映了成本的要素，流程反映的是对资金的控制，WBS 反映的是以某种方式划分的施工流程。

⑥ 合同管理模块。工程合同管理是对工程项目中相关合同的策划、签订、履行、变更、索赔和争议解决的管理。

⑦ 物资设备管理模块。基于工程量统计的材料管理，不仅在施工阶段而且在运营阶段，为项目管理者提供了运营维护的便利。

⑧ 后期运行评价管理模块。项目结束后，项目管理过程中的数据记录，为管理者提供了基于数据库的知识积累。

2.2.3 企业管理层面

企业信息化建设的基本思路：根据公司战略目标、组织结构和业务流程，建立以项目管理为核心，资源合理利用为目标及面向未来的知识利用与管理的信息化平台，采用信息技术实现公司运营与决策管理，增强企业管控能力，实现公司总体战略目标。

建筑企业正在加快从职能化管理向流程化管理模式的转变，且在向流程化管理转型时，信息系统承担了重要的信息传递和固化流程的任务，基于 BIM 技术的信息化管理平台将促进业务标准化和流程化，成为管理创新的驱动力。除模型管理外，信息化平台还应包括以下五部分：

① OA 办公系统；

② 企业运营管理系统；

③ 决策支持系统；

④ 预算管理系统；

⑤ 远程接入系统。

2.2.4 BIM平台分析

BIM的精髓在于“协同”，因此应根据应用BIM技术目标的不同，选择合适的“协同”方式——BIM信息整合交互平台，从而实现数据信息共享和决策判断。根据应用BIM技术目标的不同，对BIM平台选择和分析可参考表2-3。

表2-3 BIM平台选择和分析

BIM目标	平台特点	BIM平台选择	备注
技术应用层面	着重于数据整合及操作	Navisworks	兼容多种数据格式，查阅、漫游、标注、碰撞检测、进度及方案模拟、动画制作等
		Tekla BIMsight	强调3C，即合并模型(Combining models)、检查碰撞(Checking for conflicts)及沟通(Communicating)
		Bentley Navigator	可视化图形环境，碰撞检测、施工进度模拟以及渲染动画
		Trimble Vico Office Suite	BIM5D数据整合，成本分析
		Synchro	
项目管理层面	着重于信息数据交流	Vault	根据权限、文档及流程管理
		Autodesk Buzzsaw	
		Trello	团队协同管理
		Bentley Projectwise	基于平台的文档、模型管理
		Dassault Enovia	基于树形结构的3D模型管理，实现协同设计、数据共享
企业管理层面	着重于决策及判断	宝智坚思 Greata	商务、办公、进度、绩效管理
		Dassault Enovia	基于3D模型的数据库管理，引入权限和流程设置，可作为企业内部流程管理的平台

2.3 BIM模型约定及策划

在BIM应用过程中，BIM模型是最基础的技术资料，所有的操作和应用都是在模型基础上进行的。

根据理想的情况：BIM模型是建设过程之初，由设计单位进行构建，并完成在此模型基础之上的规划设计、建筑设计、结构设计；在随后的施工阶段，该模型移交给施工承包单位，施工单位在此基础上，完成深化设计的内容在模型上的反映，完成施工过程中信息的添加，完成运维阶段所需信息的添加，最终作为竣工资料的一部分，将该模型提交给业主；到了运维阶段，业主或运维单位在该模型基础上，制定项目运营维护计划和空间管理方案，进行应急预案制定和人流疏散分析，查阅检索机电设备信息等。

然而，在现实操作中，BIM 模型的来源不尽相同。有设计单位提供的设计模型，也有 BIM 咨询单位为责任人构建模型，更多的情况是施工单位自行建模。

模型的质量直接决定 BIM 应用的优劣，无论以上哪种渠道的模型，都需要在 BIM 建模规则和操作标准上事先达成统一的约定，以执行手册的形式确定下来，在建模过程中贯彻执行，建模完成后严格审核。

2.3.1 模型划分和基本建模要求

模型的划分与具体工程特点密切相关。以超高层建筑建模为例，可按单体建筑物所处区域划分模型，对于结构模型可针对不同内容，再分别建立子模型，详见表 2-4。

表 2-4　超高层建筑模型界面划分

专业	区域拆分	模型界面划分
建筑	主楼、裙房、地下结构	按楼层划分
结构	主楼、裙房、地下结构	按楼层划分，再按钢结构、混凝土结构、剪力墙划分
机电	主楼、裙房、地下、市政管线	按楼层或施工缝划分
总图	道路、室外总体、绿化	按区域划分

BIM 模型的构建方式是围绕不同的 BIM 应用展开的，有什么样的 BIM 应用，就要相应执行什么样的建模原则。

构建模型需遵循如下三个基本原则。

1）一致性

模型必须与 2D 图纸一致，模型中无多余、重复、冲突构件。

在项目各个阶段（方案、扩初、深化、施工、竣工），模型要跟随深化设计及时更新。模型反映对象名称、材料、型号等关键信息。

2）合理性

模型的构建要符合实际情况，例如，施工阶段应用 BIM 时，模型必须分层建立并加入楼层信息，不允许出现一根柱子从底层到顶层贯通等与实际情况不符的建模方式。墙体、柱结构等跨楼层的结构，建模时必须按层断开建模，并按照实际起止标高构建。

3）准确性

梁、墙构件横向起止坐标必须按实际情况设定，避免出现梁、墙构件与柱重合情况。楼板与柱、梁的重合关系应根据实际情况建模。

所有墙板模型单元上的开洞都必须采用编辑边界的形式绘制，以保证模型内容与工程实际情况一致。

对以工程量统计为目的的建模项目，还需参考《建设工程工程量清单计价规范》(GB 50500—2008)及其附录工程量计算规则进行建模。

总之，建立模型需要考虑BIM应用的目的、建模工作量、准确性和建模成本的平衡，做到既要满足BIM应用，又不过度建模，避免造成工作量的浪费。

2.3.2 文件目录结构[1]

由于建设项目的体量较大，构建的模型也比较大，就要拆分成多个模型，但过多的模型文件也会带来文件管理和组织的问题。其次，由于模型大，需要参与项目的人员也多，所以文件目录的目录结构非常重要。

国外的BIM标准在这方面都有相应的指引，图2-1是洛杉矶社区学院①(Los Angeles Community College District, LACCD)的BIM标准中关于BIM模型文件的目录结构。

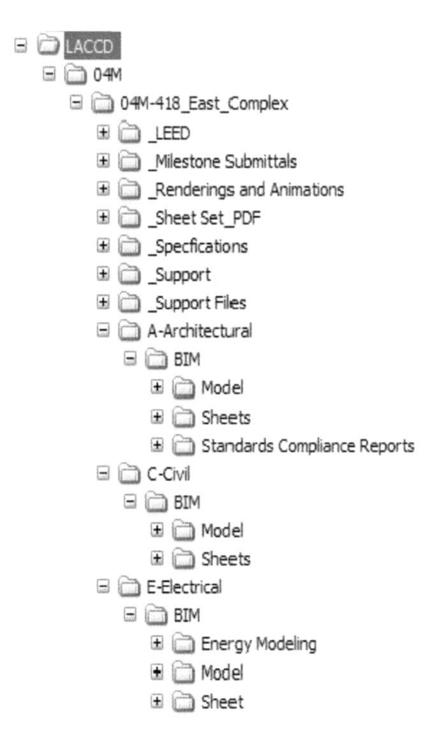

图2-1 BIM模型文件目录结构(设计阶段应用)

不同的建模主体，其目录组织是会有区别的。图2-1所示的结构指引偏向设计阶段应用，是以专业为主线进行目录组织的。

① 洛杉矶社区学院是全美最大的社区大学，每年在大洛杉矶地区的36个城市为25万学生服务。

若项目的应用是在施工和运维阶段，在目录组织上则应采用以区域为主线进行目录组织，避免各专业模型整合时要跨目录链接的问题，在一个区域里存放所有专业的文件，更容易管理，如图 2-2 所示。

图 2-2　BIM 模型文件目录结构(施工、运维阶段应用)

2.3.3　文件命名规则[2]

有了清晰的文件目录组织，还需要有清晰的文件命名规则。香港房屋署(Hong Kong Housing Authority)的 BIM 标准手册里，把文件命名分 8 个字段、24 个字符进行命名，如图 2-3 所示。

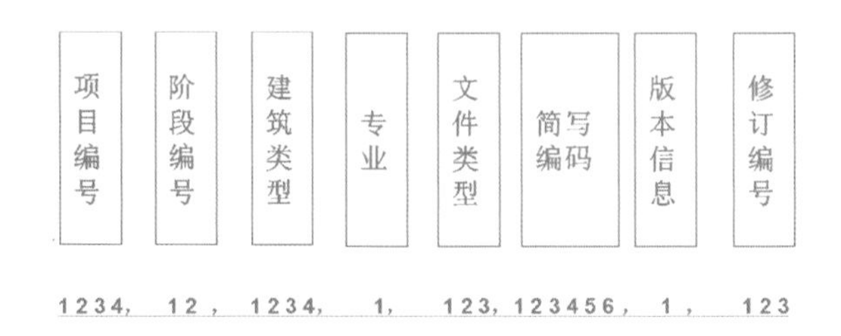

图 2-3　香港房屋署 BIM 标准手册文件命名规则

从文件名就可以很容易地解读出该文件的来源，例如：

TM18__BLKAA-M-1F ________

其中“TM18”——项目名称“TuenMunArea18”的缩写；

“__”——项目阶段编号，没有则留空；

“BLKA”——建筑类型为 BlockA；

“A”——建筑专业，“S”为结构专业，“C”为市政专业；

“-M-”——模型文件，“-L-”则为被链接，“-T-”为临时文件；

“1F ____”——文件简述：1 层，空内容则留空；

“_”——版本信息，A—Z，没有则留空；

“__”——修订编号，001，002，……没有则留空。

BIM模型文件名不宜过长，否则将会适得其反。由于香港特区政府文件习惯沿用英语，用英文字母做缩写可以满足命名要求，但如果文件命名使用中文做缩写就有些困难。所以，在参照这个文件命名规则的同时，结合中文的特点，可参考如下规则：“项目简称—区域—专业—系统—楼层”。

与英文缩写不同，使用中文字段不好控制长度，所以不规定字段长度，但用“－”区分，以分隔出字段含义，例如：某项目－1区－空调－空调水－2层。

机电设备专业涉及系统，需要在相同专业下再区分系统，如空调专业要区分空调水和风管，有需要时空调水还可以细分为空调供水、空调回水、冷凝水、热水供水、热水回水等。对于大型项目，模型划分越细，后续的模型应用就越灵活。而在建模过程中，划分系统几乎不会增加多少工作量，却为后续模型管理和应用带来极大的便利。

根据我国建筑表示标记的习惯和绘图规范要求，可参考的模型名称缩写见表2-5（仅列出常用构件）。

表2-5　　　　模型名称缩写习惯列表

构件类型		简写	构件类型		简写	构件类型		简写
梁	过梁	GL	柱	构造柱	GZ	剪力墙柱	约束边缘构件	YBZ
	圈梁	QL		框架柱	KZ		构造边缘构件	GBZ
	基础梁	JL		框支柱	KZZ		非边缘暗柱	AZ
	楼梯梁	TL		芯柱	XZ		扶壁柱	FBZ
	框架梁	KL		梁上柱	LZ	剪力墙梁	连梁	LL
	屋面框架梁	WKL		剪力墙上柱	QZ		暗梁	AL
	框支梁	KZL		建筑柱	JZ		边框梁	BKL
	非框架梁	L	墙	承重墙	CZQ	基础	基础主梁	JZL
	悬挑梁	XL		围护墙	WHQ		基础次梁	JCL
	吊车梁	DL		剪力墙	JLQ		基础平板	JLPB
有梁板	楼面板	LB		隔墙	GQ		基础连梁	JLL
	屋面板	WB	桩基承台	阶形承台	CTJ	其他	屋架	WJ
	悬挑板	XB		坡形承台	CTP		桩	ZH
	楼梯板	TB		承台梁	CTL		雨篷	YP
无梁板	柱上板带	ZSB		地下框架梁	DKL		阳台	YT
	跨中板带	KZB					预埋件	M
	纵筋加强带	JQD					天花板	THB

对于一些小型项目，可能一个模型文件就包括了一个项目的所有内容，“项目简称”是必须的。若项目模型都拆分得比较细，文件很多，在严格按照文件目录组织的框架下，文件命名可取消“项目简称”字段，以减少文件名长度。

总之，模型文件命名和模型划分是密不可分的，需要在清晰度和管理的有效性、便利性上取得平衡。所以，在项目前期需要对项目规模、专业组成，尤其是 BIM 应用目标进行充分的研究，才能确保项目顺利进行。

2.3.4 模型深度划分

BIM 模型是整个 BIM 工作的基础，所有的 BIM 应用都是在模型上完成的，明确哪些内容需要建模、需要详细到何种程度，既要满足应用需求，又要避免过度建模。

在项目之初，就应考虑到底需要在 BIM 模型中包含多少程度的细节。细节度过低会导致信息不足；细节度过高又会导致模型的操作效率低下。规定项目的 3D 模型需细化到何种程度，到达此程度后就可以停止 3D 建模，转向 2D 详图工作，以准备出图。

在完善 3D 形体的同时，可以使用 2D 线条来改善 2D 视图的效果，同时不过度增加硬件需求。尽量多使用详图和增强技术，在不牺牲模型完整性的前提下，尽可能降低模型的复杂度。

由于国内在 BIM 模型标准方面还没有统一的规定，故结合工程经验，将模型深度等级分为五级，分别为 LOD 100—LOD 500①，按表 2-6 列出，供读者参考。

表 2-6　　模型深度等级划分及描述

深度级数		描　述
LOD 100	方案设计阶段	具备基本形状，粗略的尺寸和形状，包括非几何数据，仅线、面积、位置
LOD 200	初步设计阶段	近似几何尺寸，形状和方向，能够反映物体本身大致的几何特性。主要外观尺寸不得变更，细部尺寸可调整，构件宜包含几何尺寸、材质、产品信息（如电压、功率）等
LOD 300	施工图设计阶段	物体主要组成部分必须在几何上表述准确，能够反映物体的实际外形，保证不会在施工模拟和碰撞检查中产生错误判断，构件应包含几何尺寸、材质、产品信息（如电压、功率）等。模型包含信息量与施工图设计完成时的 CAD 图纸上的信息量应该保持一致
LOD 400	施工阶段	详细的模型实体，最终确定模型尺寸，能够根据该模型进行构件的加工制造，构件除包括几何尺寸、材质、产品信息外，还应附加模型的施工信息，包括生产、运输、安装等方面
LOD 500	竣工提交阶段	除最终确定的模型尺寸外，还应包括其他竣工资料提交时所需的信息，资料应包括工艺设备的技术参数、产品说明书/运行操作手册、保养及维修手册、售后信息等

例如：①若 BIM 应用在设计阶段的能耗分析或结构受力分析方面，该

① 美国建筑师学会（American Institute of Architects，AIA）为了规范 BIM 参与各方及项目各阶段的界限，使用模型深度等级（Level of Detail，LOD）来定义 BIM 模型中的建筑元素的精度，在其 2008 年的文档 E202 中定义了 LOD 的概念。BIM 元素的深度等级可以随着项目的发展从概念性近似的低级到建成后精确的高级不断发展。

BIM 模型可称之为“生态模型”或“结构模型”，模型等级在 LOD 100—LOD 200 之间；

② 若 BIM 应用在施工阶段的施工流程模拟或方案演示方面，该模型可称之为“流程模型”或“方案模型”，模型等级在 LOD 300—LOD 400 之间；

③ 若 BIM 应用在运维阶段运营管理方面，该模型称之为“运维模型”，模型等级最高，为 LOD 500 等级，包括所有深化设计的内容、施工过程信息以及满足运营要求的各种信息。

建筑、结构、给排水、暖通、电气专业 LOD 100—LOD 500 等级的模型，其信息列表可参考表 2-7—表 2-11。

表 2-7　建筑专业 LOD 100—LOD 500 等级 BIM 模型信息种类列表

深度等级	LOD 100	LOD 200	LOD 300	LOD 400	LOD 500
场地	不表示	简单的场地布置。部分构件用体量表示	按图纸精确建模。景观、人物、植物、道路贴近真实	—	—
墙	包含墙体物理属性（长度、厚度、高度及表面颜色）	增加材质信息，含粗略面层划分	详细面层信息、材质要求、防火等级，附节点详图	墙材生产信息，运输进场信息、安装操作单位等	运营信息（技术参数、供应商、维护信息等）
建筑柱	物理属性：尺寸，高度	带装饰面，材质	规格尺寸、砂浆等级、填充图案等	生产信息，运输进场信息、安装操作单位等	运营信息（技术参数、供应商、维护信息等）
门、窗	同类型的基本族	按实际需求插入门、窗	门窗大样图，门窗详图	进场日期、安装日期、安装单位	门窗五金件及门窗的厂商信息、物业管理信息
屋顶	悬挑、厚度、坡度	加材质、檐口、封檐带、排水沟	规格尺寸、砂浆等级、填充图案等	材料进场日期、安装日期、安装单位	材质、供应商信息、技术参数
楼板	物理特征（坡度、厚度、材质）	楼板分层，降板，洞口，楼板边缘	楼板分层细部作法，洞口更全	材料进场日期、安装日期、安装单位	材料、技术参数、供应商信息
天花板	用一块整板代替，只体现边界	厚度，局部降板，准确分割，并有材质信息	龙骨、预留洞口、风口等，带节点详图	材料进场日期、安装日期、安装单位	全部参数信息
楼梯（含坡道、台阶）	几何形体	详细建模，有栏杆	楼梯详图	运输进场日期、安装单位、安装日期	运营信息（技术参数、供应商）
电梯（直梯）	电梯门，带简单二维符号表示	详细的二维符号表示	节点详图	进场日期、安装日期和单位	运营信息（技术参数、供应商）
家具	无	简单布置	详细布置，并且二维表示	进场日期、安装日期和单位	运营信息（技术参数、供应商）

表 2-8　结构专业 LOD 100—LOD 500 等级 BIM 模型信息种类列表

混凝土结构					
深度等级	LOD 100	LOD 200	LOD 300	LOD 400	LOD 500
板	物理属性，板厚、板长、板宽，表面材质、颜色	类型属性，材质，二维填充表示	材料信息，分层做法，楼板详图，附带节点详图（钢筋布置图）	板材生产信息，运输进场信息、安装操作单位等	运营信息（技术参数、供应商、维护信息等）
梁	物理属性，梁长、宽、高，表面材质、颜色	类型属性，具有异型梁表示详细轮廓，材质，二维填充表示	材料信息，梁标识，附带节点详图（钢筋布置图）	生产信息，运输进场信息、安装操作单位等	运营信息（技术参数、供应商、维护信息等）
柱	物理属性，柱长、宽、高，表面材质、颜色	类型属性，具有异型柱表示详细轮廓，材质，二维填充表示	材料信息，柱标识，附带节点详图（钢筋布置图）	生产信息，运输进场信息、安装操作单位等	运营信息（技术参数、供应商、维护信息等）
梁柱节点	不表示，自然搭接	表示锚固长度，材质	钢筋型号，连接方式，节点详图	生产信息，运输进场信息、安装操作单位等	运营信息（技术参数、供应商、维护信息等）
墙	物理属性，墙厚、长、宽，表面材质、颜色	类型属性，材质，二维填充表示	材料信息，分层做法，墙身大样详图，空口加固等节点详图（钢筋布置图）	生产信息，运输进场信息、安装操作单位等	运营信息（技术参数、供应商、维护信息等）
预埋及吊环	不表示	物理属性，长、宽、高物理轮廓。表面材质颜色类型属性，材质，二维填充表示	材料信息，大样详图，节点详图（钢筋布置图）	生产信息，运输进场信息、安装操作单位等	运营信息（技术参数、供应商、维护信息等）
地基基础					
深度等级	LOD 100	LOD 200	LOD 300	LOD 400	LOD 500
基础	不表示	物理属性，基础长、宽、高，基础轮廓。类型属性，材质，二维填充表示	材料信息，基础大样详图，节点详图（钢筋布置图）	材料进场日期、操作单位与安装日期	技术参数、材料供应商
基坑工程	不表示	物理属性，基坑长、宽、高，表面	基坑维护结构构件长、宽、高及具体轮廓，节点详图（钢筋布置图）	操作日期，操作单位	—
钢结构					
深度等级	LOD 100	LOD 200	LOD 300	LOD 400	LOD 500
柱	物理属性，钢柱长、宽、高，表面材质、颜色	类型属性，根据钢材型号表示详细轮廓，材质，二维填充表示	材料要求，钢柱标识，附带节点详图	操作安装日期，操作安装单位	材料技术参数、材料供应商、产品合格证等

续表

钢结构					
深度等级	LOD 100	LOD 200	LOD 300	LOD 400	LOD 500
桁架	物理属性，桁架长、宽、高，无杆件表示，用体量代替，表面材质、颜色	类型属性，根据桁架类型搭建杆件位置，材质，二维填充表示	材料信息，桁架标识，桁架杆件连接构造。附带节点详图		
梁	物理属性，梁长、宽、高，表面材质、颜色	类型属性，根据钢材型号表示详细轮廓，材质，二维填充表示	材料信息，钢梁标识，附带节点详图	操作安装日期，操作安装单位	材料技术参数、材料供应商、产品合格证等
柱脚	不表示	柱脚长、宽、高用体量表示，二维填充表示	柱脚详细轮廓信息，材料信息，柱脚标识，附带节点详图		

表 2-9　给排水专业 LOD 100—LOD 500 等级 BIM 模型信息种类列表

深度等级	LOD 100	LOD 200	LOD 300	LOD 400	LOD 500
管道	只有管道类型、管径、主管标高	有支管标高	加保温层、管道进设备机房 1M		管道技术参数、厂家、型号等信息
阀门	不表示	绘制统一的阀门	按阀门的分类绘制		按实际阀门的参数绘制（出产厂家、型号、规格等）
附件	不表示	统一形状	按类别绘制	产品批次、生产日期信息；运输进场日期；施工安装日期、操作单位	按实际项目中要求的参数绘制（出产厂家、型号、规格等）
仪表	不表示	统一规格的仪表	按类别绘制		
卫生器具	不表示	简单的体量	具体的类别形状及尺寸		将产品的参数添加到元素当中（出产厂家、型号、规格等）
设备	不表示	有长宽高的简单体量	具体的形状及尺寸		

表 2-10　暖通专业 LOD 100—LOD 500 等级 BIM 模型信息种类列表

暖通风道系统					
深度等级	LOD 100	LOD 200	LOD 300	LOD 400	LOD 500
风管道	不表示	只绘主管线，标高可自行定义，按照系统添加不同的颜色	绘制支管线，管线有准确的标高、管径尺寸。添加保温	产品批次、生产日期信息；运输进场日期；施工安装日期、操作单位	将产品的参数添加到元素当中（出产厂家、型号、规格等）

续表

<table>
<tr><th colspan="6">暖通风道系统</th></tr>
<tr><th>深度等级</th><th>LOD 100</th><th>LOD 200</th><th>LOD 300</th><th>LOD 400</th><th>LOD 500</th></tr>
<tr><td>管件</td><td>不表示</td><td>绘制主管线上的管件</td><td>绘制支管线上的管件</td><td rowspan="5">产品批次、生产日期信息；运输进场日期；施工安装日期、操作单位</td><td rowspan="5">将产品的参数添加到元素当中（出产厂家、型号、规格等）</td></tr>
<tr><td>附件</td><td>不表示</td><td>绘制主管线上的附件</td><td>绘制支管线上的附件，添加连接件</td></tr>
<tr><td>末端</td><td>不表示</td><td>只是示意，无尺寸与标高要求</td><td>有具体的外形尺寸，添加连接件</td></tr>
<tr><td>阀门</td><td>不表示</td><td>不表示</td><td>有具体的外形尺寸，添加连接件</td></tr>
<tr><td>机械设备</td><td>不表示</td><td>不表示</td><td>具体几何参数信息，添加连接件</td></tr>
<tr><th colspan="6">暖通水管道系统</th></tr>
<tr><th>深度等级</th><th>LOD 100</th><th>LOD 200</th><th>LOD 300</th><th>LOD 400</th><th>LOD 500</th></tr>
<tr><td>暖通水管道</td><td>不表示</td><td>只绘主管线，标高可自行定义，按照系统添加不同的颜色</td><td>绘制支管线，管线有准确的标高、管径尺寸。添加保温、坡度</td><td rowspan="6">产品批次、生产日期信息；运输进场日期；施工安装日期、操作单位</td><td rowspan="6">添加技术参数、说明及厂家信息、材质</td></tr>
<tr><td>管件</td><td>不表示</td><td>绘制主管线上的管件</td><td>绘制支管线上的管件</td></tr>
<tr><td>附件</td><td>不表示</td><td>绘制主管线上的附件</td><td>绘制支管线上的附件，添加连接件</td></tr>
<tr><td>阀门</td><td rowspan="3">不表示</td><td rowspan="3">不表示</td><td rowspan="3">有具体的外形尺寸，添加连接件</td></tr>
<tr><td>设备</td></tr>
<tr><td>仪表</td></tr>
</table>

表 2-11　电气专业 LOD 100—LOD 500 等级 BIM 模型信息种类列表

<table>
<tr><th colspan="6">电气工程</th></tr>
<tr><th>深度等级</th><th>LOD 100</th><th>LOD 200</th><th>LOD 300</th><th>LOD 400</th><th>LOD 500</th></tr>
<tr><td>设备</td><td>不建模</td><td>基本族</td><td>基本族、名称、符合标准的二维符号，相应的标高</td><td rowspan="3">添加生产信息、运输进场信息和安装单位、安装日期等信息</td><td rowspan="3">按现场实际安装的产品型号深化模型；
添加技术参数、说明及厂家信息、材质</td></tr>
<tr><td>母线桥架线槽</td><td>不建模</td><td>基本路由</td><td>基本路由、尺寸标高</td></tr>
<tr><td>管路</td><td>不建模</td><td>基本路由、根数</td><td>基本路由、根数、所属系统</td></tr>
</table>

续表

工艺设备					
深度等级	LOD 100	LOD 200	LOD 300	LOD 400	LOD 500
水泵 污泥泵 风机 流量计 阀门 紫外消毒设备	不建模	基本类别和族	长、宽、高限制，技术参数和设计要求	添加生产信息、运输进场信息和安装日期信息	按现场实际安装的产品型号深化模型； 添加术参数、产品说明书/运行操作手册、保养及维修手册、售后信息等

2.3.5 模型交付形式

1）设计单位交付模型

设计方完成施工图设计，同时提交业主 BIM 模型，通过审查后交付施工阶段使用，为保证 BIM 工作质量，对模型质量要求如下：

① 所提交的模型，必须都已经经过碰撞检查，无碰撞问题存在；

② 严格按照规划的建模要求创建模型，深度等级达到 LOD 300；

③ 严格保证 BIM 模型与二维 CAD 图纸包含信息一致；

④ 根据约定的软件进行模型构建；

⑤ 为限制文件大小，所有模型在提交时必须清除未使用项，删除所有导入文件和外部参照链接；

⑥ 与模型文件一同提交的说明文档中必须包括模型的原点坐标描述、模型建立所参照的 CAD 图纸情况。

2）施工单位交付模型

施工方完成施工安装，同时提交业主 BIM 模型，即为竣工模型，通过审查后将其交付运维阶段，作为试运营方在运营阶段 BIM 实施的模型资料，为保证 BIM 工作质量，对竣工模型质量要求如下：

① 所提交的模型，必须都已经经过碰撞检查，无碰撞问题存在；

② 严格按照规划的建模要求，在施工图模型 LOD 300 深度的基础上添加施工信息和产品信息，将模型深化到 LOD 500 等级；

③ 严格保证 BIM 模型与二维 CAD 竣工图纸包含信息一致；

④ 深化设计内容反映至模型；

⑤ 施工过程中的临时结构反映至模型；

⑥ 竣工模型在施工图模型 LOD 300 深度的基础上添加以下信息：生产信息（生产厂家、生产日期等）、运输信息（进场信息、存储信息）、安装信息（浇筑、安装日期，操作单位）和产品信息（技术参数、供应商、产品合格证等）。

在工程实施过程中，根据设计方和施工方模型建造的进展情况，需向业主方和项目管理方分别进行若干次的模型提交，模型提交时间节点、内容要求、格式要求见表 2-12。

表 2-12　　某项目模型交付形式和深度要求

提交方	提交时间	深度	提交内容格式
设计单位	方案设计完成	LOD 100	文件夹 1：模型资料至少包含两项文件：模型文件、说明文档。模型文件夹及文件命名符合规定的命名格式。 文件夹 2：CAD 图纸文件和设计说明书，内部可有子文件夹。 文件夹 3：针对过程中的 BIM 应用所形成的成果性文件及其相关说明，如有多项应用，内部设子文件夹
设计单位	初步设计完成	LOD 200	
设计单位	施工图设计完成	LOD 300	
施工单位	竣工完成	LOD 500	

2.3.6 模型更新原则

BIM 模型在使用过程中，由于设计变更、用途调整、深化设计协调等原因，将伴随大量的模型修改和更新工作，事实上，模型的更新和维护是保证 BIM 模型信息数据准确有效的重要途径。模型更新往往遵循以下规则：

① 已出具设计变更单，或通过其他形式已确认修改内容的，需即时更新模型；

② 需要在相关模型基础上进行相应 BIM 应用的，应用前需根据实际情况更新模型；

③ 模型发生重大修改的，需立即更新模型；

④ 除此之外，模型应至少保证每 60 天更新一次。

2.4 BIM 实施总体安排

2.4.1 总体思路

有什么样的 BIM 目标就对应什么样的 BIM 实施总体安排，并由目标衍生出对应的 BIM 应用，再根据 BIM 应用制定相应的 BIM 流程。由 BIM 目标、应用及流程确定 BIM 信息交换要求和基础设施要求。BIM 实施前的评估流程参考图 2-4 所示。

在实际操作过程中，根据项目的特点，结合参建各方对 BIM 系统的实际操控能力，对比 BIM 主导单位制定的目标，可在施工过程中实施的 BIM 应用有：

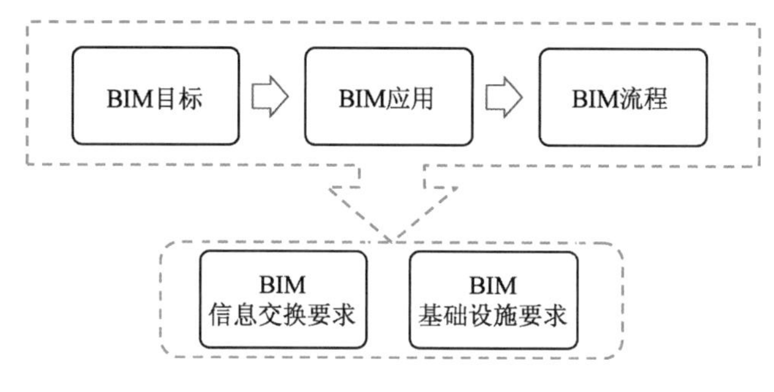

图 2-4 BIM 实施前评估

① 模型维护;
② 深化设计——三维协调;
③ 施工方案模拟;
④ 施工总流程演示;
⑤ 工程量统计;
⑥ 材料管理;
⑦ 现场管理。

根据上述列举的 BIM 应用,明确项目实施 BIM 的总体思路:在一个建设项目中计划实施的不同 BIM 应用之间的关系,包括在这个过程中主要的信息交换要求,如图 2-5 所示。

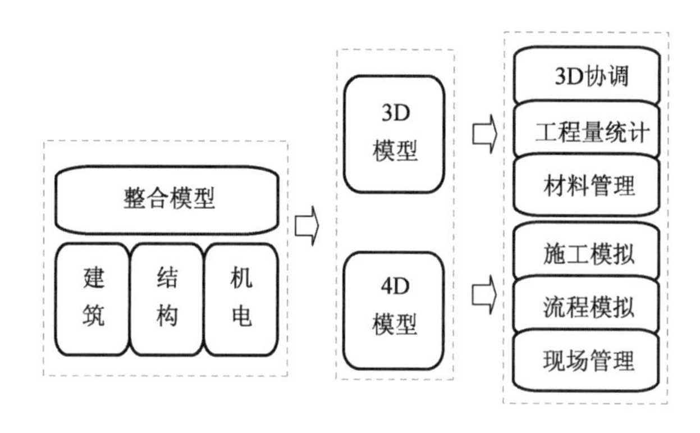

图 2-5 项目 BIM 实施思路

2.4.2 团队组织构架

BIM 不是一个人、一家企业能够完成的事业,而需要所有参建单位共同参与。“独善其身”做不好 BIM,“协同”才是 BIM 的灵魂所在。

对于一个项目来说,BIM 模型和其包含的信息,应在所有参建单位之间充分交互、即时更新,随着建筑过程的进展,模型深度不断增加,信息量日益丰富,这需要所有参建单位各司其职,共同维护好 BIM 模型和信息。

对于业主主导的 BIM 工作,业主方职责在于文件确认、技术方案确认、规则核定与确认、规则管理、监督执行、设计协调、施工协调、模型审核。

若引入 BIM 咨询单位,其职责在于总体策划、制定规则、界面划分、招标文件 BIM 条款编制、组织模型的提交与审查、相关技术指导与培训。

设计单位和施工单位需完成 BIM 在各自阶段的应用并提交成果;监理单位应负责对现场模型比对、设计变更发生时确认设计模型的更新,审核施工信息,督促施工方确保施工模型与现场的一致性。

各类产品供应商和供货商应负责做好其提供产品的模型信息整理、上传、更新工作。

最终模型和数据信息在运营商那里整合,根据运营需求,开展运营方案制订、维修计划制订、储备统计、空间管理等工作。

在工程项目建设中,BIM 团队在整个组织管理构架的位置有多种形式,在辅助工程建设方面,各有自身的特色和优缺点。

1) 常规 BIM 团队组织构架

以施工单位主导 BIM 工作为例,其常见的组织管理构架主要为成立 BIM 工作室负责 BIM 技术的应用,如图 2-6 所示。此方式的特点在于,团队技术能力较易控制,能迅速解决工程中的问题,缺点在于不利于 BIM 技术的发展及推广,BIM 技术仅局限在一个较小的团队中,由于缺少沟通,无法及时反映工程实际情况,BIM 技术深入实际的程度依赖于 BIM 经理的职业素质和责任心,BIM 技术往往会流于形式,计划、实际两张皮,从长远看,该组织结构的设置也不利于 BIM 技术人员的成长。

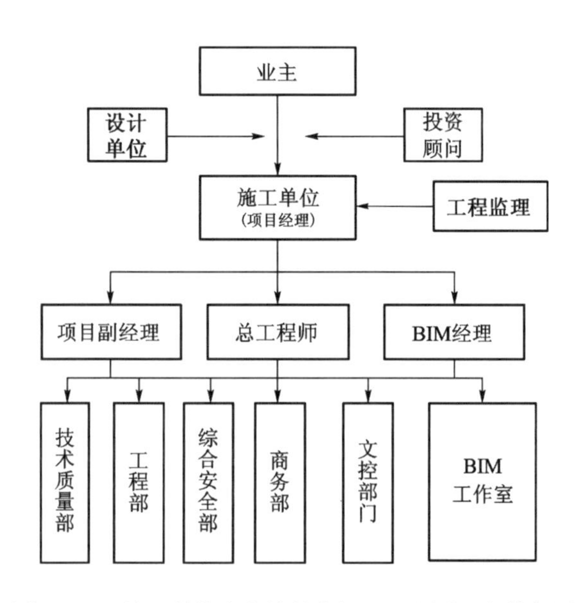

图 2-6　以施工单位为主导的常规 BIM 团队组织构架图

在 BIM 技术尚未普及的当下,BIM 人才较为稀缺,不可避免会在项目管理中采用此种机构设置方式。

2) 较高级 BIM 团队组织构架

当 BIM 技术发展到一定程度,一定数量的传统技术条线管理人员已掌握 BIM 技术,或企业 BIM 发展水平较高,技术人员除接受传统技术培养外,还系统地掌握了 BIM 技术,则可取消项目管理中 BIM 工作室的设置,将具备 BIM 技能的人员分散至各个部门,BIM 技术作为一种基础性工具来支持日常工作,技术人员能主动地用 BIM 技术解决问题,这将大大提高 BIM 技术在工程管理中的应用程度,充分发挥技术优势。

3) 理想的 BIM 团队组织构架

BIM 作为一项全新的技术手段,推动传统建筑行业变革,也必将产生新的工作岗位和职责需求,BIM 总监的职位应运而生。BIM 总监由业主指定,传递业主的投资理念和项目诉求,由 BIM 总监代表业主制订设计任务书和 BIM 要求,接受设计单位交付的 BIM 成果,控制 BIM 模型的质量,形成基于 BIM 的数据库。投资顾问、工程监理、施工单位各条线技术人员共享建筑信息资料,投资顾问根据 BIM 数据库提取工程量清单,形成投资成本分析;工程监理和施工单位根据 BIM 数据库确定施工内容、制订施工方案、组织安排生产。

BIM 的精髓在于协同,协同的方式包括共享和同步,在这样一个理想的组织机构内,由 BIM 团队来产生和维护 BIM 数据库,其他各利益集团共享数据,并随之产生新的数据,新的数据再次共享,不同利益集团各取所需,充分发挥 BIM 应用的巨大优势。理想的 BIM 团队组织构架如图 2-7 所示。

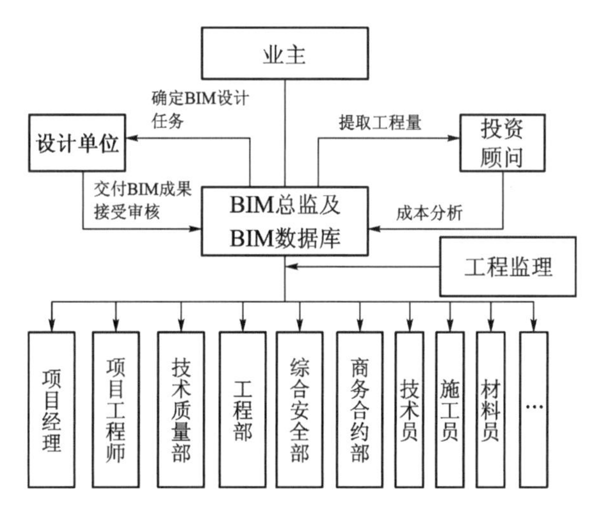

图 2-7 以施工单位为主导的理想的 BIM 团队组织构架图

4) 企业内部 BIM 团队组织构架

各参建单位,根据自身机构设置特点和项目情况,可组建 BIM 中心,以支撑多项目的 BIM 技术应用,从事项目 BIM 技术管理,为本单位 BIM 技术发展进行人员储备、团队培养。可参考的 BIM 团队组织构架如图 2-8 所示，从建模、信息交互、应用、维护几个方面配备人员。

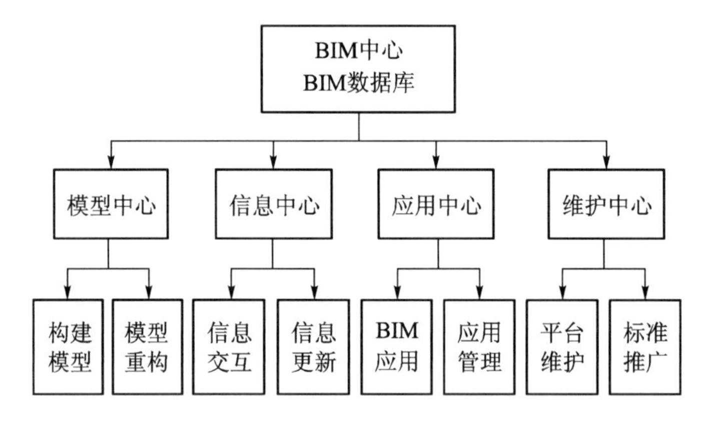

图 2-8　企业内部 BIM 中心组织构架图

2.4.3　应用工作内容简介

每一个特定的 BIM 应用都有其详细工作的顺序，包括每个过程的责任方、参考信息的内容和每一个过程中创建和共享的信息交换要求。

以某工程为例，项目 BIM 策划实施背景为：

① 设计单位仅提供二维图纸。

② 施工总承包单位根据设计资料构建模型，并管理 BIM 模型。

③ 分包单位负责深化设计模型及配合工作。

④ BIM 应用包括：

应用 1　模型维护，通过信息添加和深化设计，将施工图模型提升至竣工图模型。

应用 2　预制加工，利用三维模型，工厂化预制生产加工管道及构件。

应用 3　三维协调，综合设计协调，排除建筑、结构、机电、装饰等专业间冲突。

应用 4　快速成形，采用三维打印或数字化机床生产加工异型构配件。

应用 5　三维扫描，三维扫描测量及放线定位。

应用 6　材料管理，材料跟踪及物流管理

应用 7　虚拟施工，虚拟施工演示并优化施工方案。

应用 8　进度模拟，施工进度模拟。

应用 9　现场管理，现场安全及场地控制。

应用 10　工程量计算及分析，工程量统计及成本分析。

以施工单位为主要工作对象，BIM 工作的流程可参考图 2-9。

下面对部分 BIM 应用，简述其工作内容：

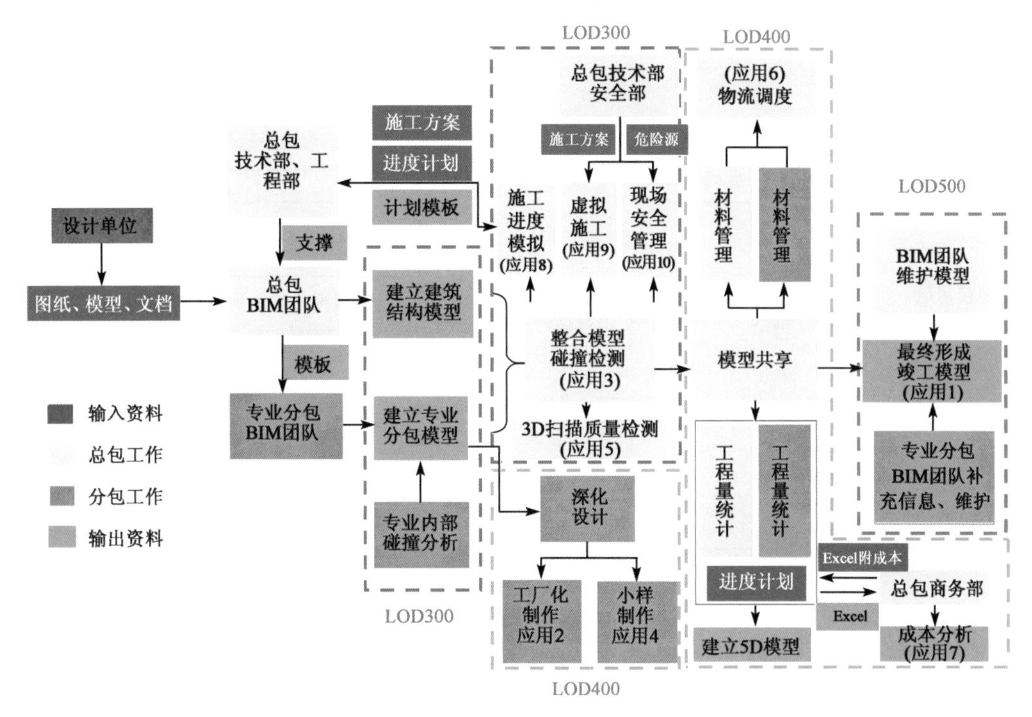

图 2-9　BIM 工作流程参考图

1）模型构建

完成模型构建，根据设计资料信息（包括材质等），表现设计意图及功能要求。具体工作内容包括：

① 三维可视化为 BIM 应用的重要内容，在构建模型后，建筑、结构、机电各专业应首先沟通，检查模型与设计方案差异。

② 对模型的检查主要集中在对工程量统计的对比、设计模型的零碰撞检查和构件的材料、规格检查等方面。

③ 工程量统计的对比，进行模型自导工程量与业主提供的工程量清单的对比，对比的范围不仅要控制总量，重点还要控制按构件类型划分的分量，分量不合格的模型不能视为正确的模型，应提交业主，要求设计单位修改。

④ 设计模型的零碰撞检查，进行建筑、结构、机电各专业之间的碰撞检查分析工作，有碰撞问题及时提交业主，要求设计单位修改。

⑤ 构件的材料、规格检查，针对设计说明及设计图纸中的表达，对照模型进行逐一确认，保证模型的材质、规格等信息和 2D 图纸中的表述一致。

⑥ 根据工程难点、特点，业主关注重点，安排足够的技术人员进行三维可视化制作，进行建筑、结构、机电各专业的功能化分析。

2）三维管线综合协调

在复杂的工程中，存在种类繁多的机电管线与建筑结构的空间碰撞问题，碰撞结果输出的形式、碰撞问题描述的详细程度、找寻碰撞位置的方法，在 BIM 软件中有较成熟的应用方案，如图 2-10 所示。

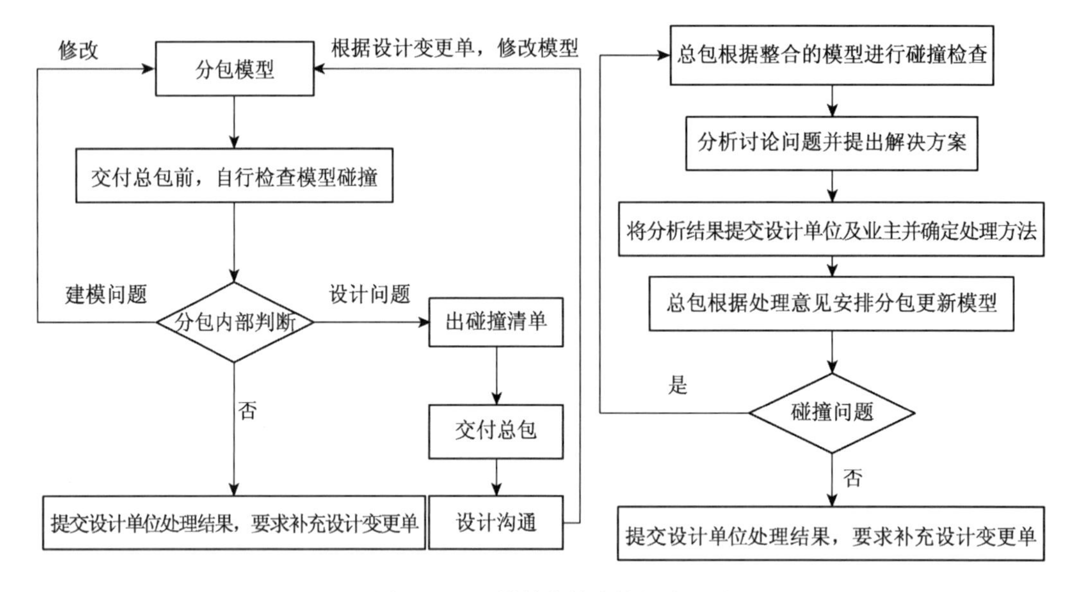

图 2-10　三维管线综合协调流程图

工作内容：

① 三维管线综合协调为工程的重要内容，在接收设计模型后，应首先与设计方、业主沟通，确定模型的分区范围。

② 根据土建施工进度计划，并充分估计到审批流程的时间，制订详细的深化设计、碰撞检测、材料加工、设备采购进货、机电安装的完成计划。

③ 根据深化设计的进度，进行建筑、结构、机电各工种之间的三维碰撞协调分析，对于体量较小的单体建筑，一次完成全部碰撞检查；对于体量较大的单体建筑，可采用分层分区的方式进行划分，逐次完成碰撞检查。

3) 模型维护

完成施工建模、输入施工信息，达到竣工模型要求，如图 2-11 所示。

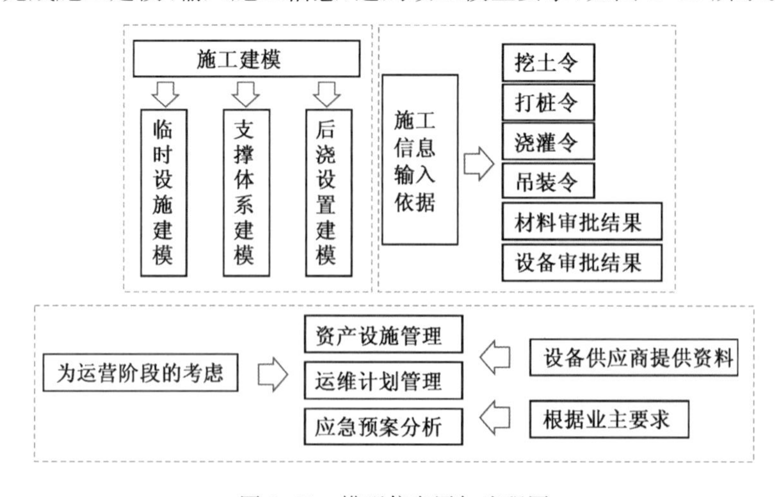

图 2-11　模型信息添加流程图

工作内容：

① 完成日常的施工建模工作，包括临时辅助设施、支撑体系等。按照项目 BIM 规划的要求，参考工程部进度计划条目命名方式，完成模型构件命名。

② 按照设计说明及设计图纸中的表达，根据材料报审审批情况，完成构件材料综合信息输入。

③ 根据工程进度，输入主要建筑构件、设备的施工安装时间，主要依据为挖土令、混凝土浇灌令、打桩令、吊装令等。

④ 综合考虑运营管理对信息的基本要求，为运营管理阶段的使用，建立模型信息基础。

4）工程量统计

通过对日常模型的维护，完善工程量的统计，为工程决算提供计算依据。

工作内容：

① 根据施工模型，对照设计变更单、业主要求等模型修改依据，完成工程量统计。

② 建立反映施工进度成本管理的 5D 模型，估算成本消耗情况，进行资源消耗、现金流情况、成本分析，每月报总包商务部门。

③ 阶段工程实物量的统计，配合阶段工程款申请。

④ 根据最终的竣工模型，提供工程决算的计算依据。

5）施工进度模拟与方案演示

施工进度模拟可以形式直观、精确地反映整个项目的施工过程和重要环节，如图 2-12 所示。

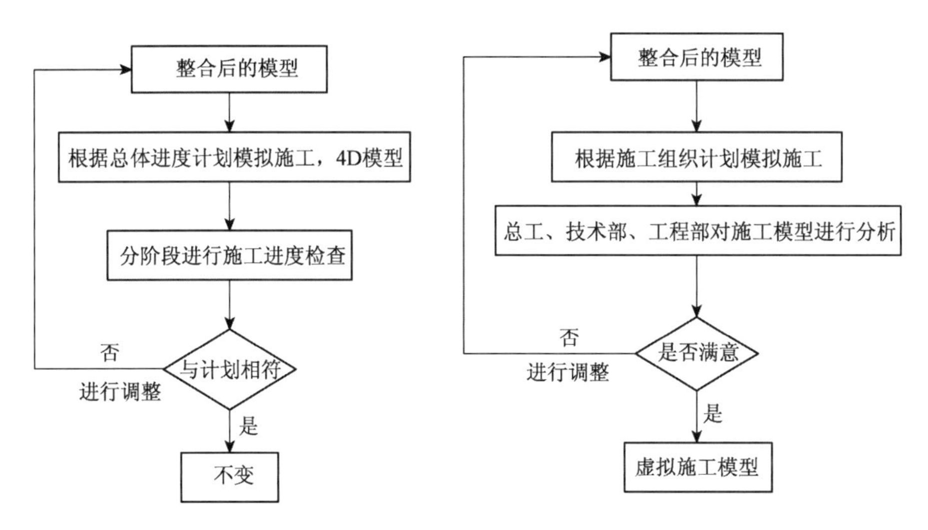

图 2-12　项目进度模拟与虚拟施工流程图

工作内容：

① 在项目建造过程中合理制订施工方案，掌握施工工艺方法。

② 优化使用施工资源以及科学地进行场地布置，对整个工程的施工进

度、资源和质量进行统一管理和控制，以缩短工期、降低成本、提高质量。

③ 施工总流程，应根据月、季、年进度计划的制定，以双周周报、月报的形式进行提交。

④ 施工总流程链接成本信息，对照实际发生成本，进行全过程成本监控。

⑤ 根据施工进度情况，动态调整施工总流程模型，在调整中对重要节点进行监控，如深化设计时间、加工时间、设备采购时间、安装时间等，发现问题，立即上报，避免影响工程进度。

6）施工方案优化

施工方案优化主要通过对施工方案的经济、技术比较，选择最优的施工方案，达到加快施工进度并能保证施工质量和施工安全，降低消耗的目的，如图 2-13 所示。

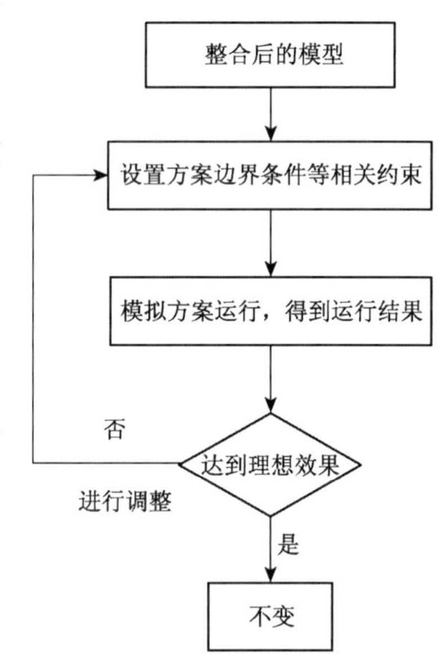

图 2-13 方案模拟及优化流程图

施工方案的优化有助于提升施工质量和减少施工返工。通过三维可视化的 BIM 模型，沟通的效率大大提高，BIM 模型代替图纸成为施工过程中的交流工具，提升了施工方案优化的质量。

工作内容：

① 对于存在较大争议的施工方案，围绕技术可行性、工期、成本、安全等方面进行方案优化。

② 施工方案演示及优化的资料，应在施工方案报审中体现，并作为施工方案不可缺少的一部分提交业主和监理审批。

③ 在施工组织设计编制阶段，应明确施工方案 BIM 演示的范围，深刻理解“全寿命全过程”的含义，挑选重要的施工环节进行施工方案演示，“重要”环节指的是：结构复杂、施工工艺复杂、影响因素复杂的施工环节。

④ 紧密联系专项施工方案的编制，动态调整模型，此模型不用于工程量统计和信息录入，仅作为施工演示。

⑤ 施工方案的表现应满足清晰、直观、详细的要求，反映施工顺序和施工工艺，先后顺序上遵照进度计划的原则。

7）BIM 竣工模型提交和过程记录

工作内容：

① 根据工程分部分项验收步骤，不晚于分部分项验收时间内提交分部分项竣工模型，竣工模型信息的添加参考表 2-6—表 2-10 关于 LOD 500 的技术要求。

② 基于 BIM 的项目管理工作，探索以 BIM 工具来实现项目管理的质量控制目标、进度控制目标、投资控制目标和安全控制目标，真正改变传统建筑业的粗放式的管理现状，实现精细化的管理。

③ BIM应用的过程资料非常重要，为此，要求BIM操作全过程记录，对于重点原则和操作标准的内容，应形成相应的规章制度执行，所形成的资料作为后续或其他工程的参考。

2.4.4 应用软件选择

美国BuildingSmart联盟主席Dana K. Smith先生在其著作（*Building Information Modeling：A Strategic Implementation Guide For Architects，Engineers，Constructors，And Real Estate Asset Managers*）中下了这样一个论断："依靠一个软件解决所有问题的时代已经一去不复返了。"[3]

国内学者何关培提到过BIM的一个特点——BIM不是一个软件的事，其实BIM不止不是一个软件的事，准确一点应该说BIM不是一类软件的事，而且每一类软件的选择也不止是一个产品，这样一来要充分发挥BIM价值为项目创造效益涉及的常用BIM软件数量就有十几个到几十个之多了。[3]

谈BIM、用BIM都离不开BIM软件，下面通过对目前在全球具有一定市场影响或占有率，并且在国内市场具有一定认识和应用的BIM软件进行分类，希望能够对BIM软件有个简单的梳理和总体认知。[3]

BIM软件按其职能作用可划分为工具软件、整合软件和平台软件；按其所属地区和公司可分为"美国派"——Autodesk（欧特克）、"法国派"——Dassault（达索）、"北欧派"——Tekla（泰克拉）等；按其适合使用的项目类别可分为土建结构、钢结构、曲面异型结构、幕墙结构、管道结构等。

工具软件包括建模工具软件、性能化分析软件、BIM应用实现软件等，例如，Autodesk公司的Revit系列，Ecotect，eQUEST系统，Dassault公司的Catia系统，以及Tekla，Rhino，ArchiCAD，MagiCAD等，此外还包括各种单一或某几项BIM功能的工具软件，实现其强大的功能，如Synchro，Vico等。

整合软件是各BIM软件公司重点为其本公司系统产品研发的软件平台，如Autodesk公司声誉最高的Navisworks，Dassault公司的Delmia系统，Bentley公司的Projectwiser等。

平台软件是各BIM软件公司为实现模型信息交互而开发的虚拟交换平台，包括Autodesk公司的BIM 360，Vault等，Dassault公司的著名产品Enovia等。

对于不同的建筑结构类别，适合土建结构的BIM软件多选择Autodesk公司的Revit，Tekla则特别适合钢结构的模型构建，幕墙结构多选择Rhino软件，而管道结构更多选择Bentley的产品，能较好实现曲面异型结构的软件有Rhino和Catia系列。

在实际操作中，则要根据项目的特点和BIM团队的实际能力，正确选择适合自己使用的BIM软件，因为一旦确定了某类BIM产品，构建出BIM模型，在模型格式不完全兼容的条件下，模型格式转换将造成模型构件和信息的丢失。笔者曾针对Revit模型转换格式，读入到其他软件产品中，模型的读取程度因软件而异，但都存在不同程度的信息丢失现象，故不建议在 BIM 操作过程中频繁转换格式互相读取模型。

以某污水处理厂项目工程为例，在 BIM 规划阶段严格规定软件的选择，工程各阶段应用点及推荐的软件保存格式、硬件配置请见表 2-13—表 2-18，供读者参考。

表 2-13　　方案设计阶段应用点及推荐软件

序号	实施方	应用点	应用具体内容	推荐软件
1	设计单位	场地建模	依据场地三通一平后的状况进行三维建模，为后期建模提供场地模型	Civil3D Revit
2		场地漫游	对已有的场地三维模型进行漫游设置，并导出动画	Revit Navisworks
3		方案建模	对项目进行建筑专业三维建模，达到方案深度	Revit AutoCAD

表 2-14　　设计阶段应用点及推荐软件

序号	实施方	应用点	应用具体内容	推荐软件
1	设计单位	初设建模	结合初步设计进行全专业（建筑、结构、机电）三维建模	Revit AutoCAD
2		初步设计 3D 漫游	对已有的初步设计模型进行漫游设置，并导出动画	Revit Navisworks Showcase
3		能耗分析	GPS 导入 eQUEST 模拟分析	eQUEST
4		声环境分析	Revit 导入 Ecotect 模拟分析	Ecotect
5		办公室日照与采光分析	Revit 导入 Ecotect 模拟分析	Ecotect
6		办公室通风情况分析	Revit 导入 Ecotect 模拟分析	Ecotect
7		施工图设计建模	结合施工图设计进行全专业（建筑、结构、机电）三维建模	Revit AutoCAD
8		施工图设计模型碰撞检查	将施工图设计全专业（建筑、结构、机电）模型放到统一平台，在三维空间中发现平面设计的错漏碰缺，并处理完成	Revit Navisworks
9		施工图设计模型 3D 漫游	对已有的设计模型进行漫游设置，并导出动画	Revit Navisworks Showcase
10		工艺设计方案比选	针对不同的工艺设计方案，分别建模演示，并进行优劣分析，做出选择	Revit Navisworks Showcase
11		工程量统计	利用 Revit 明细表功能及扣减规则，添加成本参数，完成清单统计	Revit
12		工艺模拟	对工艺、循环灌溉工艺进行模拟	Delmia

表 2-15 施工阶段应用点及推荐软件

序号	实施方	应用点	应用具体内容	推荐软件
1	施工单位	工期进度模拟	施工总工期与施工进度的模拟	Revit Navisworks
2		施工建模	持续在施工图模型的基础上进行模型深化，并加载施工信息，直至形成竣工模型	Revit
3		施工方案模拟、优选	同施工方案演示，多施工方案演示，后进行人工比选	Revit Navisworks Delmia
4		施工方案演示	某一阶段/节点施工方案的演示	Revit Navisworks Delmia
5		深化模型碰撞检查	辅助深化设计后 3D 协调问题	Revit Navisworks
6		工程量统计	可进行框算，但如要精确计算，尚有难度，需要与专业的算量软件有接口，因其有专门的计算规则	鲁班

表 2-16 试运营阶段应用点及推荐软件

序号	实施方	应用点	应用具体内容	推荐软件
1	试运营单位	工艺模拟/复核	对综合水厂涉及的补水工艺、循环工艺、灌溉工艺进行模拟，并进行完善	Delmia
2		资产设施管理	通过三维模型与管理系统的结合，对综合水厂主要设施(水泵、污泥泵、风机、流量计、阀门、紫外消毒设备)进行管理	Revit
3		运维计划管理	对综合水厂的运维计划进行策划，根据设备运行状况及时安排维护、保养、更换计划，规范设备维护保养步骤和流程	Enovia
4		运行方案优化、比选	对不同运行模式进行优化，确定不同运行模式的选择条件情况，比较各种运营指标	Enovia
5		应急预案演示与分析	模拟各种突发状况，并对各种与之对应应急预案的实施情况进行模拟分析	Revit Delmia 其他软件

表 2-17 主要软件保存格式

应用	软件	保存格式
三维建模软件	Autodesk Revit	RVT
模型整合平台	Navisworks	NWC/NWD
二维绘图软件	AutoCAD	DWG/DXF
文档生成软件	Microsoft Office	DOC

表 2-18 推荐硬件配置

硬件	推荐型号	基本配置
建模 PC 机	DELL Precision T5600	双英特尔© 至强© 处理器 E5-2630(2.3GHz15M) 32GB (4×8GB)DDR3RDIMM 内存,1600MHz,ECC 1TB7200RPM3.5″512e/4K 硬盘 显卡:2GB nVIDIAQuadro4000 双显示器,2 个 DP 和 1 个 DVI 戴尔™ PrecisionTX600 2 个戴尔™专业版 P2412H24 英寸宽屏平板显示器,VGA/DVI
模型工作站	DELL Precision T7600	双英特尔© 至强© 处理器 E5-2643(3.3GHz10M) 64GB (8×8GB)DDR3RDIMM 内存,1600MHz,ECC 2TB7200RPM3.5″512e/4K 硬盘 2 个戴尔™UltraSharpU2412M24LED 显示器 显卡:2.5GB nVIDIAQuadro5000 双显示器(带 2 个 DP 和 1 个 DVI-I)(1 个 DP-DVI 和 1 个 DVI-VGA 适配器)(HEGA17)
移动查看平台	iPad	屏幕尺寸:9.7 in 电容式触摸屏 操作系统:iOS5.1 处理器:AppleA5X 双核,1G 系统内存:1GB 存储容量:16GB

2.4.5 信息交互方式

前面讨论了那么多的 BIM 模型和应用,不可否认,目前 BIM 的应用还停留在操作层面的单打独斗上,还少有涉及工程管理 BIM 应用。目前缺少的是对建筑模型信息的管理,具体体现在:未建立适合 BIM 发展的管理模式;未建立适合 BIM 管理的工作流程,归根结底是没有建立一个适合 BIM 信息交互协调的平台。

工程项目信息管理面临着如下的挑战:

① 虽然有多种三维 BIM 软件技术的应用,但缺乏统一的数据管理平台,对于建立 BIM 模型后如何深入应用,缺乏有效管理手段。

② 虽然计算机日常工作已经普及,但大量工程信息分散存储在终端电脑,缺乏集中的信息交流与沟通管理平台,诸如施工变更、采购信息、项目计划等信息无法及时有效地进行传递。

③ 虽然应用了部分自动化办公及项目工程管理软件,但还未建立基于 BIM 三维可视化的项目协同管理平台,实现三维模型基础上的项目全过程管理。

④ 虽然工程项目后期都会进行项目归档,但缺乏有效的手段在项目进行过程中进行实时存档、记录;结合三维模型,通过管理流程及表单规范项目操作,便于及时追溯及查询,同时作为知识库进行积累和沉淀。

事实上,BIM 的精髓在于通过信息交互实现协同工作,然而信息交互采用什么样的形式呢？我们使用先进的BIM工具，而信息的传输还能停留在采用移动储存介质(如U盘、移动硬盘)来完成吗？这种传统的传递信息模式不能实现信息交互、消除信息孤岛的要求。

因此，BIM应用作为一种工具，其信息必须在一个信息通畅交流的平台上运行，所有参建单位都共同参与，信息即时传输，才能发挥出BIM的巨大能量。不使用协同的平台，没有真正意义上的BIM，靠单打独斗地使用BIM的各项应用，线下还依然采用传统的工作方式，只会增加管理的繁琐程度，增加建筑工程管理成本，这或许是为什么某些工程BIM应用失败的最大原因。

参考Dassault系统项目协同管理的理念，图2-14给出了基于BIM的工程项目协同管理平台的技术路线，在这个平台上，参建单位之间能够信息共享，达到减少内耗、完善设计协同、兼顾运营管理的目的，从而科学、高效地管理项目。

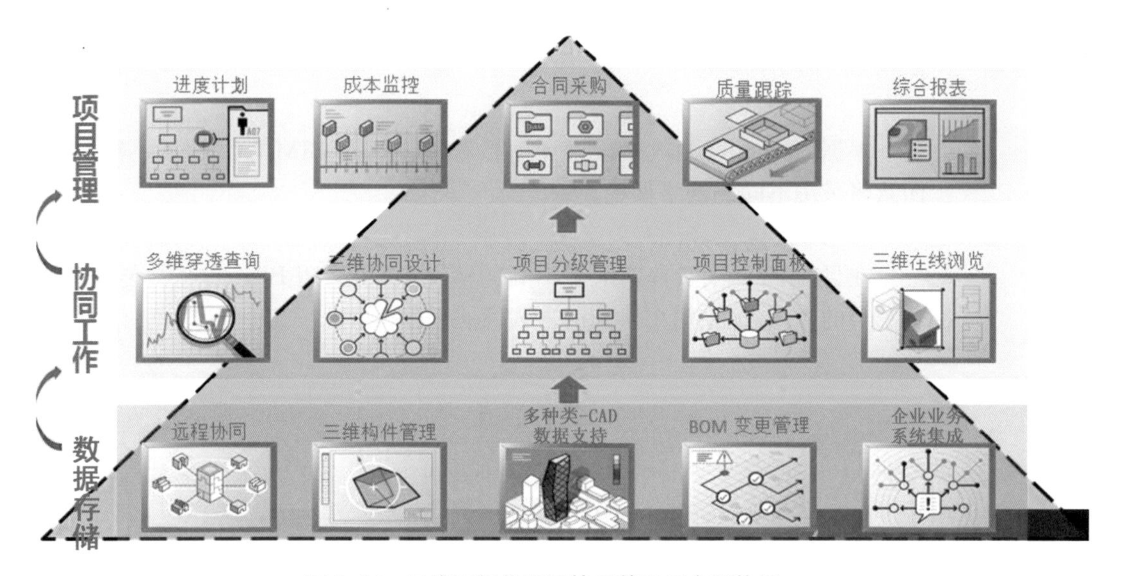

图2-14　三维可视化项目协同管理平台架构图

该平台应该具备以下几个特点：

(1) 智能化

首先该平台管理的不是模型文档的时间版本，而是对模型文档内容的智能化管理，即应为深入到模型内容的数据库管理，从而能对模型的更新版本进行管理。

(2) 结构化

要想更有效地管理模型和其上的BIM应用，必须对模型进行结构化的重构，在平台上建立基于二维数据列表和三维模型一一对应的结构化数据模式。

(3) 兼容性

由于在BIM应用和操作中，不可避免地要采用多款软件才能达到某些BIM应用的目的，那么基于多款BIM软件的交互平台，必须解决不同格式

BIM 模型的兼容性问题，否则同样达不到信息充分交互的目的。

(4) 适应性

该平台应该具有更强的适应性，能适应不同的项目特点和管理方式，即平台的设置和流程应采用自定义的方式，具有更宽泛的适应能力。

(5) 可操作性

建筑领域，尤其是施工行业，技术人员对 IT 技术和平台操作的能力普遍不高，为防止增加产品应用的难度，提高可操作性，该平台应该在使用界面上简单易行，人性化操作。

基于 BIM 的工程项目协同管理平台，在对工程项目全过程中产生的各类信息(如三维模型、图纸、合同、文档等)进行集中管理的基础上，为工程项目团队提供一个信息交流和协同工作的环境，对工程项目中的数据存储、沟通交流、进度计划、质量监控、成本控制等进行统一的协作管理。

2.4.6 网络架构

根据 BIM 团队的成熟程度和项目管理团队对 BIM 掌握程度不同，BIM 团队将采用不同的网络架构。

1) 小协同的网络架构

在目前 BIM 团队普遍水平不高的情况下，可采用 BIM 实施与传统作业相结合的方式，即采用小协同的方式开展工作，如图 2-15 所示。

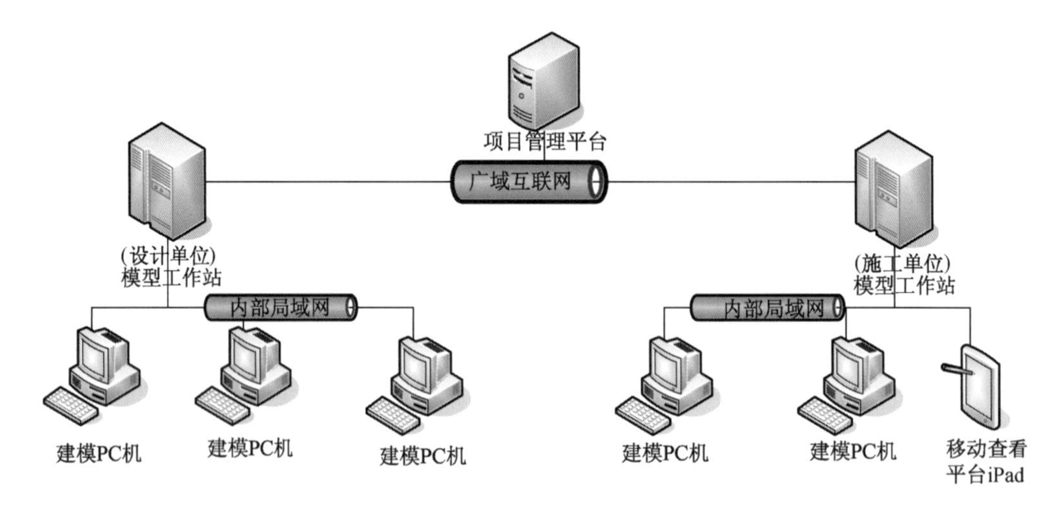

图 2-15　小协同的网络架构

设计、施工单位在各自办公场所分别设置 BIM 模型工作站和建模 PC 机，以进行设计协调和施工协调，而项目管理公司则通过项目管理平台对项目整体操作进行协调，重点控制从设计到施工的交接以及借助传统的工作方式，在设计与施工单位的技术支持下，管理设计阶段和施工阶段的 BIM 协调工作。

设计阶段和施工阶段分别由各自单位负责BIM模型的维护与管理，同时允许业主或管理公司以约定的方式浏览并注释审阅模型，协调各方。

2）多方参与的网络架构

BIM的项目管理方对BIM技术掌握发展到较高阶段，同时已构建了基于BIM的信息管理平台，平台技术已相对成熟，BIM标准在行业领域已经建立并供各参建单位遵守执行，在BIM实施过程中贯彻执行信息交互的理念，可采用基于信息交互平台的管理方式：由BIM管理公司提供信息交互平台的网络服务器，设计、施工、监理、供货商等不同BIM主体可根据分配的账号和权限，登陆平台，在平台上进行项目设计、施工管理、文档流转、产品展示，所有的模型数据和设计、施工的全过程信息都保存在网络服务器内，可以用来记录、追溯、分析，形成多方参与的网络架构，如图2-16所示。

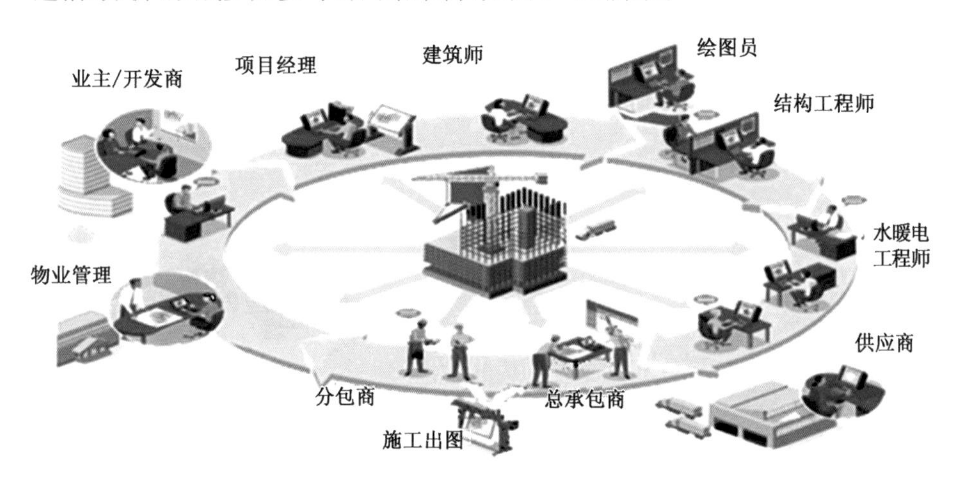

图2-16 多方参与的网络架构图

基于三维数据将整个项目过程中的工程信息管理起来，不仅三维构建数据，而且所有与项目相关联的二维信息都集成在一个数据库中进行统一管理。建立一个工程项目内部及外部协同工作环境，使得项目过程中的信息能够快速、有效地共享及交流，并及时得到反馈。基于三维可视化模型，对工程项目的变更、进度、成本进行实时监控，实现全过程的动态管理，真正意义上实现BIM应用的最大化。所有项目过程中的信息，将统一记录在管理平台的数据中心，提供可追溯的查询并作为知识沉淀，永久保存下来。

在建设过程中，由系统记录所有参建单位的建设行为，管理公司直接进行设计模型和施工模型的管理与维护，可体现更高的管理水平和更为成熟的BIM应用能力。

参 考 文 献

[1] 广州优比建筑咨询有限公司. BIM 做大项目(五):模型管理之目录结构[EB/OL]. (2012-05-18)[2014-03-20]. http://blog.sina.com.cn/s/blog_9fa7d6c301013y91.html.
[2] 广州优比建筑咨询有限公司. BIM 做大项目(六):模型管理之文件命名[EB/OL]. (2012-06-01)[2014-03-20]. http://blog.sina.com.cn/s/blog_9fa7d6c301014qwn.html.
[3] 何关培. BIM 软件知多少(上)[EB/OL]. (2010-09-09)[2014-03-20]. http://blog.sina.com.cn/s/blog_620be62e0100lowy.html.

BIM

3 基于BIM的深化设计与数字化加工

3.1 概述

随着BIM技术的高速发展,BIM在企业整体规划中的应用也日趋成熟,不仅从项目级上升到了企业级,更从设计企业延伸发展至施工企业,作为连接两大阶段的关键阶段,基于BIM的深化设计和数字化加工在日益大型化、复杂化的建筑项目中显露出相对于传统深化设计、加工技术无可比拟的优越性。有别于传统的平面二维深化设计和加工技术,基于BIM的深化设计更能提高施工图的深度、效率及准确性。基于BIM的数字化加工更是一个颠覆性的突破,基于BIM的预制加工技术、现场测绘放样技术、数字物流技术等的综合应用为数字化加工打下了坚实基础。

图3-1 2012年伦敦奥运会某会馆BIM模型图

2008年北京奥运会水立方、2010年上海世博会、2012年伦敦奥运会主会馆、爱尔兰英杰华体育场、万科金色里程、天津港国际邮轮码头,以及被喻为"城市之巅"的上海中心大厦、上海迪斯尼乐园、深圳平安金融中心大厦等标志性项目就运用了BIM技术。图3-1和图3-2展示了两个实例项目的BIM模型。通过BIM技术平台使深化设计与数字化加工有效结合,可实现从深化设计到数字化加工的信息传递，打通深化设计、数字化加工建造等环节。通过BIM 新型的应用技术，实现以创新的理念驱动行业间的交流与协作，充分发挥各自领域内的技术优势，创造建筑行业设计、安装新型产业链，开启全新施工模式。

图 3-2　某国际邮轮码头 BIM 模型图

3.2　基于 BIM 的深化设计

深化设计的类型可以分为专业性深化设计和综合性深化设计。专业性深化设计基于专业的 BIM 模型，主要涵盖土建结构、钢结构、幕墙、机电各专业、精装修的深化设计等。综合性深化设计基于综合的 BIM 模型，主要对各个专业深化设计初步成果进行校核、集成、协调、修正及优化，并形成综合平面图、综合剖面图。

传统设计沟通通过平面图交换意见，立体空间的想象需要靠设计者的知识及经验积累。即使在讨论阶段获得了共识，在实际执行时也经常会发现有认知不一的情形出现，施工完成后若不符合使用者需求，还需重新施工。有时还存在深化不够美观，需要重新深化施工的情况。通过 BIM 技术的引入，每个专业角色可以很容易通过模型来沟通，从虚拟现实中浏览空间设计（图 3-3、图 3-4），在立体空间所见即所得，快速明确地锁定症结点，通过软件更有效地检查出视觉上的盲点。BIM 模型在建筑项目中已经变成业务沟通的关键媒介，即使是不具备工程

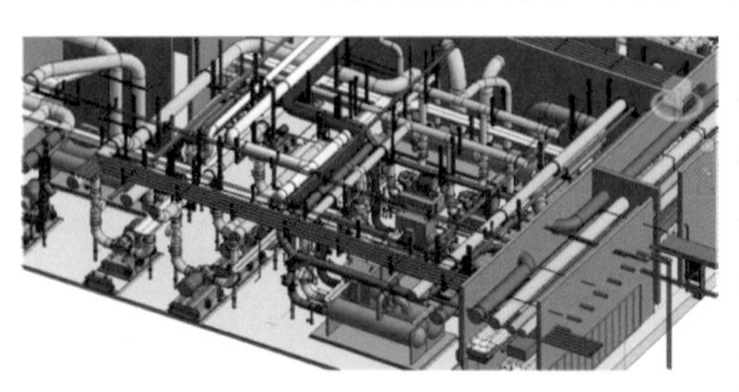

图 3-3　某超高层项目 B2 层冷冻机房 BIM 机电综合模型图

专业背景的人员，都能参与其中。工程团队各方均能给予较多正面的需求意见，减少设计变更次数。除了实时可视化的沟通，BIM 模型的深化设计加之即时数据集成，可获得一个最具时效性的、最为合理的虚拟建筑，因此导出的施工图可以帮助各专业施工有序合理地进行，提高施工安装成功率，进而减少人力、材料以及时间上的浪费，一定程度上降低施工成本。

图 3-4　某超高层项目 B2 层水泵房 BIM 机电综合模型图

通过 BIM 的精确设计后，可大大降低专业间交错碰撞，且各专业分包利用模型开展施工方案、施工顺序讨论，可以直观、清晰地发现施工中可能产生的问题，并给予提前解决，从而大量减少施工过程中的误会与纠纷，也为后阶段的数字化加工、数字建造打下坚实基础。

3.2.1 组织架构与工作流程

深化设计在整个项目中处于衔接初步设计与现场施工的中间环节，通常可以分为两种情况。其一，深化设计由施工单位组织和负责，每一个项目部都有各自的深化设计团队；其二，施工单位将深化设计业务分包给专门的深化单位，由该单位进行专业的、综合性的深化设计及特色服务。这两种方式是目前国内较为普遍的运用模式，在各类项目的运用过程中各有特色。所以，施工单位的深化设计需根据项目特点和企业自身情况选择合理的组织方案。

下面介绍一套通用组织方案和工作流程供参考。

1）组织架构

深化设计工作涉及诸多项目参与方，有建设单位、设计单位、顾问单位及承包单位等。由于 BIM 技术的应用，原项目的组织架构也发生相应变化，在总承包组织下增加了 BIM 项目总承包及相应专业 BIM 承包单位，如图 3-5 所示。

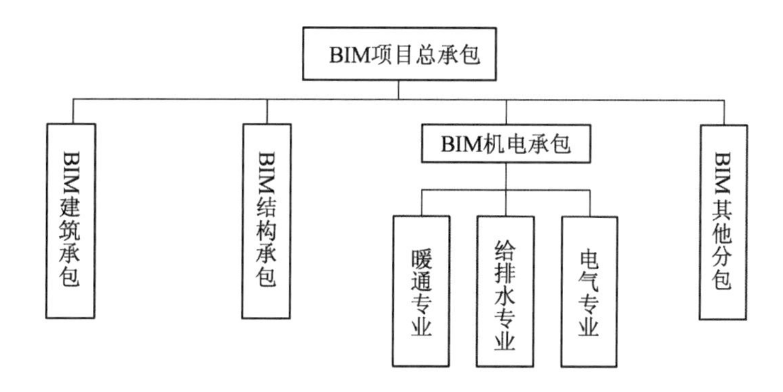

图 3-5　BIM 项目总承包组织架构图

其中，各角色的职责分工如下：

（1）BIM 项目总承包

BIM 项目总承包单位应根据合同签署的要求对整个项目 BIM 深化设计工作负责，包括 BIM 实施导则、BIM 技术标准的制定、BIM 实施体系的组织管理，与各个参与方共同使用 BIM 进行施工信息协同，建立施工阶段的 BIM 模型辅助施工，并提供业主相应的 BIM 应用成果。同时，BIM 项目总承包单位需要建立深化设计管理团队，整体管理和统筹协调深化设计的全部内容，包括负责将制订的深化设计实施方案递交、审批、执行；将签批的图纸在 BIM 模型中进行统一发布；监督各深化设计单位如期保质地完成深化设计；在 BIM 综合模型的基础上负责项目各个专业的深化设计；对总承包单位管理范围内各专业深化设计成果整合和审查；负责组织召开深化设计项目例会，协调解决深化设计过程中存在的各类问题。

（2）各专业承包单位

负责通过 BIM 模型进行综合性图纸的深化设计及协调；负责指定范围内的专业深化设计；负责指定范围内的专业深化设计成果的整合和审查；配合本专业与其他相关单位的深化设计工作。

（3）分包单位

负责本单位承包范围内的深化设计；服从总承包单位或其他承包单位的管理；配合本专业与其他相关单位的深化设计工作。

BIM 项目总承包对深化设计的整体管理主要体现在组织、计划、技术等方面的统筹协调上，通过对分包单位 BIM 模型的控制和管理，实现对下属施工单位和分包商的集中管理，确保深化设计在整个项目中的协调性与统一性。由 BIM 项目总承包单位管理的 BIM 各专业承包单位和 BIM 分包单位根据各自所承包的专业负责进行深化设计工作，并承担起全部技术责任。各专业 BIM 承包单位均需要为 BIM 项目总承包及其他相关单位提交最新版的 BIM 模型，特别是涉及不同专业互相交叉设计的时候，深化设计分工应服从总承包单位的协调安排。各专业主承包单位也应负责对专业内的深化设计进行技术统筹，应当注重采用 BIM 技术分析本工程与其他专业工程是否存在碰撞和冲突。各专业分包单位应服从机电主承包单位的技术统筹管理。

对于各承包企业而言，企业内部的组织架构及人力资源也是实现企业级 BIM 实施战略目标的重要保证。随着 BIM 技术的推广应用，各承包企业内部的组织架构、人力资源等方面也发生了变化。因此，需要在企业原有的组织架构和人力资源上，进行重新规划和调整适合。企业级 BIM 在各承包企业的应用也会像现有的二维设计一样，成为企业内部基本的设计技能，建立健全的 BIM 标准和制度，拥有完善的组织架构和人力资源，如图 3-6 所示。

2）工作流程

BIM 技术在深化设计中的应用，不仅改变了企业内部的组织架构和人力资源配置，也相应改变了深化设计及项目的工作流程。BIM 组织架构基于 BIM

的深化设计流程不能完全脱离现有的管理流程，但必须符合BIM技术的调整，特别是对于流程中的每一个环节涉及BIM的数据都要尽可能地做详尽规定，故在现有深化设计流程基础上进行更改，以确保基于BIM的应用过程运转通畅，有效提高工作效率和工作质量。基于BIM的深化设计流程可参考图3-7。

根据图3-7，项目施工阶段BIM工作总流程将建设单位、设计单位、总承包单位、分包单位在深化设计及施工阶段的BIM模型信息工作流进行了很好的说明，也体现出总承包对BIM在深化设计和施工阶段的组织、规划、统筹和管理。各专业分包的深化模型皆由总承包进行BIM综合模型整体一体化的管理，各分包的专业施工方案也皆基于总承包对BIM实施方案制订的前提下

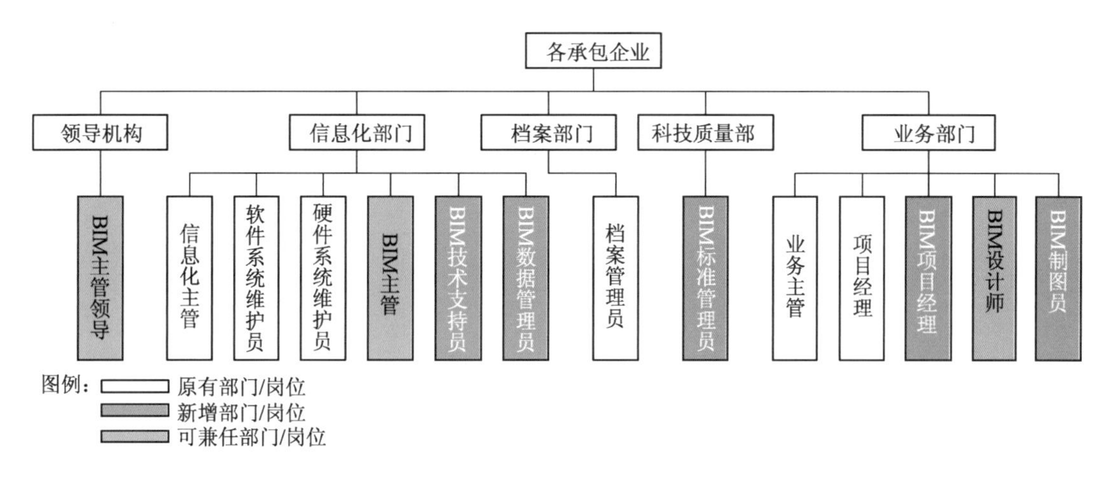

图3-6 各承包企业BIM组织架构图[1]

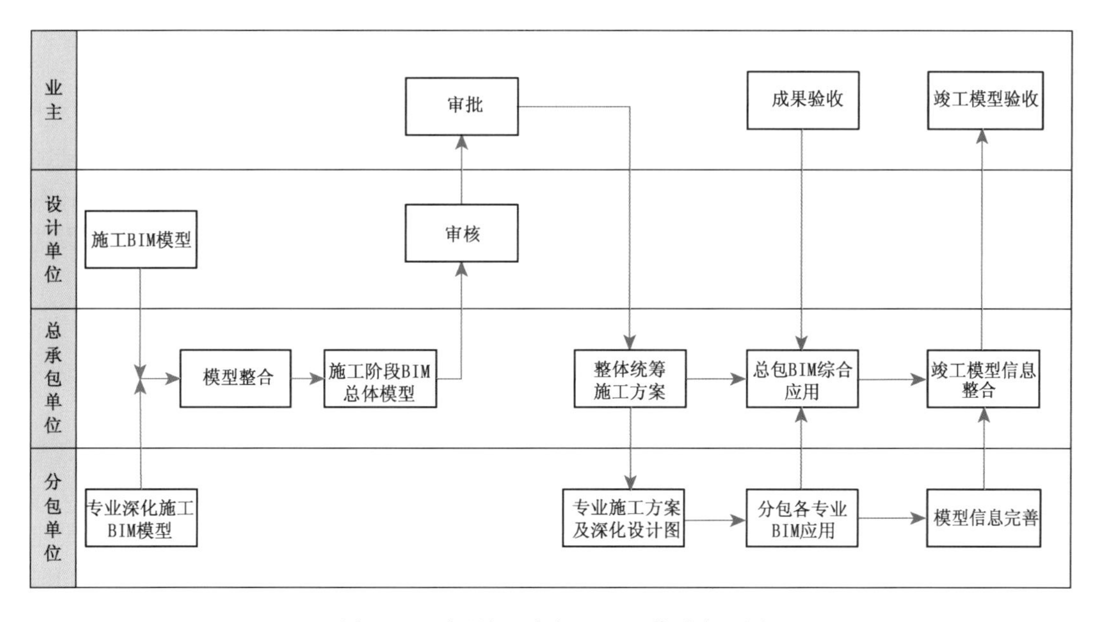

图3-7 项目施工阶段BIM工作总流程图

进行确定并利用 BIM 模型进行深化图纸生成。同时,在施工的全过程中 BIM 模型参数化录入将越来越完善,为 BIM 模型交付和后期运维打下基础。

此外,对于不同专业的承包商,BIM 深化设计的流程更为细化,协作关系更为紧密。现以建筑、结构、机电专业的 BIM 综合协调工作流程为例,如图 3-8所示。

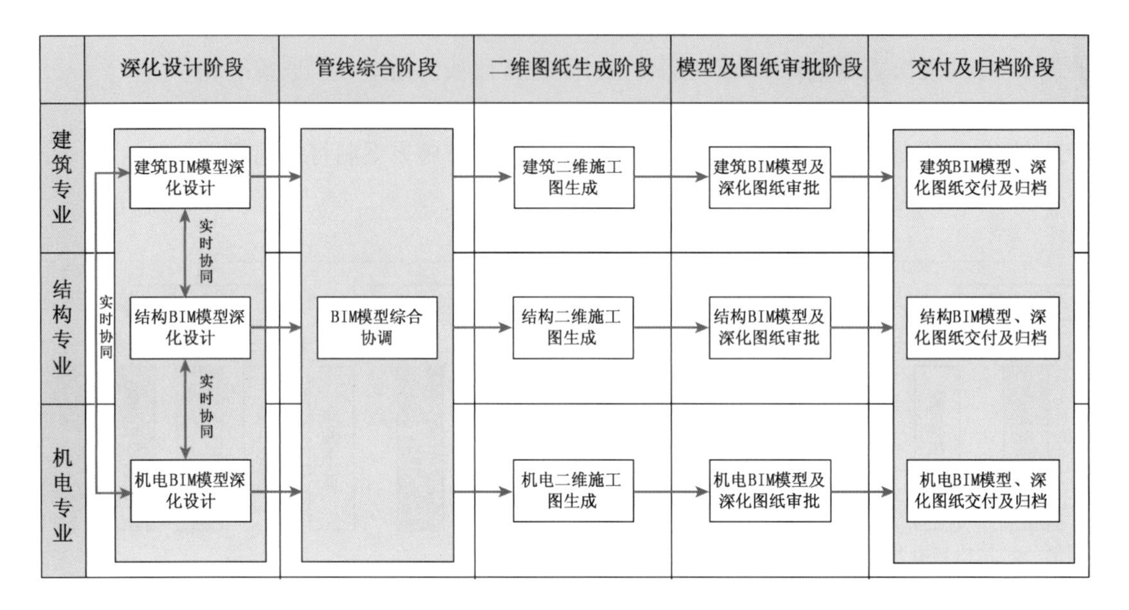

图 3-8　BIM 综合协调工作流程图

基于上述流程图,BIM 技术在整个项目中的运用情况与传统的深化设计相比,BIM 技术下的深化设计更加侧重于信息的协同和交互,通过总承包单位的整体统筹和施工方案的确定,利用 BIM 技术在深化设计过程中解决各类碰撞检测及优化问题。各个专业承包单位根据 BIM 模型进行专业深化设计的同时,保证各专业间的实时协同交互,在模型中直接对碰撞实施调整,简化操作中的协调问题。模型实时调整,即时显现,充分体现了 BIM 技术下数据联动性的特点,通过 BIM 模型可根据需求生成各类综合平面图、剖面图及立面图,减少二维图纸绘制步骤。

3.2.2　模型质量控制与成果交付

1) 模型质量控制

深化设计过程中 BIM 模型和深化图纸的质量对项目实施开展具有极大的影响,根据以往 BIM 应用的经验来看,当前主要存在着 BIM 专业的错误建模、各专业 BIM 模型版本更新不同步、选用了错误或不恰当的软件进行 BIM 深化设计、BIM 深化出图标准不统一等问题。如何通过有效的手段和方法对 BIM 深化设计进行质量控制和保证、实现在项目实施推进过程中 BIM 模型的准确利用和高效协同是各施工企业需要考量和思索的关键。为了保证BIM模型的正确性和全面性,各企业应制订质量实施和保证计划。

由于BIM的所有应用都是从BIM模型数据实现的,所以对BIM模型数据的质量控制非常重要。质量控制的主要对象为BIM模型数据。质量控制根据时间可分为事前质量控制和质量验收两点。事前质量控制是指BIM产出物交付并应用于设计图纸生成和各种分析以前,由建立BIM模型数据的人员完成之前检查。事前质量控制的意义在于因为BIM产出物的生成以及各类分析应用对BIM模型数据要求非常精确,所以事前进行质量确认非常必要。BIM产出物交付时的事前质量核对报告书可以作为质量验收时的参考。质量验收是指交付BIM模型和深化图纸时由建设单位的质量管理者来执行验收。质量验收根据事前质量核对报告书,实事求是地确认BIM数据的质量,必要的时候可进行追加核对。根据质量验收结果,必要时执行修改补充,确定结果后验收终止。

针对上述两点可以从内部质量控制和外部质量控制两个方面入手,实现深化设计中BIM模型和图纸的质量控制。

(1) 内部控制

内部控制是指通过企业内部的组织管理及相应标准流程的规范,对项目过程中应建立交付的BIM模型和图纸继续进行质量控制和管理。所以,要实现企业内部的质量控制就需要建立完善的深化设计质量实施和保证计划。其目的在于为在整个项目团队中树立明确的目标,增强责任感和提高生产率,规范工作交流方式,明确人员职责和分工,控制项目成本、进度、范围和质量。在项目开展前,企业应确定内部的BIM深化设计组织管理计划,需与企业整体的BIM实施计划方向保持一致。通过组织架构调整、人力资源配置有效保证工作顺利开展。如:在一个项目中,BIM深化团队至少应包括BIM项目经理、各相关专业BIM设计师、BIM制图员等。由BIM项目经理组织内部工作组成员的培训,指导BIM问题解决和故障排除的注意要点,通过定期的质量检查制度管理BIM的实施过程,通过定期的例会制度促进信息和数据的互换、冲突解决报告的编写,实现BIM模型的管理和维护。

上述这些内部质量控制手段和方法并不是凭空执行和操作的,BIM作为贯穿建筑项目全生命周期的信息模型,其重要性不言而喻。所以,BIM标准的建立也是质量控制的重要一部分,BIM标准的制定将直接影响到BIM的应用与实施,没有标准的BIM应用,将无法实现BIM的系统优势。对于基于BIM的深化设计,BIM标准的制定主要包括技术标准和管理标准,技术标准有BIM深化设计建模标准、BIM深化设计工作流程标准、BIM模型深度标准、图纸交付标准等。而管理标准则应包括外部资料的接收标准、数据记录与连接标准、文件存档标准、文件命名标准,以及软件选择与网络平台标准等。在建模之前,为了保证模型的进度和质量,BIM团队核心成员应对建模的方式、模型的管理控制、数据的共享交流等达成一致意见,如:

① 原点和参考点的设置:控制点的位置可设为(0,0,0)。

② 划分项目区域:把标准层的平面划分成多个区域。

③ 文件命名结构:对各个模型参与方统一文件命名规则。

④ 文件存放地址:确定一个 FTP 地址用来存放所有文件。

⑤ 文件的大小:确定整个项目过程中文件的大小规模。

⑥ 精度:在建模开始前统一好模型的精度和容许度。

⑦ 图层:统一模型各参与方使用的图层标准,如颜色、命名等。

⑧ 电子文件的更改:所有文件中更改过的地方都要做好标记等。

一旦制订了企业 BIM 标准,则在每一个设计审查、协调会议和设计过程中的重要节点,相应的模型和提交成果都应根据标准执行,实现质量控制与保证。如 BIM 经理可负责检查模型和相关文件等是否符合 BIM 标准,主要包括以下内容:

① 直观检查:用漫游软件查看模型是否有多余的构件和设计意图是否被正确表现。

② 碰撞检查:用漫游软件和碰撞检查软件查看是否有构件之间的冲突。

③ 标准检查:用标准检查软件检查 BIM 模型和文件里的字体、标注、线型等是否符合相关 BIM 标准。

④ 构件验证:用验证软件检查模型是否有未定义的构件或被错误定义的构件。

(2) 外部控制

外部控制是指与项目其他参与方的协调过程中对共享、接收、交付的 BIM 模型成果和 BIM 应用成果进行的质量检查控制。对于提交模型的质量和模型更新应有一个责任人,即每一个参与建模的项目参与方都应有个专门的人(可以称之为模型经理)对模型进行管理和对模型负责。

模型经理作为 BIM 团队核心成员的一部分,主要负责的方面有:参与设计审核,参加各方协调会议,处理设计过程中随时出现的问题等。对于接收的 BIM 模型和图纸应对其设计、数据和模型进行质量控制检查。质量检查的结果以书面方式进行记录和提交,对于不合格的模型、图纸等交付物,应明确告知相应参与方予以修改,从而确保各专业施工承包企业基于 BIM 的深化设计工作高质、高效地完成。

此外,高效实时的协作交流模式也可以降低数据传输过程中的错误率和减少时间差。对于项目不同角色及承包方团队之间的协作和交流可以采用如下方式:

① 电子交流。为了保证团队合作顺利开展,应建立一个所有项目成员之间的交流模式和规程。在项目的各个参与方负责人之间可以建立电子联系纽带,这个纽带或者说方式可以在云平台通过管理软件来建立、更新和存档。与项目有关的所有电子联系文件都应该被保存留作以后参考。文件管理规程也应在项目早期就设立和确定,包括文件夹的结构、访问权限、文件夹的维护和

文件的命名规则等。

② 会议交流。建立电子交流纽带的同时也应制订会议交流或视频会议的程序，通过会议交流可以明确提交各个 BIM 模型的计划和更新各个模型的计划；带电子图章的模型的提交和审批计划；与 IT 有关的问题，如文件格式、文件命名和构件命名规则、文件结构、所用的软件以及软件之间的互用性；矛盾和问题的协调和解决方法等内容。

2）成果交付

随着建筑全生命周期概念的引入，BIM 的成果交付问题也日渐显著。BIM 是一项贯穿于设计、施工、运维的应用，其基于信息进行表达和传递的方式是 BIM 信息化工作的核心内容。本书通过分析、总结得出，对于基于 BIM 技术的深化设计阶段，二维深化图纸的交付已经不能够满足整个建筑行业技术进步的要求，而是应该以 BIM 深化模型的交付为主，二维深化图纸、表单文档为辅的一套基于 BIM 技术应用平台下的成果交付体系。其目的是：为各个参与方之间提供精确完整动态的设计数据；提供多种优化、可行的施工模拟方案；提供各参与方深化、施工阶段不同专业间的综合协调情况；为业主后期运维开展提供完善的信息化模型；为相关二维深化图纸及表单文本交付提供相关联动依据。目前中国的 BIM 技术处于起步初期，对于 BIM 成果交付问题虽有部分探究，但尚停留在设计阶段，对于深化施工阶段的 BIM 成果交付并未做详尽探讨和研究。故本书就深化设计阶段从 BIM 交付物内容、成果交付深度、交付数据格式和交付安全四大方面进行论述。

（1）BIM 深化设计交付物内容

BIM 深化设计交付物是指在项目深化设计阶段的工作中，基于 BIM 的应用平台按照标准流程所产生的设计成果。它包括各个专业深化设计的 BIM 模型；基于 BIM 模型的综合协调方案；深化施工方案优化方案；可视化模拟三维 BIM 模型；由 BIM 三维模型所衍生出的二维平立剖面图、综合平面图、留洞预埋图等；由 BIM 模型生成的参数汇总、明细统计表格、碰撞报告及相关文档等。整个深化设计阶段成果的交付内容以 BIM 模型为核心内容，二维深化图纸及文表数据为辅。同时，交付的内容应该符合签署的 BIM 商业合同，按合同中要求的内容和深度进行交付。

（2）BIM 成果交付深度

中华人民共和国住房和城乡建设部于 2008 年颁布了最新的《建筑工程设计文件编制深度规定》。该规定对深化施工图设计阶段详尽描述了建筑、结构、电气、给排水、暖通等专业的交付内容及深度规范，这也是目前设计单位制定本企业设计深度规范的基本依据。BIM 技术的应用并不是颠覆传统的交付深度，而是基于传统的深度规定制订出适合中国建筑行业发展的 BIM 成果交付深度规范。同时，该项规范也可作为项目各参与方在具体项目合同中交付条款的参考依据。[1]根据不同的模型深度要求，目前国内应用较为普遍的建筑信息模型详细等级标准主要划分为 LOD100，LOD200，LOD300，

LOD400，LOD500 五个级别，对于具体项目可进行自定义模型深度等级，不同专业各个级别模型具体细节可参见本书第 2 章表 2-6。

（3）交付数据格式

深化设计阶段 BIM 模型交付主要是为了保证数据资源的完整性，实现模型在全生命周期的不同阶段高效使用。目前，普遍采用的 BIM 建模软件主流格式有 Autodesk Revit 的 RVT，RFT，RFA 等格式。同时，在浏览、查询、演示过程中较常采用的轻量化数据格式有 NWD，NWC，DWF 等。模型碰撞检测报告及相关文档交付一般采用 Microsoft Office 的 DOCX 格式或 XLSX 格式电子文件、纸质文件。

对于 BIM 模式下二维图纸生成，现阶段面临的问题是现有 BIM 软件中二维视图生成功能的本地化相对欠缺。随着 BIM 软件在二维视图方面功能的不断加强，BIM 模型直接生成可交付的二维视图必然能够实现，BIM 模型与现有二维制图标准将实现有效对接。所以，对于现阶段 BIM 模式下二维视图的交付模式，应该根据 BIM 技术的优势与特点，制订出现阶段合理的 BIM 模式下二维视图的交付模式。实际上，目前国内部分设计院，已经尝试了经过与业主确认，通过部分调整二维制图标准，使得由 BIM 模型导出的视图可以直接作为交付物。对于深化设计阶段，其设计成果主要用于施工阶段，并指导现场施工，最终设计交付图纸必须达到二维制图标准要求。因此，目前可行的工作模式为先依据 BIM 模型完成综合协调、错误检查等工作，对 BIM 模型进行设计修改，最后将二维视图导出到二维设计环境中进行图纸的后续处理。这样能够有效保证施工图纸达到二维制图标准要求，同时也能降低在 BIM 环境中处理图纸的大量工作。

（4）交付安全

工程建设项目需要在合同中对工程项目建设过程中形成的知识产权的归属问题进行明确和规定，结合业主、设计、施工三方面确保交付物的安全性。对于采用 BIM 技术完成的工程建设项目，知识产权归属问题显得更为突出。所以，在深化设计阶段的 BIM 模型交付过程中应明确 BIM 项目中涉及的知识产权归属，包括项目交付物，设计过程文件，项目进展中形成的专利、发明等。

3.3 基于 BIM 的数字化加工

目前国内建筑施工企业大多采用的是传统的加工技术，许多建筑构件以传统的二维 CAD 加工图为基础的，设计师根据 CAD 模型手工画出或用一些详图软件画出加工详图，这在建筑项目日益复杂的今天，是一项工作量非常巨大的工作。为保证制造环节的顺利进行，加工详图设计师必须认真检查每一张原图纸，以确保加工详图与原设计图的一致性；再加上设计深度、生产制造、物流配送等流转环节，导致出错概率很大。也正是因为这样，导致各行各业在信息化蓬勃发展的今天，生产效率不但没有提高，反而正在持续下滑。

而BIM是建筑信息化大革命的产物，能贯穿建筑全生命周期，保证建筑信息的延续性，也包括从深化设计到数字化加工的信息传递。基于BIM的数字化加工将包含在BIM模型里的构件信息准确地、不遗漏地传递给构件加工单位进行构件加工，这个信息传递方式可以是直接以BIM模型传递，也可以是BIM模型加上二维加工详图的方式，由于数据的准确性和不遗漏性，BIM模型的应用不仅解决了信息创建、管理与传递的问题，而且BIM模型、三维图纸、装配模拟、加工制造、运输、存放、测绘、安装的全程跟踪等手段为数字化建造奠定了坚实的基础。所以，基于BIM的数字化加工建造技术是一项能够帮助施工单位实现高质量、高精度、高效率安装完美结合的技术。通过发挥更多的BIM数字化的优势，将大大提高建筑施工的生产效率，推动建筑行业的快速发展。

3.3.1 数字化加工前的准备

建筑行业也可以采用BIM模型与数字化建造系统的结合来实现建筑施工流程的自动化，尽管建筑不能像汽车一样在加工好后整体发送给业主，但建筑中的许多构件的确可以预先在加工厂加工，然后运到建筑施工现场，装配到建筑中（如门窗、预制混凝土构件和钢构件、机电管道等）。通过数字化加工，可以自动完成建筑物构件的预制，降低建造误差，大幅度提高构件制造的生产率，从而提高整个建筑建造的生产率。

1) 数字化加工首要解决问题

① 加工构件的几何形状及组成材料的数字化表达；

② 加工过程信息的数字化描述；

③ 加工信息的获取、存储、传递与交换；

④ 施工与建造过程的全面数字化控制。

BIM技术的应用能很好地解决上述这些问题，要实现数字化加工，首先必须要通过数字化设计建立BIM模型，BIM模型能为数字化加工提供详尽的数据信息，在3.2节论述的基于BIM的深化设计模型是数字化加工开展的基本保证，在完成BIM深化后的模型基础上，要确保数字化加工顺利有效地进行，还有一些注意要点需在数字化加工前进行准备。

2) 数字化加工准备注意要点

① 深化设计方、加工工厂方、施工方图纸会审，检查模型和深化设计图纸中的错漏碰缺，根据各自的实际情况互提要求和条件，确定加工范围和深度，有无需要注意的特殊部位和复杂部位，并讨论复杂部位的加工方案，选择加工方式、加工工艺和加工设备，施工方提出现场施工和安装可行性要求。

② 根据三方会议讨论的结果和提交的条件，把要加工的构件分类，如表

3-1所示。

③ 确定数字化加工图纸的工作量、人力投入。

④ 根据交图时间确定各阶段任务、时间进度。

⑤ 制定制图标准，确定成果交付形式和深度。

⑥ 文件归档。

表 3-1　　各专业加工构件分类表

专业分类	复杂构件	一般构件
钢结构	钢管相贯线 复杂曲线、边界	加劲板 焊接 H 型钢板
混凝土结构	复杂形状模板	一般模板
机电	复杂弯头 大小管连接 不同形状管的连接	普通管道

待数字化加工方案确定后，需要对 BIM 模型进行转换。BIM 模型中所蕴含的信息内容很丰富，不仅能表现出深化设计意图，还能解决工程里的许多问题，但如果要进行数字化加工，就需要把 BIM 深化设计模型转换成数字化加工模型，加工模型比设计模型更详细，但也去掉了一些数字化加工不需要的信息。

3）BIM 模型转换为数字化加工模型步骤

① 需要在原深化设计模型中增加许多详细的信息（如一些组装和连接部位的详图），同时根据各方要求（加工设备和工艺要求、现场施工要求等）对原模型进行一些必要的修改。

② 通过相应的软件把模型里数字化加工需要的且加工设备能接受的信息隔离出来，传送给加工设备，并进行必要的数据转换、机械设计以及归类标注等工作，实现把 BIM 深化设计模型转换成预制加工设计图纸，与模型配合指导工厂生产加工。

4）BIM 数字化加工模型的注意事项

① 要考虑到精度和容许误差。对于数字化加工而言，其加工精度是很高的，由于材料的厚度和刚度有时候会有小的变动，组装也会有累积误差，另外还有一些比较复杂的因素如切割、挠度等也会影响构件的最后尺寸，所以在设计的时候应考虑到一些容许变动。

② 选择适当的设计深度。数字化加工模型不要太简单也不要过于详细，太详细就会浪费时间，拖延工程进度，但如果太简单、不够详细就会错过一些提前发现问题的机会，甚至会在将来造成更大的问题。模型里包含的核心信息越多，越有利于与别的专业的协调，越有利于提前发现问题，越有利于数字化加工。所以在加工前最好预先向加工厂商的工程师了解加工工艺过程及如何利用数字化加工模型进行加工，然后选择各阶段适当的深度标准，制定一个设计深度计划。

③ 处理好多个应用软件之间的数据兼容性。由于是跨行业的数据传递，

涉及的专业软件和设备比较多，就必然会存在不同软件之间的数据格式不同的问题，为了保证数据传递与共享的流畅和减少信息丢失，应事先考虑并解决好数据兼容的问题。

基于BIM数字化加工的优点不言而喻，但在使用该项技术的同时必须认识到数字化加工并不是面面俱到的，比如：在加工构件非常特别，或者构件过于复杂时，此时利用数字化加工则会显得费时费力，凸显不出其独特优势。所以在大量加工重复构件时，数字化加工才能带来可观的经济利益，实现材料采购优化、材料浪费减少和加工时间的节约。不在现场加工构件的工作方式能减少现场与其他施工人员和设备的冲突干扰，并能解决现场加工场地不足的问题；另外，由于构件被提前加工制作好了，这样就能在需要的时候及时送到现场，不提前也不拖后，可加快构件的放置与安装。同时，基于BIM技术的数字化加工大大减少了因错误理解设计意图或与设计师交流不及时导致的加工错误。而且，工厂的加工环境和加工设备都比现场要好得多，工厂加工的构件质量也势必比现场加工的构件质量更有保障。

3.3.2 加工过程的数字化复核

现场加工完成的成品由于温度、变形、焊接、矫正等产生的残余应变，会对现场安装产生误差影响，故在构件加工完成后，要对构件进行质量检查复核。传统的方法是采取现场预拼装检验构件是否合格，复核的过程主要是通过手工的方法进行数据采集，对于一些大型构件往往存在着检验数据采集存有误差的问题。数字化复核技术的应用不仅能在加工过程中利用用数字化设备对构件进行测量，如激光、数字相机、3D扫描、全站仪等，对构件进行实时、在线、100%检测，形成坐标数据，并将此坐标数据输入到计算机转变为数据模型，在计算机中进行虚拟预拼装以检验构件是否合格，还能返回到BIM施工模型中进行比对，判断其误差余量能否被接受，是否需要设置相关调整预留段以消除其误差，或对于超出误差接受范围之外的构件进行重新加工。数字化加工过程的复核不仅采用了先进的数字化设备，还结合了BIM三维模型，实现了模型与加工过程管控中的一个协同，实现数据之间的交互和反馈。在进行数字化复核的过程中需要注意的要点有：

（1）测量工具的选择

测量工具的选择，要根据工程实际情况，如成本、工期、复杂性等，不仅要考虑测量精度的问题，还要考虑测量速度的因素，如3D扫描仪具有进度快但精度低的特点，而全站仪则具有精度高、进度慢的特点。

（2）数字化复核软件的选择

扫描完成后需要把数据从扫描仪传送到计算机里，这就需要选择合适的软件，这个软件要能读取扫描仪的数据格式并转换成能够使用的数据格式，实现与测量工具的无缝对接。另外，这个软件还需要能与BIM模型软件兼容，在基于BIM的三维软件中有效地进行构件虚拟预拼装。

(3) 预拼装方案的确定

要根据各个专业的特性对构件的体积、重量、施工机械的能力拟定预拼装方案。在进行数字化复核的时候,预拼装的条件应做到与现场实际拼装条件相符。

3.3.3 数字化物流与作业指导

在没有BIM技术前,建筑行业的物流管控都是通过现场人为填写表格报告,负责管理人员不能够及时得到现场物流的实时情况,不仅无法验证运输、领料、安装信息的准确性,对之做出及时的控制管理,还会影响到项目整体实施效率。二维码和RFID作为一种现代信息技术已经在国内物流、医疗等领域得到了广泛的应用。同样,在建筑行业的数字化加工运输中,也有大量的构件流转在生产、运输及安装过程中,如何了解它们的数量、所处的环节、成品质量等情况就是需要解决的问题。

二维码和RFID在项目建设的过程中主要是用于物流和仓库存储的管理,如今结合BIM技术的运用,无疑对物流管理而言是如虎添翼。其工作过程为:在数字化物流操作中可以给每个建筑构件都贴上一个二维码或者埋入RFID芯片,这个二维码或RFID芯片相当于每个构件自己的"身份证",再利用手持设备以及芯片技术,在需要的时候用手持设备扫描二维码及芯片,信息立即传送到计算机上进行相关操作。二维码或RFID芯片所包含的所有信息都应该被同步录入到BIM模型中去,使BIM模型与编有二维码或含有RFID芯片的实际构件对应上,以便于随时跟踪构件的制作、运输和安装情况,也可以用来核算运输成本,同时也为建筑后期运营做好准备。数字化物流的作业指导模式从设计开始直到安装完成可以随时传递它们的状态,从而达到把控构件的全生命周期的目的。二维码和RFID技术对施工的作业指导主要体现在:

(1) 对构件进场堆放的指导

由于BIM模型中的构件所包含的信息跟实际构件上的二维码及RFID芯片里的信息是一样的,所以通过BIM模型,施工员就能知道每天施工的内容需要哪些构件,这样就可以每天只把当天需要的构件(通过扫描二维码或RFID芯片与BIM模型里相应的构件对应起来)运送进场并堆放在相应的场地,而不用一次把所有的构件全都运送到现场,这种分批有目的的运送既能解决施工现场材料堆放场地的问题,又可降低运输成本。因为不用一次安排大量的人力和物力在运输上,只需要定期小批量地运送就行,同时也缩短了工期。工地也不需要等所有的构件都加工完成才能开始施工,而是可以工厂加工和工地安装同步进行,即工厂先加工第一批构件,然后在工地安装第一批构件的同时生产第二批构件,如此循环。

(2) 对构件安装过程的指导

施工员在领取构件时,对照BIM模型里自己的工作区域和模型里构件的信息,就可以通过扫描实际构件上的二维码或RFID芯片很迅速地领到对应的构件,并把构件吊装到正确的安装区域。而且在安装构件时,只要用手持设备先扫描一下构件上的二维码或RFID,再对照BIM模型,就能知道这个构件是应该安装在什么位置,这样就能减少因构件外观相似而安装出错,造成成本增加、工期延长。

(3) 对安装过程及安装完成后信息录入的指导

施工员在领取构件时,可以通过扫描构件上的二维码或RFID芯片来录入施工员的个人信息、构件领取时间、构件吊装区段等,且凡是参与吊装的人员都要录入自己的个人信息和工种信息等。安装完成后,应该通过扫描构件上的二维码或RFID芯片确认构件安装完成,并输入安装过程中的各种信息,同时将这些信息录入到相应的BIM模型里,等待监理验收。这些安装过程信息应包括安装时现场的气候条件(温度、湿度、风速等),安装设备,安装方案,安装时间等所有与安装相关的信息。此时,BIM模型里的构件将会处于已安装完成但未验收的状态。

(4) 对施工构件验收的指导

当一批构件安装完成后,监理要对安装好的构件进行验收,检验安装是否合格,这时,监理可以先从BIM模型里查看哪些构件处于已安装完成但未验收状态,然后监理只需要对照BIM模型,再扫描现场相应构件的二维码或RFID芯片,如果两者包含的信息是一致的,就说明安装的构件与模型里的构件是对应的。同时,监理还要对构件的其他方面进行验收,检验是否符合现行国家和行业相关规范的标准,所有这些验收信息和结果(包括监理单位信息、验收人信息、验收时间和验收结论等)在验收完成后都可以输入到相应构件的二维码、RFID信息里,并同时录入到BIM模型中。同样,这种二维码或RFID技术对构件验收的指导和管理也可以被应用到项目的阶段验收和整体验收中以提高施工管理效率。

(5) 对施工人力资源组织管理的指导

该项新型数字化物流技术通过对每一个参与施工的人员,即每一个员工赋予一个与项目对应的二维码或RFID芯片实行管理。二维码、RFID芯片含有的信息包括个人基本信息、岗位信息、工种信息等。每天参与施工的员工在进场和工作结束时可以先扫描自己的二维码或RFID,这时,该员工的进场和结束时间、负责区域、工种内容等就都被记录并录入到BIM施工管理模型里了。这样,所有这些信息都随时被自动录入到BIM施工模型里,且这个模型是由专门的施工管理人员负责管理的,通过这种方法,施工管理者可以很方便地统计每天、每个阶段、每个区域的人力分布情况和工作效率情况,根据这些信息,可以判断出人力资源的分布和使用情况,当出现某阶段或某区域人力资源过剩或不足时,就可以及时调整人力资源的分布和投入,同时也可以预估并指导下一阶段的施工人力资源的投入。这种新型的数字化物流技术对施工人力资源管理的方法可以及时避免人力资源的闲置、浪费等不合理现象，大大提高施工效率、降低人力资源成本、加快施工进度。

(6) 对施工进度的管理指导

二维码、RFID 芯片数字标签的最大的特点和优点就是信息录入的实时性和便捷性，即可随时随地通过扫描自动录入新增的信息，并更新到相应的 BIM 模型里，保持 BIM 模型的进度与施工现场的进度一致，也就是说，施工现场在建造一个项目的同时，计算机里的 BIM 模型也在同步地搭建一个与施工现场完全一致的虚拟建筑，那么施工现场的进度就能最快最真实地反映在 BIM 模型里，这样施工管理者就能很好地掌握施工进度并能及时调整施工组织方案和进度计划，从而达到提高生产效率、节约成本的目的。

(7) 对运营维护的作业指导

验收完成后，所有构件上的二维码或 RFID 芯片就已经包含了在这个时间点之前的所有与该构件有关的信息，而相应的 BIM 模型里的构件信息与实际构件上二维码或 RFID 芯片里的信息是完全一致的，这个模型将交付给业主作为后期运营维护的依据。在后期使用时，将会有以下情况需要对构件进行维护，一种是构件定期保养维护(如钢构件的防腐维护、机电设备和管道的定期检修等)，另一种是当构件出现故障或损坏时需要维修，还有一种就是建筑或设备的用途和功能需要改变时。

对于构件定期保养，由于构件上的二维码或 RFID 信息已经全部录入到了 BIM 模型里，那么在模型里就可以设置一个类似于闹钟的功能，当某一个或某一批构件到期需要维护时，模型就会自动提醒业主维修，业主则可以根据提醒在模型中很快地找到需要维护的构件，并在二维码或 RFID 信息里找到该构件的维护标准和要求。维护时，维护人员通过扫描实际构件上的二维码或者 RFID 信息来确认需要维护的构件，并根据信息里的维护要求进行维护。维护完成后将维护单位、维护人员的信息以及所有与维护相关的信息(如日期、维护所用的材料等)输入到构件上的二维码或 RFID 里，并同时更新到 BIM 模型里，以供后续运营维护使用。而当有构件损坏时，维修人员通过扫描损坏构件上的二维码或 RFID 芯片来找到 BIM 模型里对应的构件，在 BIM 模型里就可以很容易地找到该构件在整个建筑中的位置、功能、详细参数和施工安装信息，还可以在模型里拟定维修方案并评估方案的可行性和维修成本。维修完成后再把所有与维修相关的信息(包括维修公司、人员、日期和材料等)输入到构件上的二维码或 RFID 里并更新到 BIM 模型里，以供后续运营维护使用。如果由于使用方式的改变，原构件或设备的承载力或功率等可能满足不了新功能的要求，需要进行重新计算或评估，必要时应进行构件和设备的加固或更换，这时，业主可以通过查看 BIM 模型里的构件二维码或 RFID 信息来了解构件和设备原来的承载力和功率等信息，查看是否满足新使用功能的要求，如不满足，则需要对构件或设备进行加固或更换，并在更改完成后更新构件上的和BIM模型里的电子标签信息，以供后续运营维护使用。由此可见，二维码、RFID技术和BIM模型的结合使用极大地方便了业主对建筑的管理和维护。

（8）对产品质量、责任追溯的指导

当构件出现质量问题时，也可以通过扫描该构件上的二维码或RFID信息，并结合质量问题的类型来找到相关的责任人。

综上，通过采用数字化物流的指导作业模式，数字化加工的构件信息就可以随时被更新到BIM模型里，这样，当施工单位在使用BIM模型指导施工时，构件里所包含的详细信息能让施工者更好地安排施工顺序，减少安装出错率，提高工作效率，加快施工进程，加强对施工过程的可控性。

3.4 BIM在混凝土结构工程中的深化设计

3.4.1 基于BIM的钢筋混凝土深化设计组织框架

通常在施工现场，现浇混凝土工程中钢筋的排布及模板的布置都是需要专门根据现场的情况进行深化，方可达到实际施工的深度。通常，由技术部门下设的深化部门来完成常规的深化，而当引入BIM技术后，BIM技术暂时还无法完全取代深化部门，但是在BIM技术的辅助下，深化设计可以完成得更加智能，更加准确，同时一些常规的深化手段无法解决的问题，通过BIM技术也可以很好地解决。BIM部门必须在技术部门领导下，密切与深化设计部门配合，进行数据的交互，共同完成现浇混凝土结构工程的深化设计及后续相关工作，如图3-9所示。

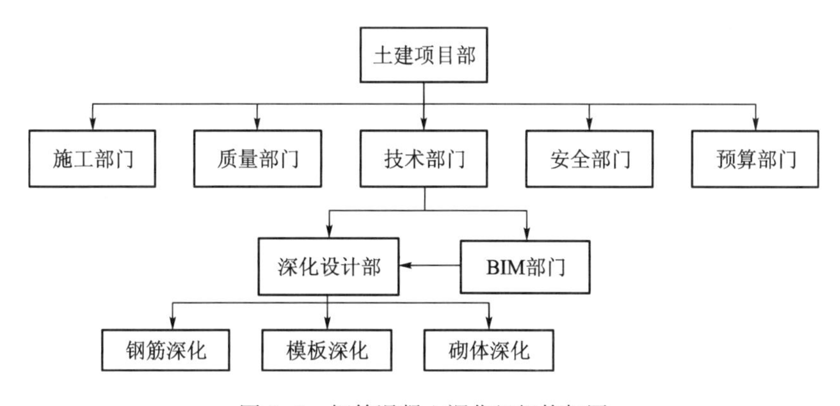

图3-9 钢筋混凝土深化组织构架图

3.4.2 基于 BIM 的模板深化设计

模板及支撑工程在现浇钢筋混凝土结构施工工程中是不可或缺的关键环节。模板及支撑工程的费用及工程量占据了现浇钢筋混凝土工程的较大比例。据有关统计资料显示，模板及支撑工程费用一般占结构费用的30%～35%，用工数占结构总用工数的 40% ～50%。传统的模板及支撑工程设计耗时费力，技术员会在模板支撑工程的设计环节花费大量的时间精力，不但要考虑安全性，同时还要考虑其经济性，计算绘图量十分之大。然而最后效果却并不一定最如人意。所以我们可以在模板及支撑工程的设计环节引入 BIM 来进行计算机辅助设计，以寻求一个有效且高效的解决途径。

使用 BIM 技术来辅助完成相关模板的设计工作，主要有两条途径可以尝试，一是利用 BIM 技术含有大量信息的特点，将原本并不复杂，但是需要大量人力来完成的工作，设定好一定的排列规则，使用计算机有效利用 BIM 信息来编制程序自动完成一定的模板排列，以加快工作的进度，从而达到节约人力并加快进度的效果；二是利用 BIM 技术的可视化的优点，将原本一些复杂的模板节点通过 BIM 模型进行模板的定制排布，并最终出模板深化设计图。同时 BIM 模型的运用也有利于打通建筑业与制造业之间的通道，通过模型来更加有效地传递信息。

关于前一种途经，德国的 PERI 公司提供的 ELPOS 和 PERI CAD 软件可以让使用者在 3D 环境下对现浇混凝土构件上进行标准模板布局和详图应用，但其是基于 CAD 环境，将来也将向 BIM 方向转变。国内也有些软件开始尝试，但是尚需要继续完善，以达到能够与其他 BIM 模型共享信息，并有效提高工作效率的最终目标。

总之，现有的不少模板设计软件本身已经有较为强大的模板配置和深化设计的功能了，但是共同问题在于，其本身需要将二维的图纸进行一定的转化才能进行配模，甚至有些软件只能在二维的基础上进行配模，不够直观。只有有效地利用 BIM 的三维及参数化调整功能才能更加快捷地完成，同时如果基于 BIM 模型的数据直接进行模板的排布也可以节约大量的工作量，保证工作的效率和准确性。

同时，目前市场上主流的 BIM 软件虽然本身较为偏重设计行业，但同样也可以利用其来进行一定模板深化设计的 BIM 应用，其基本流程为：基于建筑结构本身的 BIM 模型进行模板的深化设计—进行模板的 BIM 建模—调整深化设计—完成基于 BIM 的模板深化设计。如图 3-10 反映的是一个复杂的筒体结构，通过 BIM 模型反映出其错综复杂的楼板平面位置及相关的标高关系，并通过 BIM 模型导出了相关数据，传递给机械制造业的 Solidworks 等软件进行后续的模板深化工作，顺利完成了异型模板的深化设计及制造。

图 3-10　异型模板深化示意图

1) 基于 BIM 技术的混凝土定位及模板排架搭设技术

对于异型的混凝土结构而言，首先必须确保的就是模板排架的定位准确，搭设规范。只有在此基础上，再加强混凝土的振捣养护措施，才能确保现浇混凝土形状的准确。

以某交响乐团工程为例(图 3-11)，这是由一个马鞍形的混凝土排演厅及其他附属结构组成，其马鞍形排演厅建筑面积为 1 544 m^2，为双层剪力墙及双层混凝土异型屋盖形式，其双墙的施工由于声学要求，其中不能保留模板结构，必须拆除，故而其模板体系的排布值得好好研究，同时其异型的混凝土屋盖模板排架的搭设给常规施工也带来了很大的难度。

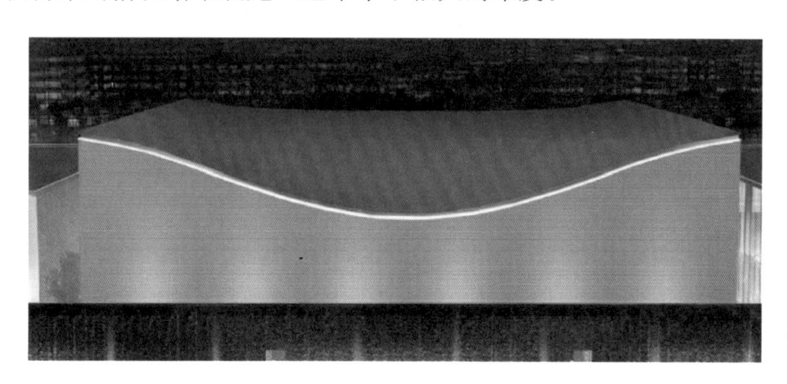

图 3-11　工程效果图

此项目的模板施工，充分地利用了 BIM 软件具有完善的信息，能够很好地表现异型构件的几何属性的特点，使用了 Revit，Rhino 等软件来辅助完成相关模板的定位及施工，尤其是充分地利用了 Rhino 中的参数化定位等功能精确地控制了现场施工的误差。并减少了现场施工的工作量，大大地提升了工作效率。

(1) 底板双层模板及双层墙的搭设

底板模板为双层模板，施工中混凝土浇捣分为两次进行，首先浇捣下层混凝土，然后使用木方进行上层排架支撑体系的搭设，此部分模板将保留在混凝土中，项目部利用了 BIM 技术将底板模板排架搭设形式展示出来，进行了三维虚拟交底，提高了模板搭设的准确性，如图 3-12 所示。

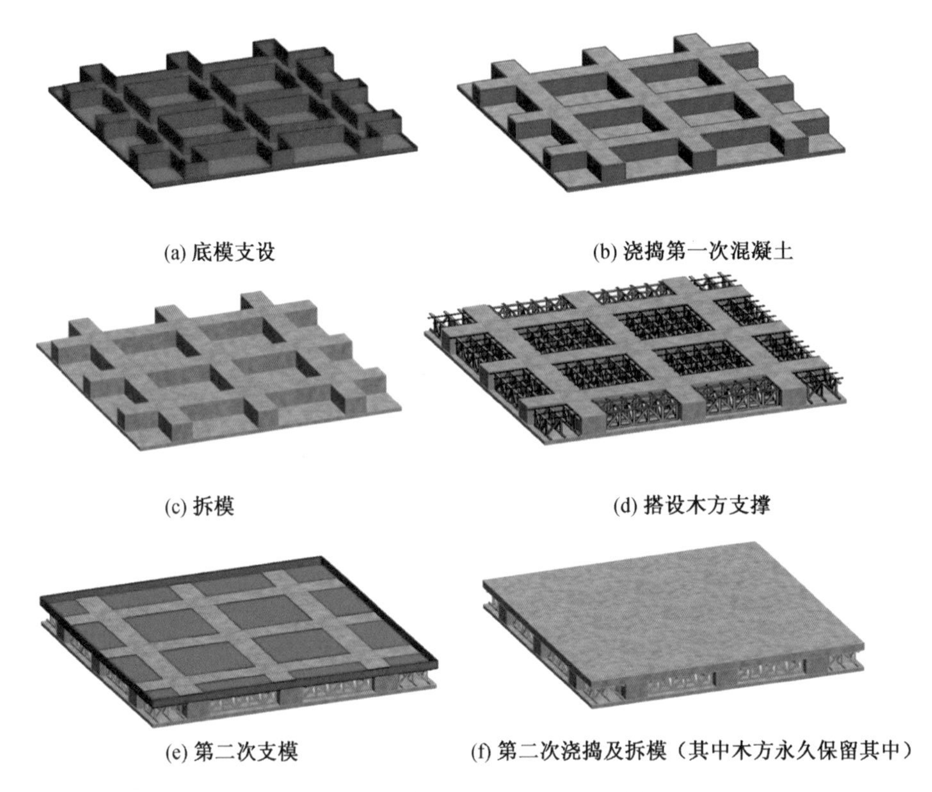

(a) 底模支设　(b) 浇捣第一次混凝土

(c) 拆模　(d) 搭设木方支撑

(e) 第二次支模　(f) 第二次浇捣及拆模（其中木方永久保留其中）

图 3-12　基于 BIM 技术双层底板混凝土浇捣流程图

图 3-13　双墙模板施工图

双层墙体的施工相比之下要求更高，国外设计出于声学效果的考虑，不允许空腔内留有任何形式、任何材质的模板及支撑材料。项目部利用 BIM 工具并结合工作经验，对模板本身的设计及施工流程作了调整，用自行深化设计的模板排架支撑工具完成了双层墙体的施工(图 3-13)。

(2) 顶部异型双曲面屋顶的施工

对于顶部异型双曲面混凝土屋面的施工，排架顶部标高是控制梁、板底面标高的重要依据。

排演厅 A 排架顶部为双曲面马鞍形，在 7.000 m 标高设置标高控制平面，由此平面为基准向上确定排架立杆长度(屋盖暗梁下方立杆适当加密)，预先采用 BIM 技术建立模型，并从模型中读取相关截面的标高数据，按此数据拟合曲率制作钢筋桁架，如图 3-14 所示。

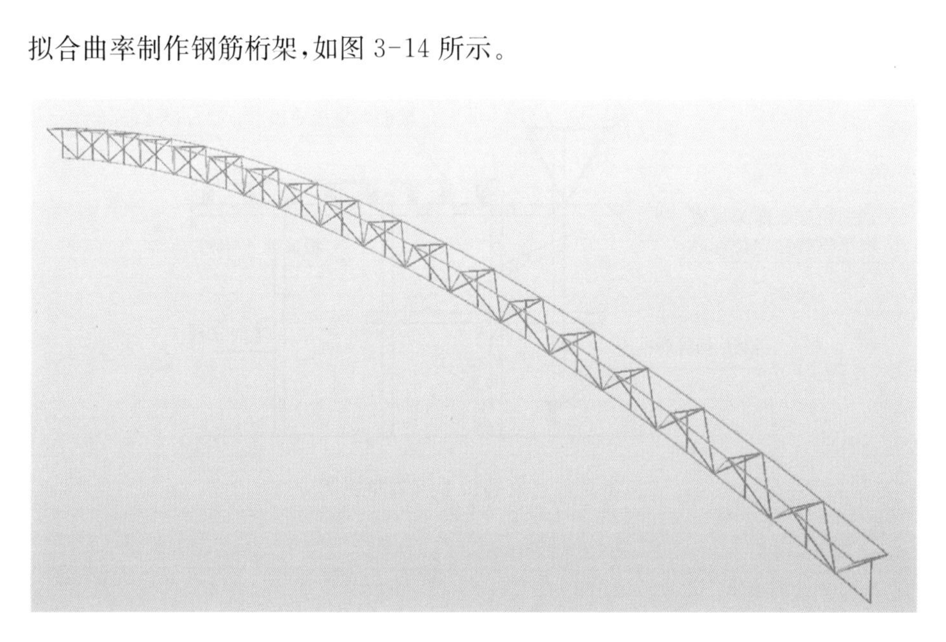

图 3-14 钢筋桁架的模型图

同时现场试验制作了一榀 2# 钢筋桁架，测试桁架刚度能满足要求，如图 3-15 所示。

图 3-15 现场制作的钢筋桁架小样图

总共制作 12 榀钢架(整个屋面的 1/4 部分)，桁架底标高即为屋盖下方水平钢管顶面的定位标高，如图 3-16 所示。钢筋桁架安装布置图如图 3-17 所示。

钢架采用塔吊吊装，如图 3-18 所示。

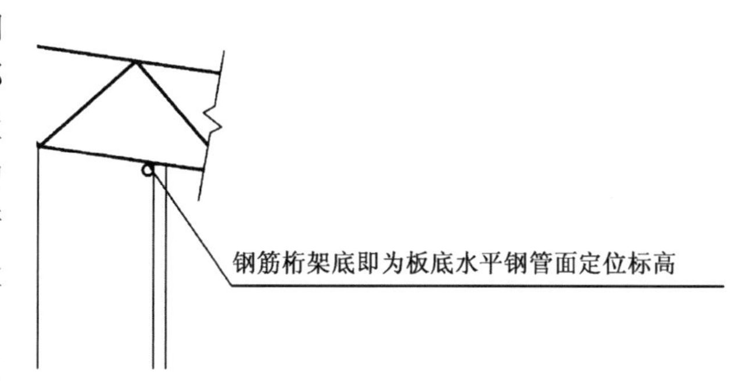

图 3-16 板底水平钢管顶面定位标高示意图

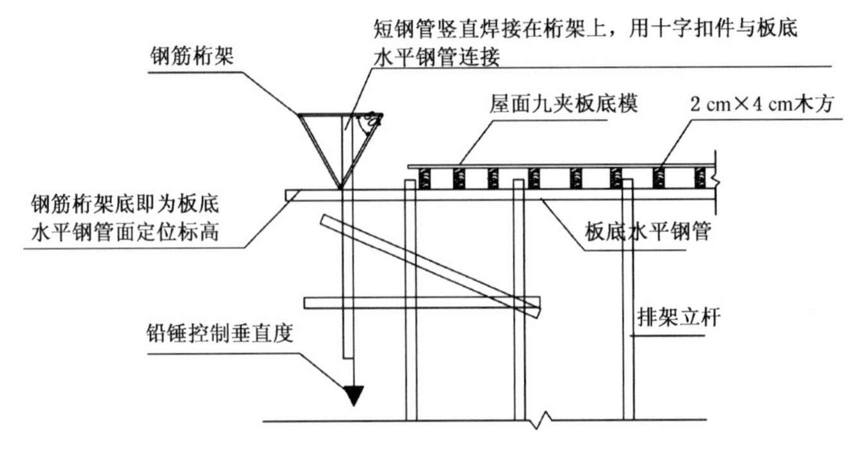

图 3-17　钢筋桁架安装布置图

图 3-18　现场吊装钢筋桁架

屋盖底面曲率定位时先确定桁架两头的标高(即最高点和最低点,桁架必须保证垂直),在桁架两端各焊接一根竖向短钢管,桁架安装时将短钢管与板底水平钢管用十字扣件连接,并用铅垂线确定垂直度,遂逐一确定各水平横杆的标高及斜度。

2) 异型曲面模板的数字化设计及加工

随着建筑设计手段的丰富,越来越复杂的建筑形态不断出现,也带来了越来越多的异型混凝土结构,通过 BIM 技术可以有效地将异型曲面模板的构造通过三维可视的模式细化出来,便于工人安装。同时定型钢模等相关模板可以通过相关 CNC(Computer Numerical Control,计算机数字控制机床)机器来完成定制模板的加工,首先由 BIM 模型确定模板的具体样式,再通过人工编程,确定

CNC 机器刀头的运行路径，来完成模板的生成及切割，如图 3-19 所示。

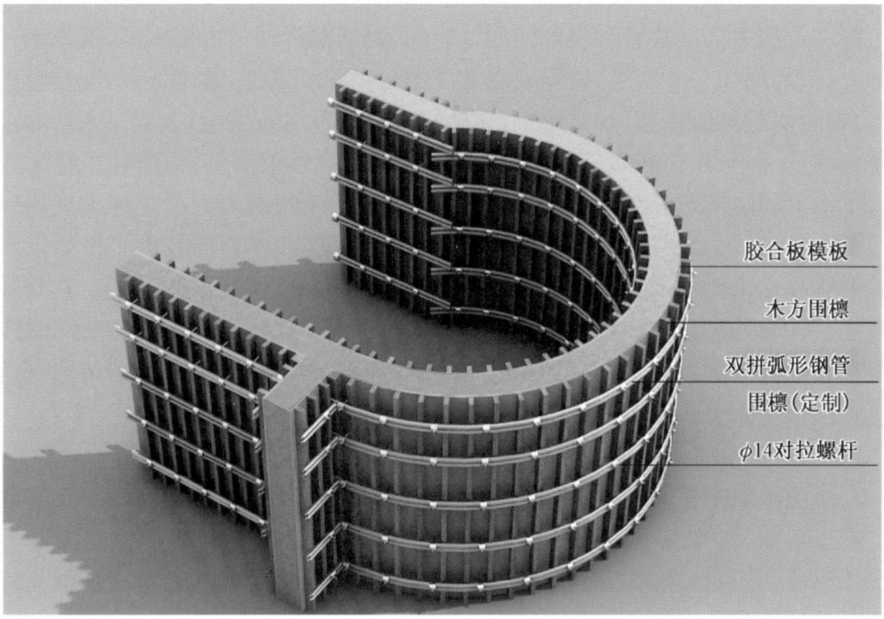

图 3-19 异型曲面模板

同时随着 3D 打印技术的发展，异型结构已经可以结合 3D 打印技术等先进的方式来完成相关的设计，这对于工作效率的提高将是一个更大的改进，同时精确度也将更加完善。

目前 3D 打印主要存在的瓶颈还在于其打印材料的限制，故可以采用如下流程，利用多次翻模的技术来完成相关模板的制作，如图 3-20 所示。

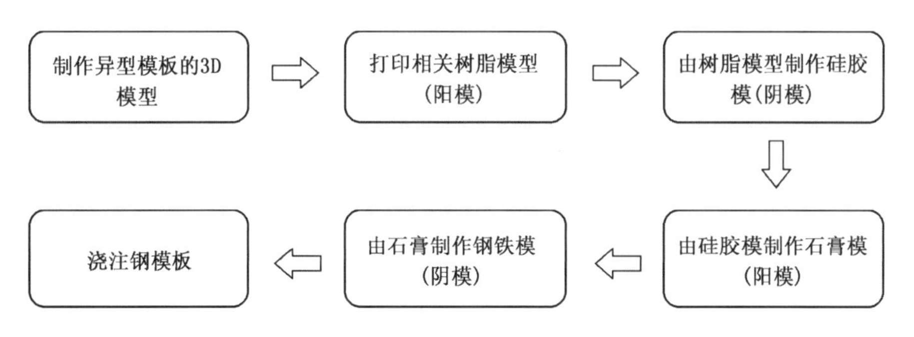

图 3-20 三维打印制作异型模板流程图

3.4.3 基于 BIM 的钢筋工程深化设计

钢筋工程也是钢筋混凝土结构施工工程中的一个关键环节，它是整个建筑工程中工程量计算的重点与难点。据统计，钢筋工程的计算量占总工程量的 50%～60%，其中列计算式的时间占 50%左右。[2]在传统的钢筋工程施工过程中，要把一切都打理得井井有条是一件非常困难的事情。现有的钢筋施工管理过程中会面临着许多的问题。例如，钢筋翻样的技术要求高，工作量又巨大；钢筋翻样人才缺乏；钢筋现场加工的自动化程度低，效率低下，安全隐患多；钢筋切割出错率高，切错重切、切错材料等现象时有发生，造成了大量的浪费；等等。而且在钢筋实际的施工中，浪费钢筋的现象严重；钢筋的损耗率居高不下。同时，钢筋工程技术人员面临着青黄不接的现象。由于施工现场环境脏乱差，工作又累又苦，管理方式非常落后，这样即使钢筋技术工作的工资相对较高也难以吸引新一代的年轻人从事这个行业，更难留住一些高素质的人才，从而造成施工企业员工的整体素质在整个建筑行业迅速发展的同时没有显著性地提高，这样就严重制约了建筑行业的进一步发展。所以，将建筑信息化模型全面引入到钢筋工程深化的过程中已然势在必行。

1）钢筋软件介绍

目前市面上主流的 BIM 软件如 Autodesk 的 Revit 系列及 Tekla 软件的混凝土系列，均具有钢筋排布的功能，但由于这些 BIM 软件的侧重点基本为设计阶段，普遍存在的问题是，其钢筋排布及设计深度不够，无法满足钢筋深化设计的要求。

而国内在原有钢筋算量软件的基础上，已有不少软件公司积极配合建筑业的大潮流，研制出适应于工地现场钢筋使用的 BIM 软件。BIM 数据模型是基于 3D 建模技术，在其基础上融入建筑构件的属性信息，封装成的多维度、多属性的信息载体。目前基于 BIM 的钢筋工程软件所采用的三维的表现方式与我国主流的平法表现方式尚未达成统一，这就会带来一系列后续的矛盾。而目前我国的规范等也均采用的是平法的表现方式，故这也在一定程度上制约了基于 BIM 的钢筋工程软件在国内工程项目上的进一步推广。但这两者的矛盾并非不可调和的，而是可相容的两种方法。所以目前，采用平法表现方式的基于 BIM 的钢筋工程软件正成为各方面积极研究开发的新宠。已有不少软件公司结合中国的国情，考虑将平法表达法与 BIM 技术结合开发软件。

此类国产 BIM 软件相比国外的软件各有优劣，优势在于：对于国内软件的开发者来说，其对国内相关的规定、规范均较为熟悉，能够更加贴合中国的实际应用情况。同时由于面向的是施工阶段，对于根据原材料及相关规范进行下料断料、自动生成排布图等均有不错的表现，并且已经与 BIM 技术结合得较为紧密，可以生成三维的带有信息的钢筋模型，有的软件甚至能够借助二维的图纸结合平法快速地生成三维模型，进行辅助交底及施工，并也能解决相当一部分的碰撞问题。但是其劣势同样也是存在的：对于复杂节点的处理，还是需要进行大量的人工辅助干预，同时其与 BIM 的整体信息共享交互的理论尚有一定的距离，不少软件可以导入其他 BIM 软件构建的模型，但是在其中生成的数据却无法导出给其他软件，无法做到信息的交互和共享。

2）传统模型与 BIM 模式的区别

（1）传统模式[3]

传统的施工模式至今已有了长足的进步，施工的技术管理日新月异，然而飞速发展的当下对施工的质量、安全、成本都提出了更为苛刻的要求。现在行业内的企业普遍都有了一套适合企业和社会发展的体系，但是执行起来却非常困难，工程项目数据量大、各岗位间数据流通效率低、团队协调能力差等问题成为制约发展的主要因素。在传统的钢筋工程中常会碰到以下影响施工质量、效率的问题。

① 项目管理各条线获取数据难度大。工程项目开始后会产生海量的工程数据，这些数据获取的及时性和准确性直接影响到各单位、班组的协调性水平和项目的精细化管理水平。然而，现实中工程管理人员对于工程基础数据获取能力是比较差的，这使得采购计划不准确，限额领料难执行，短周期的多算对比无法实现，过程数据难以管控，“飞单”、“被盗”等现象严重。

② 项目管理各条线协同、共享、合作效率低。工程项目的管理决策者获取工程数据的及时性和准确性都不够，严重制约了各条线管理者对项目管理的统筹能力。在各工种、各条线、各部门协同作业时往往凭借经验进行布局管理，各方的共享与合作难以实现，最终难免各自为政，工程项目的管理成本骤升、浪费严重。

③ 工程资料难以保存。现在工程项目的大部分资料保存在纸质媒介上，由于工程项目的资料种类繁多、体量和保存难度过大、应用周期过长，工程项目从开始到竣工结束后大量的施工依据不易追溯，尤其若发生变更单、签证单、技术核定单、工程联系单等重要资料的遗失，则将对工程建设各方责权利的确定与合同的履行造成重要影响。

④ 设计图纸碰撞检查与施工难点交底困难多。设计院出具的施工图纸中由于各专业划分不同，设计人员的素质不同，图纸最难以考量的是各专业的相互协调问题。设计图纸的碰撞问题易导致工期延误、成本增加等问题，更给工程质量安全带来巨大隐患。现如今建筑物的造型越来越复杂，建筑施工周期越来越短，因此对于建筑施工的协调管理和技术交底要求越来越高，不同素质的施工人员、反复变化的设计图纸使按图施工的要求显得有些力不从心。在当前工程项目施工过程中，常常出现不同班组同一部位施工采用不同蓝图的情况，也出现了建筑成品与施工蓝图对不上的情况。施工交底的难度不断增大。

（2）BIM 模式

在引入了 BIM 模式之后，上述这一系列问题都可以得到较为良好的解决。就以项目管理各条线获取数据难度大的问题为例，BIM 模式会引入工程基础数据库作为解决方法。工程基础数据库由实物量数据和造价数据两部分构成，其中，实物量数据可以通过算量软件创建的 BIM 模型直接导入，造价数据可以通过造价软件导入。通过建立企业级项目基础数据库，可以自动汇总分散在各个项目中的工程模型，建立企业工程基础数据；自动拆分和统计不同部门所需数据，作为部门决策的依据；自动分析工程人、材、机数量，形成多工程对比，有效控制成本；通过协同分享提高部门间协同效率，并且建立与 ERP 的接口，使得成本分析数据信息化、自动化和智能化。这就很好地为各项目条线的数据共享提供了数据平台。

BIM 模式的实施需要经常地去维护 BIM 模型，去进行碰撞检查。三维环境下进行的各专业碰撞可以很快捷明了地发现不同专业间所发生的碰撞，提前且全面地反映出施工设计的问题，从而可以良好地解决设计图纸碰撞检查与施工难点交底困难多的问题。施工人员可以不用再扎在"图海"之中，费时费力还容易遗漏信息，造成返工与浪费。同时 BIM 模式下还可以进行虚拟的施工指导，使用三维模型进行交底，直观、简洁，尤其是对于钢筋工程，很多采用平法很难表达的节点排布等，使用三维模型则可以得到出乎意料的良好效果。

3) 现浇钢筋混凝土深化设计中钢筋深化相关应用

(1) 复杂节点的表现

由于结构的形态日趋复杂，越来越多的工程钢筋节点处非常密集，施工有比较大的难度，同时不少设计采用型钢混凝土的结构形式，在本已密集的钢筋工程中加入了尺寸比较大的型钢，带来了新的矛盾。

通常表现如下：

① 型钢与箍筋之间的矛盾，大量的箍筋需要在型钢上留孔或焊接。

② 型钢柱与混凝土梁接头部位钢筋的连接形式较为复杂，需要通过焊接、架设牛腿或者贯通等方式来完成连接。

③ 多个构件相交之处钢筋较为密集，多层钢筋重叠，钢筋本身的标高控制及施工有着很大的难度。

采用 BIM 技术不能完全解决以上的矛盾，但是可以给施工单位一种很好的手段来与设计方进行交流，同时利用三维模型的直观性可以很好地模拟施工的工序，避免因为施工过程中的操作失误导致钢筋无法放置。

如图 3-21 所示案例，某工程采用劲性结构，其中箍筋为六肢箍，多穿型钢，且间距较小，施工难度较大，施工方采用 Tekla 软件将钢筋及其中的型钢构件模型建立出来，并标注详细的尺寸，以此为沟通工具与设计方沟通，取得了良好的效果。

(2) 钢筋的数字化加工

对于复杂的现浇混凝土结构，除了由模板定位保证其几何形状的正确以外，内部钢筋的绑扎和定位也是一项很大的挑战。

对于三维空间曲面的结构，传统方式的钢筋加工机器已经无法生产出来，也无法用常规的二维图纸将其表示出来。必须采用 BIM 软件将三维钢筋模型建立出来，同时以合适的格式传递给相关的三维钢筋弯折机器(图 3-22)，以顺利完成钢筋的加工。

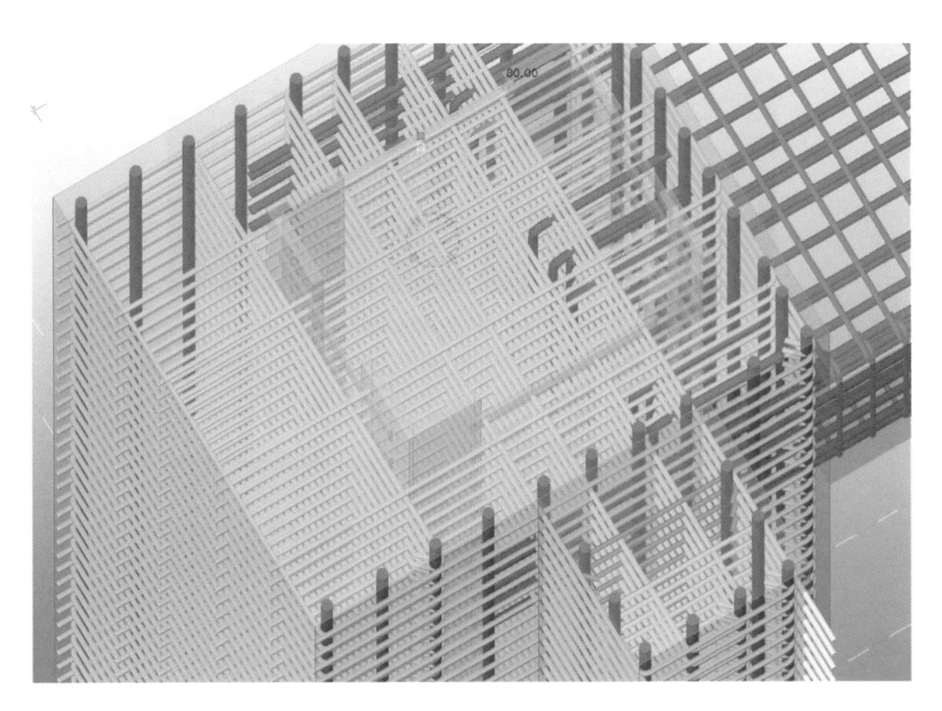

图 3-21　复杂节点钢筋表现图

（a）钢筋弯折机外形图

（b）钢筋弯折机局部构造图

图 3-22　钢筋弯折机

（3）国外钢筋工程深化成功案例[4]

国外的某大桥工程，有着复杂的锚缆结构，锚缆相当沉重，而且需要在混凝土浇捣前作为支撑，大量的钢筋放置在每个锚缆的旁边，如何确保锚缆和钢筋位置的正确并保证混凝土的顺利浇捣成为技术难点。BIM 技术的使用很好地解决了这些问题，如图 3-23 所示。

同时，桥梁钢筋的建模比想象中困难许多，这种斜拉桥具有高密度的钢筋和复杂的桥面与桥墩形状，使建模比一般的单纯的结构更加困难与费时。在普通的钢筋混凝土结构中，常规的梁柱墙板等建筑构件都有充分的形状标准，可以用参数化的构件钢筋详图和配筋图加速建模的速度，桥梁元件则因为其曲率及独特的几何结构，需要自订化建模。

(a) 某大桥工程的锚缆与钢筋位置示意图 1

(b) 某大桥工程的锚缆与钢筋位置示意图 2

图 3-23　某大桥钢筋模型的构件图

施工总承包方使用 Tekla Structure 的 ASCII，Excel 和其他资料格式提供钢筋材料的数量计算。对于桥梁 ASCII 报表资料，其被格式化成可以直接和自动导入到供应商的钢筋制造软件中，内含所有的弯曲和切割资料。这套软件在工厂生产时驱动 NC 机器，格式化是在软件商和承包商共同支撑之下完成的，也避免了很多人为作业的潜在错误，如图 3-24 所示。

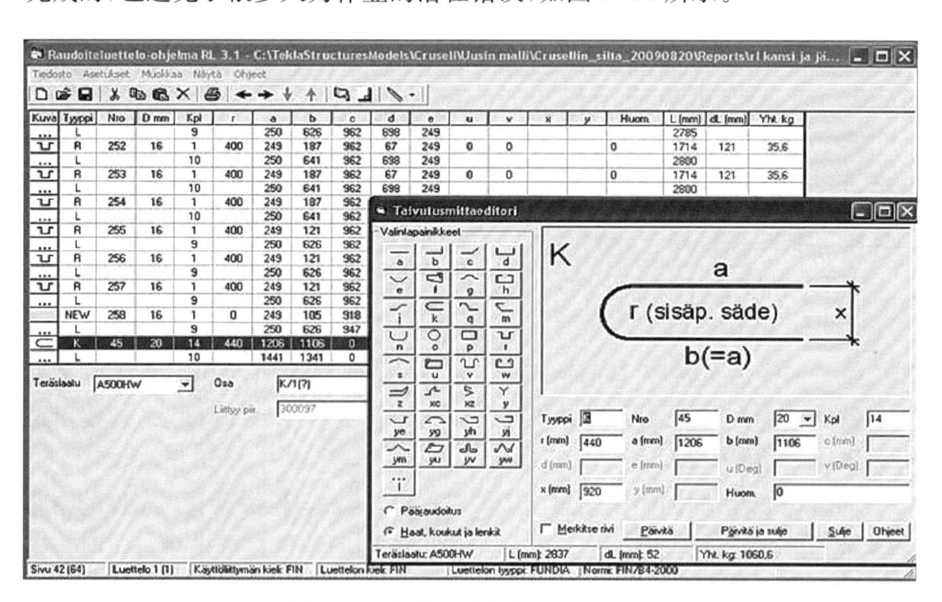

图 3-24　钢筋预算软件相关界面图

其操作流程如图 3-25 所示。

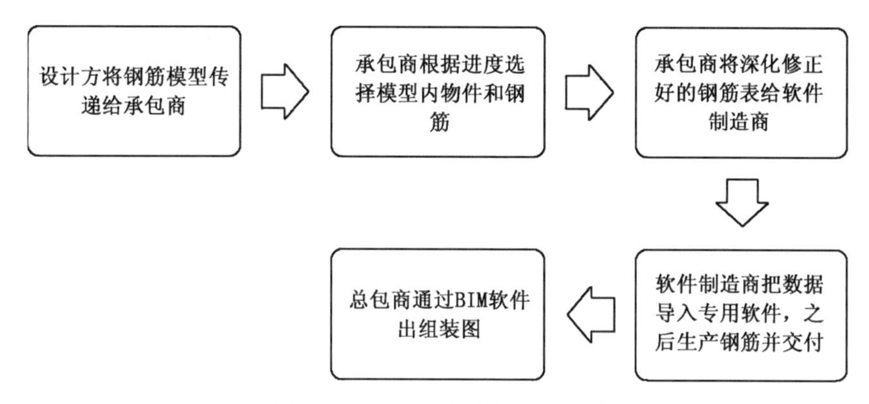

图 3-25 钢筋生产及加工流程图

3.5 BIM在混凝土预制构件加工和生产中的应用

随着建筑业的不断发展，建筑工业化已逐渐成为一个新兴的、被国家大力推广的新课题。工业化建筑中采用大量的预制混凝土构件，这些预制构件采用工业化的生产方式，在工厂生产、运输到现场进行安装，促进了建筑生产现代化，提升了建筑的生产手段，提高了建筑的品质，降低了建造过程的成本，节约能源并减少排放[5]。

工业化建筑中应用大量的诸如预制混凝土墙板、预制混凝土楼板、预制混凝土楼梯等预制混凝土构件，这些预制构件的标准化、高效和精确生产是保证工业化建筑质量和品质的重要因素。从大量预制混凝土构件的生产经验来看，现有采用平面设计的预制构件深化设计和加工图纸具有不可视化的特点，加工中经常因图纸问题而出现偏差。

随着建筑业信息技术的发展，BIM的相关研究和应用也取得了一些突破性进展。它能够在建筑全生命周期中利用协调一致的信息，对建筑物进行分析、模拟、可视化、统计、计算等工作，帮助用户提高效率、降低成本，将其用于产业化住宅预制混凝土构件的深化设计、生产加工等过程，能够提高预制构件设计、加工的效率和准确性，同时可以及时发现设计、加工中的偏差，便于在实际的生产中改进。

本节主要介绍BIM技术在预制构件深化设计、模型建立、模具设计、加工和运输中的一些应用。

3.5.1 预制构件的数字化深化设计

预制构件的深化设计阶段是工业化建筑生产中非常重要的环节。由于预制混凝土构件是在工厂生产、运输到现场进行安装，构件设计和生产的精确度就决定了其现场安装的准确度，所以要进行预制构件设计的“深化”工作，其目的是为了保证每个构件到现场都能准确地安装，不发生错漏碰缺。但是，一栋普通工业化建筑往往存在数千个预制构件，要保证每个预制构件到现场拼装不发生问题，靠人工进行校对和筛查显然是不可能的，但 BIM 技术可以很好地担负起这个责任，利用 BIM 模型，可以把可能发生在现场的冲突与碰撞在模型中进行事先消除。深化设计人员通过使用 BIM 软件对建筑模型进行碰撞检测，不仅可以发现构件之间是否存在干涉和碰撞，还可以检测构件的预埋钢筋之间是否存在冲突和碰撞，根据碰撞检测的结果，可以调整和修改构件的设计并完成深化设计图纸。如图 3-26 所示的是利用 BIM 模型进行预制梁柱节点处的碰撞检测。

图 3-26 利用 BIM 模型进行预制梁柱节点处的碰撞检测

由于工业建筑工程预制构件数量多，建筑构件深化设计的出图量大，采用传统方法手工出图工作量相当大，而且若发生错误修改图纸也不可避免。采用 BIM 技术建立的信息模型深化设计完成之后，可以借助软件进行智能出图和自动更新，对图纸的模板做相应定制后就能自动生成需要的深化设计图纸，整个出图过程无须人工干预，而且有别于传统 CAD 创建的数据孤立的二维图纸，一旦模型数据发生修改，与其关联的所有图纸都将自动更新。图纸能精确表达构件相关钢筋的构造布置，各种钢筋弯起的做法、钢筋的用量等可直接用于预制构件的生产。例如，一栋三层的住宅楼工程，建筑面积为 1 000 m^2，从模型建好到全部深化图纸出图完成只需 8 天时间，通过 BIM 技术的深化设计减少了深化设计的工作量，避免了人工出图可能出现的错误，大大提高了出图效率[6]。

上海某工程采用预制装配式框架结构体系，建筑面积为 1 000 m^2，建筑高度为 14.1 m，地上 3 层(即实际建筑的首层、标准层和顶层部分)，梁柱节点现浇及楼板是预制现浇叠合，其他构件工厂预制，预制率达到 70% 以上。该工程的建设采用BIM技术进行了深化设计。该住宅楼共有预制构件371个，其中外墙板59块，柱78根，主、次梁共计142根，楼板（预制现浇叠合板，含阳台板）86块，预制楼梯6块，利用传统Tekla Structures中自带的参数化节点无法满足建筑的深化设计要求，所有构件独立配筋，人工修改的工作量很大。为提高工作效率，建设团队对Tekla进行二次开发，除一些现浇构件外，把标准的预制构件都做成参数化的形式（图3-27）。通过参数化建模极大地提高了工作效率，典型的如外墙板，在不考虑相关预埋件的情况下配筋分两种情况，即标准平版配筋和开口配筋，其中开口分为开口平版和开口L形版片两种，开口平版的窗口又有三种类型，女儿墙也有L形版片和标准版片两种，若干组合起来进行手动配筋相当繁琐，经过对比考虑将外墙板做成3种参数化构件，分别对应标准平版、开口墙板和女儿墙，这样就能满足所有墙板的配筋要求。经过实践统计，如果手动配筋，所有墙板修改完成最快也需要两个人一周的时间，而通过参数化的方式，建筑整体结构模型搭建起来只需一个人2天的时间，大大提高了深化设计的效率[6]。

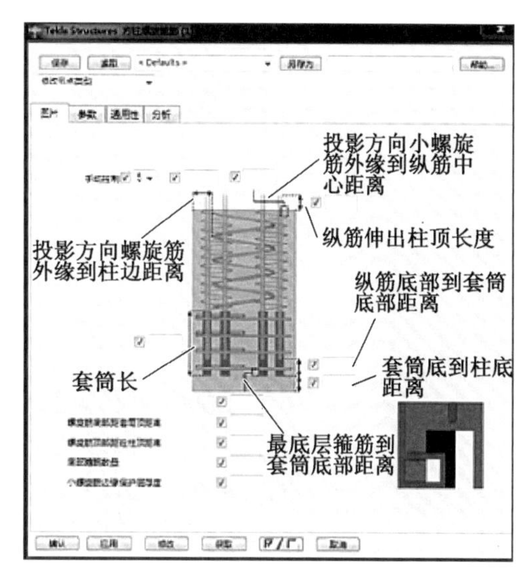

图3-27　预制柱的参数化界面[6]

3.5.2　预制构件信息模型建立

预制构件信息模型的建立是后续预制构件模具设计、预制构件加工和运输模拟的基础，其准确性和精度直接影响最终产品的制造精度和安装精度。

在预制构件深化设计的基础上，我们可以借助Solidworks软件、Autodesk Revit系列软件和Tekla BIMsight系列软件等建立每种类型的预制构件的BIM模型（图3-28），这些模型中包括钢筋、预埋件、装饰面、窗框位置等重要信息，用于后续模具的制作和构件的加工工序，该模型经过深化设计阶段的拼装和碰撞检查，能够保证其准确性和精度要求。

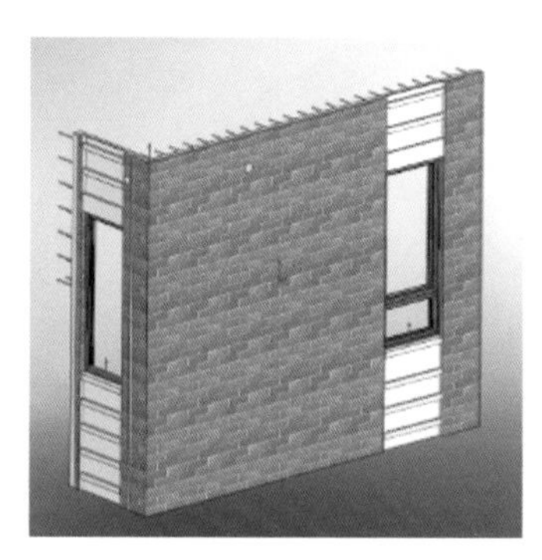

(a) 预制墙板（面砖装饰）

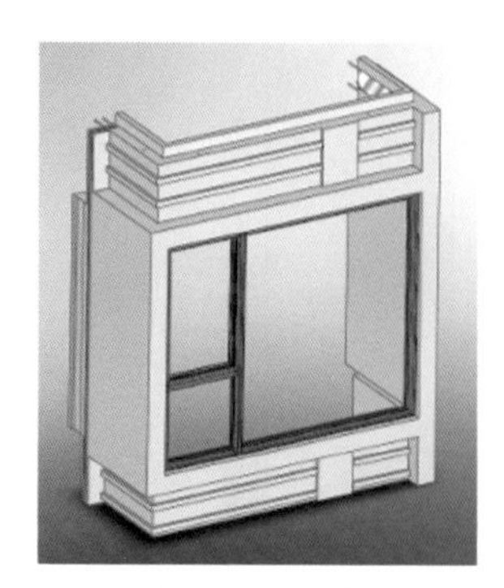

(b) 带窗框预制墙板

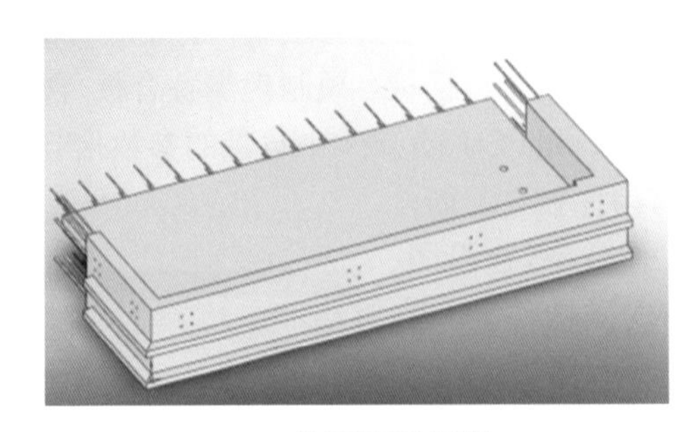

(c) 带窗框预制墙板

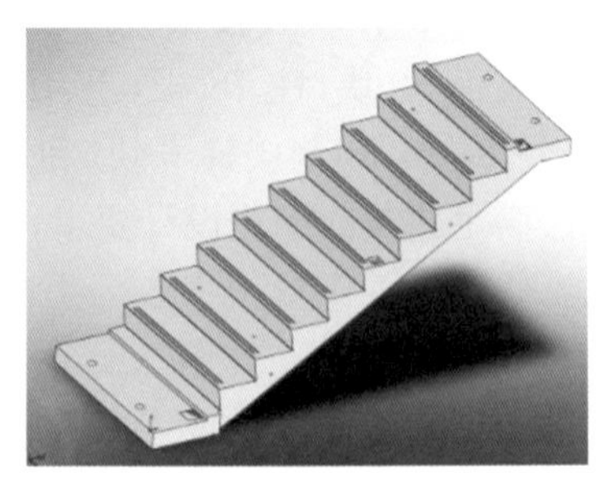

(d) 预制楼梯

图 3-28　预制构件的 BIM 模型

3.5.3　预制构件模具的数字化设计

预制构件模具的精度是决定预制构件制造精度的重要因素，采用 BIM 技术的预制构件模具的数字化设计，是在建好的预制构件的 BIM 模型基础上进行外围模具的设计，最大程度地保证了预制构件模具的精度。图 3-29—图 3-32是常见工业化建筑预制构件模具的数字化设计图。

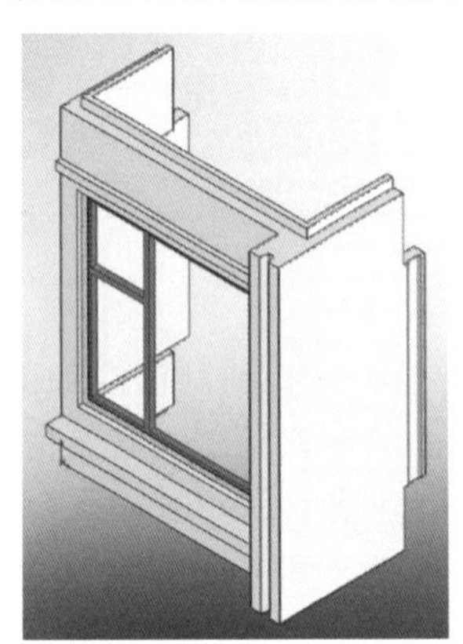

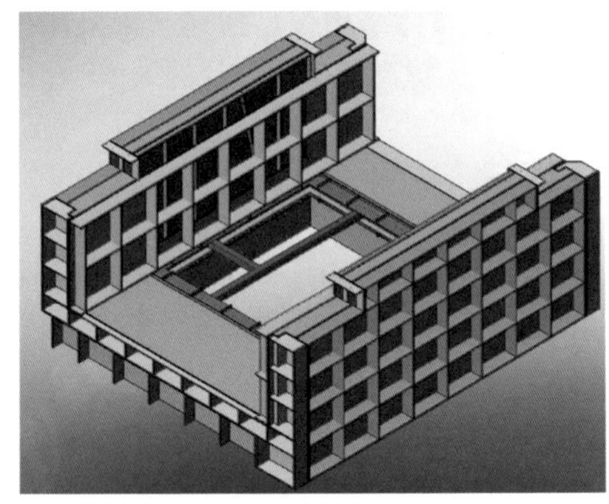

图 3-29　带窗外墙挂板构件及模具

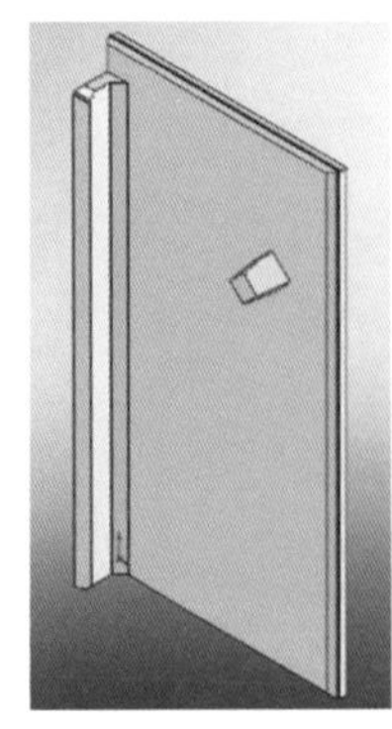

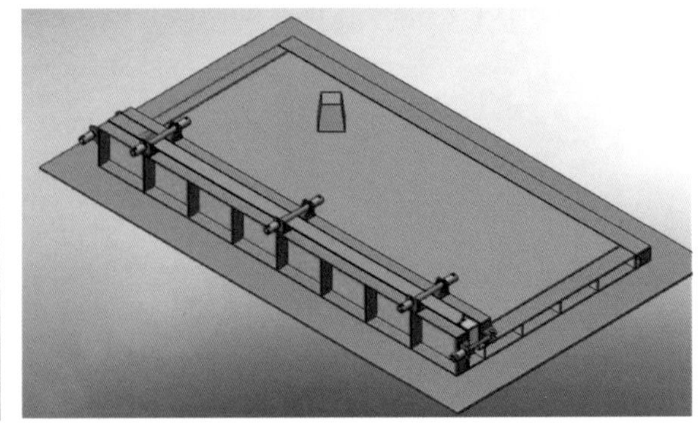

图 3-30　无窗外墙挂板构件模具及阳台板模具

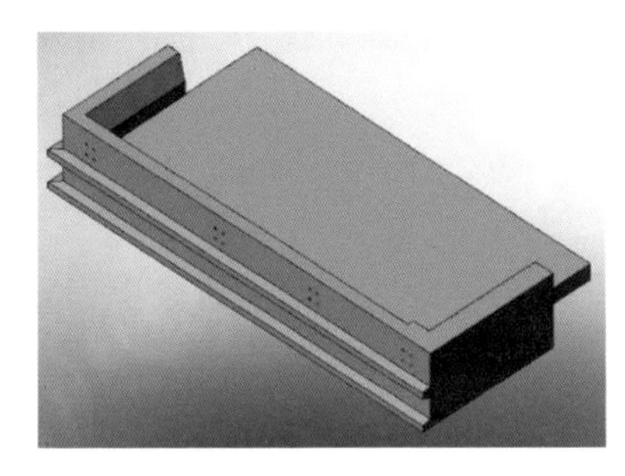
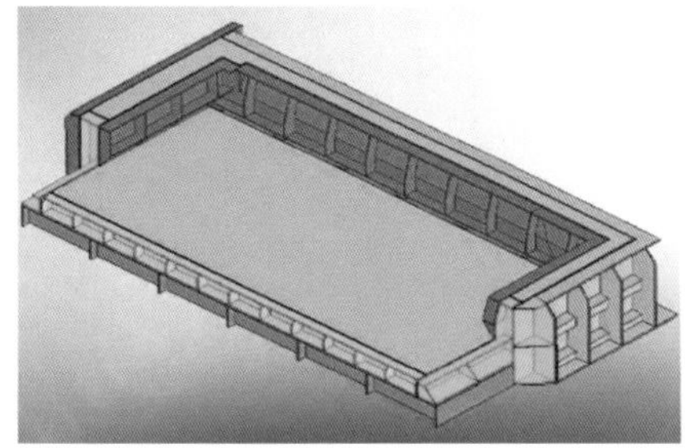

图 3-31 阳台板构件及模具

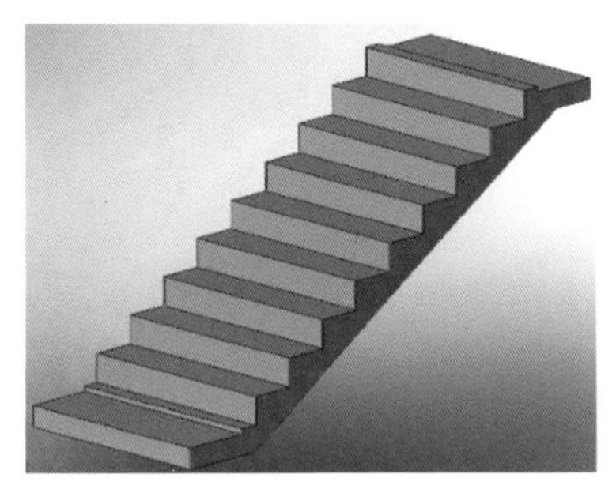

图 3-32 楼梯板构件及模具

此外，在建好的预制构件模具的 BIM 模型基础上，可以对模具各个零部件进行结构分析及强度校核，合理设计模具结构。图 3-33 为预制墙板模具中底模、端模零部件的拆分，用于进行后续的结构和强度验算。

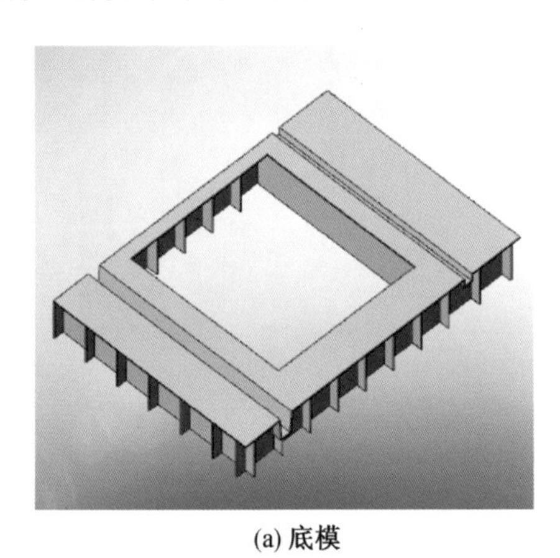

(a) 底模

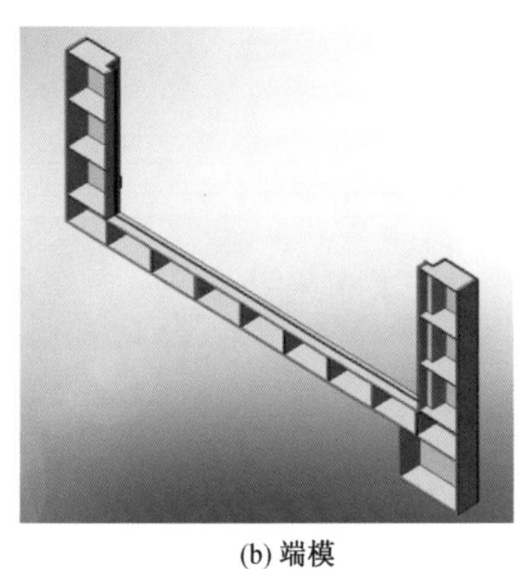

(b) 端模

图 3-33 预制墙板模具局部零部件的拆分

采用 BIM 技术的预制构件模具设计的另一大优势是可以在虚拟的环境中模拟预制构件模具的拆装顺序及其合理性，以便在设计阶段进行模具的优化，使模具的拆装最大限度地满足实际施工的需要，如图 3-34 所示。

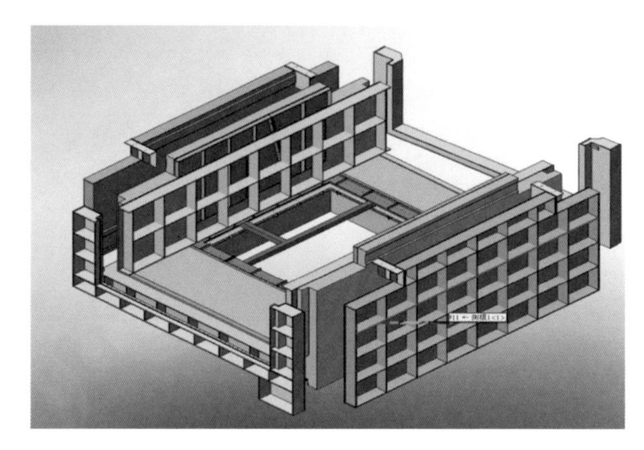

图 3-34　预制墙板模具的拆装模拟

3.5.4　预制构件的数字化加工

预制构件的数字化加工基于上述建立的预制构件的信息模型，以预制凸窗板构件为例，由于该模型中包含了尺寸、窗框位置、预埋件位置及钢筋等信息，通过视图转化可以导出该构件的三视图，类似传统的平面CAD图纸，如图 3-35所示，但由于三维模型的存在，使得该图纸的可视化程度大大提高，工人按图加工的难度降低，这可大大减少因图纸理解有误造成的构件加工偏差。

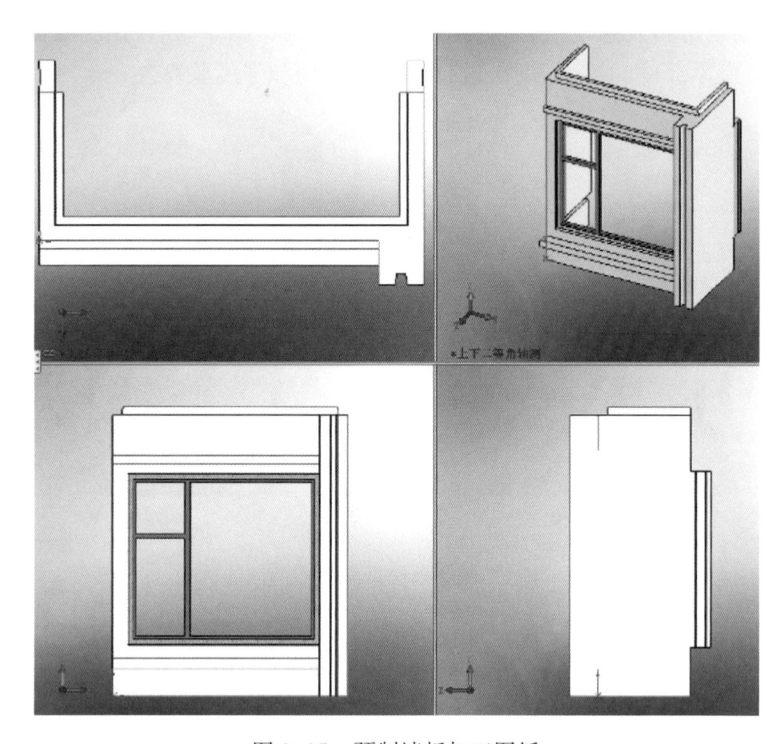

图 3-35　预制墙板加工图纸

此外还可以根据预制构件信息模型来确定混凝土浇捣方式，以预制凸窗板构件为例，根据此构件的结构特征，墙板中间带窗，构件两侧带有凸台，构件边缘带有条纹，通过合理分析，此构件采用窗口向下、凸台向上的浇捣方式，如图 3-36 所示。

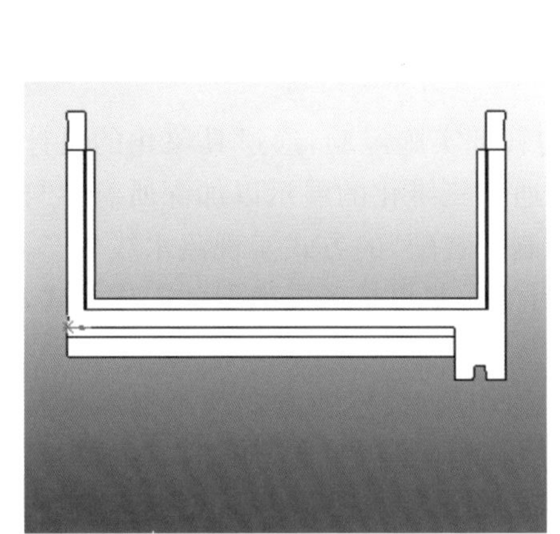

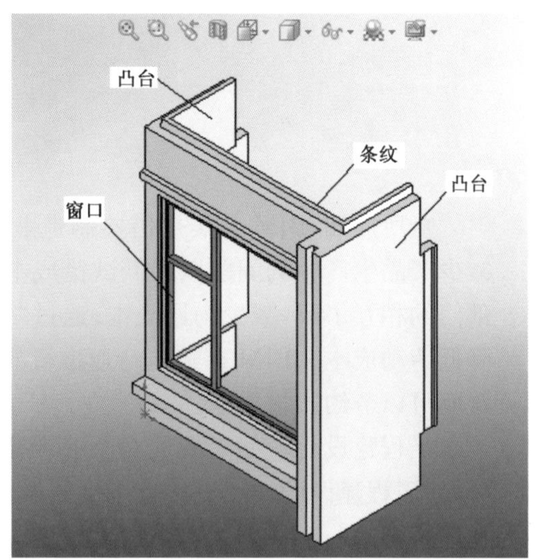

图 3-36 预制凸窗板构件模型及混凝土浇捣方式

3.5.5 预制构件的模拟运输

基于预制构件信息模型中的构件尺寸信息和重量信息，可以实现电脑中对预制构件虚拟运输的模拟，可以模拟出最优的运输方案，最大程度满足预制构件运输的能力。图 3-37 和图 3-38 显示了预制墙板构件运输的模拟和实际运输过程的情况。

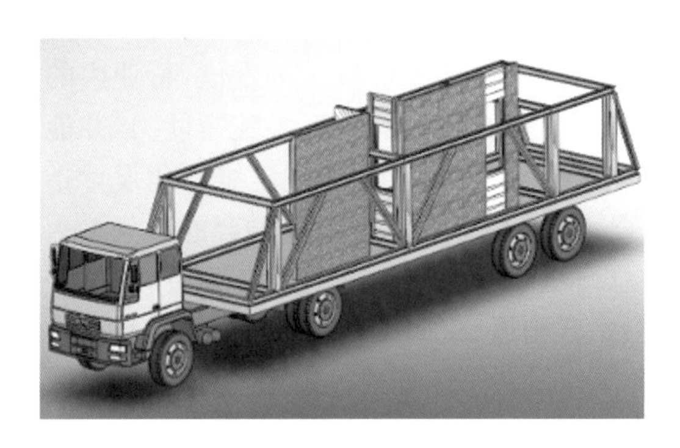

图 3-37 预制构件运输的模拟

图 3-38 预制构件运输的实况

3.6 BIM 在钢结构工程深化设计及数字化加工中的应用

3.6.1 概述

众所周知，BIM 其实是借鉴制造业的管理实施经验，通过具象化的设计减少产品生产中的问题以降低试错成本；通过三维化的展示以加深所有参与部门的相互了解，减少沟通成本；通过“预制—装配”的方式实现流水线生产，降低劳动成本。BIM 在建筑行业推行的目的无非也是形成类似的工作模式，从而可以节约大量成本。

工程建设行业如果要充分发挥 BIM 的作用，最好的方式就是提高预制率，使工程建设的过程更接近于生产流水线。相比混凝土结构而言，钢结构是比较特别的一个种类。它在实施过程中一直都是以“预制—装配”的方式进行的，从这一点上说，钢结构具有一定的“流水线化”实施的条件。

虽然具备了有利的条件，钢结构工程的实施过程如果要向“流水线化”转变，仍然需要在很多方面进行调整。首当其冲的就是：确保数据资料贯穿实施过程的始终。BIM 正好能够在这个过程中承担数据的载体，成为深化设计到工厂加工过程中的重要部分。

当然，在整个加工过程中，为配合 BIM 数据的识别和调用，所有的设备都优先采用数字化驱动的加工方式，例如数控机械、机器人或机器手等。

3.6.2 BIM 和钢结构深化设计的融合

BIM 和深化设计的融合往往体现在软件的应用层面上，选择合适而好用的软件就成为这种融合成功与否的关键。随着计算机技术的发展，行业内的专业设计软件已有不少，各种软件都有自己的特色，具备三维建模能力，并能够通过三维模型输出施工图纸。至今，已经有许多工程通过三维深化设计指导出图，提高工作效率，减少设计错误，成为 BIM 与深化设计融合的典范。

例如，南京火车站工程，钢结构总面积 22 万 m^2，构件数量 4 万件，主站房用钢重量 8 万 t，合计总用钢量(包括站区雨篷、附属钢结构工程)11 万 t；而且这个项目所用钢材多是非国标截面，制作复杂。工程通过使用三维设计软件，准确绘制了三维空间模型，并转化成精确的加工图纸和安装图纸，提供了所需的一切精确数据，如图 3-39—图 3-41 所示。

又如 2010 年上海世博会芬兰馆——“冰壶”，展馆的垂直承重结构由钢材制成。正面由窄体元件组成，在现场进行组装。水平结构由木质框架元件组成，地板则由小板块拼成。内部使用木板铺面。外部正面使用富有现代气息的鳞状花纹纸塑复合板，这是一种工业再生产品。中庭墙壁以及二层的一些墙壁由织物覆盖，并用透明织物覆盖中庭。楼梯和电梯为独立元件。全部建筑元件在进行制造的时候，就必须保证建筑建成后能被分解和再组装。

图 3-39　梁柱节点

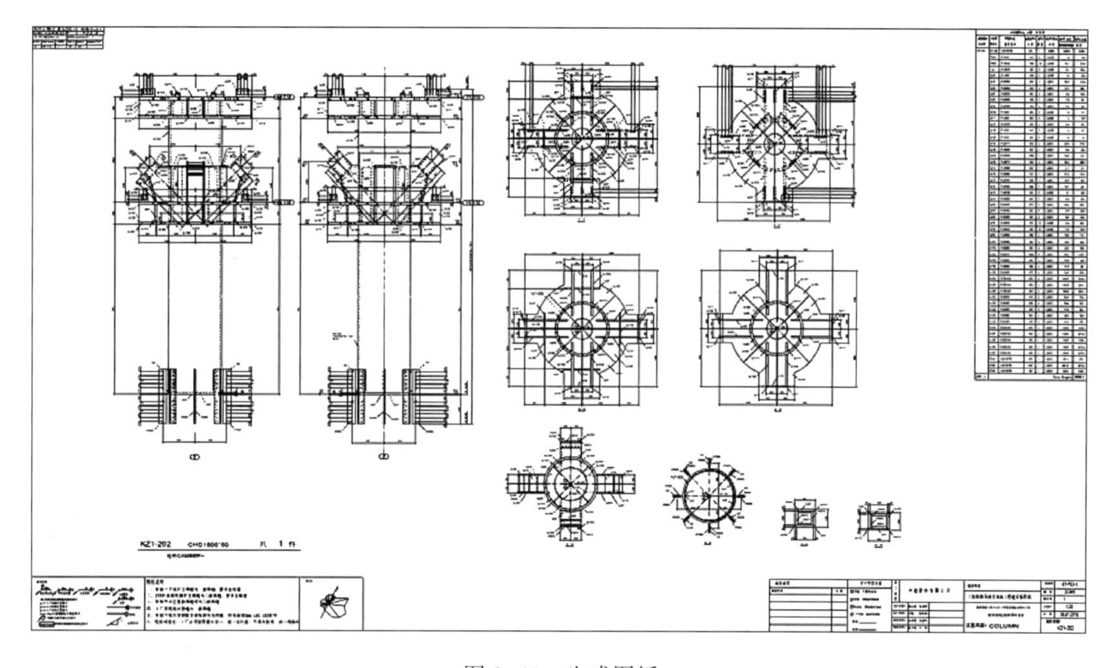

图 3-40　生成图纸

图 3-41　构件加工

此工程采用了三维深化设计软件，把复杂纷乱的连接节点以三维的形式呈现出来，显示出所有构件之间的相互关系，通过这样的设计手段，保证了异型空间结构的三维设计，提高了工作效率和空间定位的准确性，如图 3-42 和图3-43 所示。

(a) 节点一

(b) 节点二

图 3-42　梁柱节点

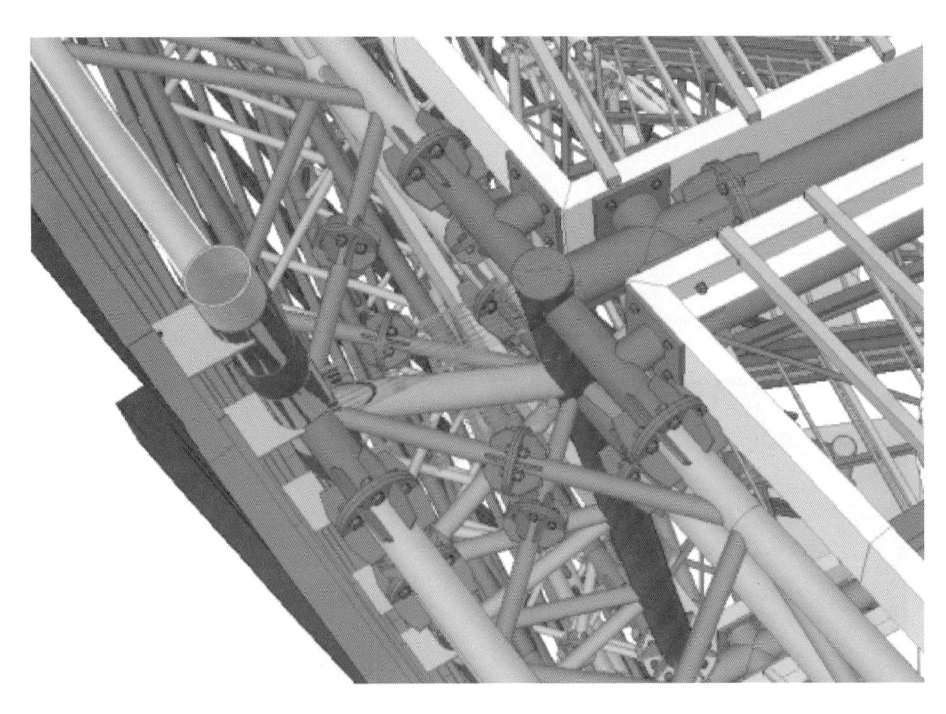

图 3-43　结构系统

显然，钢结构深化设计过程中引入 BIM 后，就使得设计过程更加高效而精确，出图也更加便利。

在实际工程的运行过程中，深化设计图纸并不是法定要求归档的资料。所以相信随着时间的推移，深化图纸也将逐步被电子数据所取代，配合下游加工厂的数字化加工设备，从而形成完整的数字化应用流程。到这时候，才是 BIM 与深化设计的完美融合。

深化设计的数据需要为后续加工和虚拟拼装服务，所以以下几点内容需要认真对待：

1）标准化编号

所有构件在三维建模时会被赋予一个固定的 ID 识别号，这个号码在整个系统中是唯一的，它可以被电子设备识别。但是在这个过程中也不可避免地需要加入工程师的活动，那么就需要编列同时便于人识别的构件编号。通过构件的编号可以让工程师快速找到该构件的所在位置或者相邻构件的识别信息。编号系统必须通过数字和英文字母的组合表述出以下内容（根据实际情况取舍）：

① 建筑区块；

② 轴线位置；

③ 高程区域；

④ 结构类型（主结构、次结构、临时连接等）；

⑤ 构件类型（梁、柱、支撑等）。

例如，上海自然博物馆新馆工程，建筑形式取材于鹦鹉螺，在博物馆正门旁边有一片兼具装饰和承重的弧形钢结构，名曰“细胞墙”，如图 3-44 所示。

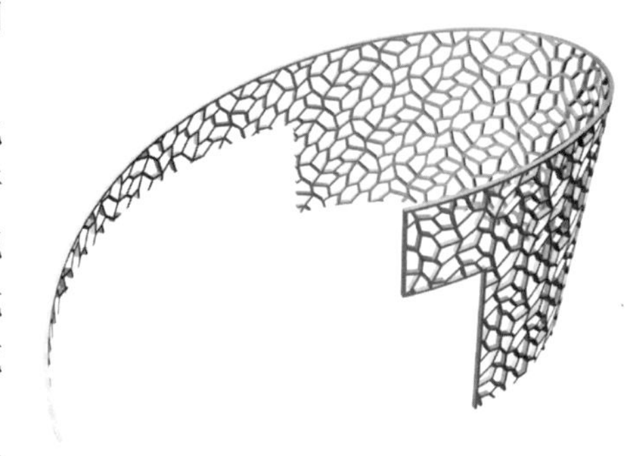

图 3-44 “细胞墙”结构效果图

这一复杂的单片网壳结构使深化设计、构件加工和拼接安装都面临严峻的考验。首当其冲的就是编号系统的建立，方便识别的编号将有助于优化生产计划和拼装安排，从而提高施工的效率。

“细胞墙”结构中的钢构件分为两类：节点和杆件。节点的编号由三部分构成：高程、类型和轴线。整个工程以“米”为单位划分高程，每个节点所在高度的整数位作为编号的第一部分；而节点的类型分为普通、边界和特殊，分别对应“N”、“S”和“SP”，加入第二部分；整个弧形墙沿着弧面设置竖向轴线，节点靠近的轴线编号就作为节点编号的第三部分。建立了这样的编号系统，所有参与的工程师都能够快速找到指定节点所在位置，甚至不必去翻阅布置展开图。

杆件的编号系统就可以相对简单一些：直接串联两边节点编号。通过杆件上的编号，既能够知道两边节点是哪两个，又可以通过节点编号辨别杆件的位置,如图 3-45 所示。

2) 关键坐标数据记录

虽说经过三维建模已经可以得到所有构件的空间关系,但是如果能在构件信息列表里加入控制点理论坐标,则既便于工程师快速识别,又能够辅助后续工作。坐标点的选取应根据实际情况的需要而确定,例如,规则的梁和柱往往只需要记录端部截面中点即可,而复杂节点就比较适合选择与其他构件接触面上的点。这些坐标数据需要被有规则地排列以便于调取。

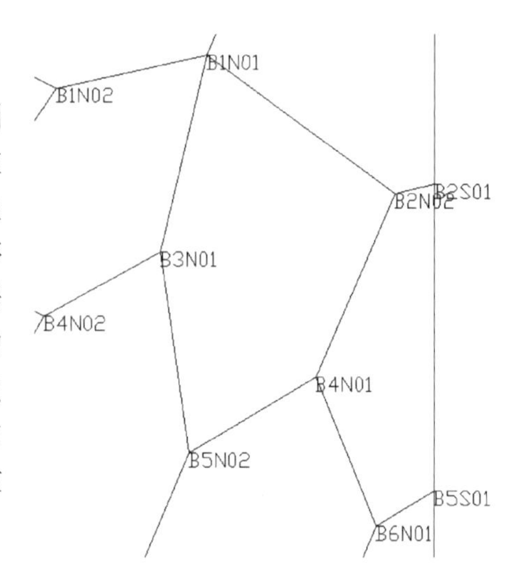

图 3-45 节点编号示意图

3) 数据平台架设

BIM 应用与深化设计的融合不单是建立模型和数据应用,还需要在管理上体现融合的优势。建立一个数据平台,这个数据平台不仅要作为文件存储的服务器,也要为团队协作和参与单位交流提供服务。所有的数据和文件的发布、更新都要第一时间让所有相关人员了解。

3.6.3 BIM 与数字化加工实施的整合

所谓数字化加工,主要依赖于加工设备,如数控机械或者机器人进行加工。BIM 应用强调的是"流水线化"和"模块化"的施工。当这两者相互结合后就形成了这样一种工作模式:模块分拆—单独加工—模块组合—后期处理。在 2010 年上海世博会世博轴工程中,钢结构构件的加工就使用了这样一种工作模式,这里结合实例简要介绍。

2010 年上海世博会世博轴工程有 6 个特征标志性强的"阳光谷"以满足地下空间的自然采光。"阳光谷"采用单层网壳结构,由节点与杆件组合而成,节点总数达到 10 348 个。阳光谷钢结构节点按照制作方式的不同可以分为两种:铸钢节点与焊接节点。这两种节点的加工过程都使用了上文中提到的加工方式。

1) 铸钢节点

首先,将各不相同的铸钢节点按一定的截面规格分解成标准模块,然后将标准模块按最终形状组合成模,再加以浇注成型。该工艺创造性地改变了对应不同形式节点需加工不同模型的思路,可大大节省模型制作时间及费用,非常适合类似阳光谷这种具有一定量化且又不尽一致的铸钢节点。

其次,采用高密度泡沫塑料压铸成标准模块,利用机器人技术进行数控切割和数控定位组合成模,大大提高了模型的制作加工精度及效率,如图3-46和图 3-47 所示。

图 3-46　泡沫塑料块

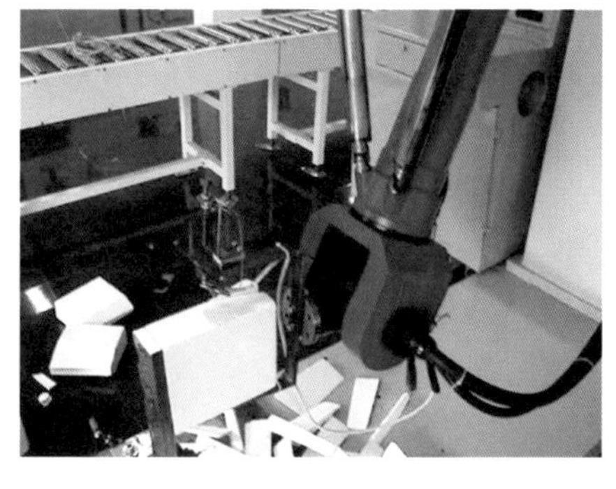

图 3-47　机器人数控切割

然后，采用熔模精铸工艺（消失模技术），提高铸件尺寸精度和表面质量。一般的砂型铸造工艺无论尺寸精度还是表面质量都达不到阳光谷要求，且节点形状复杂，难于进行全面机械加工，因此选择熔模精密铸造工艺，如图3-48和图 3-49 所示。

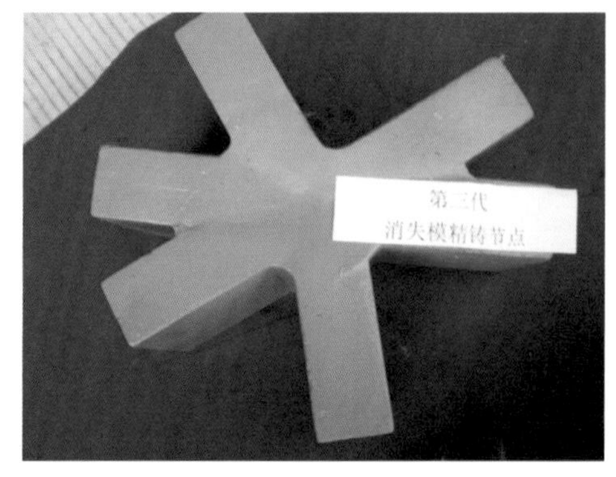

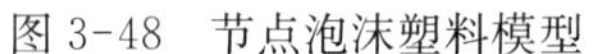

图 3-48　节点泡沫塑料模型

图 3-49　铸钢节点

阳光谷共有实心铸钢节点 573 个，且各不相同，如采用传统的模型制作工艺，需加工相同数量的模型，即 573 个。每个模型都先需要制作一副铝模再压制成蜡模或塑料模型，每副铝模制作周期约 2 星期，且只能使用一次，光模型制作时间对工程进度来说就是相当大的制约，无法满足施工要求。现采用组合成模技术，按不同截面划分为 11 种形式，则节省模具数量达 98%，节省模具费用 500 多万元，时间上也大大节约。

2）焊接节点

焊接节点按照加工工艺主要分为两类：散板拼接焊接节点和整板弯扭组合焊接节点。

散板拼接焊接节点主要是将节点分散为中心柱体和四周牛腿两大部分，如图 3-50 所示，分别加工，最后组拼并焊接形成整体。首先将节点的每个牛腿按照截面特性做成矩形空心块体，然后利用机器人进行精确切割，形成基础组拼件，如图 3-51 所示。

（a）节点散件示意

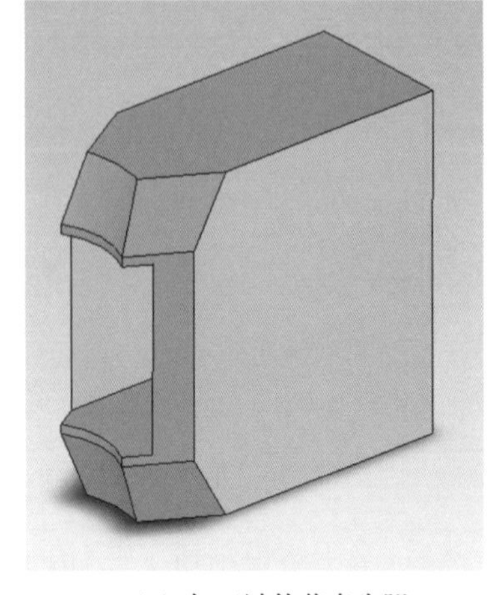

（b）加工过的节点牛腿

图 3-50　散板拼接焊接节点

图 3-51　机器人切割

在完成了节点所有基础组拼件的加工后，即需要组拼并焊接，形成完整节点。如图 3-52 所示，焊接主要分为两个步骤：打底焊以及后期填焊；整个过程必须保证焊接的连续性和均匀性。

整板弯扭焊接主要是将节点的上下翼缘板分别作为一个整体，利用有关机械进行弯扭以保证端部能够达到设计要求的位置，之后在将节点的腹板和构造板件组合进行整体焊接。

在完成节点的制作过程以后需要对节点的断面进行机加工处理。阳光谷作为曲面、异型精细钢结构，其加工精度较之常规钢结构来说要求更高。尤其是节点牛腿各端面，其精度将直接影响到安装的精确性。因此，这一指标需要作为重点控制内容。

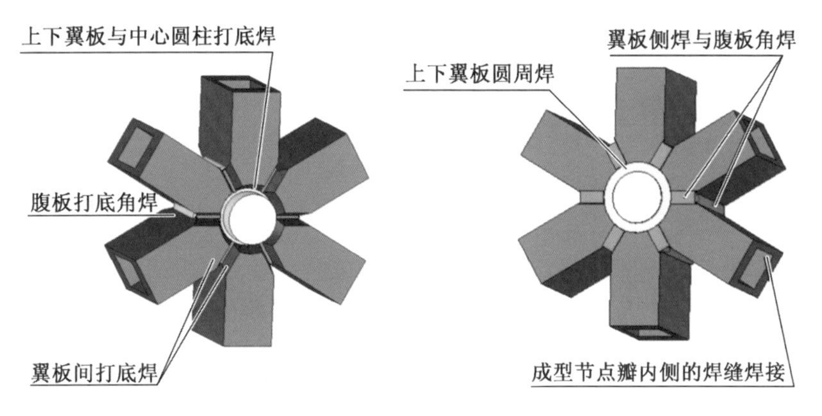

图 3-52 节点焊缝示意图

其一，节点在组装、焊接、机加工与三坐标检测时采用统一基准孔和面，在加工过程中应保护基准面与孔不损坏。

其二，节点端面机加工在专用机床进行，在加工前仔细对节点编号与加工数据编号进行校合，核对准确后按节点加工顺序示意图规定加工。如采用五轴数控机床，其经济性和加工周期难以保证，因而采用设计的专用机床，既保证了加工精度，加工周期也得到了保障，如图 3-53 所示。

图 3-53 端面加工专用机床

“阳光谷”工程被称为“精细钢结构”工程，因为加工过程实现了数字化精密加工。相信随着技术发展，数字化精密加工的成本会逐渐下降，以后越来越多的工程也将逐步转向这个方向，所谓的 BIM 与数字化加工的整合也终将普及。

3.7 BIM 在机电设备工程深化设计及数字化加工中的应用

随着绿色施工的开展,越来越多的机电安装企业开始采用 BIM 进行深化设计和数字化加工及建造。不同行业的 BIM 应用软件可实现在施工单位进场前完成机电综合调整、方案预演等前期准备,在精确计划、精确施工、提升效益方面发挥巨大作用,为绿色设计和环保施工提供强大的数据支持,确保设计和安装的准确性、提高安装一次成功率、减少返工、降低损耗,节约工程造价,提高项目的建造品质,又可为项目节约大量资源。

同时,数字化施工模式日益受到关注。在我国的各大机电安装项目中目前主要采用的是传统的施工方式,现场施工员对管线排布完成后,主要依靠大量人工在现场对各类管道、管件进行加工再将其安装,但这种方法需要在现场安排大量的操作工人,这对现场的日常管理带来了一定压力。其次,现场环境比较复杂,工作界面混乱,工人工作效率较低。再者,现场加工必定需要很多动火点,这无疑增加了现场的安全隐患。近年来随着北京奥运会、上海世博会的召开,人们对绿色施工、安全施工有了更深的理解和要求,并将关注的目光投向如何实现数字化施工。因此,数字化加工及建造给机电安装提出了更高的要求,对于管道不只停留在实现功能上,更从数字化加工、建造的角度提出了新要求。如何利用先进技术确保机电管线实现数字化施工,提升现场施工能力,是施工企业面临的一个重要难题。

为此,将机电深化设计、数字化加工与 BIM 应用技术结合起来,利用 Revit、Navisworks、Inventor 等不同行业的软件,实现 BIM 技术在机电工程深化设计及数字化加工中的运用,是机电设备工程的发展趋势。

3.7.1 组织架构及人员配置

1) 组织架构

BIM 技术在工程建设行业的推广应用,必将引起企业人力资源组织结构等方面的变化。因此,需要在企业原有的人力资源组织结构的基础上,重新规划和调整适合企业 BIM 实施的人力资源组织结构,这也是企业实施 BIM 战略目标的重要保证。图 3-54 为某机电企业内部组织架构图。

BIM 业务部门主要工作是使用传统设计和制图工作软件,完成 BIM 相关的项目承接、设计与校审、项目交付等业务工作。BIM 支持部门主要职责是为 BIM 的应用和推广提供方便,并解决其在应用过程中碰到的各类问题,使 BIM 业务部门能顺利有序地进行 BIM 设计和 BIM 推广。

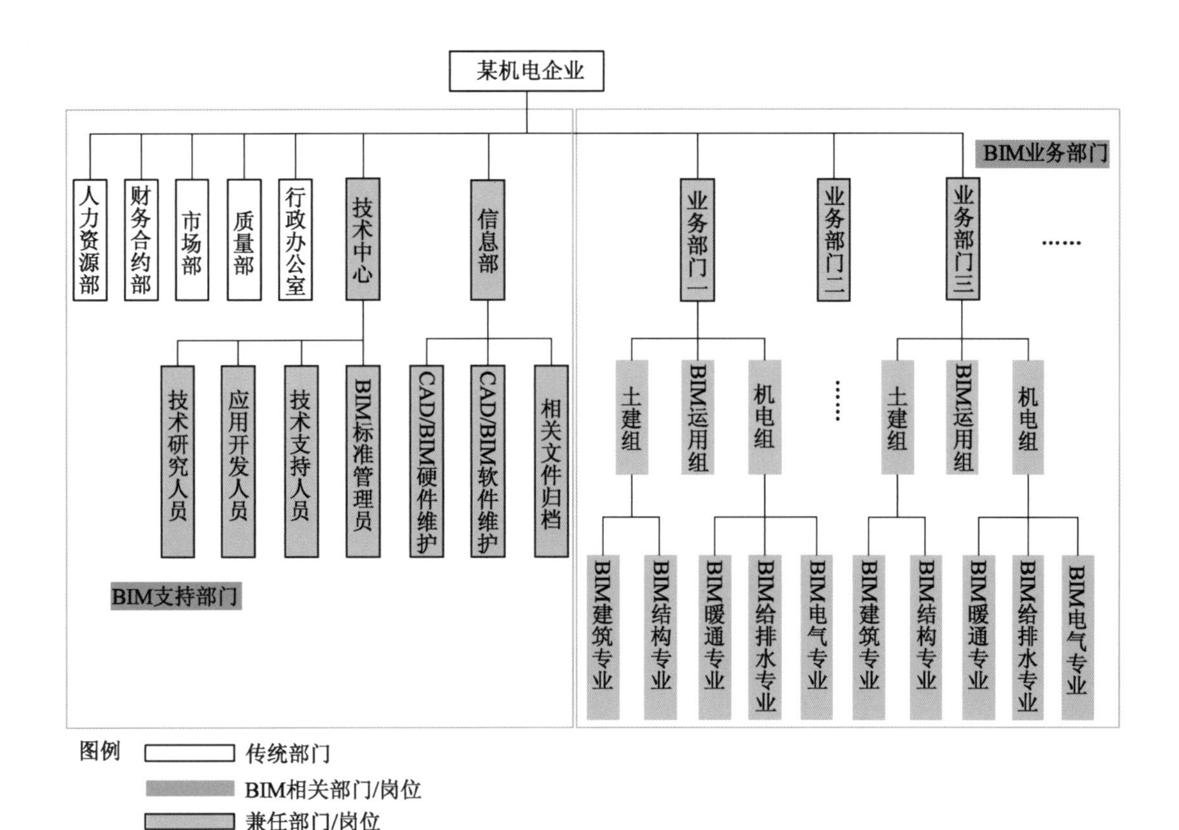

图 3-54　某机电企业内部组织架构图

目前，国内经过多个项目的应用实践，BIM 技术团队随着项目的开展积累了较为丰富的应用实践经验，团队的组织架构也越发完善、系统化、规范化。一般在项目中机电 BIM 技术团队还可分为三个大组，分别为建筑结构组、机电模型组和后期运用组。每大组拥有专设负责人，其中机电模型组还细分为水、电、风三大专业组。

其中，建筑结构组和后期应用组的建立是考虑到机电项目 BIM 应用中机电模型无法脱离建筑结构运行，建筑结构组的建立能够对已有的模型进行监控、督查，对需要修改的地方第一时间进行更新，为机电管线建模和深化设计等一系列技术实行提供有效保障，保证模型的准确性、实时性及可靠性。后期应用组的建立是为 BIM 技术服务的实行、推广提供一个崭新的信息平台。在这个平台上，BIM 技术的数据得到充分集成和展现，经后期应用组的信息加工提供给各专业机构，实现 BIM 模型的方案模拟、进度演示，并能根据实际需求，进行分专业、总体、专项等特色演示。

2）人员配置

人力资源的合理配置确保了各 BIM 专业的协调性和可执行性，同时根据相应的工作标准和流程，有效保证 BIM 工作按时、专业、高效开展。同时，企业技术中心和信息部门也应对 BIM 业务部门提供相关技术支持，如图 3-55 所示。

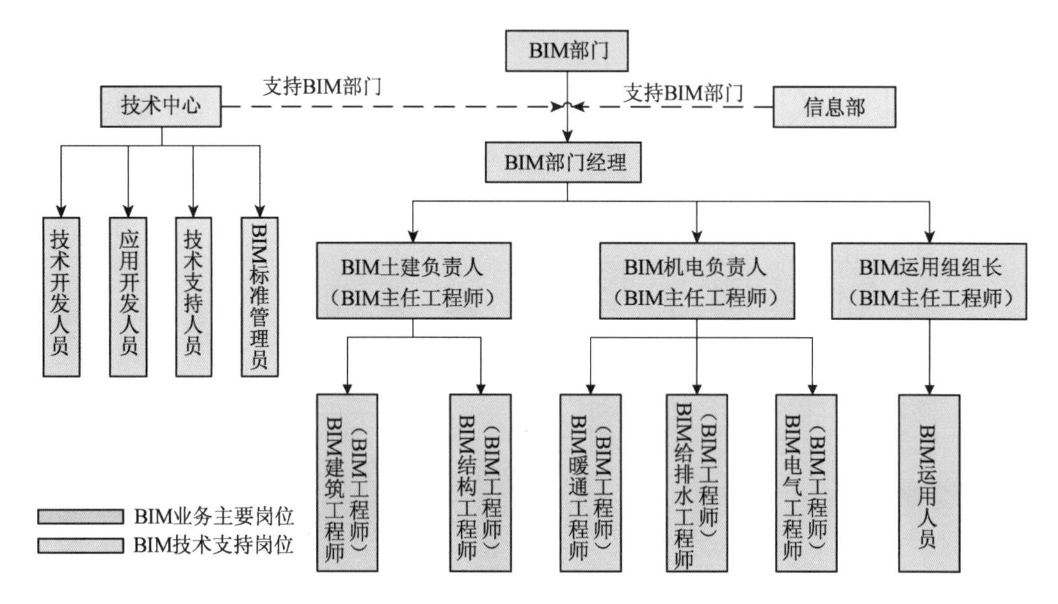

图 3-55　某机电企业 BIM 部门内部人员配置图

技术中心和信息部门根据企业信息化决策及实际业务需求，提供可采用的技术方案，对拟采用的技术方案及软硬件环境进行技术测试与评估，组织并协助业务部门对拟采用软硬件系统进行应用测试。负责针对企业实际业务需求的定制开发工作，现阶段重点开发方向为针对 BIM 应用软件的效率提升、功能增强、本地化程度提高等方面。同时，负责 BIM 软件使用的初级、中级培训，负责解决使用者 BIM 软件使用问题及故障。负责编制企业 BIM 应用标准化工作计划及长远规划，负责组织制定 BIM 应用标准与规范，并根据实际应用情况组织 BIM 应用标准与规范的修订。

通过上述人员架构确保各 BIM 专业的完整性和可执行性，且经验丰富、专业对口、操作娴熟的 BIM 技术人员，对 BIM 操作技术有着相应的工作标准和流程，将有效保证 BIM 工作按时、专业、高效开展。对于具有云技术和异地协同平台的企业，还可以在远程平台上解决跨地域的协作问题，实现远程支持、多方演示，有效提高工作效率。通过这种方式，可以大量减少异地现场的 BIM 技术人员配置，大幅降低企业人员成本。

如国内某超高层项目，根据该机电企业的组织架构组建了一支 30 人的多专业、经验丰富的 BIM 团队来对此项目展开工作。针对项目的特点，特派 13 名 BIM 操作技能过硬、专业基础扎实、项目经验丰富的 BIM 技术人员驻扎现场，建立项目 BIM 技术团队(图 3-55)。现场 BIM 技术团队总负责人 1 人，建筑结构、机电建模、后期应用负责人各 1 人，机电组分别安排水、电、风三个专业 BIM 技术人员各 3 人，组成一支专业化 BIM 技术团队。同时，在企业本部的12人通过全新的Revit Server中心服务器技术对现场技术团队进行BIM技术支持和同步协作，如图3-56所示。采用此种方式不仅大大减少了软件模型同步的时间，还能够在局域网外进行传输。BIM技术团队对现场的技术支持通过Revit Server中心服务器（图3-57）得到了实现，使模型快速同步、更新、读取，大幅减少了中间信息传输请求时间，提高了工作效率。

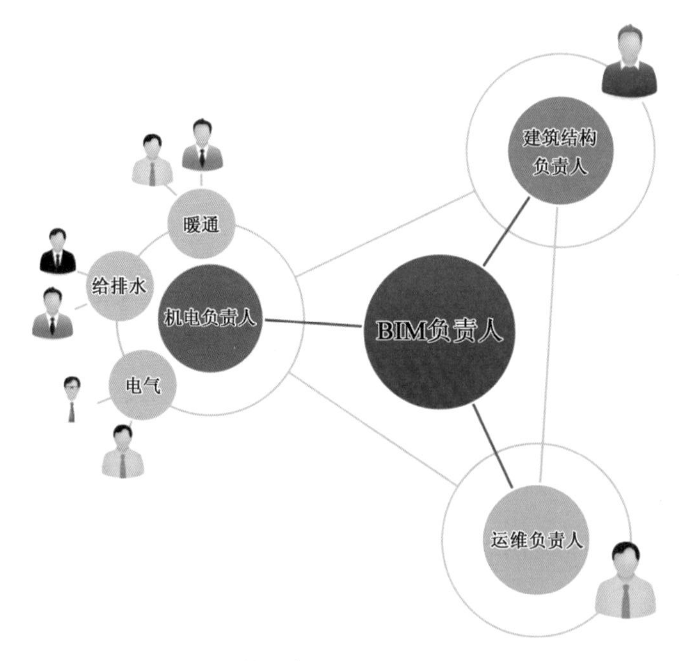

图3-56 某超高层项目BIM人员配置图

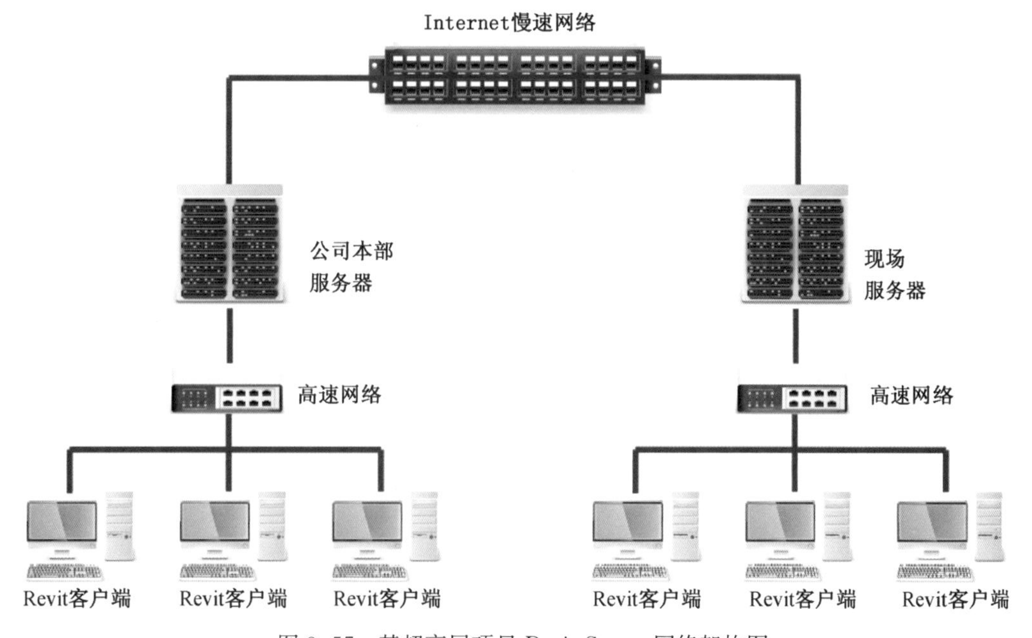

图3-57 某超高层项目Revit Server网络架构图

3.7.2 机电设备工程 BIM 深化设计

1) 建立模型

BIM 模型是设计师对整个设计的一次“预演”，建模的过程同时也是一次全面的“三维校审”过程，BIM 技术人员发挥专业特长，在此过程中可发现大量隐藏在设计中的问题，这点在传统的单专业校审过程中很难做到，经过 BIM 模型的建立，能使隐藏问题无法遁形，提升整体设计质量，并大幅减少后期工作量。针对项目利用 BIM 系列软件根据平面设计图纸建立三维模型(图 3-58)。

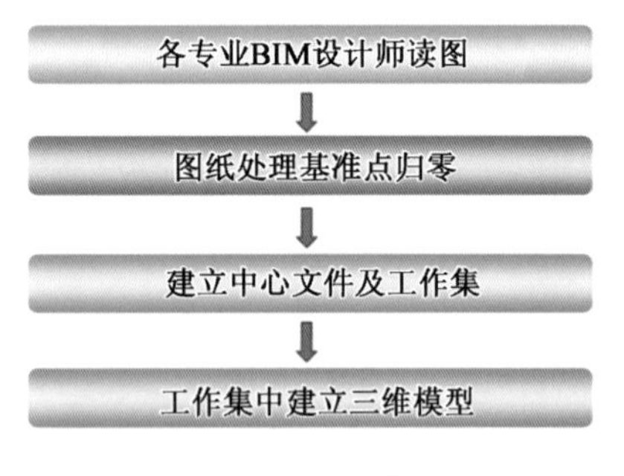

图 3-58　BIM 建模流程图

将不同专业的深化设计图纸分到各个设计师手中，BIM 设计师针对各个专业进行图纸系统的理解，整理系统，确认管线设计的合理性。同时，为了能在 BIM 编辑软件或是检视软件中快速辨识各项系统类别，有利于提升编辑模型及冲突检查的时效性，在中心文件中根据 BIM 相关标准按照不同专业建立不同的工作集，即各专业根据二维图纸，分别在对应专业工作集中建立相应的三维模型，图 3-59 为上海某项目 BIM 机电管线工作集划分。

图 3-59　BIM 机电管线工作集划分

(1) 基础模型建造

基础建模包括建筑及结构模型。建造模型的目的是在进行机电冲突检查时,有基础数据可作参考,使冲突检查可视化。在建筑模型中建立基础、筏基、挡土墙、混凝土柱梁、钢结构柱梁、楼板、剪力墙、隔间墙、帷幕墙、楼梯、门及窗等组件,再按照设计发包图建造 BIM 模型。依据楼层及专业类别配置档案,减少编辑作业造成的计算机效能无法负荷,提升作业时效,图 3-60 示例为上海某医院项目土建 BIM 模型。

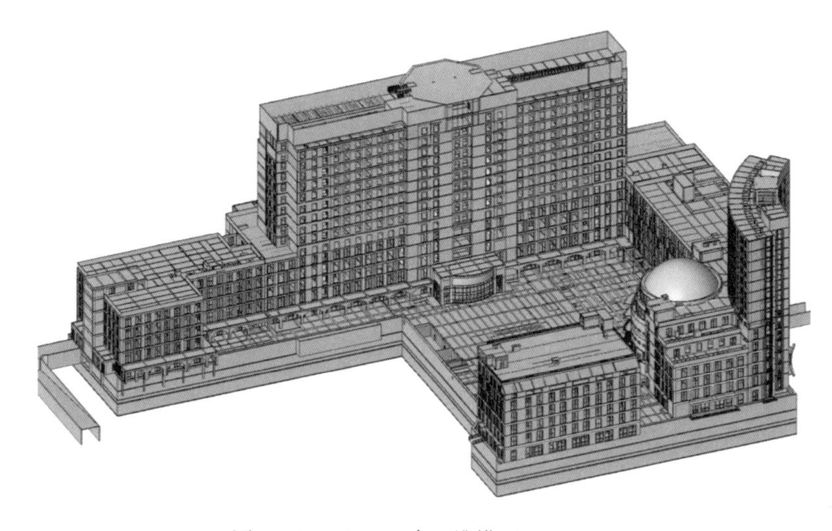

图 3-60　BIM 土建三维模型

(2) 机电模型建造

机电模型可以分为通风空调、空调水、防排烟、给水、排水、强电、弱电及消防等项目,借助 BIM 协同作业的方式分配给不同的 BIM 专业工程师同步建造模型,BIM 专业工程师可以通过各项系统和建筑结构模型之间的参考链接方式进行模型问题检查。图 3-61 示例为上海某医院项目 BIM 机电管线综合三维模型。

2) 深化设计

(1) 机电管线全方位冲突检测

制定施工图纸阶段,若相关各专业没有经过充分的协调,可能直接导致施工图出图进度的延后,甚至进一步影响整个项目的施工进度。利用 BIM 技术建立三维可视化的模型,在碰撞发生处可以实时变换角度进行全方位、多角度的观察,便于讨论修改,这是提高工作效率的一大突破。BIM 使各专业在统一的建筑模型平台上进行修改,各专业的调整实时显现,实时反馈。

在传统深化设计工作中,重复的工作量导致大量时间耗费,这就是不具备参数能力的线条所组成的图形所暴露出的局限性。BIM 技术应用下的任何修改体现在:其一,能最大程度地发挥 BIM 所具备的参数化联动特点,从参数信息到形状信息各方面同步修改。其二,无改图或重新绘图的工作步骤,更改完成后的模型可以根据需要来生成平面图、剖面图以及立面图。与传统利用

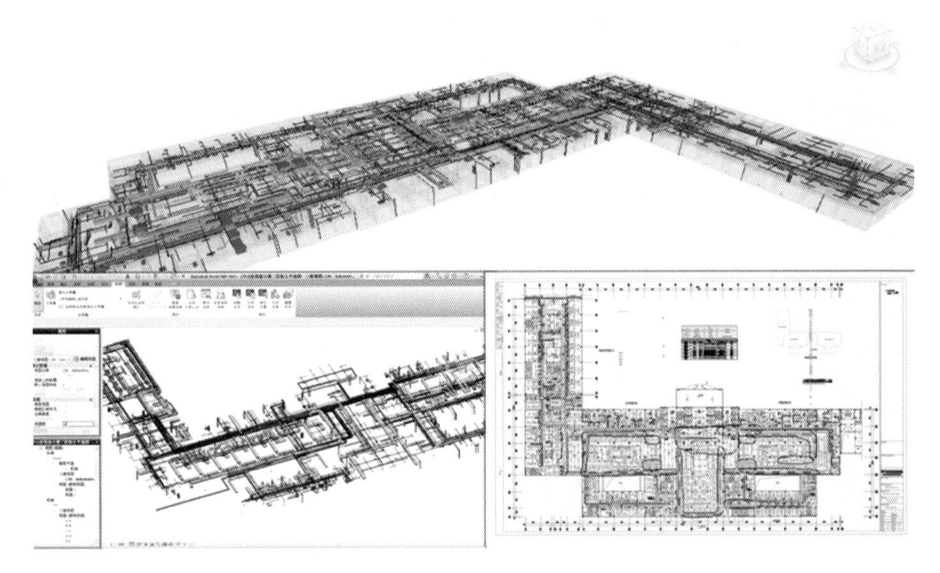

图 3-61　BIM 机电管线综合三维模型

二维方式绘制施工图相比，在效率上的巨大差异一目了然。为避免各专业管线碰撞问题，提高碰撞检测工作效率，推荐采用图3-62的流程进行实施。

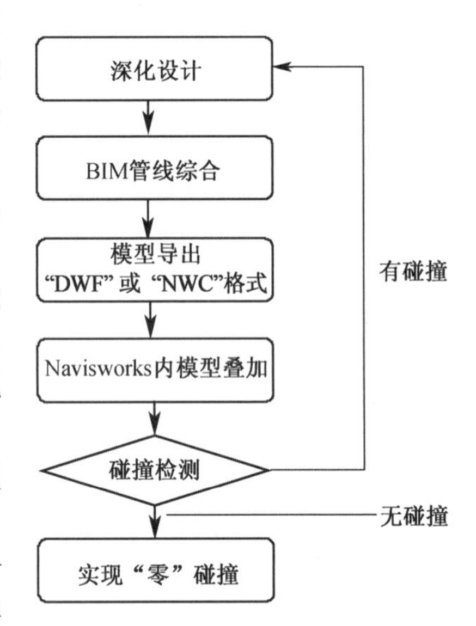

图 3-62　BIM 碰撞检测流程图

① 将综合模型按不同专业分别导出。模型导出格式为 DWF 或 NWC 的文件。

② 在 Navisworks 软件里面将各专业模型叠加成综合管线模型进行碰撞检测，如图 3-63 所示为上海某能源中心 BIM 机电综合管线碰撞检测。

③ 根据碰撞结果回到 Revit 软件里对模型进行调整。

④ 将调整后的结果反馈给深化设计员；深化设计员调整深化设计图，然后将图纸返回给 BIM 设计员；最后 BIM 设计员将三维模型按深化设计图进行调整，碰撞检测。如此反复，直至碰撞检测结果为“零”碰撞为止。如图3-64所示，为上海某能源中心 BIM 机电综合管线调整至“零”碰撞后。

在以往的 BIM 机电深化设计碰撞检测工作开展的过程中发现，当对碰撞处进行调整后，如果缺乏各专业间的协调沟通、同步调整，则会产生新的碰撞位置，导致一而再、再而三产生碰撞并再次讨论再次修改。针对该现象，结合国内外的 BIM 机电深化行业的经验，我们认为全方位碰撞检测时首先进行的应该是机电各专业与建筑结构之间的碰撞检测，在确保机电与建筑结构之间无碰撞之

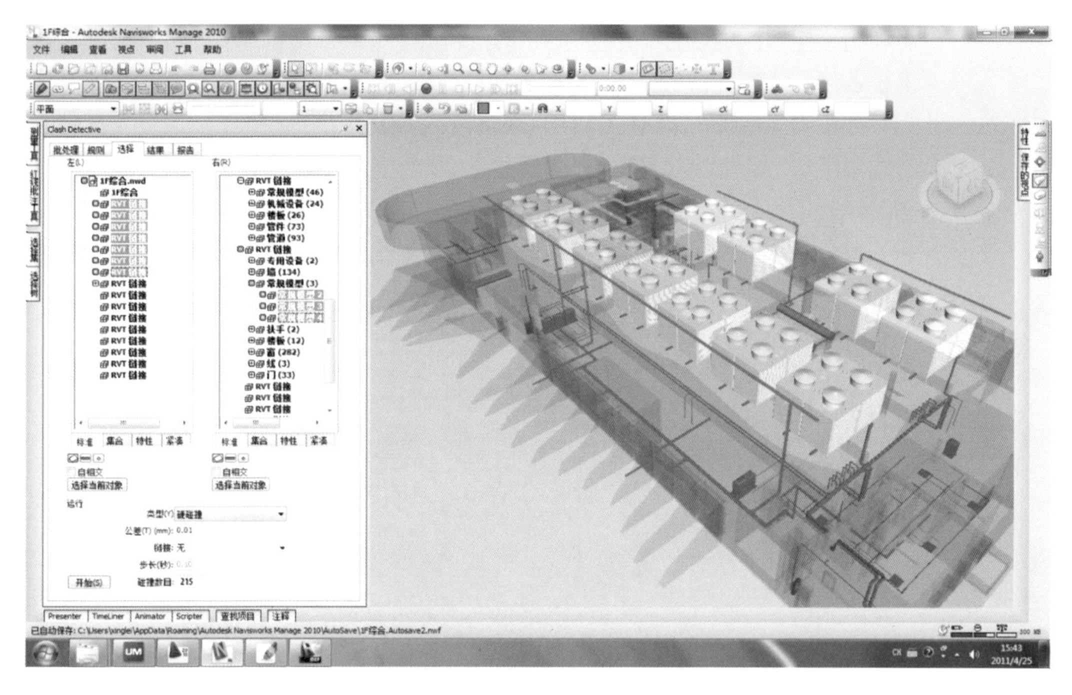

图 3-63 上海某能源中心 BIM 机电综合管线碰撞检测

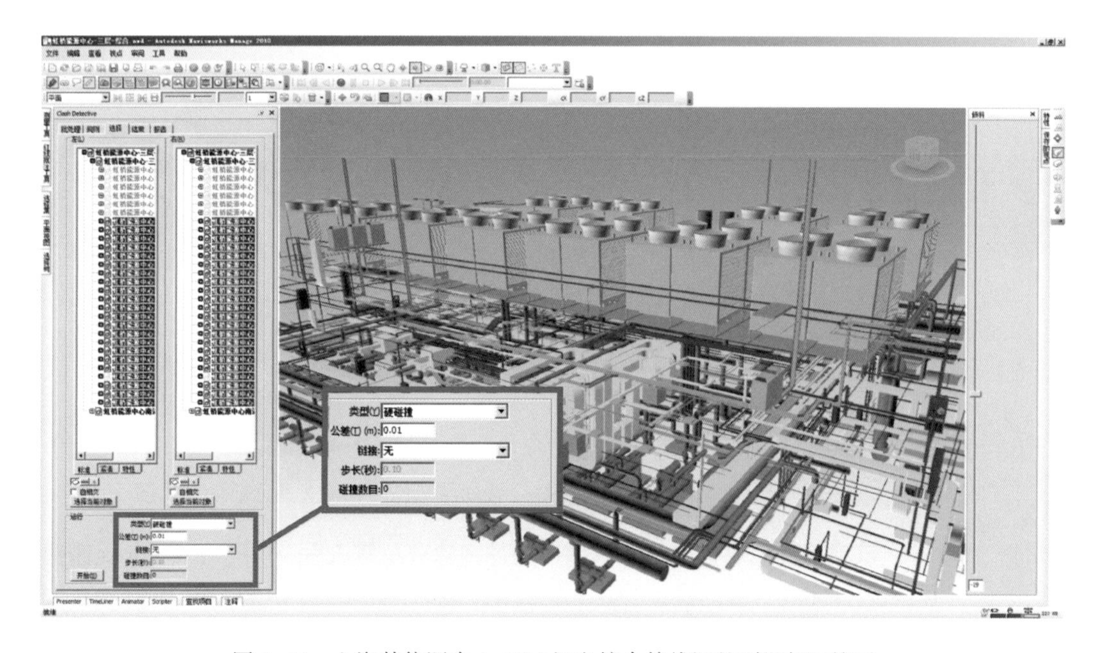

图 3-64 上海某能源中心 BIM 机电综合管线调整到“零”碰撞后

后再对模型进行综合机电管线间的碰撞检测。同时，根据碰撞检测结果对原设计进行综合管线调整，对碰撞检测过程中可能出现的误判，人为对报告进行审核调整，进而得出修改意见。可以说，各专业间的碰撞交叉是深化设计阶段中无法避免的一个问题，但运用BIM技术则可以通过将各专业模型汇总到一起之后利用碰撞检测的功能，快速检测到并提示空间某一点的碰撞，同时以高亮做出显示，便于设计师快速定位和调整管路，从而极大地提高工作效率。

如上海某卷烟厂改造工程中，通过管线与基础模型的碰撞检查，发现梁与管线处有上百处的错误。在图 3-65 所示中，四根风管排放时只考虑到 300 mm×750 mm 的混凝土梁，将风管贴梁底排布，但没有考虑到旁边 400 mm×1200 mm 的大梁，从而使得风管经过大梁处发生碰撞。通过调整，将四根风管下调，将喷淋主管贴梁底敷设，不仅解决了风管撞梁问题，还解决了喷淋管道的布留摆放问题，如图 3-65 所示。

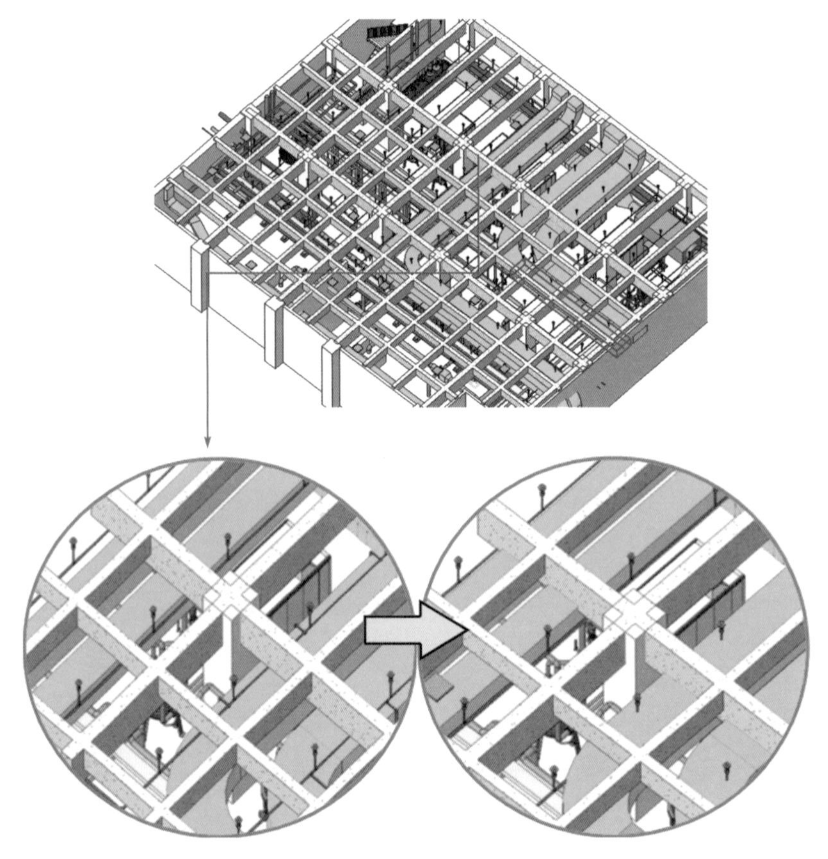

图 3-65　上海某卷烟厂机电综合管线与结构冲突检查调整前后对比图

该项目待完成机电与建筑结构的冲突检查及修改后，利用 Navisworks 碰撞检测软件完成管线的碰撞检测，并根据碰撞的情况在 Revit 软件中进行一一调整和解决。一般根据以下原则解决碰撞问题：小管让大管、有压管让无压管、电气管在水管上方、风管尽量贴梁底、充分利用梁内空间、冷水管道避让热水管道、附件少的管道避让附件多的管道、给水管在上排水管在下等原则。同时也须注意有安装坡度要求的管路，如除尘、蒸汽及冷凝水，最后综合考虑疏水器、固定支架的安装位置和数量应该满足规模要求和实际情况的需求，通过对管道的修改消除碰撞点。调整完成之后会对模型进行第二次的检测，如有碰撞则继续进行修改，如此反复，直至最终检测结果为“零”碰撞，如图3-66所示。

(a) 冲突检查调整前

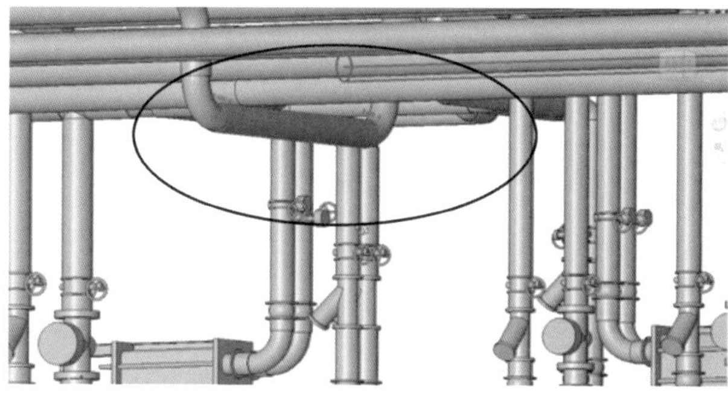

(b) 冲突检查调整后

图 3-66　上海某卷烟厂机电综合管线间冲突检查调整前后对比图

BIM 技术的应用在碰撞检测中起到了重大作用，其在机电深化碰撞检测中的优越性主要如表 3-2 所示。

表 3-2　　碰撞检测工作应用 BIM 技术前后对比

	工作方式	影响	调整后工作量
传统碰撞检测工作	各专业反复讨论、修改、再讨论，耗时长了	调整工作对同步操作要求高，牵一发动全身——工程进度因重复劳动而受拖延，效率低下	重新绘制各部分图纸（平、立、剖面图）
BIM 技术下的碰撞检测工作	在模型中直接对碰撞实时调整	简化异步操作中的协调问题，模型实时调整，统一、即时显现	利用模型按需生成图纸，无须进行绘制步骤

(2) 方案对比

利用 BIM 软件可进行方案对比，通过不同的方案对比，选择最优的管线排布方式。如图 3-67 中，方案一和方案二中管道弯头比较多，布置略显凌乱，相比较而言，方案三中管道布置比较合理，阻力较小，是最优的管线布置方式。若最优方案与深化设计图有出入，则可与深化设计人员进行沟通，修改深化设计图。

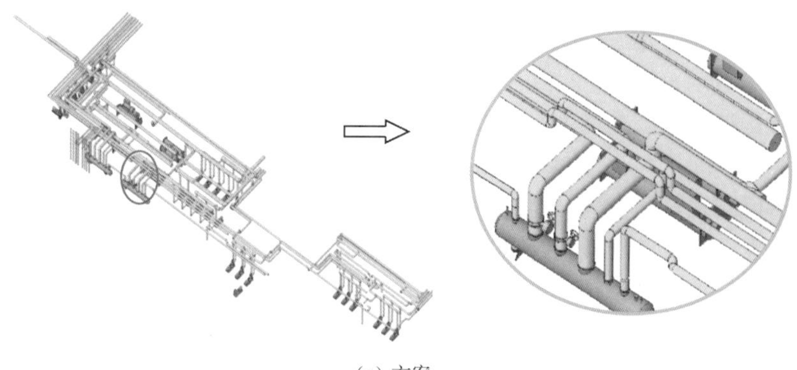

(a) 方案一

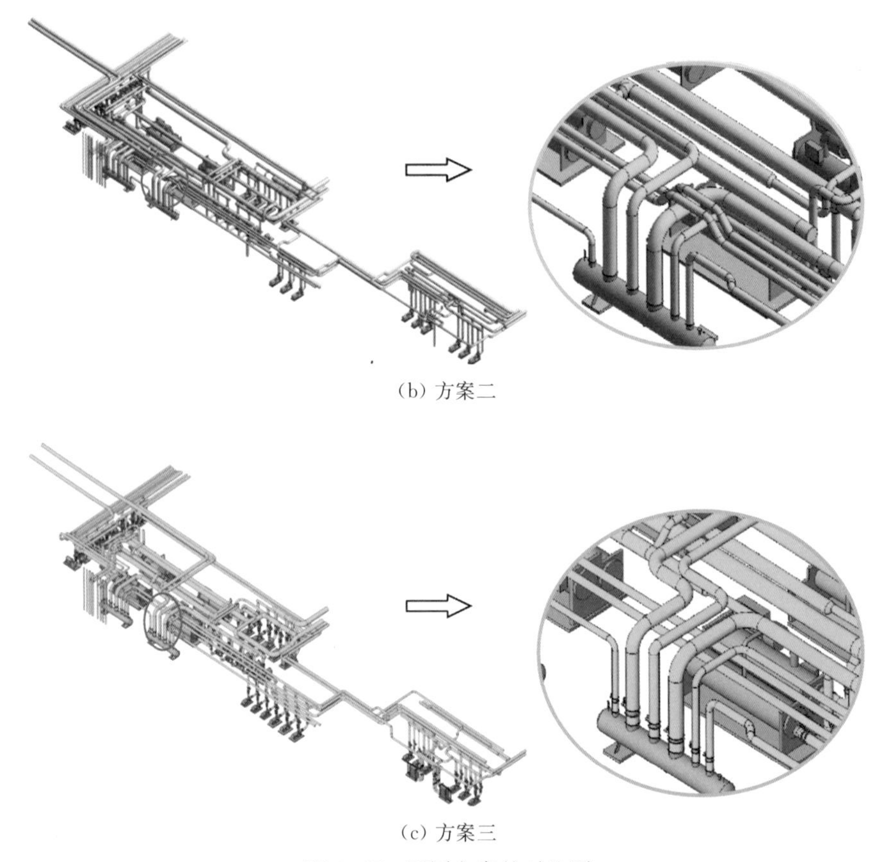

(b) 方案二

(c) 方案三

图 3-67　不同方案的对比图

(3) 空间合理布留

管线综合是一项技术性较强的工作,不仅可利用它来解决碰撞问题,同时也能考虑到系统的合理性和优化问题。当多专业系统综合后,个别系统的设备参数不足以满足运行要求时,可及时作出修正,对于设计中可以优化的地方也可尽量完善。

以上海某卷烟厂冷冻机房为例,在冷冻机房中水管所占的比例相当大,若没有经过空间方案合理规划,则会使得空间和视觉上显得过于拥挤。通过BIM技术,能合理排布各种管线,进而提升空间价值感。空间净高的认定以管线设备最下缘到地面的高度为准。图3-68是提升冷冻机房净高的示意图,图中通过空间优化手段,将原来净高3 100 mm提升到3 450 mm。最终,冷冻机房不仅实现零碰撞,还通过BIM空间优化后使得空间得到提升。在一般的深化过程中只对管线较为复杂的地方绘制剖面,但对于部分未剖切到的地方,是否能够保证局部吊顶高度?是否考虑到操作空间?这都是深化设计人员应考虑的问题。

空间优化、合理布留的策略是在不影响原管线机能及施工可行性的前提下,将机电管线进行适当调整。这类空间优化正是通过BIM技术应用中的可视化设计实现的。深化设计人员可以任意角度查看模型中的任意位置，呈现三维实际情况，弥补个人空间想象力及设计经验的不足，保证各深化区域的可行性和合理性，而这些在二维的平面图上是很难实现的。

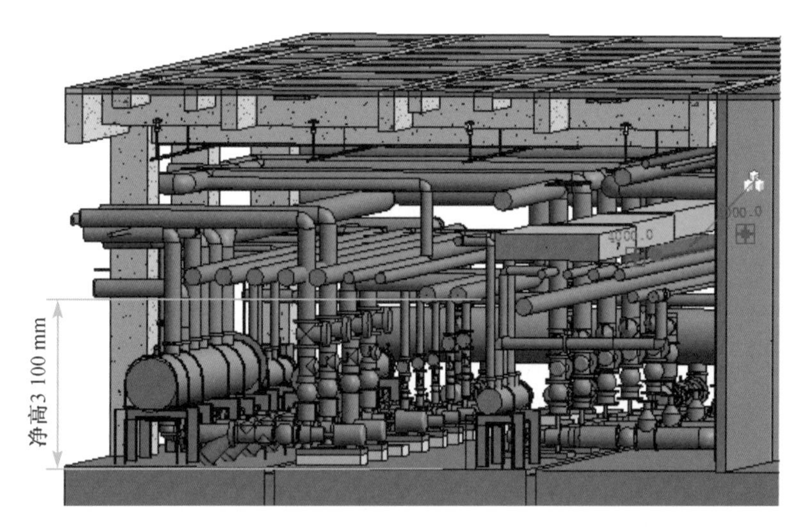

（a）调整方案前

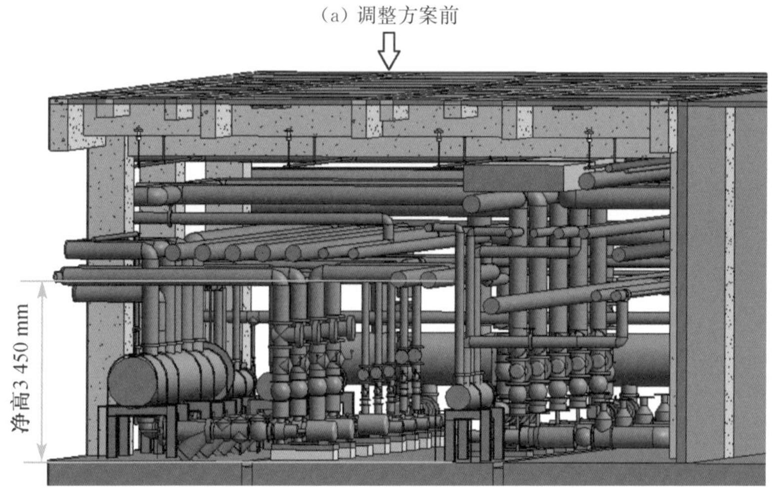

（b）调整方案后

图 3-68　空间调整方案前后对比图

（4）精确留洞位置

管线综合中经常会遇到需要留洞的问题，如何精确确定留洞的具体位置，传统的深化方式靠的是深化设计人员借助空间想象来绘制出大致留洞位置，容易产生遗漏、偏差等问题。凭借 BIM 技术三维可视化的特点，BIM 模型能够直观地表达出需要留洞的具体位置，不仅不容易遗漏，还能做到精确定位，有效解决深化设计人员出留洞图时的诸多问题。同时，出图质量的提高也省去了修改图纸返工的时间，大大提高深化出图效率。

不同于普通的深化留洞，利用 BIM 技术可以巧妙地运用 Navisworks 的碰撞检测功能,不仅能发现管线和管线间的撞点,还能利用这点快速、准确地找出需要留洞的地方。图 3-69 为上海某超高层项目低区能源中心 BIM 模型,在该项目中,BIM 技术人员通过碰撞检测功能确定留洞位置,此种方法的好处在于,不用一个一个在 Revit 软件中找寻留洞处,而是根据软件碰撞结果,快速、准确地找到需要留洞区域,解决漏留、错留、乱留的现象,有效辅助了深化设计人员出图,提高了出图质量,省去了大量修改图纸的时间,提高了深化出图效率。图 3-70 为按 BIM 模型精确定位后所出的深化留洞图。

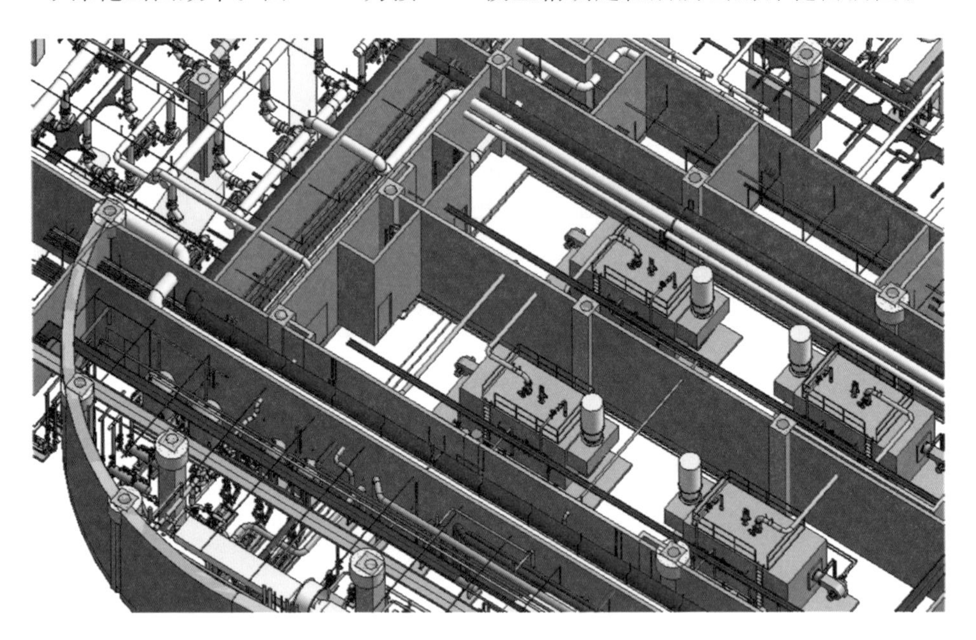

图 3-69　上海某超高层项目低区能源中心 Navisworks 中 BIM 机电模型

（5）精确支架布留预埋位置

在机电深化设计中,支架预埋布留是极为重要的一部分。在管线情况较为复杂的地方,经常会存在支架摆放困难、无法安装的问题。对于剖面未剖到的地方,支架是否能够合理安装,符合吊顶标高要求,满足美观、整齐的施工要求就显得尤为重要。其次,从施工角度而言,部分支架在土建阶段就需在楼板上预埋钢板,如冷冻机房等管线较多的地方,支架为了承受管线的重量需在楼板进行预埋,但在对机电管线未仔细考虑的情况下,具体位置无法控制定位,现在普遍采用"盲打式"预埋法,在一个区域的楼板上均布预留。其中存在着如下几个问题:

① 支架并没有为机电管线量身定造,支架布留无法保证 100%成功安装。

② 预埋钢板利用率较低,管线未经过地方的预埋板造成大量浪费。

③ 对于局部特殊要求的区域可变性较小,容易造成无法满足安装或吊顶的要求。

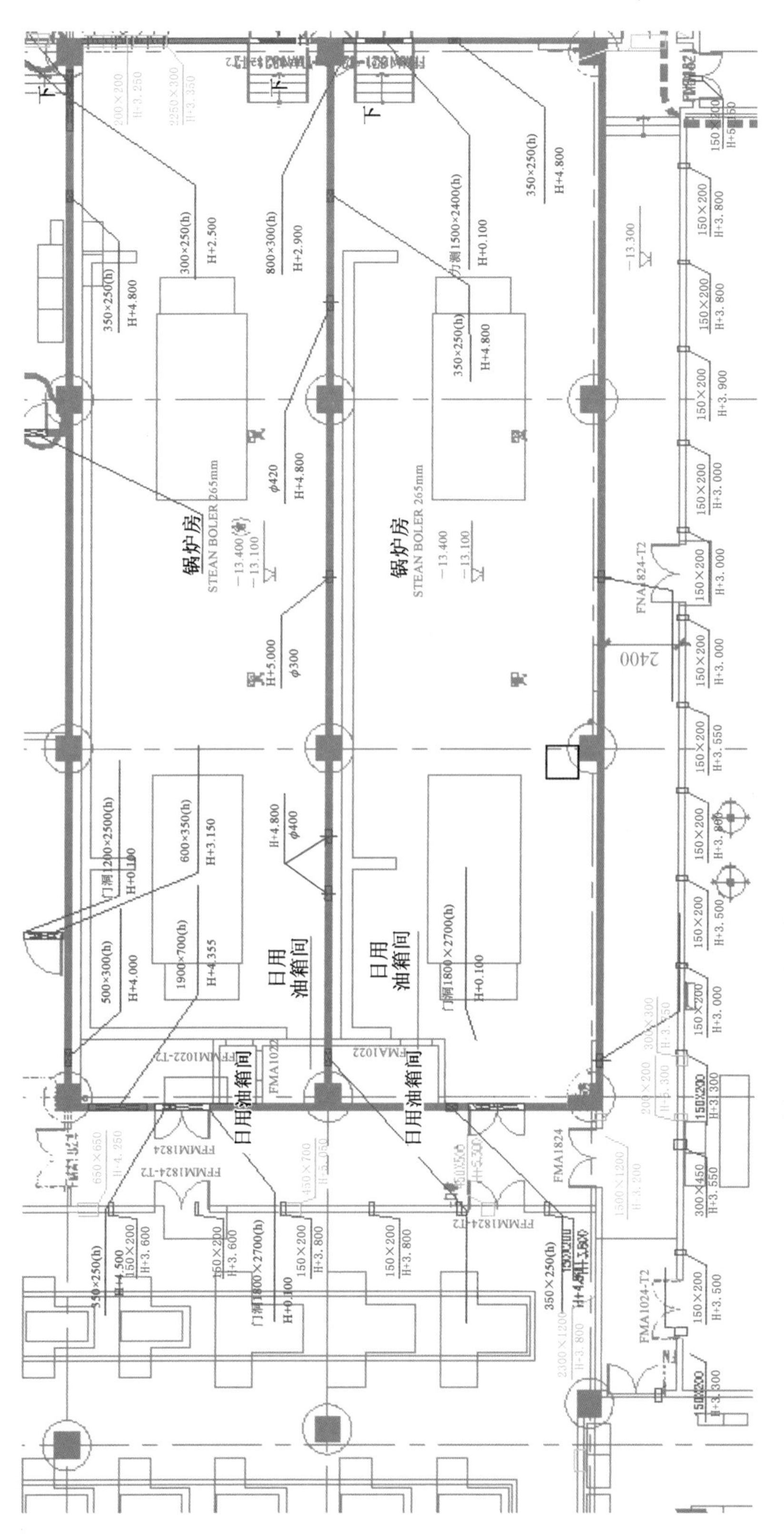

图 3-70　上海某超高层项目低区能源中心按 BIM 模型精确定位留洞图

针对以上几个问题，BIM 模型可以模拟出支架的布留方案，在模型中就可以提前模拟出施工现场可能会遇到的问题，对支架具体的布留摆放位置给予准确定位。特别是剖面未剖到、未考虑到的地方，在模型中都可以形象具体地进行表达，确保 100%能够满足布留及吊顶高度要求。同时，按照各专业设计图纸、施工验收规范、标准图集要求，可以正确选用支架形式、间距、布置及拱顶方式。对于大型设备、大规格管道、重点施工部分进行应力、力矩验算，包括支架的规格、长度，固定端做法，采用的膨胀螺栓规格，预埋件尺寸及预埋件具体位置，这些都能够通过 BIM 模型直观反映，通过模型模拟使得出图图纸更加精细。

图 3-71 和图 3-72 所示为上海某医院项目，在该项目中，需要进行支架、托架安装的地方很多，结合各个专业的安装需求，通过 BIM 模型直观反映出支架及预埋的具体位置及施工效果，尤其对于管线密集、结构突兀、标高较低的地方，通过支架两头定位、中间补全的设计方式辅助深化出图，模拟模型，为深化的修改提供了良好依据，使得深化出图图纸更加精细。

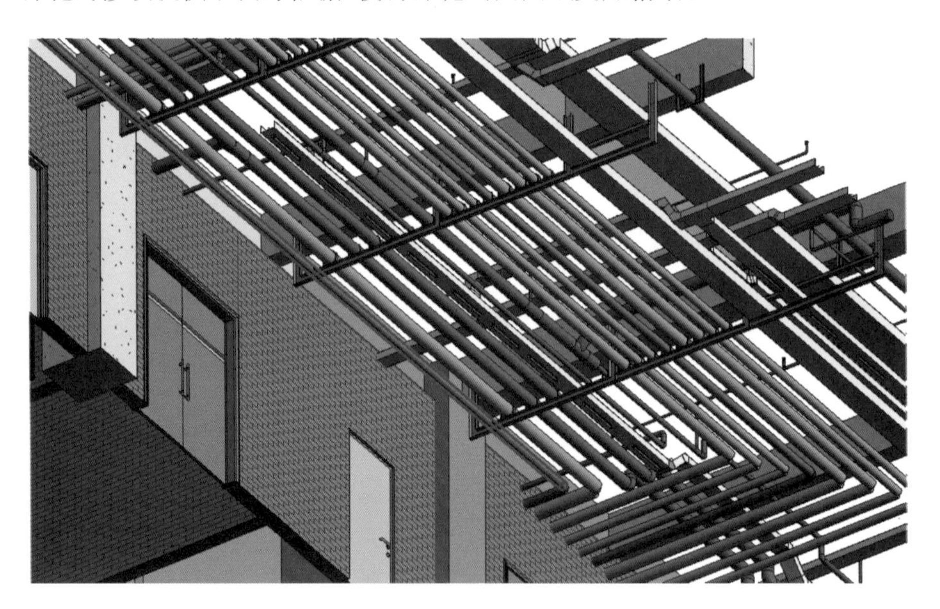

图 3-71　上海某医院 BIM 模型支架布留图

（6）精装图纸可视化模拟

在 BIM 模型中，不仅可以反映管线布留的关系，还能模拟精装吊顶，吊顶装饰图也可根据模型出图。在模型调整完成后，BIM 设计人员可赶赴现场实地勘查，对现场实际施工进度和情况与所建模型进行详细比对，并将模型调整后的排列布局与施工人员讨论协调，充分听取施工人员的意见后确定模型的最终排布。一旦系统管线或末端有任何修改，都可以及时反映在模型中，及时模拟出精装效果，在灯具、风口、喷淋头、探头、检修口等设施的选型与平面设置时，除满足功能要求外，还可兼顾精装修方面的选材与设计理念，力求达到功能和装修效果的完美统一。

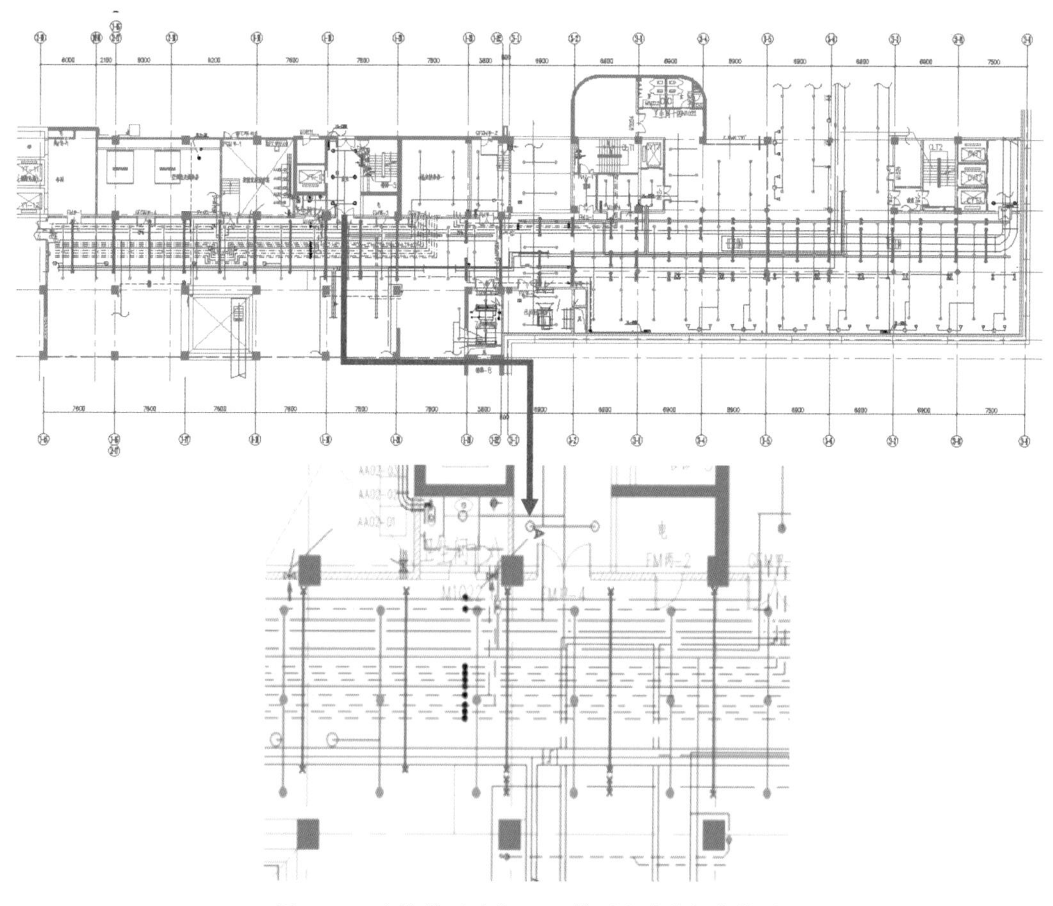

图 3-72 上海某医院按 BIM 模型生成支架点位图

图 3-73 和图 3-74 所示为上海某轨道交通项目的站台精装模拟图和管道模拟图，通过调整模型和现场勘查比对，做到了在准确反映现场真实施工进度的基础上合理布局，达到空间利用率最大化的要求；在满足施工规范的前提下兼顾业主实际需求，实现了使用功能和布局美观的完美结合，最终演绎了“布局合理、操作简便、维修方便”的理想效果。

图 3-73 上海某轨道交通站台 BIM 可视化精装模拟图

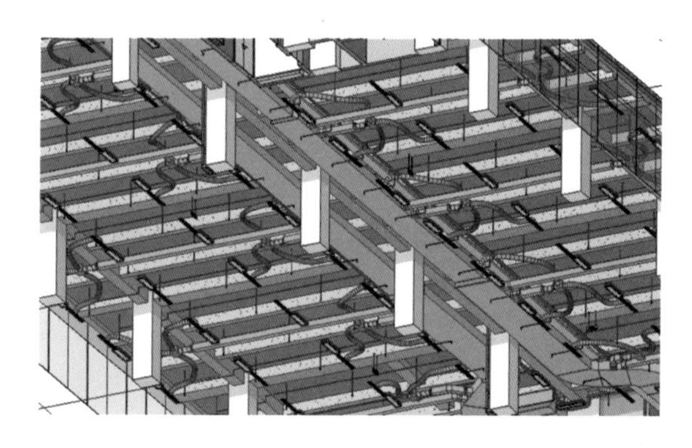

图 3-74 上海某轨道交通站台 BIM 可视化管道模拟图

3.7.3 机电设备工程数字化加工

基于 BIM 的数字化建造已是大势所趋，如何将管道预制技术、二维编码技术、三维测绘放样技术有效地运用到机电深化设计、预制加工厂和管线施工建造现场，提高机电管线工程建设的质量水平，缩短机电管线建设的工期，是目前急需解决的技术问题。为了提高预制加工图的精度，实现数字化建造信息全生命周期，确保现场精确测绘高效放样的安装要求，将 BIM 技术运用到预制加工技术中，同时全程融入二维编码、现场三维测绘放样等高新技术是关键重点难点，也是当前机电管线数字化加工发展的最大创新点。

1）机电数字化加工

传统的管道加工，就是利用管材、阀件和配件按图纸要求，预制成各种部件，然后在施工现场进行管道系统的整体组焊和安装。其主要目的是减少现场的安装量从而提高安装效率，提高管道的施工质量。为了满足绿色施工的要求，近年来我国机电安装行业不断引进国外的先进技术，并在工艺流程上加以改进，风管、电气母线、桥架等基本实现工厂化预制、现场安装，但预制化程度与土建、钢结构、玻璃幕墙等行业相比差距还很大，特别是机电安装工程中的管道焊接技术近年来无重大突破，依旧停留在现场焊接制作的操作模式阶段。虽然管道已经部分实现了工厂化预制，但其工厂化程度不是很高。究其原因，主要是由于管线布置得不够精确，限制了预制加工的深度和发展。相比较，国外的机电安装行业早已难觅现场施工的踪影，全面进入了基于 BIM 平台的数字化预制加工时代，除标准件全部采用预制外，非标零件也已经逐步实现工厂化预制。工厂化的管道预制加工方式既可以减少现场的操作工人和现场管理的压力，又可以提高现场施工的效率。因此，BIM 技术下的预制加工作用体现在通过利用精确的 BIM 模型作为预制加工设计的基础模型，在提高预制加工精确度的同时，减少现场测绘工作量，为加快施工进度、提高施工质量提供有力保证。

管道数字化加工预先将施工所需的管材、壁厚、类型等一些参数输入 BIM 设计模型中，然后将模型根据现场实际情况进行调整，待模型调整到与现场一致的时候再将管材、壁厚、类型和长度等信息导成一张完成的预制加工图，将图纸送到工厂进行管道的预制加工，实际施工时将预制好的管道送到现场安装。所以，数字化加工前对 BIM 模型的准确性和信息的完整性提出了较高的要求，模型的准确性决定了数字化加工的精确程度，主要工作流程如图 3-75 所示。

由图 3-75 可以发现，数字化加工需由项目 BIM 深化技术团队、现场项目部及预制厂商在准备阶段共同参与讨论，根据业主、施工要求及现场实际情况确定优化和预制方案，将模型根据现场实际情况及方案进行调整，待模型调整

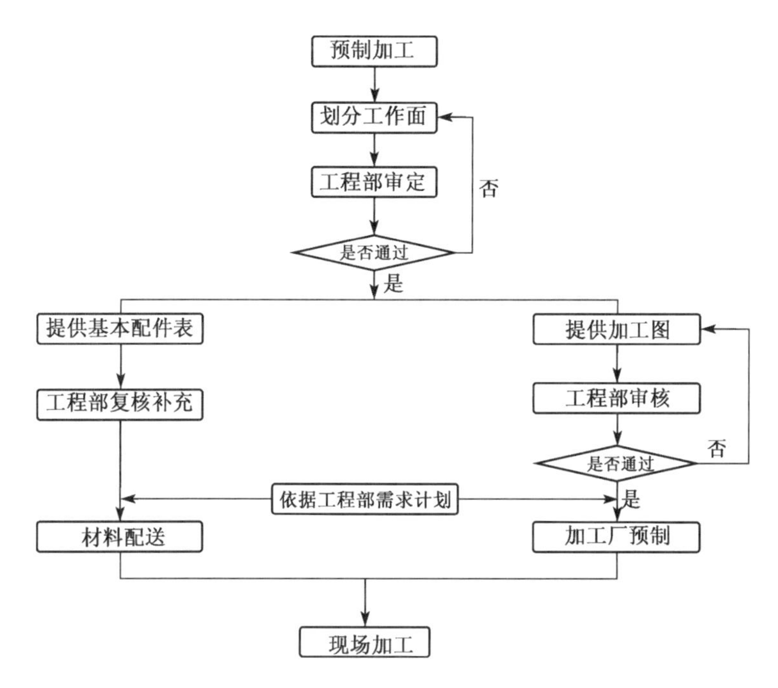

图 3-75　数字化加工与 BIM 协作流程图

到与现场一致时再将管材、壁厚、类型和长度等信息导出为预制加工图，交由厂商进行生产加工。其考虑及准备的内容不应仅仅是 BIM 管道、管线等主体部分的预制，还包括预制所需的配件，并要求按照规范提供基本配件表。同时，无论加工图或是基本配件表均需通过工程部审核、复核及补充，并根据工程部的需求计划进行数字化加工，才能够有效实现将 BIM 和工程部计划相结合。待整体方案确定后制作一个合理、完整又与现场高度一致的 BIM 模型，把它导入预制加工软件中，通过必要的数据转换、机械设计以及归类标注等工作，实现把 BIM 模型转换为数字化加工设计图纸，指导工厂生产加工。管道预制过程的输入端是管道安装的设计图纸，输出端是预制成形的管段，交付给安装现场进行组装。

如上海某体育中心项目，由于场地非常狭窄，各系统大量采用工厂化预制，为了加快进度和提高管道的预制精度，该项目在 BIM 模型数据综合平衡的基础上，为各专业提供了精确的预制加工图。项目中采用了 Inventor 软件作为数字化加工的应用软件，成功实现将三维模型导入到软件中制作成数字化预制加工图，如图 3-76 所示。具体过程如下所示：

① 将 Revit 模型导入 Inventor 软件中。

② 根据组装顺序在模型中对所有管道进行编号，并将编号结果与管道长度编辑成表格形式。编号时在总管和支管连接处设置一段调整段，以保证机电和结构的误差。另外，管段编号规则与二维编码或 RFID 命名规则应相配套。

③ 将带有编号的三维轴测图与带有管道长度的表格编辑成图纸并打印。

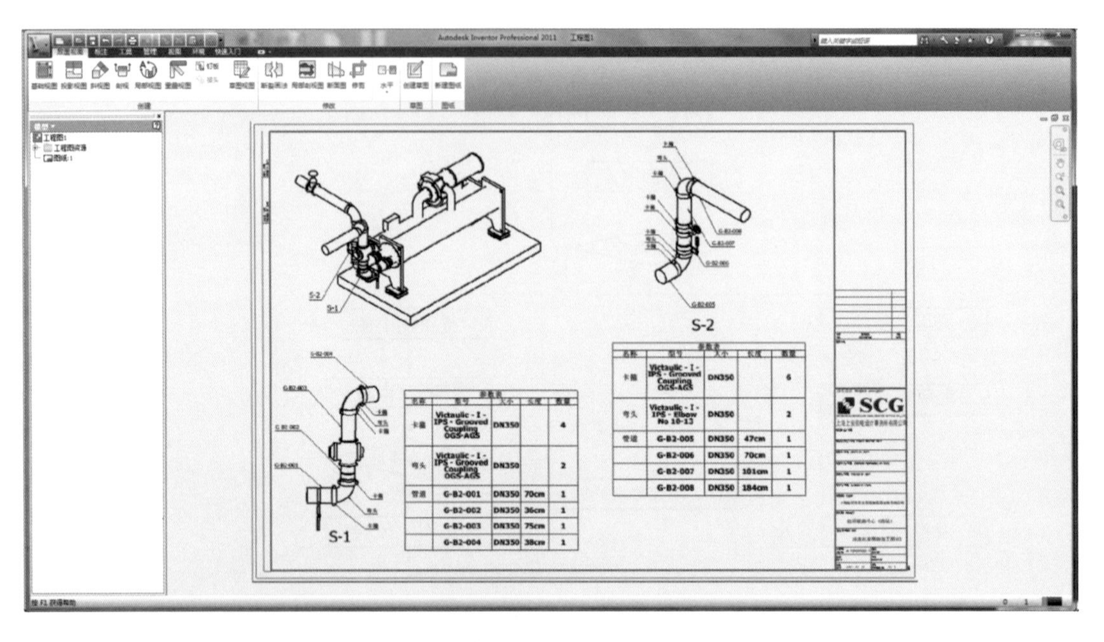

图 3-76　上海某体育中心 Inventor 预制加工图纸

2）数字化测绘复核及放样

现场测绘复核放样技术能使 BIM 建模更好地指导现场施工，实现 BIM 的数字化复核及建造。通过把现场测绘技术运用于机电管线深化、数字化预制复核和施工测绘放样之中，可为机电管线深化和数字化加工质量控制提供保障。同时运用现场测绘技术可将深化图纸的信息全面、迅速、准确地反映到施工现场，保证施工作业的精确性、可靠性及高效性。现场测绘放样技术在项目中主要可实现以下两点：

（1）减少误差，精确设计

在数字化加工复核工作中可以利用测绘技术对预制厂生产的构件进行质量检查复核，通过对构件的测绘形成相应的坐标数据，并将测得的数据输入到计算机中，在计算机相应软件中比对构件是否和数字加工图中的参数一致，或通过基于 BIM 的三维施工模型进行构件预拼装及施工方案模拟，结合机电安装实际情况判断该构件是否符合安装要求，对于不符合施工安装相关要求的构件可令预制加工厂商进行重新生产或加工。所以通过先进的现场测绘技术不仅可以实现数字化加工过程的复核，还能实现 BIM 模型与加工过程中数据的协同和修正。

同时，由于测绘放样设备的高精度性，在施工现场通过仪器可测得实际建筑、结构专业的一系列数据，通过信息平台传递到企业内部数据中心，经计算机处理可获得模型与现场实际施工的准确误差。通过现场测绘可以将核实、报告等以电子邮件形式发回以供参考。按照现场传送的实际数据与 BIM 数据的精确对比，根据差值可对 BIM 模型进行相应的修改调整，实现模型与现场高度一致，为BIM模型机电管线的精确定位、深化设计打下坚实基础，也为预制加工提供有效保证。此外，对于修改后深化调整部分，尤其是之前测量未涉及的区域将进行第二次测量，确保现场建筑结构与BIM模型以及机电深化图纸相对应，保证机电管线综合可靠性、准确性和可行性，完美实现无须等候第三方专家，即可通过发送和接收更新设计及施工进度数据，高效掌控作业现场。

如上海某超高层建筑，其设备层桁架结构错综复杂，同时设备层中还具有多个系统和大型设备，机电管线只能在桁架钢结构有限的三角空间中进行排布，机电深化设计难度非常之大，钢结构现场施工桁架角度发生偏差或者高度发生偏移，轻则影响到机电管线的安装检修空间，重则会使机电管线无法排布，施工难以进行。所以，需要通过BIM技术建立三维模型并运用现场测绘技术对现场设备层钢结构，尤其是桁架区域进行测绘，以验证该项目钢结构设计与施工的精确性。如图3-77—图3-80所示为设备层某桁架的测量点平面布置图及剖面图，图中标识的点为对机电深化具有影响的关键点。

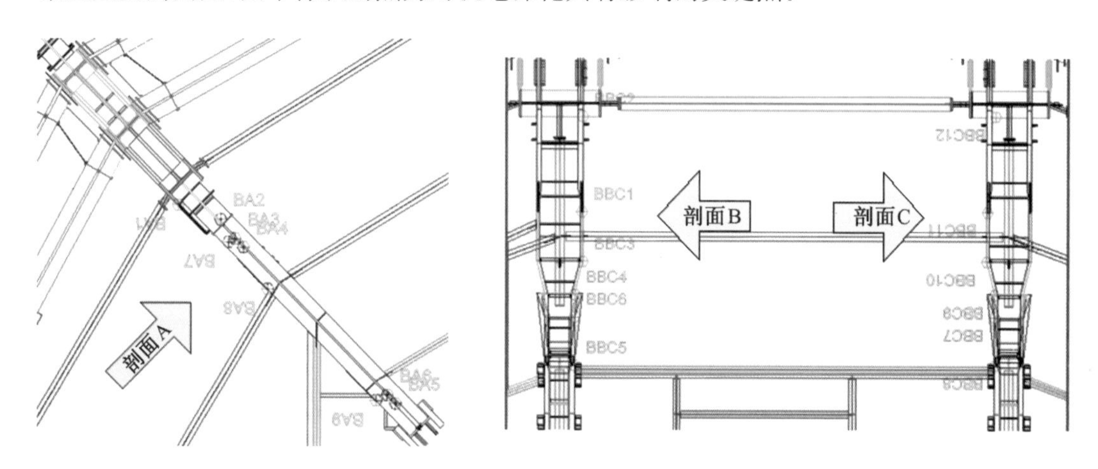

图3-77 上海某超高层设备层桁架BIM模型中测绘标识点平面布置图

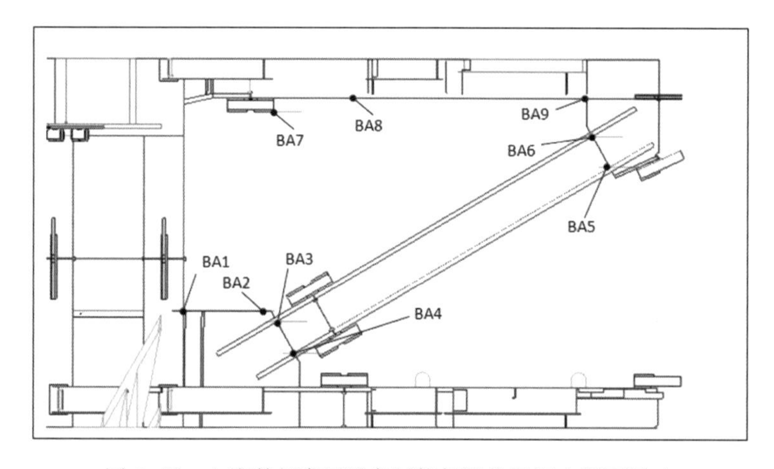

图3-78 上海某超高层设备层桁架测绘标识点剖面图A

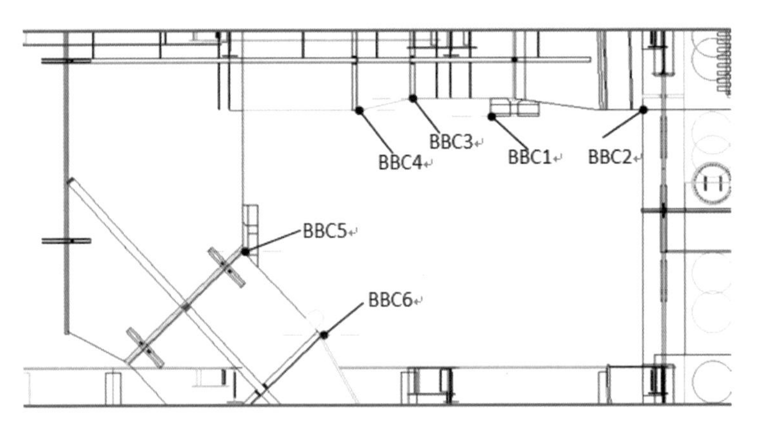

图 3-79　上海某超高层设备层桁架测绘标识点剖面图 B

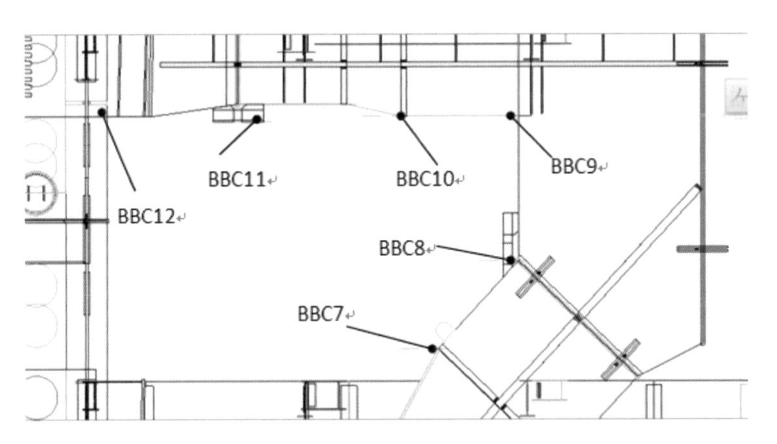

图 3-80　上海某超高层设备层桁架测绘标识点剖面图 C

通过对设备层所有关键点的现场测绘，得到数据表并进行设计值和测定值的误差比对，见表 3-3 和表 3-4。

表 3-3　　上海某超高层设备层桁架测绘结果数据 1　　单位：m

编号	设计值			测定值			误差值			净误差	备注
	X	Y	Z	X	Y	Z	X	Y	Z		
BHI1	4.600	−18.962	314.359	4.597	−18.964	314.361	0.003	0.002	0.002	0.004	基准点
BHI8	−4.600	−17.939	315.443	−4.602	−17.931	315.447	0.002	0.008	0.004	0.009	基准点
BHI2	4.600	−17.939	315.443	4.572	−17.962	315.449	0.028	0.023	0.006	0.037	
BHI3	4.600	−19.435	317.250	4.576	−19.448	317.251	0.024	0.013	0.001	0.027	
BHI4	4.425	−20.135	317.400	4.397	−20.146	317.403	0.028	0.011	0.003	0.030	
BHI5	4.440	−21.191	317.176	—	—	—	—	—	—	—	辅助构件已割除
BHI6	4.425	−23.203	317.250	—	—	—	—	—	—	—	混凝土包围
BHI7	−4.600	−18.962	314.359	−4.584	−18.974	314.359	0.016	0.012	0.000	0.020	
BHI9	−4.600	−19.435	317.250	−4.586	−19.443	317.260	0.014	0.008	0.010	0.019	
BHI10	−4.425	−20.135	317.400	−4.424	−20.135	317.440	0.001	0.000	0.040	0.040	
BHI11	−4.440	−21.191	317.176	—	—	—	—	—	—	—	辅助构件已割除
BHI12	−4.425	−23.203	317.250	—	—	—	—	—	—	—	混凝土包围

表3-4　　上海某超高层设备层桁架测绘结果数据2　　单位：m

编号	设计值			测定值			误差值			净误差	备注
	X	Y	Z	X	Y	Z	X	Y	Z		
BBC5	−4.600	17.940	315.443	−4.578	17.960	315.442	0.022	0.020	0.001	0.030	基准点
BBC8	4.600	17.940	315.443	4.584	17.949	315.440	0.016	0.009	0.003	0.019	基准点
BBC1	−4.440	21.191	317.176	—	—	—	—	—	—	—	辅助构件已割除
BBC2	−4.425	23.205	317.250	—	—	—	—	—	—	—	混凝土包围
BBC3	−4.425	20.135	317.400	−4.390	20.136	317.420	0.035	0.001	0.020	0.040	
BBC4	−4.600	19.435	317.250	−4.537	19.444	317.238	0.063	0.009	0.012	0.065	
BBC6	−4.600	18.964	314.359	−4.540	18.956	314.379	0.060	0.008	0.020	0.064	
BBC7	4.600	18.964	314.359	4.629	18.952	314.379	0.029	0.012	0.020	0.037	
BBC9	4.600	19.435	317.250	4.578	19.442	317.234	0.022	0.007	0.016	0.028	
BBC10	4.425	20.135	317.400	4.396	20.142	317.400	0.029	0.007	0.000	0.030	
BBC11	4.440	21.191	317.176	—	—	—	—	—	—	—	辅助构件已割除
BBC12	4.625	23.205	317.250	—	—	—	—	—	—	—	混凝土包围

利用得到的测绘数据进行统计分析，如图3-81和图3-82所示，项目该次测量共设计64个测量点，由于现场混凝土已经浇筑、安装配件已经割除等原因，共测得有效测量点36个，最小误差为0.002 m，最大误差为0.076 m，平均误差为0.031 m。

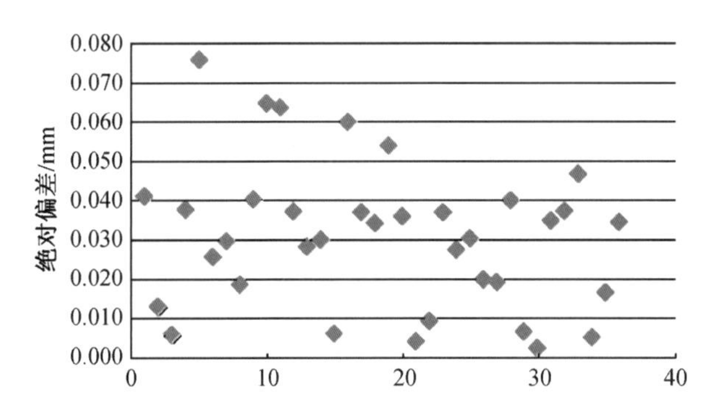

图3-81　上海某超高层设备层桁架测绘结果误差离散图

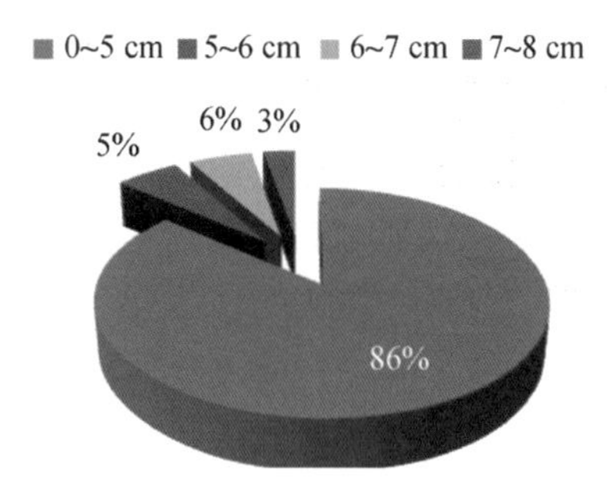

图3-82　上海某超高层设备层桁架测绘结果误差分布图

从测量数据中可看出，误差分布在5 cm以下较为集中，共31个点；5～6 cm 2个点；6～7 cm 2个点，7～8 cm 1个点，为可接受的误差范围，故认为被测对象的偏差满足建筑施工精度的要求，亦可认为该设备层的机电管线深化设计能够在此基础上开展，并实现按图施工。

(2) 高效放样，精确施工

现场测绘可保证现场能够充分实现按图施工、按模型施工，将模型中的管线位置精确定位到施工现场。例如：风管在BIM模型中离墙的距离为500 mm，通过创建放样点到现场放样，可以精确捕捉定位点，确保风管与墙之间的距离。管线支架按照图纸3 m一副的距离放置，以往采用的是人工拉线方式，现通过现场放样，确定放样点后设备发射激光于楼板显示定位点，施工人员在激光点

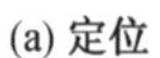

(a) 定位

(b) 放样

图 3-83　上海某超高层现场测绘、定位及放样

处绘制标记即可，可高效定位、降低误差，如图 3-83 所示。

现场需对测试仪表进行定位，找到现场的基准点，即图纸上的轴线位置，只要找到 2 个定位点，设备即可通过自动测量出这 2 个定位点之间的位置偏差而确定现在设站位置。确定平面基准点后还需要设定高度基准，现场皆已划定一米线，使用定点测量后就可获得。通过现场测绘可以实现在 BIM 模型调整修改、确保机电模型无碰撞后，按模型使用 CAD 文件或 3D BIM 模型创建放样点。同时将放样信息以电子邮件形式直接发送至作业现场或直接连接设备导入数据，实现现场利用电子图纸施工，最后在施工现场定位创建的放样点轻松放样，有效确保机电深化管线的高效安装、精确施工。

3）数字化物流

机电设备中具有管道设备种类多、数量大的特点，二维码和 RFID 技术主要用于物流和仓库存储的管理。现通过 BIM 平台下数字化加工预制管线技术和现场测绘放样技术的结合，对数字化物流而言更是锦上添花。在现场的数字化物流操作中给每个管件和设备按照数字化预制加工图纸上的编号贴上二维码或者埋入 RFID 芯片，利用手持设备扫描二维码及芯片，信息即可立即传送到计算机上进行相关操作。

如上海某商业项目中，在数字化预制加工图阶段要求预制件编码与二维码命名规则配套，目的是实现预制加工信息与二维编码间信息的准确传递，确保信息完整性。该项目是首个在数字化建造过程中采用二维编码的应用项目，故结合预制加工技术，对二维编码在预制加工中的新型应用模板、后台界面及标准进行开发、制定和研究，确保编码形式简单明了便利，可操作性强，如图 3-84 和图 3-85 所示。利用二维码使预制配送、现场领料环节

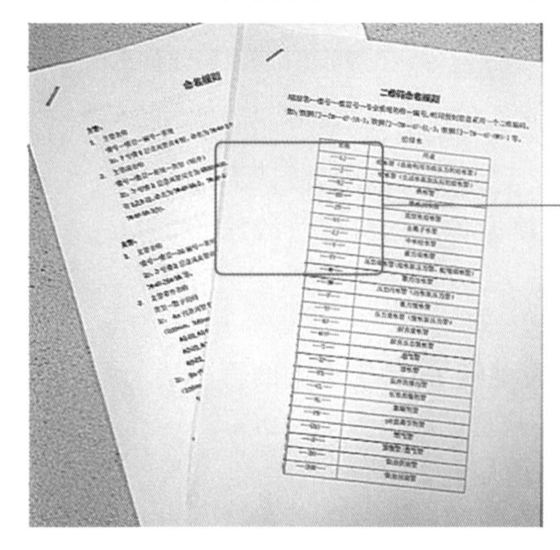

消防

名称	用途
—XH—	消火栓管
—XHP—	消火栓稳压管
—ZP—	喷淋管
—ZPW—	喷淋稳压管
—QT—	气体灭火管

暖通

名称	用途
—LB—	冷却塔补水管
—KN—	空调冷凝水管
— HWS —	空调热水供水管
— HWR —	空调热水回水管
— CWS —	冷冻水供水管
— CWR —	冷冻水回水管
— CTS —	冷却水供水管
— CTR —	冷却水回水管
— CHWS —	空调冷热水供水管
— CHWR —	空调冷热水回水管
[illegible]	[illegible]

图 3-84　二维编码命名规则

更加精确顺畅，确保凸显出二维码在整体装配过程中的独特优势，加强后台参数信息的添加录入。

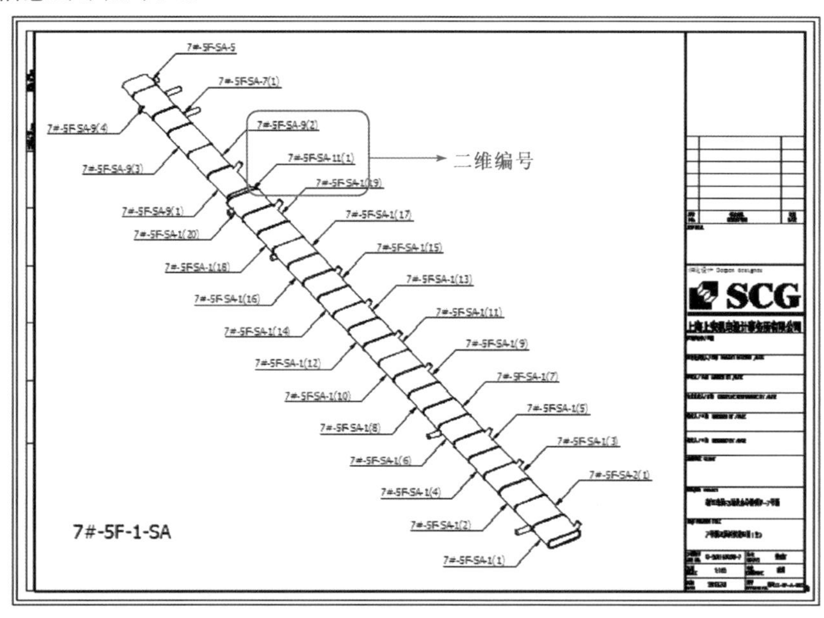

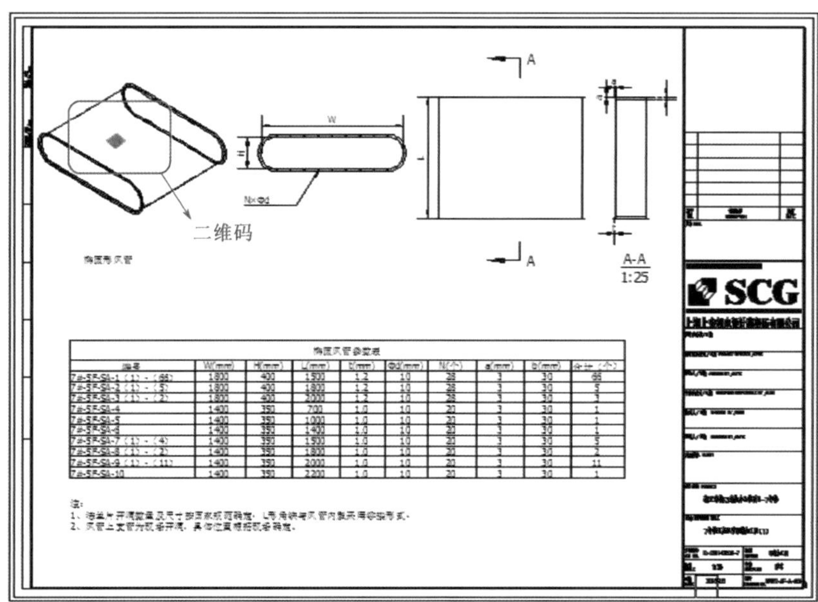

编号	W(mm)	H(mm)	L(mm)	t(mm)	Φd(mm)	N(个)	a(mm)	b(mm)	合计（个）
7#-5F-SA-1（1）-（66）	1800	400	1500	1.2	10	28	3	30	66
7#-5F-SA-2（1）-（5）	1800	400	1800	1.2	10	28	3	30	5
7#-5F-SA-3（1）-（2）	1800	400	2000	1.2	10	28	3	30	3
7#-5F-SA-4	1400	350	700	1.0	10	20	3	30	1
7#-5F-SA-5	1400	350	1000	1.0	10	20	3	30	1
7#-5F-SA-6	1400	350	1400	1.0	10	20	3	30	1
7#-5F-SA-7（1）-（4）	1400	350	1500	1.0	10	20	3	30	5
7#-5F-SA-8（1）-（2）	1400	350	1800	1.0	10	20	3	30	2
7#-5F-SA-9（1）-（11）	1400	350	2000	1.0	10	20	3	30	11
7#-5F-SA-10	1400	350	2200	1.0	10	20	3	30	1

图 3-85　预制图与二维码相对应

该项目通过二维码技术实现了以下几个目标：

① 纸质数据转化为电子数据，便于查询。

② 通过二维码扫描仪扫描管件上的二维码，可获取图纸中的详细信息。

③ 通过二维码扫描可获取管配件安装具体位置、性能、厂商参数，包括安装人员姓名、安装时间等信息，如图 3-86 所示。

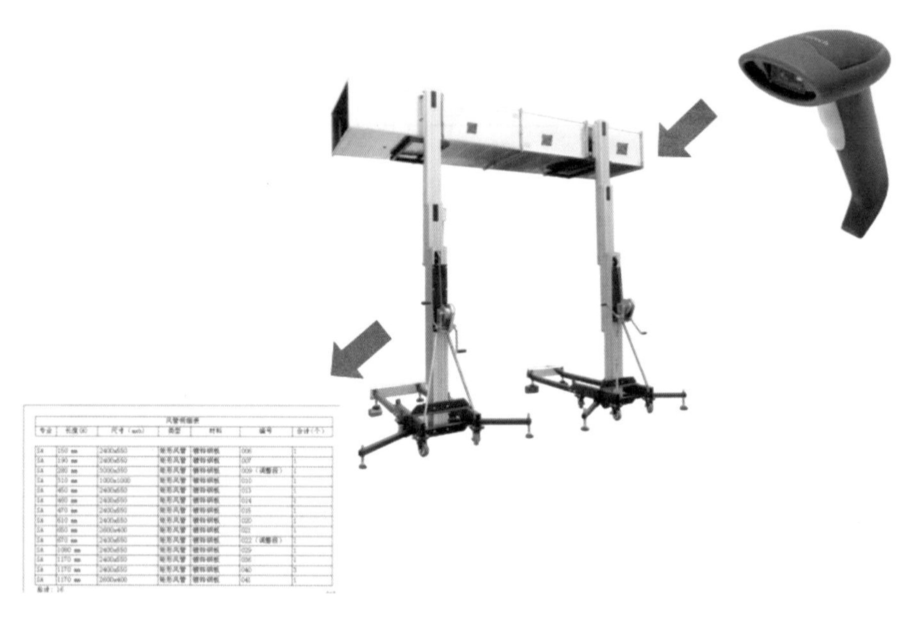

图 3-86 二维码读取示意图

该项目中二维码技术的应用，一方面确保了配送的顺利开展，保证了现场准确领料，以便预制化绿色施工顺利开展；另一方面确保了信息录入的完整性，从生产、配送、安装、管理、维护等各个环节，涉及生产制造、质量追溯、物流管理、库存管理、供应链管理等各个方面，对行业优化、产业升级、创新技术以及提升管理和服务水平具有重要意义。其亮点还在于二维码技术在预制加工的配套使用中开创了另一个新的应用领域。运用二维码技术可以实现预制工厂至施工现场各个环节的数据采集、核对和统计，保证仓库管理数据输入的效率和准确性，实现精准智能、简便有效的装配管理模式，亦可为后期数据查询提供强有力的技术支持，开创数字化建造信息管理新革命。

4）案例分析

基于 BIM 平台利用 BIM 模型参数化的特点，可对系统进行参数检测、管线综合以及碰撞检测等深化工作，通过基于 BIM 的数字化加工、现场测绘放样、数字化物流技术实现项目数字化建造。现本书以上海某地块项目为例作为整体案例进行分析，在该项目的建设中，利用 BIM 技术完成了深化设计、预制加工、现场测绘放样、二维编码在数字化建造中的应用。

（1）项目概况

上海某地块项目拥有地下一层，主要用途为汽车库和设备用房；地上分为 6 栋 9 层、总高度约 40 m 的办公建筑；2 栋 9 层、总高度约 40 m 的办公楼建筑、一栋 L 形办公楼建筑和一栋 5 层、总高度约 35 m 的会议楼。

（2）三维建模

① 利用 Revit 软件进行标准层及冷冻机房各专业的机电管线三维建模。

② 利用 Revit 平台分别创建了建筑、结构、暖通、给排水和电气等专业的

BIM 模型，然后根据统一标准把各个专业的模型链接在一起，获得完整的建筑模型，如图 3-87 所示。

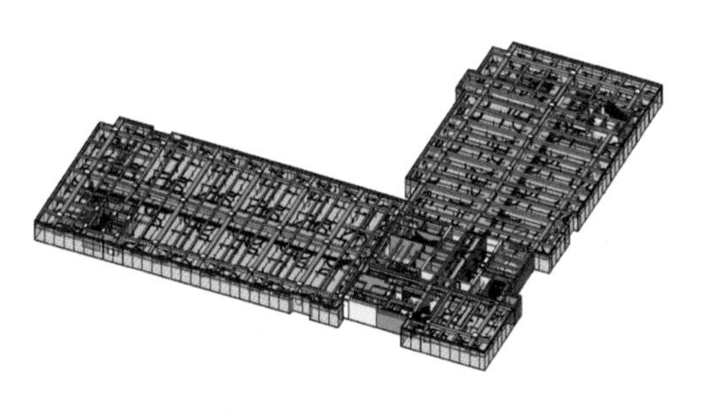

(a) 标准层模型

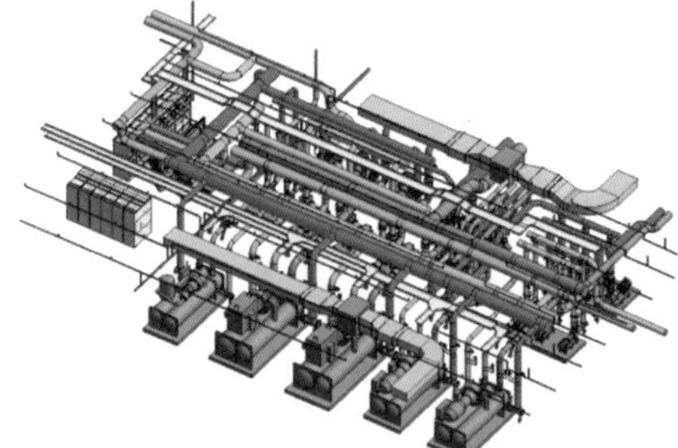

(b) 综合管线图示1

(c) 综合管线图示2

(d) 综合管线图示3

图 3-87　某项目标准层及冷冻机房水暖电综合管线图

(3) 碰撞检测及管线综合

将整体模型导入 Navisworks 分析工具中，利用 Navisworks 软件对模型进行碰撞检测，然后再回到 Revit 软件里将模型调整到“零”碰撞。

① 将综合模型按不同专业分别导出。

② 在 Navisworks 软件里面将各专业模型叠加成综合管线模型进行碰撞。

③ 根据碰撞结果回到 Revit 软件里对模型进行调整，如图 3-88 所示。

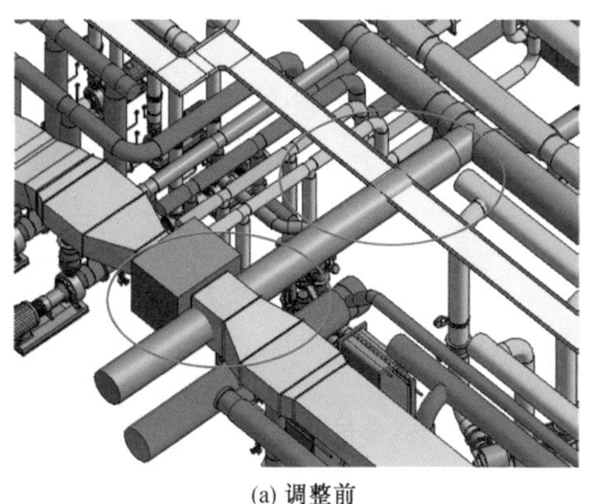

(a) 调整前

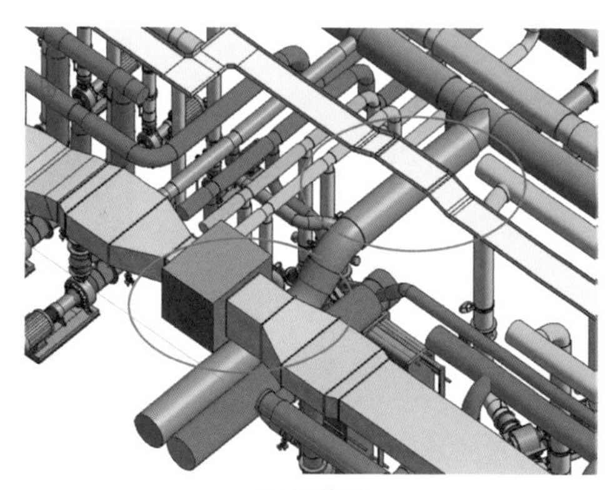

(b) 调整后

图 3-88　某项目冷冻机房综合管线调整前后对比图

④ 确定最终支架布局方案。如图 3-89 所示为现场与 BIM 模拟的机房管道布置图。

(a) 项目现场布置图

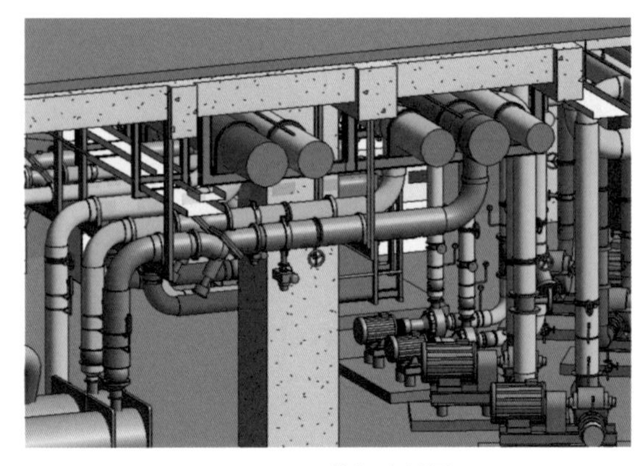

(b) BIM模拟布置图

图 3-89　某项目现场与 BIM 模拟的机房管道布置图

（4）制作预制加工图

该项目的 BIM 预制加工准备工作由 BIM 深化技术团队、现场项目部及预制厂商共同参与讨论，根据业主、施工要求及现场实际情况确定优化和预制方案，制作预制加工图并交由厂商进行生产加工。同时，对 BIM 管道、管线及相应的配件进行了充分考虑并进行预制加工，并要求按照规范提供基本配件表。此外，无论加工图还是基本配件表皆通过该项目工程部审核、复核及补充，根据工程需求计划进行预制加工图制作，有效实现了 BIM 数字化加工技术和工程部计划相结合，如图 3-90 所示。

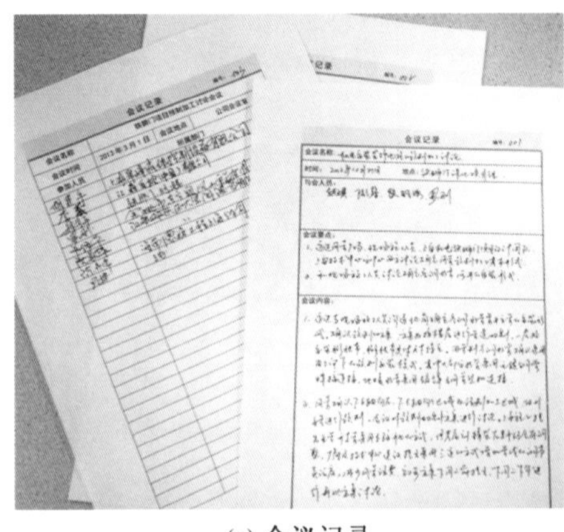

(a) 会议记录

(b) 会议讨论

图 3-90　某项目预制加工准备阶段各部门方案讨论制订

待方案确定后制作了一个合理、完整、又与现场高度一致的 BIM 模型，把它导入 Autodesk Inventor 软件中，通过必要的数据转换、机械设计以及归类标注等工作，实现 BIM 模型转换为预制加工设计图纸，指导工厂生产加工。管道预制过程的输入端是管道安装的设计图纸，输出端是预制成形的管段，交付给安装现场进行组装。该项目中将三维模型导入到 Inventor 软件里面制作预制加工图，并将带有编号的三维轴测图与带有管道长度的表格编辑成图纸并打印，如图 3-91—图 3-93 所示。

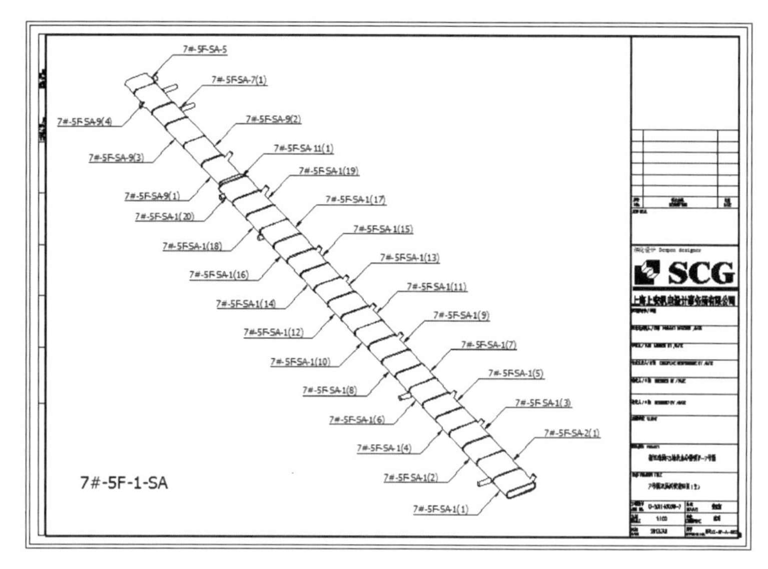

(a) 标准层风管布置图

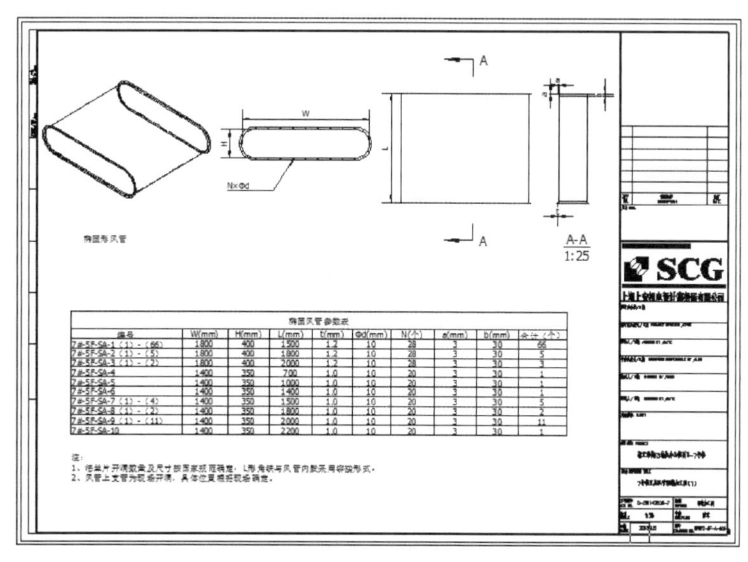

椭圆风管参数表

编号	W(mm)	H(mm)	L(mm)	t(mm)	Φd(mm)	N(个)	a(mm)	b(mm)	合计（个）
7#-5F-SA-1（1）-（66）	1800	400	1500	1.2	10	28	3	30	66
7#-5F-SA-2（1）-（5）	1800	400	1800	1.2	10	28	3	30	5
7#-5F-SA-3（1）-（2）	1800	400	2000	1.2	10	28	3	30	3
7#-5F-SA-4	1400	350	700	1.0	10	20	3	30	1
7#-5F-SA-5	1400	350	1000	1.0	10	20	3	30	1
7#-5F-SA-6	1400	350	1400	1.0	10	20	3	30	1
7#-5F-SA-7（1）-（4）	1400	350	1500	1.0	10	20	3	30	5
7#-5F-SA-8（1）-（2）	1400	350	1800	1.0	10	20	3	30	2
7#-5F-SA-9（1）-（11）	1400	350	2000	1.0	10	20	3	30	11
7#-5F-SA-10	1400	350	2200	1.0	10	20	3	30	1

(b) 风管详图

图 3-91　应用 Inventor 生成的标准层风管预制加工图纸

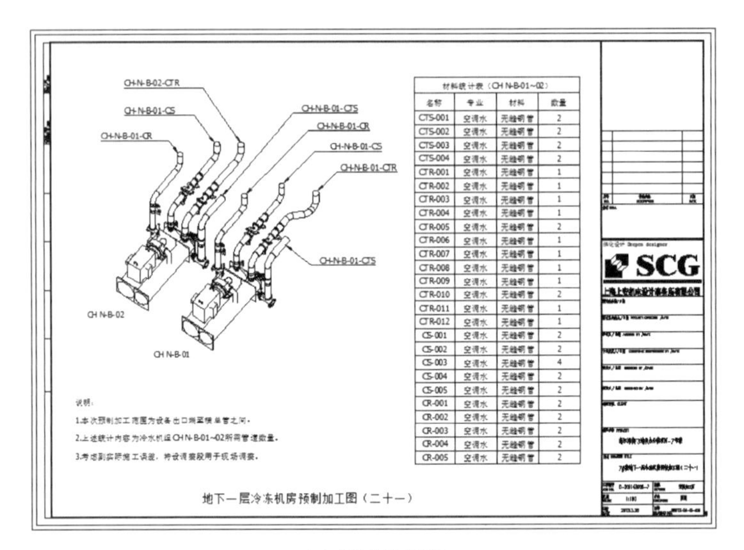

材料统计表（CH N-B-01~02）			
名称	专业	材料	数量
CTS-001	空调水	无缝钢管	2
CTS-002	空调水	无缝钢管	2
CTS-003	空调水	无缝钢管	2
CTS-004	空调水	无缝钢管	2
CTR-001	空调水	无缝钢管	1
CTR-002	空调水	无缝钢管	1
CTR-003	空调水	无缝钢管	1
CTR-004	空调水	无缝钢管	1
CTR-005	空调水	无缝钢管	2
CTR-006	空调水	无缝钢管	1
CTR-007	空调水	无缝钢管	1
CTR-008	空调水	无缝钢管	1
CTR-009	空调水	无缝钢管	1
CTR-010	空调水	无缝钢管	2
CTR-011	空调水	无缝钢管	1
CTR-012	空调水	无缝钢管	1
CS-001	空调水	无缝钢管	2
CS-002	空调水	无缝钢管	2
CS-003	空调水	无缝钢管	4
CS-004	空调水	无缝钢管	2
CS-005	空调水	无缝钢管	2
CR-001	空调水	无缝钢管	2
CR-002	空调水	无缝钢管	2
CR-003	空调水	无缝钢管	2
CR-004	空调水	无缝钢管	2
CR-005	空调水	无缝钢管	2

（a）管道布置图

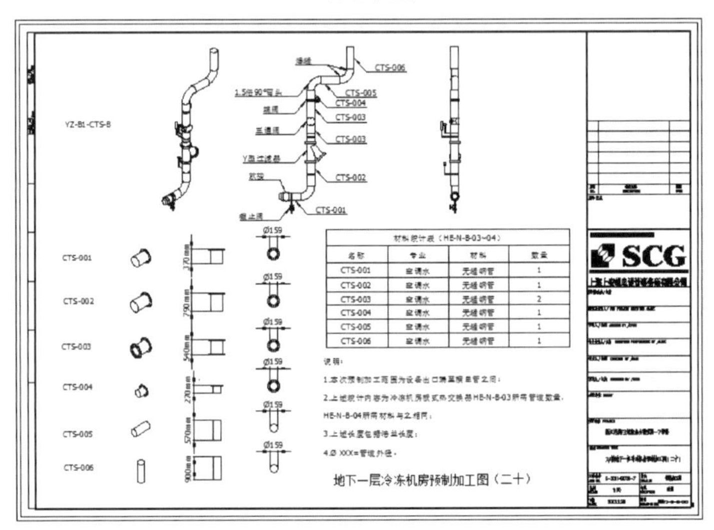

材料统计表（HE-N-B-03~04）			
名称	专业	材料	数量
CTS-001	空调水	无缝钢管	1
CTS-002	空调水	无缝钢管	1
CTS-003	空调水	无缝钢管	2
CTS-004	空调水	无缝钢管	1
CTS-005	空调水	无缝钢管	1
CTS-006	空调水	无缝钢管	1

（b）管道详图

图 3-92　应用 Inventor 生成的冷冻机房管道预制加工图纸

(a) 预制现场

(b) 风管成品

图 3-93　风管预制加工厂预制管件制作生产

通过模型实现加工设计，不仅保证了加工设计的精确度，也减少了现场施工的成本。同时，在保证高品质管道制作的前提下，提高了现场作业的安全性，提升了现场施工品质。

(5) 预制加工与自动焊结合

对于管道而言，预制部分除了部分小管径接口外，基本都可以采用自动焊接设备完成，通过与BIM数字化加工技术相结合，大大提高了自动焊技术的利用率，加快了整个项目的施工进度，为项目的顺利完工提供了有利的帮助。主要流程如图3-94所示。

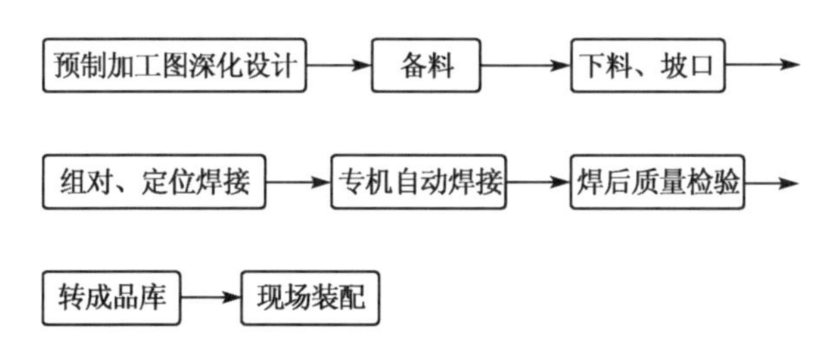

图3-94　与数字化预制加工技术相结合的自动焊流程图

在该办公楼项目中，通过利用精确的BIM模型作为预制加工设计的基础模型，再将预制加工与自动焊技术相结合，在提高预制加工精确度的同时，减少了现场测绘工作量，如图3-95所示。

(a) 焊接现场

(b) 成品

图3-95　管道+管道、管道+法兰自动焊接成品图

(6) 现场测绘放样

该项目通过放样管理器与机器人全站仪配合使用，在机电应用中实现了以下几点：

(1) 现场测绘，模型调整

全站仪具有高精度性，在施工现场通过全站仪可测得实际建筑的一系列数据，数据传回企业内部数据中心，经计算机处理可获得BIM模型与现场实际施工的准确误差，并保证误差值范围在±1 mm内，如图3-96所示。

(a) 现场测量

(b) 数据传输

图 3-96　某项目现场误差三维测量

根据差值对 BIM 模型进行相应的修改调整，使模型与现场保持一致，为 BIM 模型机电管线的精确定位、深化设计打下坚实基础，也为该项目预制加工提供了有效保证。

(2) 电子定位，高效安装

现场测绘保证了现场能够充分实现按图施工，将模型中的管线位置精确定位到施工现场，利用全站仪附带的插件在 CAD 和 Revit 软件中对需测量管线进行标点，将修改后的 CAD 文件传入放样管理器，准备工作完成。现场对测试仪表进行定位，找到现场的基准点，如图 3-97 所示。

(a) 定位准备

(b) 利用仪器定位

图 3-97　某项目现场平面基准点确定

通过现场测绘可以实现在 BIM 模型调整修改、确保机电模型无碰撞后，按模型和图纸创建放样点到现场进行施工放样，该项目对风管和桥架进行了现场放样，同时将放样信息以电子邮件形式直接发送至作业现场或直接连接设备导入数据，实现现场利用电子图纸施工，最后在施工现场定位创建基准点，根据创建的放样点进行放样，有效确保了机电深化后预制管线的高效安装、精确施工，如图 3-98—图 3-101 所示。

图 3-98 标准层风管现场全站仪放样点图

图 3-99 施工员对放样点进行标记

图 3-100 标准层放样后预制风管安装效果图

图 3-101 标准层放样后预制桥架安装效果图

(7) 总结

该办公楼项目主要采用 BIM 技术进行基础建模,并通过 Navisworks 软件进行管线碰撞检测,由 BIM 深化技术团队协调完成管线综合。期间,采用现场测绘技术对建筑结构信息进行收集,并将之真实反映于 BIM 模型中。将调整完成后的机电管线导入 Inventor 软件,进行预制加工图纸出图。在现场安装阶段利用现场测绘精准定位进行现场装配化安装,颠覆了传统现场拉线放样的粗犷施工模式,实现了几大特色技术在设计、加工、装配中应用的全新工作模式,提高了效率和准确性,开创了信息管理新革命。几大特色核心技术强强联手,打造出机电行业 BIM 深化设计及数字化建造的全新施工理念!

3.8　BIM在装饰工程深化设计及数字化加工中的应用

随着装饰行业的迅猛发展，传统的管理方式已经无法满足其需求，建筑装饰工程“构件工业化加工和全装配化施工”将兴起装饰行业的全新革命。如何开拓新的市场需求，以及如何实现装饰工程现场全面装配化施工成为了行业迫在眉睫的新课题。那么BIM技术到底能为装饰行业带来什么呢？

① 能够建立项目协同管理平台，实现三维设计、三维分析、四维模拟的交互体验；

② 参数化、三维可视化设计，实现施工模拟、运维管理、施工难点分析；

③ 三维碰撞检查，排除施工过程中的冲突及风险；

④ 能够精确计算异型结构中非标准块材料板块的尺寸及用量，减少材料损耗；

⑤ 提供大型可视化现实虚拟环境，实现施工工艺优化，以及CNC加工中心设备数据关联等系列功能。

BIM技术应用于装饰施工管理时，引进其他领域的数字设备作为BIM设计施工的配套是不可忽略的手段，例如，激光扫描测量、3D打印、BIM三项技术，是开展建筑装饰工程数字化设计与建造的必备技术，这些技术的有机结合将对今后装饰行业工厂化制造技术产生深远的影响。

基于BIM技术的可视化深化设计可以将材料选型、加工制造、现场安装实现同平台协调，其模拟性、优化性和可出图性的特点将各个领域、各个单位的技术联通起来，贯穿于整个施工过程，简化了建筑工程的施工程序。通过BIM技术进行信息共享和传递，可以使工程技术人员对各种建筑信息做出正确理解和高效应对。可见，BIM提供了协同工作的基础，在提高生产效率、节约成本和缩短工期方面发挥重要作用。

3.8.1　装饰深化设计的深化范畴

建筑装饰的施工环境不同于土建施工，土建施工是一切从“零”开始，所以设计师的图纸可以作为基准文件执行，施工过程的容许误差可以在装饰施工阶段弥补。而装饰工程的施工是处于土建结构的界面上实现的，而且大量的机电、设备末端都要与装饰面和建筑隐蔽空间并存，如果按照原装饰设计图直接施工，必然会产生装饰效果打折、工程返工、材料浪费、工期延长等大量不可预见的因素。所以，装饰施工深化设计是装饰施工的必然步骤，传统的方法是采用CAD二维图来调整建筑结构、机电安装与装饰面的关系，因受二维图的局限和深化设计师的空间把握能力限制，出现差错在所难免。随着BIM技术的推广，其三维空间表达能力得到提升，建筑设计，机电设计，土建梁、柱、板构造，设备安装，装饰设计，加工各专业的配合将在深化设计的同一个平台表达，存在的问题就一目了然。

基于 BIM 方式的设计，从开始到最终完成模型的审核通过，其实就是施工模拟的过程。其中可以包含大量的即时信息：施工先后工序，构造尺寸标高，构造连接方式，工艺交界处理，环境效果表达，装饰构件加工分类，构件材料数量和采购清单，构件、组件加工物流，施工配套设施设备，施工交接时间，现场劳动力配备；这将为装饰施工管理带来革命性的改变。

BIM 技术在建筑装饰深化设计中的应用，应该从数字化测量开始，没有数字化测量就无法实现装饰环境的模拟，深化设计也就无从入手。

装饰工程的深化设计需要处理的是：根据装饰与设计意图进行对装饰块面构件的规划设计，以标准模数设计分配构件类型，达到工厂化、标准化加工目的。其中，非标准的装饰零部件的工厂化加工是工业化施工的焦点。

装饰施工开展全面工厂化加工，将涉及到各种各类机械加工知识和快速成型技术，它超出了建筑专业范围。例如，大量原先手工制作的非标零部件，如果要成功转化为工厂化加工的零部件，必须使用符合工业设计的数字化工艺。这需要在项目管理中增设工艺设计环节，通过工艺设计消化建筑误差，将工程中任何原因形成的非标准装饰零部件，转化为可在工厂加工的零部件，最终实现现场的完全装配式施工。

装饰施工过程始终存在标准、非标准零部件。装饰工程全面工业化、数字化建造的基本思路，主要通过工艺设计这一环节，使每个装饰整体饰面分解成若干具体的零部件，并进一步筛选出标准零部件和非标准零部件，重点设计非标准零部件的工厂加工方式和标准，用机器加工代替现场手工加工，将非标准零部件的制造与安装分离，使现场成为流水化安装的整装车间。

随着计算机应用水平的提高，大量的数字化 CAD/CAE/CAM 软件在建筑业大显身手，如 AutoCAD, Revit, 3Dmax, Maya, Sketchup, Viga 等，这些数字化工具可以集成原始设计矢量数据和三维扫描点云数据，提供三维的细部图纸。例如，木饰面加工，传统施工方法是全部由木工在现场手工制作木龙骨、木基层、木夹板面层，并一层一层安装，最后进行手工油漆。现在通过三维软件设计榫接、扣件式连接等方式，代替了木龙骨连接；设计了木皮与密度板制成的复合板，代替了基层板与木夹板的现场制作与安装；设计了各种调节方式，解决建筑误差情况下的现场安装调节难题，成型后的木饰面直接在工厂油漆后运抵现场安装。

通过在实际工程中的应用后发现，数字化工艺设计模式在技术上存在可操作性，可以引导建筑装饰工程实现全面工业化施工。同时，BIM 技术的应用对工厂加工图纸和现场深化图纸提出了更严苛的要求，只有保证这些图纸的精确度，才能够确保工厂加工的精准度。因此，基于现场实际尺寸装配化深化设计图纸与产品工厂加工图纸的管理与研究工作非常必要。

利用BIM技术中的数字化工艺设计模式，绘制出与现场高度匹配的三维模型并形成准确的工厂加工材料明细表。在三维模型中可以进一步深化各个节点，形成装配化深化设计图纸和产品加工图纸。例如，吊顶金属板、干挂肌理板、干挂木饰面、架空地板等饰面，精度控制主要体现在非标准板块的加工上，利用Revit软件可以形成材料明细表，并进行三维排版，将非标准板排列、编号、绘制加工图纸，如图3-102所示的是天花非标准板三维模型。如此，能够最大限度地保证工厂加工构件与现场的匹配程度。

图3-102　天花非标准板三维模型

以某超高层建筑办公区域精装修项目为研究对象，基于现场实际尺寸编制出11F大空间办公区域的架空地板平面铺设方案，编排出标准板块与非标准板块的位置，并将非标准板块集中编号、加工，实现装配化施工，如图3-103和图3-104所示。

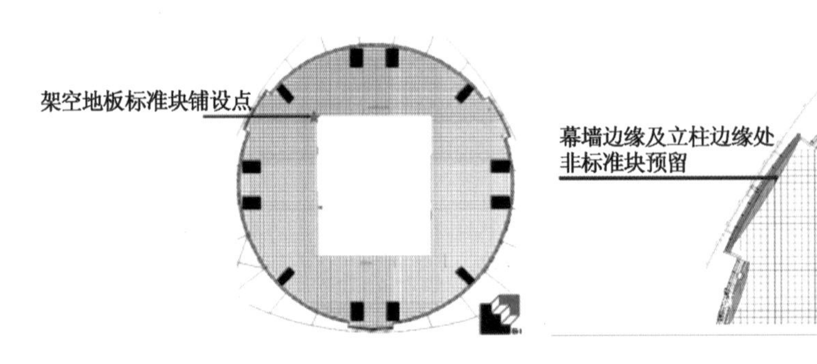

图3-103　架空地板标准块分布图　　图3-104　架空地板非标准块分布图

BIM最直观的特点在于三维可视化，利用BIM的三维技术在前期可以进行碰撞检查，优化工程设计，减少在建筑施工阶段可能存在的错误损失和返工的可能性，而且优化净空，优化管线排布方案。施工人员可以利用碰撞优化后的三维管线方案，进行施工交底、施工模拟，提高施工质量，同时也提高了与业主的沟通效率。以下通过两个案例进行分析。

(1) 案例分析1——幕墙、机电管道与装饰窗帘箱的碰撞分析

问题分析见图3-105。

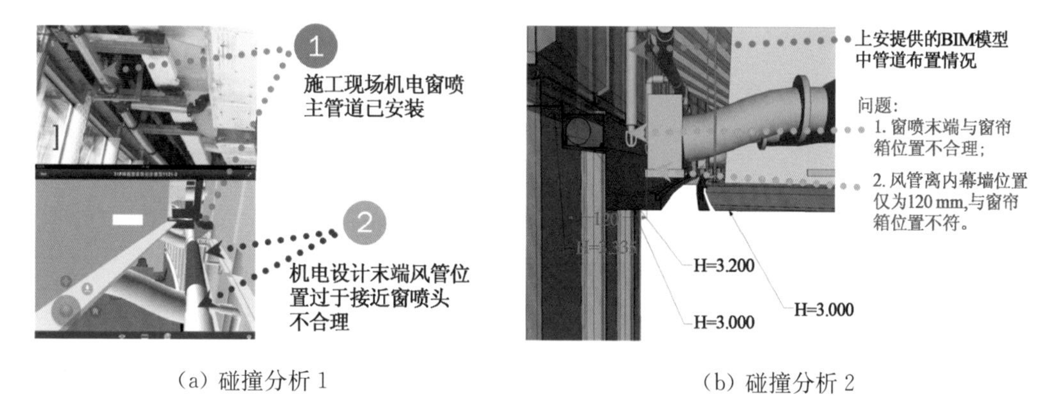

(a) 碰撞分析1　　　　(b) 碰撞分析2

图3-105　幕墙、机电管道与装饰窗帘箱的碰撞分析模型图

利用机电安装公司提供的BIM模型，结合装饰模型进行比对分析，会发现存在不合理的问题，为避免现场施工时出现工作界面碰撞，需预先在模型中进行优化。如图3-106所示，优化后窗喷位置及风管位置更趋于合理化。

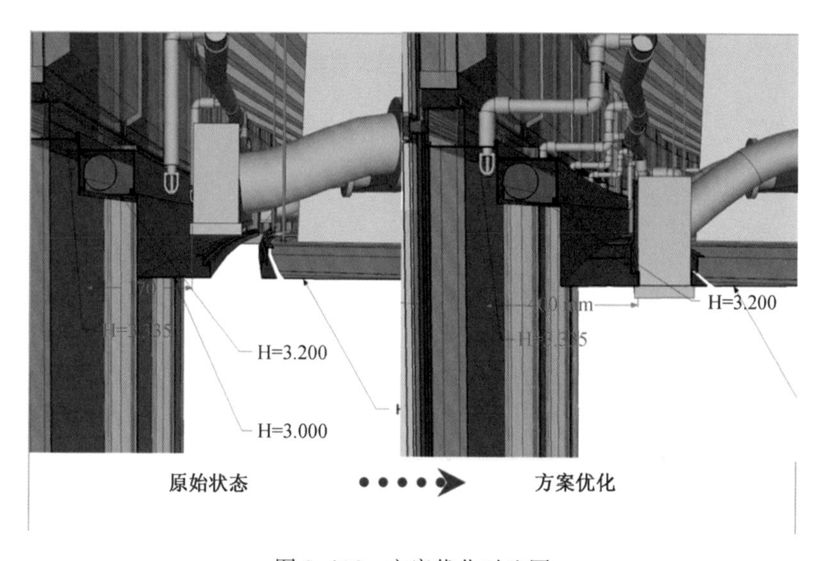

图3-106　方案优化对比图

(2) 案例分析2——内走道风管、桥架与装饰灯槽的碰撞分析

问题分析见图3-107。

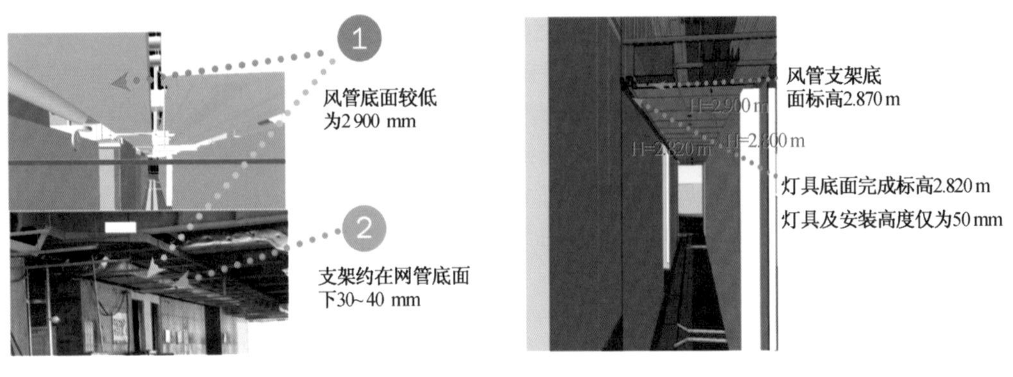

(a) 碰撞分析 1　　(b) 碰撞分析 2

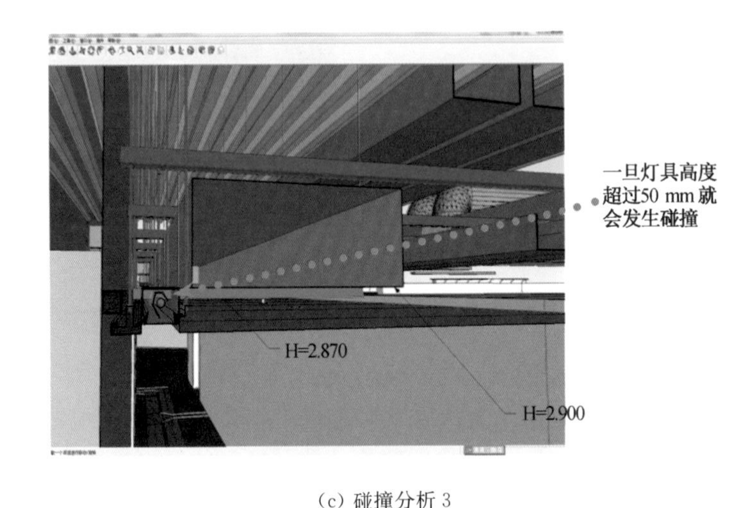

(c) 碰撞分析 3

图 3-107　内走道风管、桥架与装饰灯槽的碰撞分析模型图

3.8.2　装饰深化设计的技术路线

建筑装饰深化设计单位(即施工单位),在方案设计单位提供的装饰施工图或业主提供的条件图等基础上,施工单位需结合施工现场实际情况,对方案施工设计图纸进行细化、补充和完善等工作,深化设计后的图纸应满足相关的技术、经济和施工要求,符合规范和标准。

数字化建筑装饰深化设计,立足于数字化设计软件,综合考虑建筑装饰“点、线、面”的关系,并加以合理利用,从而妥善处理现场中各类装饰“收口”问题。建筑装饰深化设计作为设计与施工之间的介质,立足于协调配合其他专业,保证本专业施工的可实施,同时保障设计创意的最终实现。深化设计工作强调发现问题,反映问题,并提出建设性的解决方法。通过对施工图的深化设计,协助主体设计单位发现方案中存在的问题,发现各专业间可能存在的交叉;同时,协助施工单位理解设计意图,把可实施性的问题及相关专业交叉施工的问题及时向主体设计单位反映；在发现问题及反映问题的过程中，深化设计提出合理的建议，提交主体设计单位参考，协助主体设计单位迅速有效地解决问题，加快推进项目的进度。其技术路线如图3-108所示。

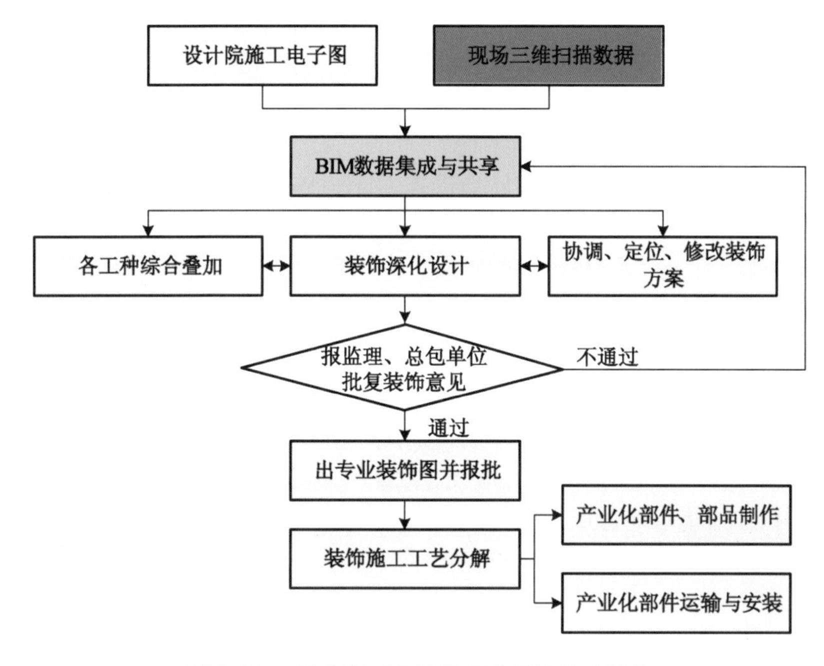

图3-108　数字化建筑装饰深化设计技术路线

3.8.3　现场数字化测量与设计

实现装配化施工的前提条件是获取现场精确数据，这些数据是实现BIM模型建立、完成各个不同专业工作界面模拟碰撞试验、成品加工、特殊构配件加工、现场测量放线等工作的重要前提。针对不同的项目特点，从项目策划、前期准备到项目实施前进行一系列的项目专项测量方案设计工作，为每个项目度身打造属于自己的测量与设计方案。方案内容包括：工程概况、现场要求、项目测量成本目标控制与评估、测量工具的选择、测量方式的选择、测量工作进度周期目标控制、与测量工作相关的信息管理与跟踪、测量结果评估、纠偏措施、与测量工作相关的现场组织与协调。

1) 数字化测量工具与方法

近年来，三维扫描技术迅速发展，扫描数据的精度和速度都有很大的提高，并且三维扫描设备也越来越轻便，使得三维扫描技术的应用从工业制造、医学、娱乐等方面扩展到建筑领域。国外最为著名的有斯坦福大学的"米开朗基罗项目"，该项目将包括著名的大卫雕像在内的10座雕塑数字化，其中大卫雕像模型包括2亿个面片和7 000幅彩色照片[7]；国内建筑数字化项目主要有：故宫博物院与日本凸版印刷株式会社合作的数字故宫项目[8]；浙江大学开发的敦煌石窟虚拟漫游与壁画复原系统；秦兵马俑博物馆与西安四维航测遥感中心合作的“秦俑博物馆二号坑遗址三维数字建模项目”；现代建筑集团对上海思南路古建筑群的 BIM 项目等[9]。

由于建筑装饰的工艺要求，使得它对三维扫描设备及扫描环境都有比较严格的要求。在三维数据采集及处理过程中，需要保持三维数据的真实性及完整性，所以要根据具体的工程对象选择合适的三维扫描设备[9]。

2）三维扫描设备

三维扫描是集光、机、电和计算机技术于一体的高新技术，主要用于对物体空间外形和结构及色彩进行扫描，以获得物体表面的空间坐标，能实现非接触测量，且具有速度快、精度高的优点。三维扫描作为新兴的计算机应用技术在建筑行业已经得到越来越多的应用，特别是在空间结构记录，BIM 模型及展示方面的应用已逐渐为人们接受。三维扫描技术大体可分为接触式三维扫描仪和非接触式三维扫描仪。其中非接触式三维扫描仪又分为光栅三维扫描仪（也称拍照式三维扫描仪）和激光扫描仪。而光栅三维扫描又有白光扫描或蓝光扫描等，激光扫描仪又有点激光、线激光、面激光的区别。非接触式三维线激光扫描仪是目前运用比较普遍的一种。其基本工作原理是用条状激光对输入对象进行扫描，使用 CCD 相机接受其反射光束，根据三角测距原理获得与拍摄物体之间的距离，进行三维数据化处理。经过软件的处理初步得到物体的坐标点（称点云）或者三角面。表 3-5 为几种常用三维扫描仪和相关的数据处理软件。

表 3-5　　三维扫描设备

光源	扫描仪型号	精度/mm	配套软件	数据属性
激光	FARO PHOTO120（图 3-109 和图 3-110）	2	Geomagic，AutoCAD	彩色点云数据库
激光	ZF5010（图 3-111 和图 3-112）	0.5	Revit，AutoCAD	彩色点云数据库
光栅	高精度白光扫描仪 Shining3D	0.015	Geomagic	彩色点云数据库

图 3-109　FARO 激光扫描仪

图 3-110　某艺术中心工程钢结构扫描构点云图

图 3-111 ZF5010 激光扫描仪

图 3-112 某超高层项目内部结扫描构点云图

3) 基于 BIM 思想的三维扫描要点

在传统的建筑装饰工程实施中，现场工程师通常采用采用全站仪、水准仪、经纬仪、钢尺等专业仪器，对土建结构的现场几何空间信息进行采集、记录绘图和统计分析，作为建筑装饰的首要工作，前期的设计图纸的几何信息基本得不到充分利用，效率极其低下。

三维扫描技术与数字化建模思想相结合后，给现场带来最大的便利是工程信息数据的整合管理，三维激光扫描技术无疑是实测实量数据采集的最有效、最快捷的方式。在保证扫描精度的前提下，通过扫描的方式，可以对选定的工程部位进行完整、客观的采集。三维激光扫描生成的点云数据经过专业软件处理，即可转换为 BIM 模型数据，进而可立即与设计的 AutoCAD 模型进行精度对比和数据共享，并依此进行建筑装饰深化设计。三维扫描技术工作流程如图 3-113 所示。

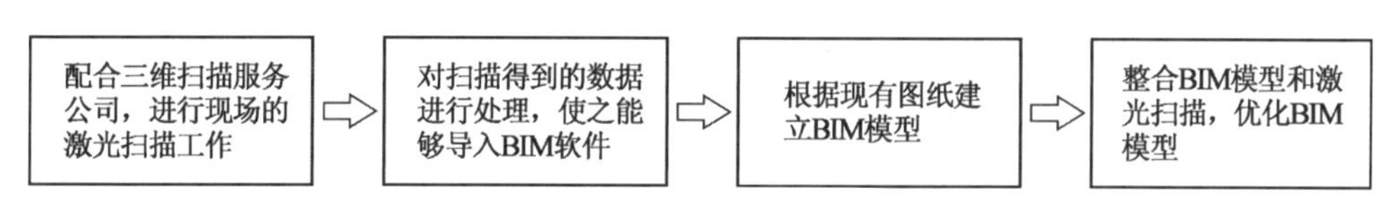

图 3-113 三维激光扫描流程图

4) 案例分析

(1) 上海某艺术中心

该中心采用了流体结构，每一处墙面都是凹凸变化的，所有的墙面都是自由曲面。接下来的外墙需要在这些流体墙面的基础上进行再设计，要保证完全与现在的结构相呼应。内部钢结构亦是按照墙体的风格自由弯曲伸展的，最高的钢管有五或六个方向的弯曲变化，次高钢管存在三到四个的弯曲变化，最矮的钢管存在两个方向的弯曲变化。在这些弯曲的钢管上再焊接各种不同规格的钢梁，还要保证钢管之间准确衔接，钢梁之间难以准确对应，使得钢结构的安装产生了较大的误差。另外钢结构在生产时已经存在误差，这更增加了装饰施工钢结构深化设计的难度，见图 3-114—图 3-119。

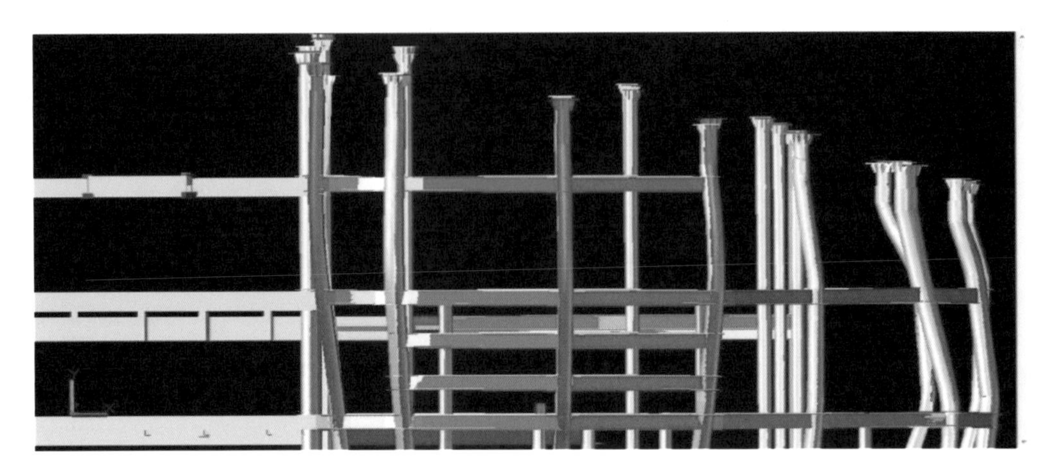

图 3-114　上海某艺术中心现场扫描数据与原设计空间垂直误差位置比对

图 3-115　上海某艺术中心现场扫描数据与原设计空间平面误差位置比对

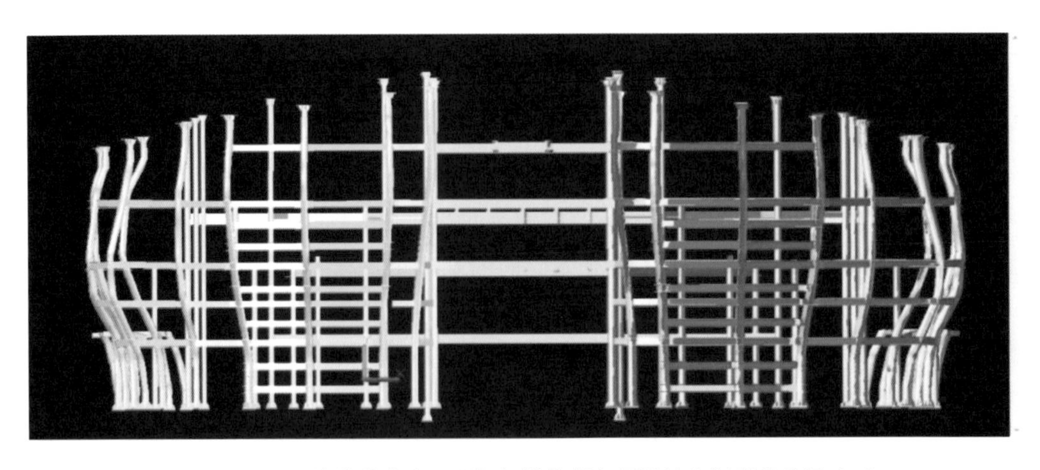

图 3-116　上海某艺术中心现场扫描数据与原设计空间误差位置比对

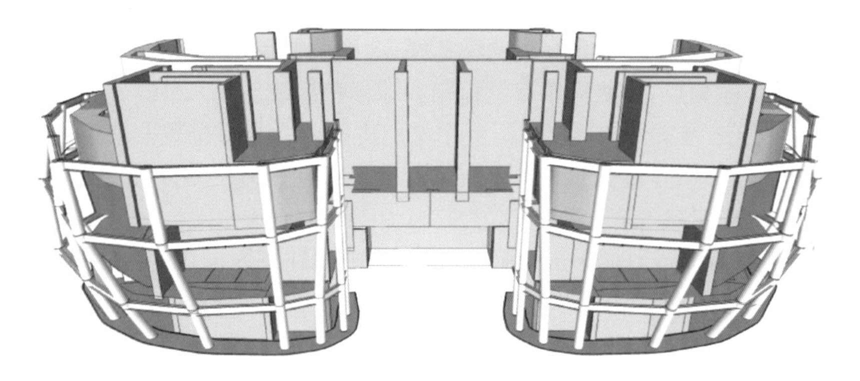

图 3-117 上海某艺术中心剧场外形建筑钢结构模型

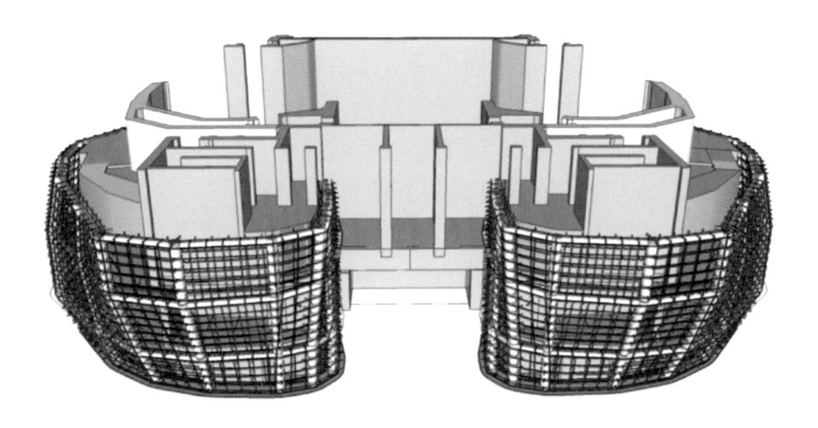

图 3-118 上海某艺术中心剧场装饰构造钢结构模型

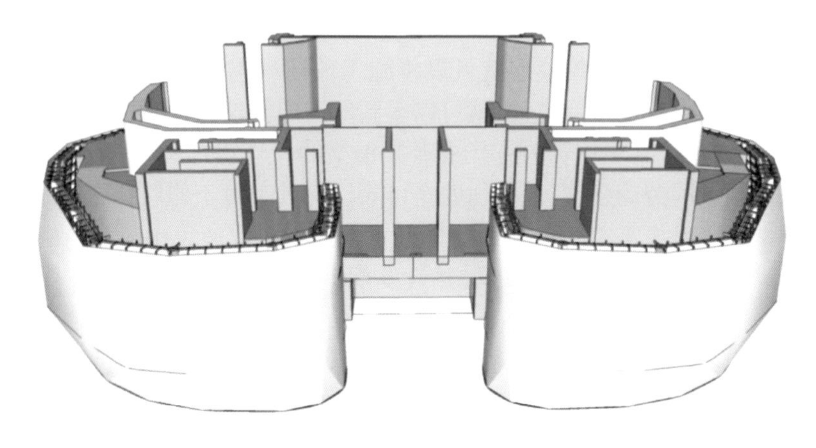

图 3-119 上海某艺术中心剧场 GIG 表皮装饰形态

在测绘阶段，使用了三维激光扫描技术，直接将艺术中心现场的三维数据完整地采集到计算机中，从而快速地重新构建出该建筑物的现状三维模型。

扫描时按照以下流程进行：

① 根据现场环境和经验在现场定好 18 个扫描站点，并且按照不同的方位设立多个标靶点，这些标靶有纸标靶和球标靶组成。

② 使用三维激光扫描仪在每一个站点进行 360°全方位数据采集，并在每次扫描完成后，用外置相机 360°拍摄以获得现场色彩信息（单站色彩像素超过 1 亿）。

③ 接着将扫描数据导入电脑，并用专门的软件将数据在电脑中以点云的形式显示出来。

④ 最后通过工作人员处理将所有站点按照标靶位置拼接成一个整体，即可对任一位置进行测量观察。

新技术的引进，使得测量工作时间大大缩短，三位工作人员只用了一天时间就完成了本次测量工作，并且使用专业级单反相机拍摄了 2.56 G 的高清数码照片。另外，使用三维激光扫描技术对建筑物是非接触式测量，测量工作人员亦不需要直接踩到钢结构上面，对建筑物没有任何损坏。尤其是在本次现场末施工完全，部分钢梁没有牢固安装的情况下，一方面保护了现场钢结构，另一方面测量工作人员的安全也得到了极大的保障。

通过设计人员使用专业的绘图软件做出的墙体三维曲面模型，在软件中直接可以测算出曲面面积，这对墙面施工时的实际用料评估也是最真实有效的方法，这是传统测量方法所不能解决的。

根据点云数据制作出与现状完全相同的钢结构安装模型。通过绘制出的现场钢结构三维模型，测量出了钢结构生产及安装时与设计图的误差值，最大误差值已经达到 50 mm 以上，真实地反映出理论设计图并不能作为钢结构深化设计的依据。

与现状完全相同的三维模型为后期幕墙设计提供了极大的便利，技术人员直接在电脑上打开三维模型就可以将施工现场尽收眼底，可随时将三维模型直接调整到想要观察的位置，就可以得到所需要的信息，可以在模型中直接测量某处的标高、某根钢管的直径或者某根梁的尺寸。这种方式大量减少了技术人员测量的劳动强度，也更加安全可靠。尤其是对于伸展到屋顶的钢管，传统全站仪测量或手工测量方式是难以实现的。在此项目中，直接在三维模型里可以快速地得到了各项数据，并且发现钢管顶端在加工中存在 100 mm 的误差。

在现状三维模型的基础上进行深化设计，例如，需要多少角铁、角铁的规格、增加多少用钢量、是否满足结构安全要求、角铁安装的位置、需要多少面积饰面材料等信息都可以在模型中采集到。通过对这些丰富信息的处理，制作出加工文件和现场安装文件分别指导工厂和现场工作。并且可以和加工方、施工方直接在模型上明确技术要求，出现问题时可以快速地找到症结所在，将装饰施工误差值从一开始就得到有效的控制，使数字化施工能级进一步提升，能够更加有效地掌控设计、加工、安装等工序控制。

本项目对三维扫描技术的应用概况如下：

设备：FARO PHOTO120，精度 2 mm。

软件：Geomagic，CAD。

数据：彩色点云数据库，双曲钢结构现状三维模型，异型墙面现状三维模型。

成果：通过扫描建立的现状钢结构三维模型与理论模型比对发现具有制造偏差，通过三维比对的方式能够让业主、设计方、施工方、监理共同在计算机端进行分析和改进方案，并不一定需要钢结构施工方全部改动，也不是幕墙施工方负全部责任，而是需要共同找出最优修改方案，可以避免各方在现场无谓的争执，并且切实解决了多方间的实际问题，减少了资源浪费。

（2）上海某超高层项目

该项目采用三维扫描技术的概况如下：

设备：ZF5010，精度 0.5 mm。

软件：Revit，CAD。

数据：彩色点云数据库，标准层的 BIM 模型。

成果：通过高精度数据采集对标准层的主体结构进行 BIM 模型的建立，同时在三维模型中发现原本应该封闭的墙体没有封闭，设备、暖通，桥架等施工后都有不同程度与设计的理论值产生了偏差，轨道擦窗机的轨道也与设计上产生了偏差，Z 轴方向出现局部跳动的情况。同时，也发现三维扫描后的数据成果形成的 BIM 模型在精度上有所欠缺，主要原因是毛胚面、非规则面、曲面在 Revit 软件中没有模型库，因此无法建立该类需要反映现状的数据，具有局部斜面或大小头的面被软件计算成了标准平面，同时由于数据采集不全（部分构件已经安装且区域无法进入）而导致三维建模时数据的偏差略大。

针对标准层精装修前的三维扫描应用主要是：

① 高精度快速扫描主体数据，包括墙面、暖通管道、桥架及其他设备，但每个对象不必要全部扫描完整，例如，一根管子没必要扫描到 100%的数据，60%～70%即可。

② 将扫描数据直接与理论 BIM 模型进行三维比对，并对误差大的部件在软件中进行标注而非建立三维模型后再比对，这样性价比才是最高的。

③ 针对特殊区域（前期已经发生偏差的重点区域）进行全局扫描，也就是被扫描对象必须有 90%以上数据被完整采集，且采用的设备精度需要达到 0.1～0.5 mm，甚至更精确。由此才能先分析原来安装或运行时变形的情况，然后依托完整三维数据开展再设计，更方便有效地解决问题。

④ 坐标系的应用，由于三维扫描使用的是相对坐标系，因此需要和现场的绝对坐标系进行匹配，这将大大提高扫描数据与理论 BIM 数据比对依据的可靠性。

见图 3-120—图 3-125。

图 3-120　标准层三维测绘扫描设备

图 3-121　标准层测绘点云图 1

图 3-122　标准层测绘点云图 2

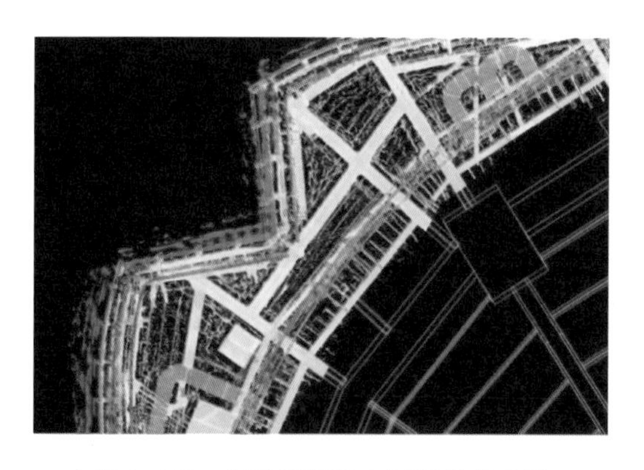

图 3-123 标准层幕墙夹层测绘点云图

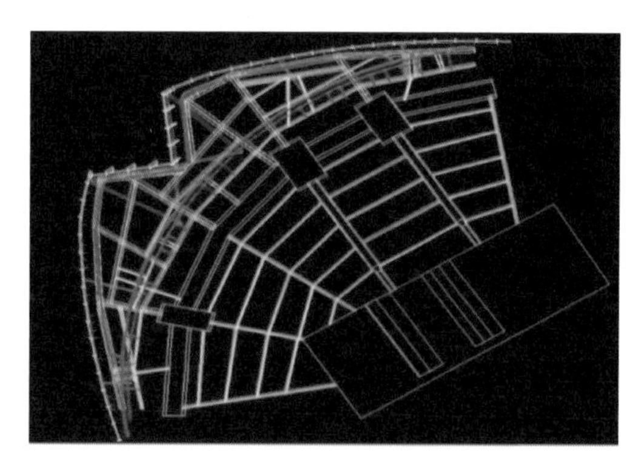

图 3-124 标准层幕墙夹层测绘 CAD 图

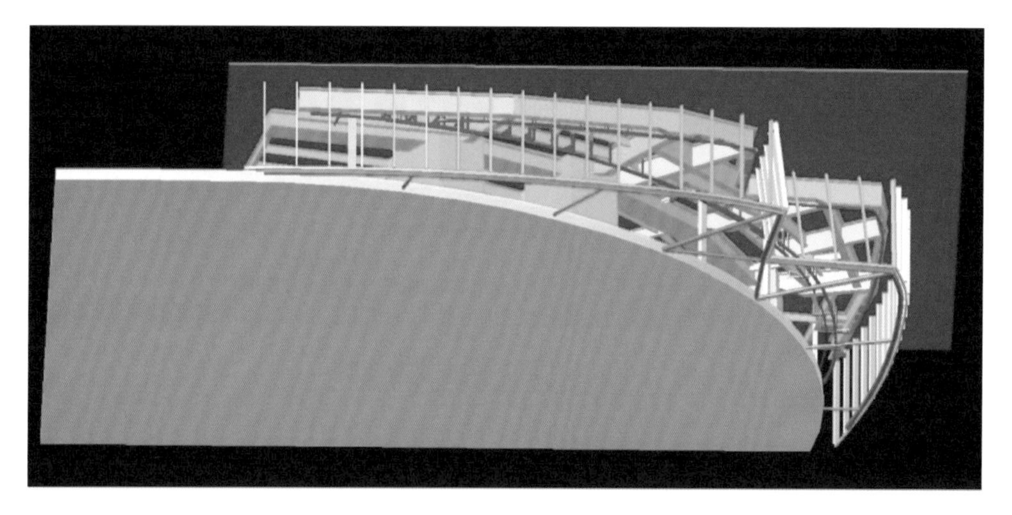

图 3-125 标准层测绘幕墙夹层三维图

(3) 世博民居工程

该项目应用三维扫描技术的概况如下：

设备：FARO focus3D 120，精度 2 mm；高精度白光扫描仪 Shining3D，精度 0.015 mm。

软件：Geomagic。

数据：彩色点云数据库，"月牙梁"、"雀替"的现状三维模型。

成果：将扫描后所建立的三维现状曲面模型通过 CNC 和局部三维打印的方式制作成 1∶1 的高仿品，材料为硬泡。

该项目通过数字化的采集方式和数字化的制作方式将古建筑进行有效的保护，未来只要通过对被加工材料的改变，高仿进行整栋古建筑的制作也是可行的，但是在该项目中局部雀替带中空造型的对象由于数据无法采集也就无法加工，因此数据采集也需要多样化，未来的数据采集方式不再仅仅是一台设备能够打天下，新一代的手持式扫描仪的诞生帮助我们在建筑装饰件领域带来了福音，快速的采集方式（无需贴点）能最大程度提高效率，见图 3-126—图 3-132。

图 3-126 “雀替”扫描场景

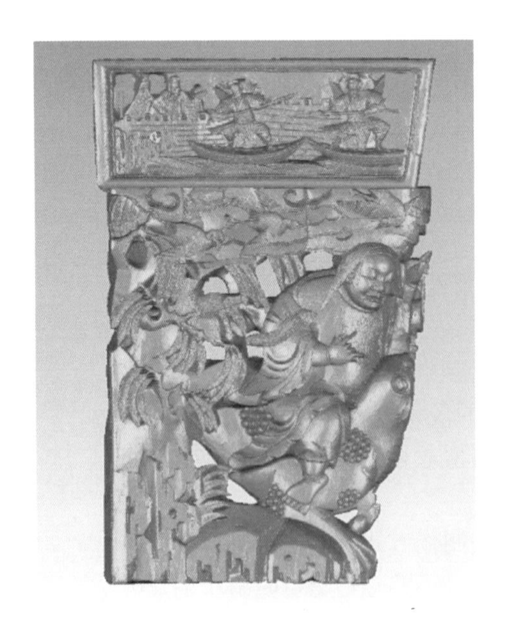

图 3-127 “雀替”扫描成果点云图

图 3-128 用扫描数据打印复制的“雀替”构件

图3-129　“月牙梁”扫描点云图

图3-130　用扫描数据实现数字化加工的“月牙梁”构件

图3-131　“月牙梁”构件数字化加工件局部细节

图3-132　“门廊”扫描彩色点云图

3.8.4　部品、部件工艺设计及数据共享

装饰工程施工中存在各种不同类型、不同材质的构配件，这些部件中非标准块与特殊造型构件占据了一定比例，如何将这些部品、部件与现场高度匹配就需要前期大量的工艺设计工作来支撑，并将这些数据共享才能保证装饰工程装配化施工。

部品、部件工艺设计及数据共享内容包括：整体工艺模块设计、加工构造模数设计、五金及开关面板整合设计、装配锚固程序设计、三维可视化技术交底设计；标准化图集数据库整合系统、信息平台管理系统、部品、部件、物流追踪系统；部品、部件现场安装安全、质量控制系统，加工及现场安装进度周期控制系统，部品、部件成本目标控制、与其相关的沟通与协调系统，见图3-133和图3-134。

3.8.5　部件加工模块设计

装饰工程部件加工模块设计包括：部件整体模块设计、工厂加工设计、现

图 3-133　数据库登录页面

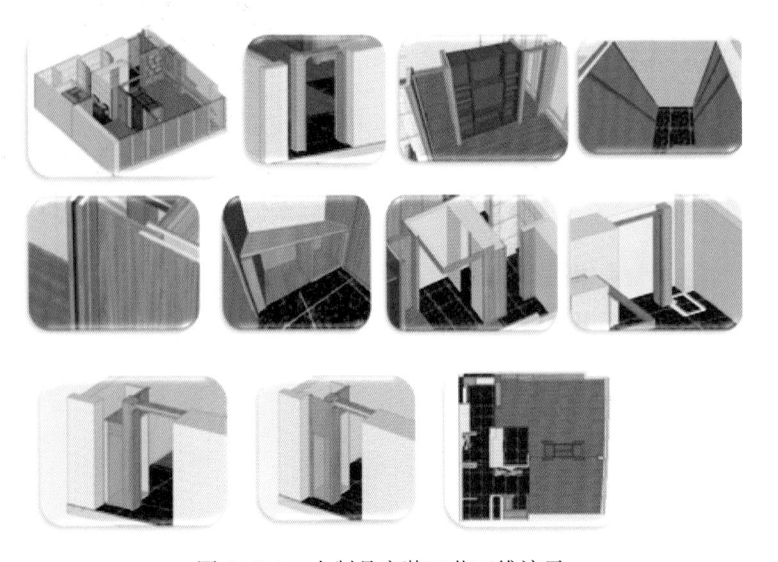

图 3-134　木制品安装工艺三维演示

场装配系统设计三个部分。例如，将传统的墙地砖铺贴工艺通过部件加工设计后完全取代湿作业施工，改变传统的泥工铺贴墙砖工艺，提高装饰施工装配化施工程度。整体模块设计就是将一小块一小块的面砖通过轻质材料复合成 2 m^2 左右的板材，满足工程现场空间的模数要求。整体模块设计完成后就可以进行工厂加工工艺设计以满足单元加工的流水线生产工艺条件，例如，不同单元模块，包括阴角单元、阳角单元、墙地平面单元等。加工工艺设计还应包括单元模块的锚固装置、现场装配的干挂构件。干挂构件的一部分组合在单元构件上，由工厂完成定位加工，另一部分安装于现场建筑结构基层上，工人只需要在现场简单拼装作业即可完成所有墙地砖的铺贴工作。这样做的优点显而易见：饰面品质统一，平整度高、嵌缝整齐，饰面效果不依赖于工人自身技术水平，有效提高生产劳动率、缩短了工期、节省了大量人工，更有利于现场管理与成本控制。而这种加工模块设计及安装方法必须基于精确的三维空间设计平台，见图3-135和图3-136。

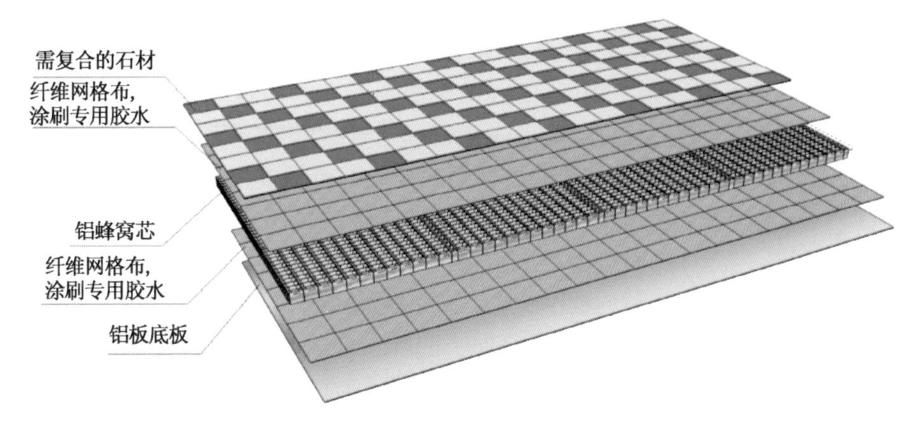

图3-135 复合块材整体设计模型

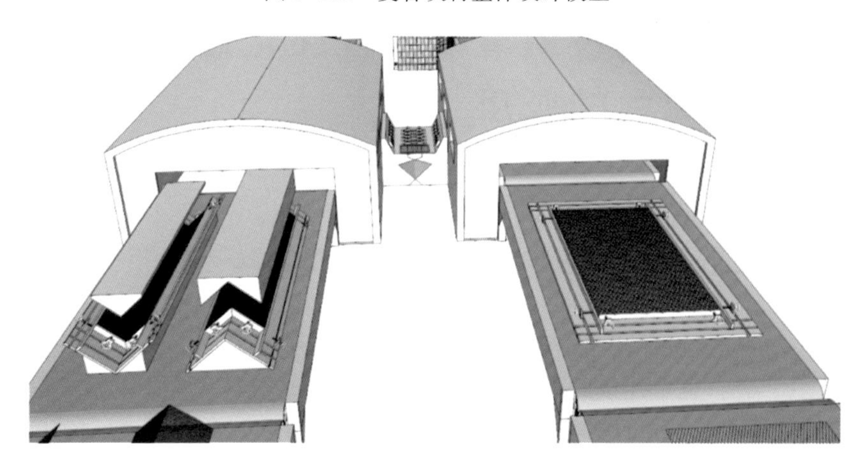

图3-136 工厂化加工设计模型

3.8.6 加工机具及数据接口

三维打印的数据接口一般为STL格式，三维模型数据必须是封闭的实体，而3Dmax，SketchUP建立的效果图模型是无法直接用于三维打印，必须事先修补模型，这也是为什么三维打印时还有一块费用为模型修补，这点需要从设计阶段就规避这样的问题，才能最终让三维打印走上更合理的报价阶段。

CNC加工通常使用UG，PRO-E软件进行三维设计后，可直接编程加工，但现在越来越多的曲面设计采用不同的软件进行设计，因此新的一种以STL格式为主的编程方法从2011年起越来越广泛地被使用。

未来"三维打印+CNC+批量生产"的模将在建筑行业中进行广泛使用，

高性价比以及与传统制作行业的有效结合能够得到跨平台式的发展。

3.8.7 数字化设计、加工、产品物流及现场安装

目前，装饰行业数字化建造、零部件加工还未形成全面成熟的数字化设计、加工、物流配套系统。因此，实践中会遇到较多的困难。装饰工程涉及材料的多样性和设计的个性化，要形成完整的建筑装饰数字化建造还有较长时间，数字化部件设计、部品加工及安装需要成熟的市场规模。在装饰行业普遍推行数字化施工方式，逐步形成较大规模的工业化加工需求，那么，按照市场经济的规律，社会自然而然会产生出包含加工、物流、安装、服务等系统，接受各种建筑装饰部件、部品的数字化生产，形成社会化产业链。就如现有相当一部分装饰木制品已经形成全工厂化加工的社会环境，装饰企业木制品的部件和单元工厂加工和现场安装已经形成产业配套机制。

3.9 BIM 在玻璃幕墙工程深化设计及数字化加工中的应用

3.9.1 在玻璃幕墙工程中应用 BIM 技术的准备

国内的建筑设计行业正步入从二维向三维转换的轨道，而幕墙作为建筑的外围护结构，也是建筑的外衣，是建筑的形象表达及功能实现的重要载体。幕墙设计作为建筑设计的深化和细化，对建筑设计理念应能够充分地理解，同时更需要有与建筑设计匹配的实现工具以保证设计的延续性，从而更好地达到业主和建筑的设计目的。BIM 技术的出现，可以有效地保证建筑设计向幕墙细部设计过渡时的建筑信息完整性和有效性，正确、真实、直观地传达建筑师的设计意图。尤其是对于一些大体量或复杂的现代建筑，信息的有效传递更是保证项目可实施性的关键因素。

建筑设计的 BIM 模型延续至幕墙设计时，能直观地表达建筑效果。但其所存储的信息仅限于初步设计阶段，尤其是对于材料、细部尺寸以及幕墙和主体结构之间的关系的信息都很少。而这些信息和构件细部等，都是在幕墙深化设计、加工过程中进行完善的，这一过程称之为“创建工厂级幕墙 BIM 模型”。

工厂级 BIM 模型的创建贯穿了幕墙设计、加工、装配等阶段。创建工厂级幕墙 BIM 模型首先需要依据建筑设计提供的 BIM 模型或自行创建的建筑模型，对幕墙系统进行深化设计，进而对 BIM 模型中的构件进行细化，且随着构件的不同处理阶段，不断完善和调整模型。为了更清楚地描述工厂级 BIM

模型的创建过程，下面以某工程外幕墙为例，描述如何用 Revit 软件创建工厂级的幕墙 BIM 模型。

在创建工程外幕墙 BIM 模型的过程中，需充分利用软件优点结合项目自身特点进行创建：

① 模块化：由于 Revit 软件的模块化功能，可以将外幕墙不同类型单元做成不同的幕墙嵌板族，这样就可以根据单元类型创建族，同一种类型的单元应用同一个族，从而大大减少工作量。

② 参数化：对于外幕墙中同一种类型的嵌板族，其各种构件的定位可以利用参照线及参照面定位，并为参照线和参照面设置定位参数，使单元板块尺寸上的变化可以应用参数调节。

③ 类型参数与实例参数：根据参数形式的不同，将参数分为类型参数与实例参数，实例参数是族的参数，可以分别为每个族调整参数；而类型参数则是一个类型的所有族的参数，调节类型参数则所有该类型的板块自动跟着变化。

具体幕墙模型创建过程包括：

① 创建幕墙定位系统。受限于 Revit 软件平台建模功能的薄弱，形体复杂的幕墙模型首先需要创建定位体系。在目前软件开发情况下，定位系统的功能一般可由 CAD 完成。即楼层标高平台和幕墙定位线需先在 CAD 中创建，并将之引入 Revit 软件平台。

② 通过幕墙嵌板族创建幕墙单元。采用幕墙嵌板族，将单元面板、台阶构造及竖梃做在嵌板族里，且台阶宽度的变化靠嵌板族中参数调节。相当于一个单元做成一个嵌板。

③ 将幕墙单元导入项目的幕墙定位系统，并输入台阶参数，以获得模型中每区每层的幕墙板块台阶尺寸。

④ 创建幕墙支撑体系。同样经过定位、创建构件族、创建构件单元、构件单元导入等环节，创建符合施工精度要求的工厂级 BIM 模型，如图 3-137 所示。

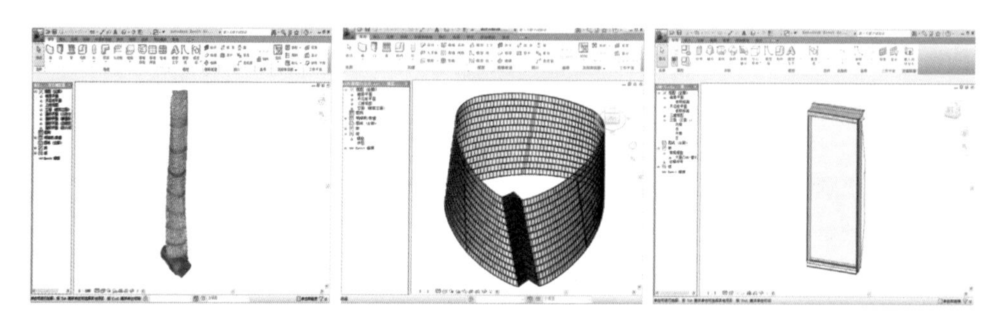

图 3-137　工厂级幕墙 BIM 模型

3.9.2 基于 BIM 模型的工作界面划分

建筑中包含的各专业很多，包括土建、钢结构、幕墙、机电等，这些不同专业之间的工厂级 BIM 模型应由各专业分包按照一定的规则结合本专业的特点自行制定。通过将各专业之间的 BIM 模型组织在一起,能有效地发现各专业之间模型的碰撞问题,同时,分析不同专业之间交接界面的设计等。通过 BIM 模型可以做到:

① 精确界定各专业之间的工作界面划分。通过 BIM 模型,可以直观地体现哪怕是连接螺钉属于哪一分包的工作范围。并且,不同的专业可以通过指定的颜色区别表示出来,因此,所有分包商都很清楚自己的工作范围,投标漏报的风险也降低了。

② 判断深化设计对产品的最终选型是否合理。由于不同专业的进场时间是不同的,因此,专业深化设计往往有着先后顺序。例如,钢结构在进行深化设计时,机电专业可能还未确定分包商。此时,涉及到可能与机电交接的工作界面,不可能等到机电分包商进场之后再行确定,因此,可由钢结构提出对机电的限制要求(如空间尺寸等),并将其在 BIM 模型中体现出来,再由业主和建筑师依据通用的机电相关设计原则进行确认,并将其纳入到机电项目招标文件中,对后期机电深化设计进行限定,从而有效保证了项目的工期。

③ 分析不同专业之间的相互关系以及设计合理性。例如,幕墙与钢结构,某些部位的幕墙从 H 型钢结构上预焊接的钢转接件作为支撑点,传递重力荷载及风荷载。通过 BIM 模型,可以直观地判断这些工厂内预制的钢转接件是否能与幕墙正确地接口,同时更重要的是,作为原来楼面支撑体系的 H 型钢需要考虑幕墙风荷载产生的额外扭矩,而这一额外扭矩需要在 H 型钢上设置加强筋予以支撑,在以往二维平面设计中,这一问题往往不容易被发现,但在 BIM 模型中,这一问题通过可视化的模型变得一览无余。

3.9.3 基于 BIM 模型的幕墙深化设计

幕墙深化设计是基于建筑设计效果和功能要求,满足相关法律法规及现行规范的要求,运用幕墙构造原理和方法,综合考虑幕墙制造及加工技术,而进行的相关设计活动。BIM 技术对幕墙深化设计具有重要的影响,包括:建筑设计信息传达的可靠性大大提高,深化设计过程中更合理的幕墙方案的选择判定,深化设计出图等。信息传递的准确性和有效性和幕墙深化设计师对建筑师设计理念的理解,对幕墙深化设计的影响至关重要。幕墙深化设计阶段使用建筑设计提供的 BIM 模型,在招投标阶段即能充分理解建筑设计意图,轻易把握设计细节,也有利于提高项目招投标的报价准确性。建筑师的设计变更能充分得到响应,同时,在设计过程中需要特别注意的事项,可以方便地在 BIM 模型中给予强调或说明,使幕墙设计师能充分理解建筑的每一处细节。同时,幕墙设计师还能基于对建筑设计的充分理解,对幕墙设计进行优化,并将优化的结果以 3D 的形式直观地表达出来,供业主和建筑师参考实施。

上海某超高层工程外幕墙施工模型是用 Revit 建模的,其单元板块共计

19 759 块，依据建筑成形原则所产生幕墙从下至上是始终变化的；为了匹配这一建筑效果同时实现平滑过渡的原则，每层幕墙单元板块的尺寸都是变化的。同时，由于塔楼的旋转缩小，上下层交接位置的凹凸台尺寸也是逐渐变化的。因此，从理论上来说，优化前每个单元板块都不一样，整个塔楼有近两万种的板块种类，基本没有通用性，这就给实际施工带来巨大的挑战。

通过项目的 BIM 模型的数据导出功能，结合数据分析软件，基于建筑形态设计原则，对幕墙单元板块的种类进行优化。综合考虑建筑 120°对称的特性，同时结合工程上幕墙偏差允许的范围一般至少为 2 mm，以及转接件可调节量等特点，最终将单元板块减少至约七千种，同时大大增加了同一种规格板块的数量。更重要的是，通过 BIM 模型的构件分析功能，可以快速准确地分析出同一种类型幕墙构件的数量，即使它们在不同的分区之内。

基于精确创建的工厂级 BIM 模型，可以任意输出所需的建筑楼层剖面、平面甚至细部构造节点。满足工程施工深化设计要求，如图 3-138 所示。

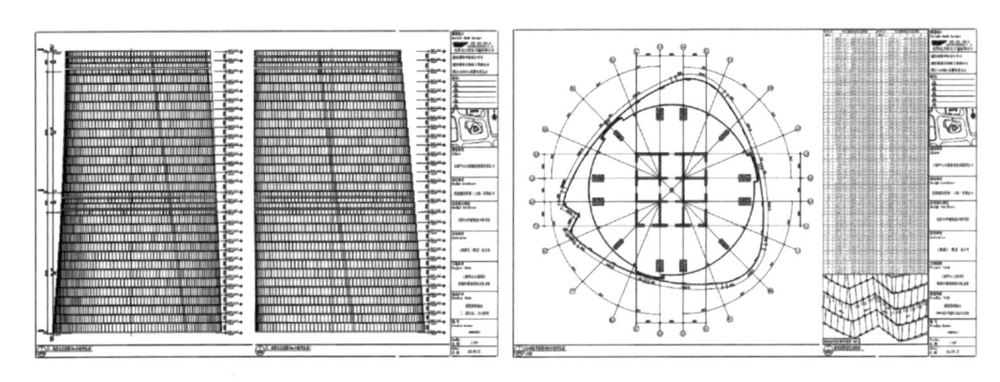

图 3-138　基于 BIM 模型的深化图纸

与 Revit 软件不同，Rhino 软件更擅长于进行三维建模、划分幕墙表皮分格。Rhino 软件是一款基于 NURBS 的造型软件，具有非常强大曲面建造功能，可以在 Windows 系统中建立、编辑、分析和转换 NURBS 曲线、曲面和实体，不受复杂度、阶数以及尺寸的限制。Rhino 软件跟其他 BIM 三维建模软件相比有以下几点优势：

① 与建筑工程制图最常用的 AutoCAD 等软件有对接接口，可以互相导入，进行无缝搭接，具有良好的兼容性。

② 操作简单，容易上手，而且没有很高的硬件要求，在一般配置的计算机上就可以运行。

③ 建模功能强大，且建模后误差很小，此误差在建筑单位级别中可以忽略不计(小于 1 mm)。

④ Rhino 软件建模非常流畅，它所提供的曲面工具可以精确地制作所有用来作为渲染表现、动画、工程图用的模型。

⑤ Rhino 软件对建立好的 NURBS 三维模型还能进行曲率分析、对幕墙

表皮板块划分、表皮划分等一系列幕墙加工图的辅助工作。

下面以成都某售楼处工程实例来介绍 Rhino 软件在曲面幕墙表皮划分、材料下单方面的应用。

成都某售楼部，建筑造型类似于一个倒圆台状，底部为半径 12.2 m 的半圆，顶部为短半轴长 12.2 m、长半轴长 21.8 m 的椭圆，如图 3-139 所示。

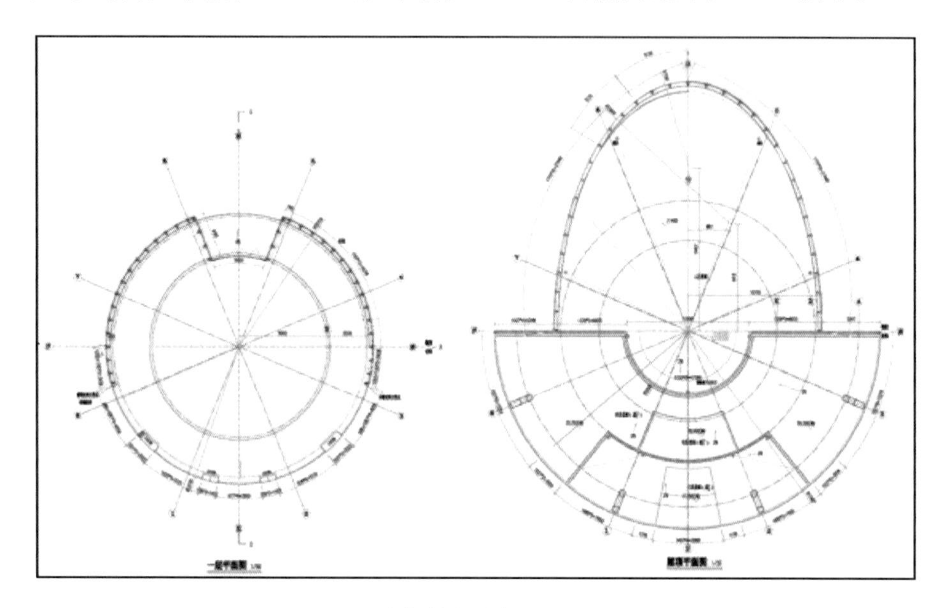

图 3-139　成都某售楼部一层及顶部平面

该项目的点式玻璃幕墙表皮造型为正圆形与椭圆形之间流动形成的建筑造型体，其玻璃幕墙表皮为三维曲面（竖向任意位置的曲率都不相同），另外业主对视觉感官的要求很高，不能有折角出现。因此初步决定玻璃板块要做成三维曲面板块，这样针对幕墙玻璃板块的下料加工图的准确性以及对现场施工提出了更高的要求。

根据现场提供的 CAD 平面图和建筑立面图上的玻璃板块进行幕墙表皮建模，然后对其进行板块分割，共产生了 416 块不同尺寸及不同大小的玻璃板块。通过对具体的板块模型分析发现，玻璃板块上下两边的边缘线为椭圆线，每一点的曲率都不相同。如要加工此种玻璃板块需要提供每块中空玻璃的弯曲轴位置，就算提供了参数，玻璃加工厂加工起来也很困难，加工周期也会很长，造价也多了很多，而且也没有跟 Rhino（犀牛）这种专业工业软件相匹配的数字化加工设备，所以不能直接把模型提供给加工厂家。

经过对上下的椭圆线段分析发现，它们曲率变化不大。如果把上下的椭圆形线段变换与其相逼近的圆形弧线的话，这样加工图上的参数也能准确地表达清晰，而玻璃加工厂也能读懂加工图纸。变换与其相近的圆弧方法是，在 Rhino 软件中先提取椭圆线段的两个水平端点，创建一条辅助线（弦），然后找到辅助线的中点，在中点上创建一条垂直于线段的辅助线与原椭圆线段相交产生交点。这样就得到了三个点，在软件中应用三点生成圆弧工具，就得到了一条有统一半径的圆弧，在软件中与最初的椭圆线段的间距变化比对发现，偏差不超过1.34 mm。用相同的方法把下边缘的圆弧求出来。这样得到了新的板块外轮廓线，用同种方法对原先分割出来的416块玻璃板块模型进行重建，最后得了一个整体的玻璃幕墙表皮。通过对模型在三维软件中不同位置角度的观察，认为用圆弧替代椭圆曲线的方法得到的模型，在电脑软件中的浏览观察效果是可以接受的。

如果幕墙施工前期经过现场的测量放线，发现土建的结构偏差较大，与幕墙完成面有冲突，可以通过修改幕墙模型的完成面进行调整。在模型完成面中重新分割幕墙表皮，进行编号，并进行优化设计，可以达到满意的视觉效果和安装质量，而且大大缩短玻璃加工周期，减少了造价，取得了良好的社会效益和经济效益。

3.9.4 基于BIM的幕墙数字化加工

国内的建筑幕墙产业与建筑钢结构产业类似，容易形成产业化格局，但幕墙产业使用BIM及数字化制造的能力则远远落后于后者。国内的幕墙产业依然遵循传统的工作流程及二维平面模式，短期内不能奢求如美国及一些发达国家那样真正做到无纸化，但至少可以运用BIM技术达成更高的效率、更少的出错率、更合理的成本。

幕墙产业本身属于易流程化的行业，尤其是采用单元式幕墙的项目，从设计制图、工厂制造、运输存储、现场安装等各环节基本实现了流程化。引入BIM技术，能大大提高整个产业链的效率。下面从三个具有代表性的方面论述BIM技术在幕墙加工方面的具体应用。

1) 设备材料统计

组成幕墙的材料很多，包括面板：如玻璃、铝板、石材等；支撑龙骨：如铝型材、轻钢龙骨等；配件附件：如胶条、结构胶、密封胶等。而幕墙所用材料如期进厂，是幕墙正常生产的先决条件，影响这一点的因素主要有两个方面：

① 幕墙设计对材料定额确定的速度和准确性。

② 材料生产商的生产进度。涉及到备料是否充足、对幕墙设计要求是否理解、生产组织是否合理等一系列因素。

传统的模式中，幕墙厂家往往依靠与材料厂家的合作关系进行控制，也会派质检员到供货厂，进行现场调度控制，并在发货前进行检验，缩短不合格产品处理周期，为施工缩短进度争取时间。但这些控制手段并不能从根源上规避问题的产生，尤其是面对工程量大且难度高的项目。

基于BIM模型可以很快速方便地计算出模型的面积，对于造型复杂的构造，特别是曲面工程量的精确计算效率更加凸显。这在幕墙投标及深化过程中都非常重要。同时，基于工厂级的幕墙BIM模型，以板块模式建立的模型可以输出板块数据，可以方便地统计出不同种类的板块，每种规格板块的数量，板块内所有不同构件的数量等。可以方便地输出每个板块的细部数据，包括几何数据甚至物理信息数据等。这就使得幕墙设计不仅可以快速地统计所需材料的定额，而且准确度很高。同时，材料生产商可以基于BIM模型直接获取幕墙设计提供的信息，在与幕墙深化设计同阶段开展备料以及生产准备等工作，同时由于信息获取的直观和直接，减少了易出错的环节，准确率更高。也可以通过BIM模型直接转换成机器语言，进行数字化加工，效率和准确度更高。

运用创建的幕墙BIM模型，可以方便快速地对项目中运用的不同构件的种类、材质进行统计。同时，对每一种同类型不同规格单元中所用的材料按要求自动生成定额表，可与Excel等数据处理软件链接使用，对数据进行更新。

2）幕墙构件加工

基于BIM模型的幕墙构件加工也可称之为数字化建造，目前主要的实现途径包括直接运用和间接指导两种。直接运用需要有软件支持，如DP(Digital Project)软件，其有着强大的物件管理和良好的CAD接口，造型极其精准，提供了从建筑概念设计到最终工厂加工完成的完美解决方案，但过程相对复杂，实现难度与成本较高。目前使用较多的基于BIM模型的生产加工还是从三维BIM模型中导出二维图纸，获取数据信息，从而进行指导。

如前所述，组成幕墙的材料很多，这些幕墙材料均由不同的专业材料生产厂家生产，根据要求经过一定的处理后运至幕墙加工厂进行二次加工或组装。在未使用BIM前，这些都需要有严格的管理组织流程，同时需要针对不同材料安排专门的协调员进行沟通、计划和监督，无形中增加了巨大的管理成本，同时容易产生质量隐患。采用BIM则可以有效连通设计和制造环节，可以由业主、建筑师和总包组成跨职能的项目团队，有效监控设计、制造的每一个环节。原本需要按部就班的程序可以同时展开。设计模型和加工详图可以同时创建，大大缩短各环节之间的等待周期，最重要的是同时确保了信息的准确性。通过各不同生产厂家之间的协同设计，在幕墙设计阶段即行落实材料生产加工方面的问题，信息反馈及时，从而节约加工成本。

对于复杂体态的建筑幕墙，基于BIM模型的幕墙构件加工图设计有着非常重要的意义。目前，构件加工图是幕墙构件生产加工的指导性文件，其表达的准确性，对于幕墙产品的精度和性能保证，乃至最终建筑效果的好坏，都有着巨大的影响。前面提到，建筑幕墙的组成材料很多，一个建筑幕墙产品中往往包括数种到几十种的材料不等。这些材料组成幕墙都按照一定的设计原则相互关联，例如，幕墙分格尺寸的变化会对其对应的玻璃、铝合金型材、胶条等一系列的材料产生影响。对于复杂体态的建筑幕墙，即使在允许的条件下进行了优化，往往为了实现平滑过渡的建筑效果，还是会有很多种不同的幕墙分格尺寸。例如，上海某工程外幕墙上下层之间的凹凸台尺寸，虽然在每120°内可以近似地优化，但在每层的120°范围内仍然是个渐变的过程。而这就意味着，这一范围内的约48个单元板块所包含的凹凸台尺寸都是变化的。同时，由于建筑平面随着高度的缩小，其所带来的幕墙分格尺寸变化就更多了。通过一系列的对比论证方案最终发现，为了实现平滑过渡的效果，同时保证良好的幕墙性能和性价比，若为了保证通用性而强行将幕墙凹凸台尺寸统一是不合理的。但保持这种板块多样性所产生的影响因素就是单元局部位置尺寸种类的增加，进一步细化来看就是材料尺寸种类的增加。随着幕墙行业的发展，这些材料的加工对于具备相应加工能力的生产商不是问题。但这一过程中幕墙构件加工图设计、配套细目定额等工作必然会比一般项目增加很多，而这一过程中的各环节质量控制就成为了难题。采用BIM技术，能有效解决这个难题。

由于BIM与参数化设计有着紧密的联系，而很多复杂的项目都需要通过参数化的设计来保持完美的建筑体态。通过精细化建筑的BIM参数化模型，可以轻松地得到不同单元板块的尺寸数据。更重要的是，单元板块内的构件之间按照幕墙深化设计原则也会产生一个可以被公式定义出来的关系，而将这个关系植入单元板块内部，就可以方便地通过参数化引擎驱动单元板块内部所有关联构件随着某一个尺寸的变化而变化。这样，通过参数化创建出来的BIM模型，往往只需要将其中的3D单元构件摘取出来，在平面图中加以适当的标注即可使用。工作效率大大增加，减少了错误概率。当然，通过直接与生产加工设备和检测仪器的结合，实现无纸化加工将是下一个目标。

参 考 文 献

[1] 清华大学BIM课题组，互联立方(isBIM)公司BIM课题组. 设计企业BIM实施标准指南[M]. 北京：中国建筑工业出版社，2013.

[2] 尹为强，肖名义. 浅析BIM 5D技术在钢筋工程中的应用[J]. 土木建筑工程信息技术，2010，2(3)：46-50.

[3] 翟超，贺灵童. BIM技术助力工程项目精细化管理[J]. 土木建筑工程信息技术，2011，3(3)：74-80.

[4] Eastman C, Teicholz P, Sacks R, et al. BIM handbook: a guide to building information modeling for owners, managers, designers, engineers, and contractors [M]. 2th Ed. Hoboken: John Wiley & Sons, Inc., 2011.

[5] 熊诚. BIM技术在PC住宅产业化中的应用[J]. 住宅产业，2012(6)：17-20.

[6] 周文波，蒋健，熊诚. BIM技术在预制装配式住宅中的应用研究[J]. 施工技术，2012(1)：72－74.

[7] Levoy M, Pulli K. The Digital Michelangelo Project: 3D scanning of large statues[C]//Siggraph'2000. [s. l.]: ACM Press, 2000.

[8] 徐虎. 虚拟现实技术应用于故宫文物保护[J]. 中国文化遗产，2004(3)：79-81.

[9] 吴玉涵，周明全. 三维扫描技术在文物保护中的应用[J]. 计算机技术与发展，2009，19(9)：173-176

BIM

4 基于 BIM 的虚拟建造

4.1 概述

BIM 带给建筑业的是一次根本性的变革，它将建筑业从业人员从复杂抽象的图形、表格和文字中解放出来，以形象的三维模型作为工程项目的信息载体，方便了工程项目建设各阶段、各专业以及相关人员的沟通和交流，减少了建设项目因为信息过载或者信息流失而带来的损失，提高了从业者的工作效率以及整个建筑业的效率。

基于 BIM 的虚拟建造是实际建造过程在计算机上的虚拟仿真实现，以便发现实际建造中存在的或者可能出现的问题。采用参数化设计、虚拟现实、结构仿真、计算机辅助设计等技术，在高性能计算机硬件等设备及相关软件本身发展的基础上协同工作，可对建造中的人、财、物信息流动过程进行全真环境的 3D 模拟，为各个参与方提供一种可控制、无破坏性、耗费小、低风险并允许多次重复的试验方法，可以有效地提高建造水平，消除建造隐患，防止建造事故，减少施工成本与时间，增强施工过程中决策、控制与优化的能力，增强施工企业的核心竞争力。

虚拟建造技术利用虚拟现实技术构造一个虚拟建造环境，在虚拟环境中建立周围场景、建筑结构构件及机械设备等三维模型，形成基于计算机的具有一定功能的仿真系统，让系统中的模型具有动态性能，并对系统中的模型进行虚拟装配，根据虚拟装配的结果，在人机交互的可视化环境中对施工方案进行修改，据此来选择最佳施工方案进行实际施工。通过将 BIM 理念应用于具体施工过程中，并结合虚拟现实等技术的应用，可以在不消耗现实材料资源和能量的前提下，让设计者、施工方和业主在项目设计策划和施工之前就能看到并了解施工的详细过程和结果，避免不必要的返工所带来的人力和物力消耗，为实际工程项目施工提供经验和最优的可行性方案。基于 BIM 的虚拟建造包括基于 BIM 的预制构件虚拟拼装和施工方案模拟两方面内容。

4.2 基于 BIM 的构件虚拟拼装

4.2.1 混凝土构件的虚拟拼装

在预制构件生产完成后，其相关的实际数据(如预埋件的实际位置、窗框的实际位置等参数)需要反馈到 BIM 模型中，对预制构件的 BIM 模型进行修正，在出厂前，需要对修正的预制构件进行虚拟拼装(图 4-1)，旨在检查生产中的细微偏差对安装精度的影响，若经虚拟拼装显示对安装精度影响在可控范围内，则可出厂进行现场安装，反之，不合格的预制构件则需要重新加工。

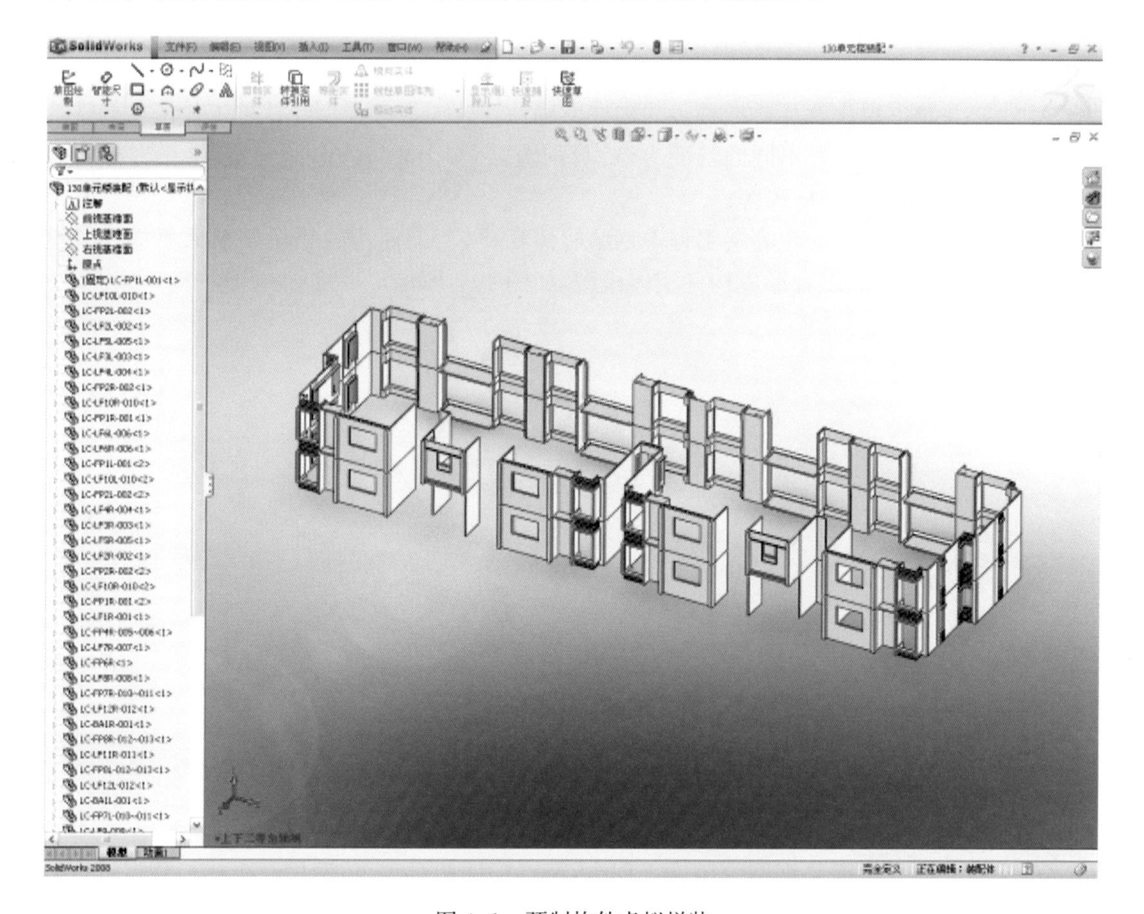

图 4-1 预制构件虚拟拼装

构件出厂前的预拼装和深化设计过程的预拼装不同，主要体现在：深化设计阶段的预拼装主要是检查深化设计的精度，其预拼装结果反馈到设计中对深化设计进行优化，可提高预制构件生产设计的水平，而出厂前的预拼装主要融合了生产中的实际偏差信息，其预拼装的结果反馈到实际生产中对生产过程工艺进行优化，同时对不合格的预制构件进行报废，可提高预制构架生产加工的精度和质量。

4.2.2 钢构件的虚拟拼装

钢构件的虚拟拼装对于钢结构加工企业来说是一个十分有帮助的 BIM 应用。其优势在于：

① 省去大块预拼装场地；

② 节省预拼装临时支撑措施；

③ 降低劳动力使用；

④ 减少加工周期。

这些优势都能够直接转化为成本的节约，以经济的形式直接回报加工企业，以工期节省的形式回报施工和建设单位。

要实现钢构件的虚拟预拼装，则首先要实现实物结构的虚拟化。所谓实物虚拟化就是要把真实的构件准确地转变成数字模型。这种工作依据构件的大小有各种不同的转变方法，目前直接可用的设备包括全站仪、三坐标检测仪、激光扫描仪等。

上海某超高层工程中钢结构体积比较大，使用的是全站仪采集构件关键点数据，组合形成构件实体模型，如图 4-2 所示。

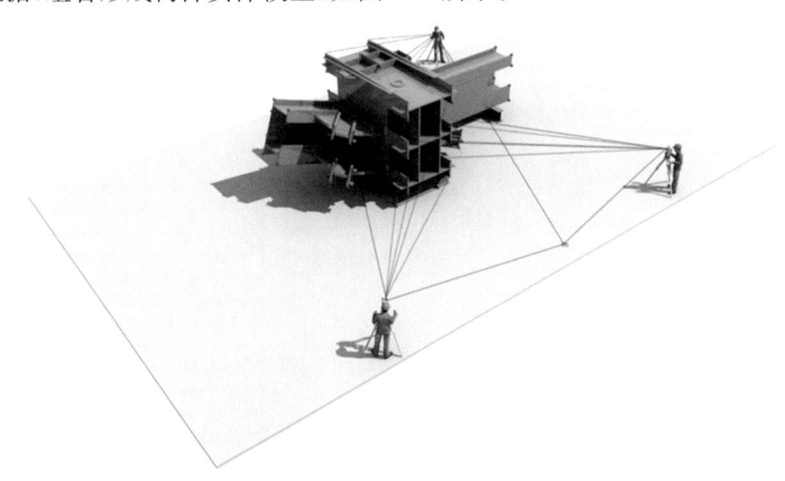

图 4-2　虚拟预拼装前用全站仪采集数据

上海某钢网壳结构工程中，节点构件相对较小，使用三坐标检测仪进行数据采集，直接可在电脑中生成实物模型，如图 4-3 所示。

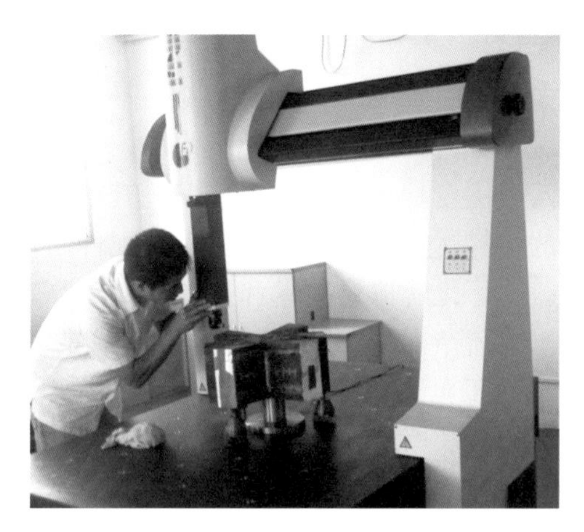

图 4-3 虚拟预拼装前用三坐标检测仪采集数据

采集数据后就需要分析实物产品模型与设计模型之间的差距。由于检测坐标值与设计坐标值的参照坐标系互不相同,所以在比较前必须将两套坐标值转化到同一个坐标系下。利用空间解析几何及线形代数的一些理论和方法,可以将检测坐标值转化到设计坐标值的参照坐标系下,使得转化后的检测坐标与设计坐标尽可能接近,也就使得节点的理论模型与实物的数字模型尽可能重合以便于后续的数据比较,其基本思路如图 4-4 所示。

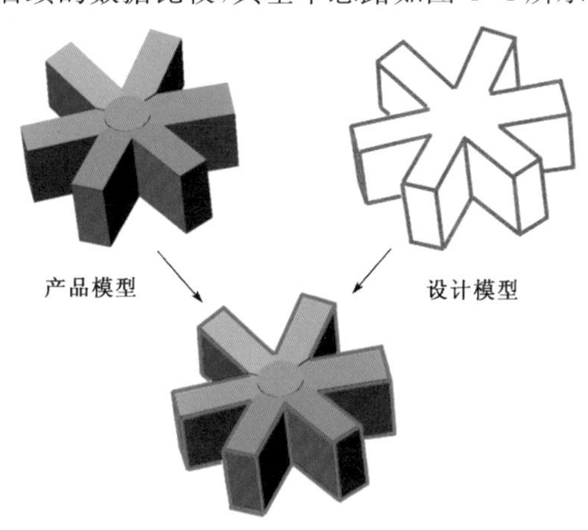

图 4-4 理论模型与实体数字模型互合

然后,分别计算每个控制点是否在规定的偏差范围内,并在三维模型里逐个体现。通过这种方法,逐步用实物产品模型代替原有设计模型,形成实物模型组合,所有的不协调和问题就都能够在模型中反映出来,也就代替了原来的预拼装工作。

这里需要强调的是两种模型互合的过程中,必须使用“最优化”理论求解。因为构件拼装时,工人是会发挥主观能动性,调整构件到最合理的位置。在虚拟拼装过程中,如果构件比较复杂,手动调整模型比较难调整到最合理的位置,容易发生误判。

4.2.3 幕墙工程虚拟拼装

单元式幕墙的两大优点是工厂化和短工期。其中，工厂化的理念是将组成建筑外围护结构的材料，包括面板、支撑龙骨及配件附件等，在工厂内统一加工并集成在一起。工厂化建造对技术和管理的要求高，其工作流程和环节也比传统的现场施工要复杂得多。随着现代建筑形式的多元化和复杂化发展趋势，传统的 CAD 设计工具和技术方法越来越难满足日益个性化的建筑需求，且设计、加工、运输、安装所产生的数据信息量越来越庞大，各环节之间信息传递的速度和正确性对工程项目有重大影响。

工厂化集成可以将体系极其复杂的幕墙拼装过程简单化、模块化、流程化，在工厂内把各种材料、不同的复杂几何形态等集成在一个单元内，现场挂装即可。施工现场工作环节大量减少，出错风险降低。

运用 BIM 技术可以有效地解决工厂化集成过程前、中、后的信息创建、管理和传递的问题。运用 BIM 模型、三维构件图纸、加工制造、组装模拟等手段，即可为幕墙工厂集成阶段的工作提供有效支持。同时，BIM 的应用还可将单元板块工厂集成过程中创建的信息传递至下一阶段的单元运输、板块存放等流程，并可进行全程跟踪和控制。

单元式幕墙的另一大优势是可大大缩短现场施工工期。20 世纪 30 年代美国出现第一块单元板块的初衷，也是为了缩短现场工期。在这方面，除了上面所描述的单元板块工厂化带来现场工作量减少的因素外，另一个方面就是可利用 BIM，结合时间因素进行现场施工模拟，有效地组织现场施工工作，提高效率和工程质量。

本节重点描述幕墙单元板块组装工艺流程以及对幕墙质量产生的影响，介绍 Autodesk Inventor 软件平台，及其在构件创建、拼装模拟中的运用。

1) 幕墙单元板块拼装流程

幕墙单元板块的拼装流程如图 4-5 所示。

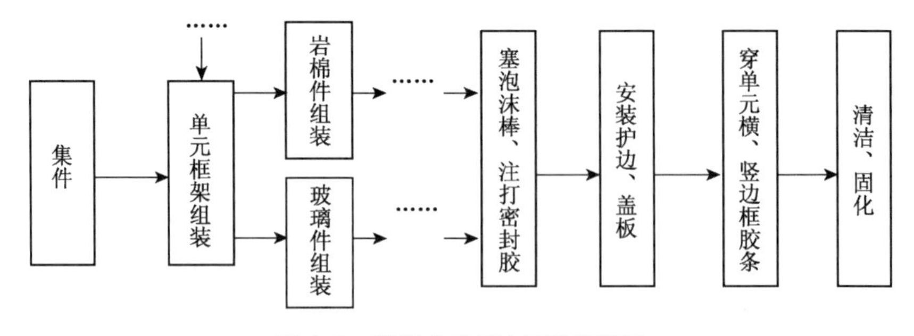

图 4-5　幕墙单元板块组装流程图

一般情况下，幕墙加工厂在工厂内设置单元板块拼装流水作业线——“单元式幕墙生产线”对单元板块进行拼装。根据项目的需求不同，在幕墙深化设计阶段，应根据所设计的单元板块的特点，设计针对性的拼装工艺流程。拼装工艺流程的合理性对单元板块的品质往往有着决定性的影响。

所以，选择一款合适的软件就可以达到事半功倍的效果。Inventor，Digital Project 等软件都能够胜任这样的工作。但是，相对来说，Inventor 使用成本更低，性价比较高。

2）Autodesk Inventor 软件平台

Autodesk Inventor 软件为工程师提供了一套全面灵活的三维机械设计、仿真、工装模具的可视化和文档编制工具集，能够帮助制造商超越三维设计，体验数字样机解决方案。借助 Inventor 软件，工程师可以将二维 AutoCAD 绘图和三维数据整合到单一数字模型中，并生成最终产品的虚拟数字模型，以便于在实际制造前，对产品的外形、结构和功能进行验证。通过基于 Inventor 软件的数字样机解决方案，工程师能够以数字方式设计、可视化和仿真产品，进而提高产品质量，减少开发成本。

Autodesk Inventor 软件将数字化样机的解决方案带进了幕墙制造领域。采用 Inventor 软件可以方便地创建单元板块的可装配构件，并运用其仿真模拟功能创建单元板块的装配过程演示。

3）模拟拼装

以某工程外幕墙 A1 系统标准单元板块为例，通过对不同方案的拼装模拟，可以直观地分析方案合理性。同时，通过对不同拼装流程的模拟，可以大大提升单元板块拼装精度，并且缩短拼装周期。

通过 Inventor 对单元板块拼装流程的仿真分析，最终将整个外幕墙单元板块拼装流程从 121 步优化为 78 步。同时，根据仿真过程中存在的精度不高的隐患，针对性地设计了四种可调节特制安装平台，与流水线配套使用，确保拼装精确到位，如图 4-6—图 4-8 所示。

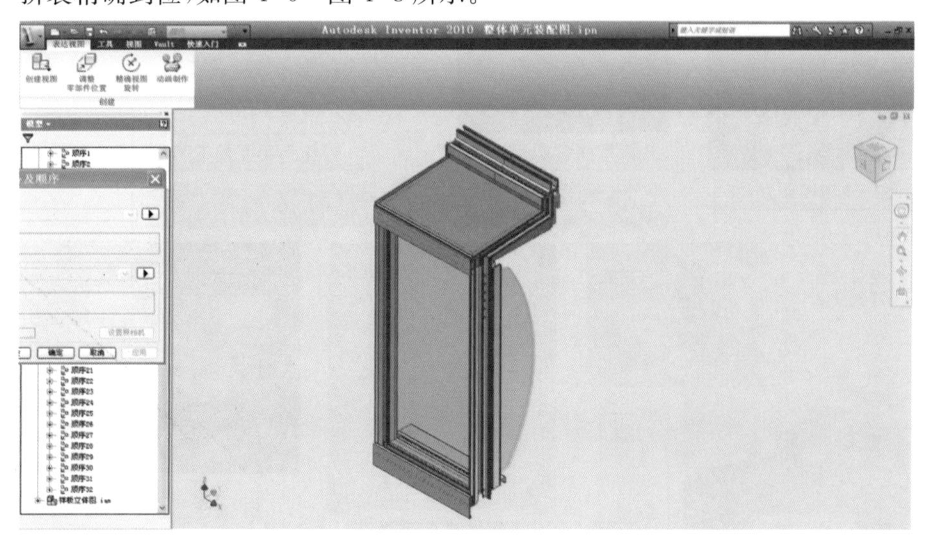

图 4-6　Invertor 模拟组装板块

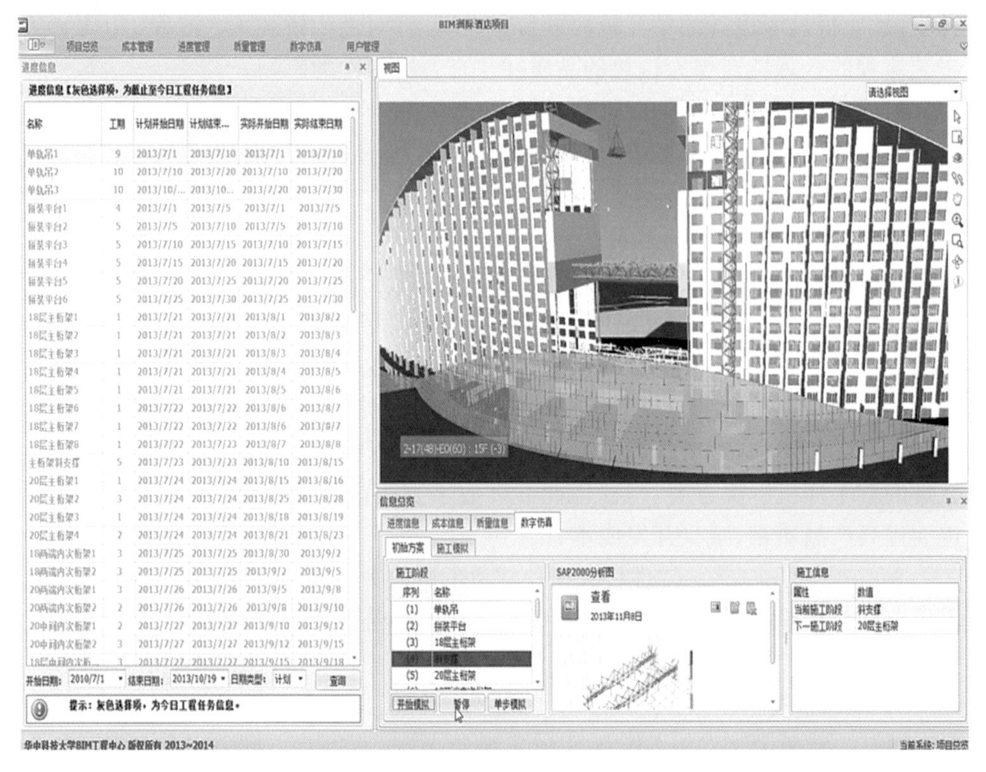

图 4-7　Invertor 模拟组装板块过程

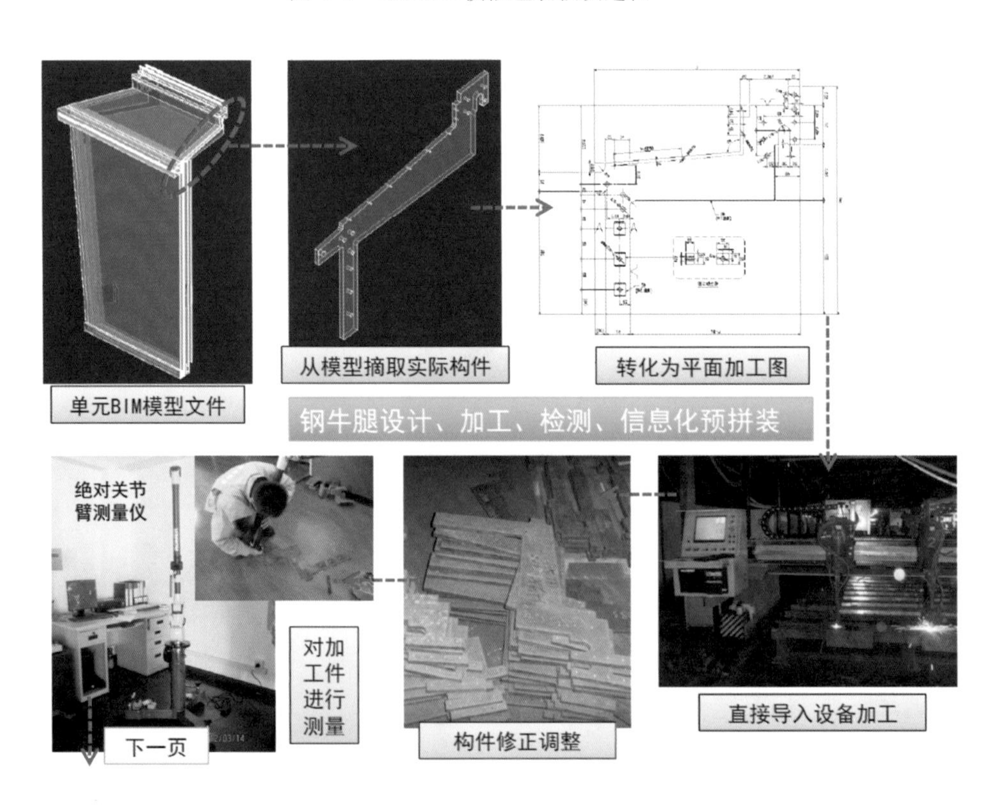

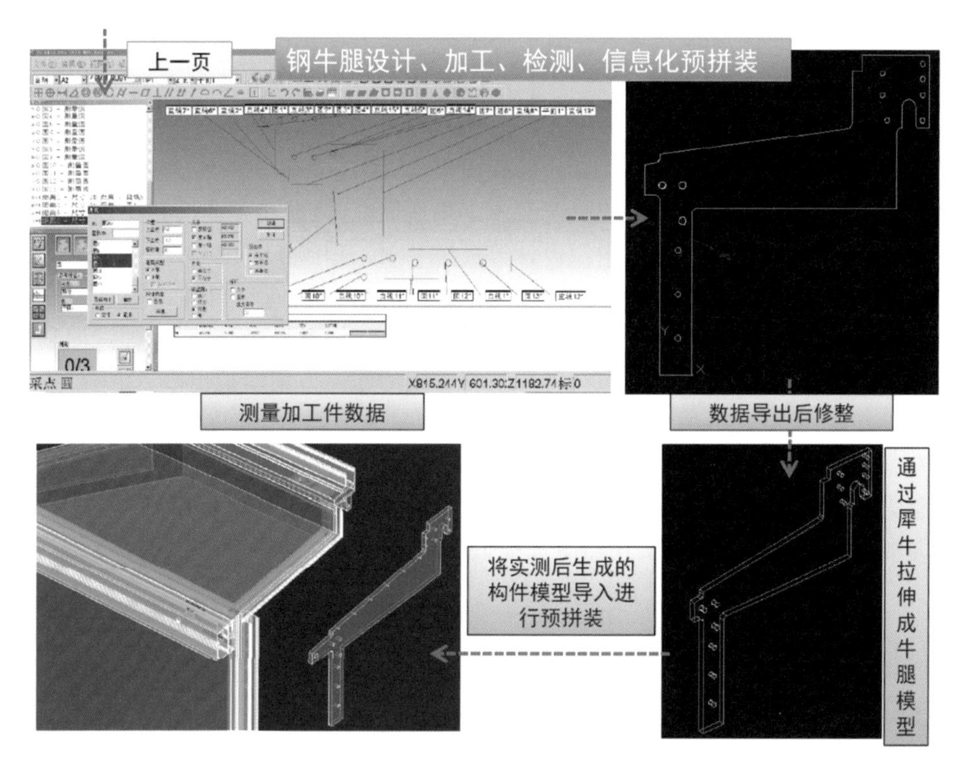

图 4-8　钢牛腿模拟拼装过程

4.2.4　机电设备工程虚拟拼装

在机电工程项目中施工进度模拟优化主要利用 Navisworks 软件对整个施工机电设备进行虚拟拼装模拟，方便现场管理人员及时对部分施工节点进行预演及虚拟拼装，并有效控制进度。此外，利用三维动画对计划方案进行模拟拼装，更容易让人理解整个进度计划流程，对于不足的环节可加以修改完善，对于所提出的新方案可再次通过动画模拟进行优化，直至进度计划方案合理可行。表 4-1 是传统方式和基于 BIM 的虚拟拼装方式下进度掌控的比较。

表 4-1　　传统方式与基于 BIM 的虚拟拼装方式进度掌控比较

项目	传统方式	基于 BIM 的虚拟拼装方式
物资分配	粗略	精确
控制方式	通过关键节点控制	精确控制每项工作
现场情况	做了才知道	事前已规划好，仿真模拟现场情况
工作交叉	以人为判断为准	各专业按协调好的图纸施工

传统施工方案的编排一般由手工完成，繁琐、复杂且不精确，在通过 BIM 软件平台模拟应用后，这项工作变得简单、易行。而且，通过基于 BIM 的 3D，4D 模型演示，管理者可以更科学、更合理地对重点、难点进行施工

方案模拟预拼装及施工指导。施工方案的好坏对于控制整个施工工期的重要性不言而喻，BIM 的应用提高了专项施工方案的质量，使其更具有可建设性。

在机电设备项目中通过 BIM 的软件平台，采用立体动画的方式，配合施工进度，可精确描述专项工程概况及施工场地情况，依据相关的法律法规和规范性文件、标准、图集、施工组织设计等模拟专项工程施工进度计划、劳动力计划、材料与设备计划等，找出专项施工方案的薄弱环节，有针对性地编制安全保障措施，使施工安全保证措施的制订更直观、更具有可操作性。例如深圳某超高层项目，结合项目特点拟在施工前将不同的施工方案模拟出来，如钢结构吊装方案、大型设备吊装方案、机电管线虚拟拼装方案等，向该项目管理者和专家讨论组提供分专业、总体、专项等特色化演示服务，给予他们更为直观的感受，帮助确定更加合理的施工方案，为工程的顺利竣工提供保障，图 4-9 为深圳某超高层项目板式交换器施工虚拟吊装方案。

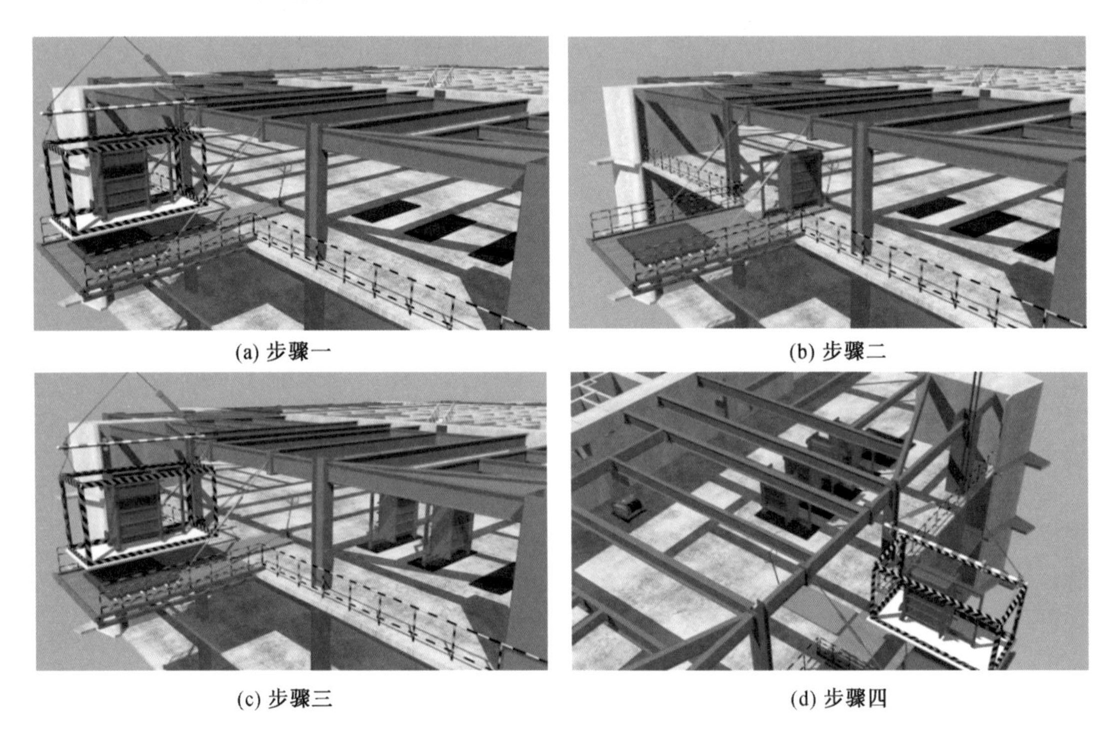

(a) 步骤一　(b) 步骤二

(c) 步骤三　(d) 步骤四

图 4-9　深圳某超高层项目建筑施工虚拟吊装图

所以，通过 BIM 软件平台可把经过各方充分沟通和交流后建立的四维可视化虚拟拼装模型作为施工阶段工程实施的指导性文件。通过基于 BIM 的 3D 模型演示，管理者可以更科学、更合理地制订施工方案，直接体现施工的界面及顺序。例如，深圳某大厦 B1 层部分区域进行机电工程虚拟拼装方案模拟：

① 联合支架及 C 形吊架现场安装，如图 4-10 所示。

图 4-10 深圳某超高层项目 B1 层走道支架安装模拟

② 桥架现场施工安装，如图 4-11 所示。

图 4-11 深圳某超高层项目 B1 层走道桥架安装模拟

③ 各专业管道施工安装，管道通过添加卡箍固定喷淋主管进行安装，如图 4-12 所示。

图 4-12 深圳某超高层项目 B1 层走道水管干线安装模拟

④ 空调风管、排烟管线安装，如图 4-13 所示。

图 4-13　深圳某超高层项目 B1 层走道空调、排烟管道安装模拟

⑤ 根据吊顶要求安装空调、排烟及喷淋管道末端，如图 4-14 所示。

图 4-14　深圳某超高层项目 B1 层管线末端安装模拟

⑥ 吊顶安装，室内精装，如图 4-15 所示。

图 4-15　深圳某超高层项目 B1 层管线吊顶精装模拟

综上，机电设备工程可视化虚拟拼装模型在施工阶段中可实现各专业均以四维可视化虚拟拼装模型为依据进行施工的组织和安排，清楚知道下一步工作内容，严格要求各施工单位按图施工，防止返工的情况发生。借助 BIM 技术在施工进行前对方案进行模拟，可找寻出问题并给予优化，同时进一步加强施工管理对项目施工进行动态控制。当现场施工情况与模型有偏差时及时调整并采取相应的措施。通过将施工模型与企业实际施工情况不断地对比、调整，将改善企业施工控制能力，调高施工质量、确保施工安全。

4.3　基于 BIM 的施工方案模拟

4.3.1　目的和意义

基于 BIM 的施工方案模拟，包括 4D 施工模拟和重点部位的可建性模拟，有关 4D 进度管理的详细内容将在第 6 章介绍。

1) 4D 施工模拟提升管理效能

施工进度计划是项目建设和指导工程施工的重要技术经济文件，是施工单位进行生产和经济活动的重要依据，进度管理是质量、进度、投资三个建设管理环节的中心，直接影响到工期目标的实现和投资效益的发挥。施工进度计划是施工组织设计的核心内容，通过合理安排施工顺序，在劳动力、材料物资及资金消耗量最少的情况下，按规定工期完成拟建工程施工任务。目前建筑业中施工进度计划表达的传统方法，多采用横道图和网络图。但是除了专业人士，并不是所有项目参与者都能看得懂横道图和网络图计划。传统方法虽然可以对工程项目前期阶段所制订的进度计划进行优化，但是由于自身存在着缺陷，所以项目管理者对进度计划的优化只能停留在一定程度上，即优化不充分，这就使得进度计划中可能存在某些没有被发现的问题，当这些问题在项目的施工阶段表现出来时，项目施工就会相当被动，甚至产生严重影响，如图4-16 所示。

而直观的 3D 模型更加形象、直观易懂。将设计阶段和深化设计阶段所完成的 3D BIM 模型，以及大型施工机械设备、场地等施工设施模型，附加时间维度，即构成 4D 施工模拟。按月、按周、按天形象地模拟施工进程，可以看作是甘特图的三维提升版。

通过在计算机上建立模型并借助于各种可视化设备对项目进行虚拟描述，主要目的是按照工程项目的施工进度计划模拟现实的建造过程，通过反复的施工过程模拟，在虚拟的环境下发现施工过程中可能存在的问题和风险，并针对问题对模型和计划进行调整和修改，提前制订应对措施，进而优化施工计划，再用来指导实际的项目施工，从而保证项目施工的顺利进行。即使发生了设计变更、施工图更改等情况，也可以快速地对进度计划进行同步修改，如图 4-17 所示。

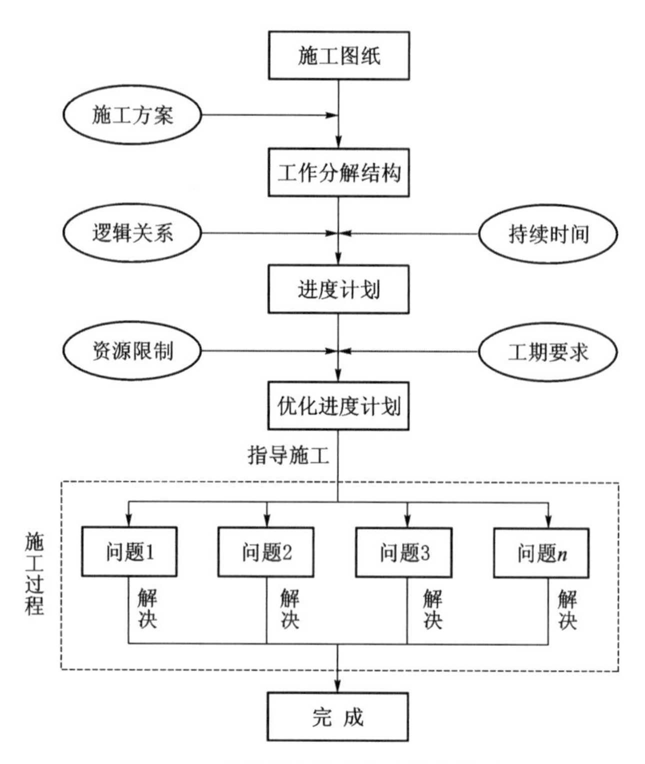

图 4-16　传统进度管理方法的实施过程

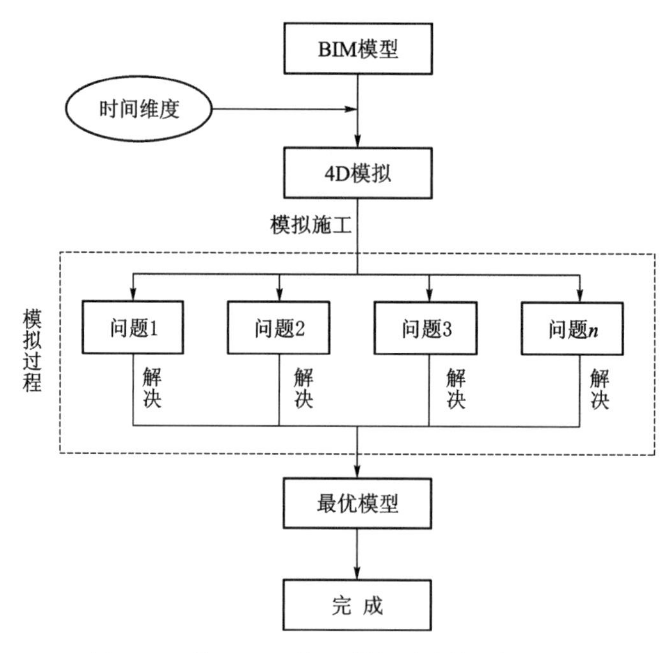

图 4-17　基于 BIM 的 4D 模拟进度管理实施过程

4D 施工模拟将建筑从业人员从复杂抽象的图形、表格和文字中解放出来，以形象的 3D 模型作为建设项目的信息载体，方便了建设项目各阶段、各专业以及相关人员之间的沟通和交流，减少了建设项目因为信息过载或者信息流失而带来的损失，提高了从业者的工作效率以及整个建筑业的效率。

BIM 模型不是一个单一的图形化模型，它包含着从构件材质到尺寸数量，以及项目位置和周围环境等完整的建筑信息。通过 4D 施工模拟可以间接地生成与施工进度计划相关联的材料和资金供应计划，并在施工阶段开始之前与业主和供货商进行沟通，从而保证施工过程中资金和材料的充分供应，避免因资金和材料的不到位对施工进度产生影响。

2）可建性模拟提高工作效率

为了工程如期完成，不同专业在同一区域、同一楼层交叉施工的情况是难以避免的，是否能够组织协调好各方的施工顺序以及施工区域，都会对工作效率和既定计划产生影响。BIM 技术可以通过施工模拟为各专业施工方建立良好的协调管理提供支持和依据。

就建筑施工来说，有效的执行力都是以参与人员对项目本身的全面、快速、准确的理解为基础。当今建筑项目日趋复杂，单纯用传统图纸进行交底与沟通已有相当难度。而 BIM 模型是对未来真实建筑的高度仿真，其可视化及虚拟特征可以对照图纸进行形象化的认知，使得施工人员更深层次地理解设计意图和施工方案要求，减少因信息传达错误而给施工过程带来的不必要的影响，加快施工进度和提高项目建造质量，有效地指导施工作业，保证项目决策尽快执行。

把 BIM 模型和施工方案集成，可以在虚拟环境中对项目的重点或难点进行可建性模拟，其应用点很多，譬如对场地、工序、安装模拟等，进而优化施工方案。基于 BIM 模型，对施工组织设计进行论证，就施工中的重要环节进行可建性模拟分析，施工方案涉及施工各阶段的重要实施内容，是施工技术与施工项目管理有机结合的产物。尤其对一些复杂建筑体系（如施工模板、玻璃装配、锚固等）以及新施工工艺技术环节的可建性论证具有指导意义，方案论证及优化的同时也可直观地把握实施过程中的重点和难点。

通过模拟来实现虚拟的施工过程，可以发现不同专业需要配合的地方，以便真正施工时及早做出相应的布置，避免等待其余相关专业或承包商进行现场协调，从而提高工作效率。例如，物料进场路线的确定，可及早协调所涉及专业或承包商进行配合，清除行进过程中的障碍；物料进场后的堆放也可以通过 BIM 模型事先进行模拟，对于有可能出现的损害物料的因素做到提前预防，根据物料的使用顺序和堆放场地的大小确定最佳的方案，避免各专业因“抢地盘”而造成频繁协调的不良现象。

面对一些局部情况非常复杂的地方，例如多个机电专业管线汇集并行或交叉的地方，如图 4-18 所示，往往是谁先到谁先

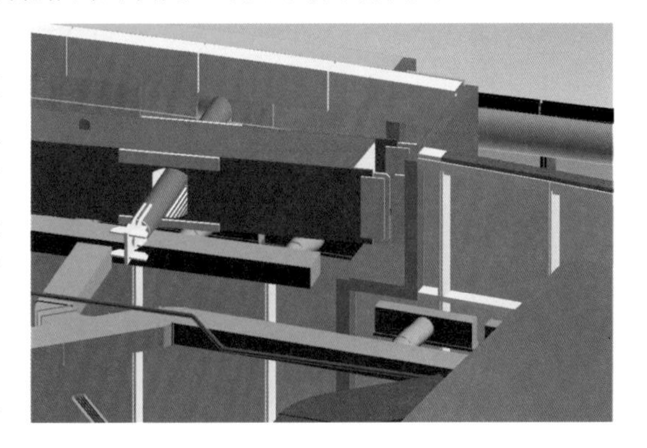

图 4-18　结构与机电专业交叉的局部节点

做，不管别的专业是否能够在本专业做完之后施工，以至于造成后到的施工专业无法施工，或已经安装的设备管线必须拆除，此类情况在实际工程中经常发生，确实增加了很多协调工作量和造成了极大的浪费。如果提前就局部部位运用BIM技术模拟施工顺序，则可提前告知所涉及专业需要注意的地方，通过各方协调和模拟的施工顺序有效地指导施工，减少协调的工作量和不必要的施工成本。

4.3.2 施工模拟

目前，国内BIM技术应用主要集中在建筑设计方面，建筑施工领域的应用较少。然而，随着信息技术和建筑行业的飞速发展，当前传统的施工水平和施工工艺已经无法满足当代建筑施工要求，迫切需要一种新的技术理念来彻底改变当前施工领域的困境，由此应运而生的虚拟施工技术，即可通过虚拟仿真等多种先进技术在建筑施工前对施工的全过程或者关键过程进行模拟，以验证施工方案的可行性或对施工方案进行优化，提高工程质量、可控性管理和施工安全。

通过BIM技术建立建筑物的几何模型和施工过程模型，可以实现对施工方案进行实时、交互和逼真的模拟，进而对已有的施工方案进行验证、优化和完善，逐步代替传统的施工方案编制方式和方案操作流程。在对施工过程进行三维模拟操作中，能预知在实际施工过程中可能碰到的问题，提前避免和减少返工以及资源浪费的现象，优化施工方案，合理配置施工资源，节省施工成本，加快施工进度，控制施工质量，达到提高建筑施工效率的目的。

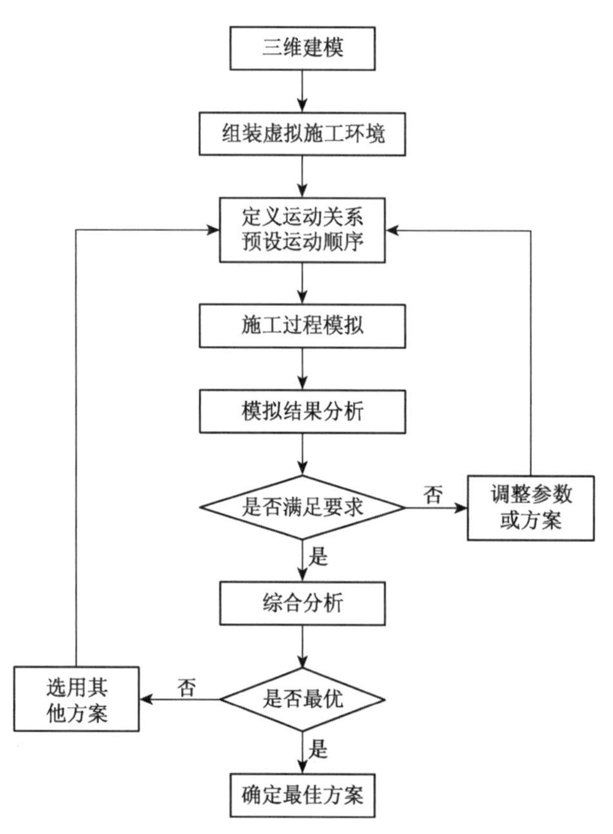

图4-19 虚拟施工体系流程

虚拟施工技术体系流程如图4-19所示。从体系架构中可以看出，在建筑工程项目中使用虚拟施工技术，将会是个庞杂繁复的系统工程，其中包括了建立建筑结构三维模型、搭建虚拟施工环境、定义建筑构件的先后顺序、对施工过程进行虚拟仿真、管线综合碰撞检测以及最优方案判定等不同阶段，同时也涉及了建筑、结构、水暖电、安装、装饰等不同专业、不同人员之间的信息共享和协同工作。

在传统建筑施工工程中，建筑项目从前期准备、中期建设到项目交付以及后期的运营维护的各个阶段中，建筑施工阶段是最繁琐的核心阶段，而虚拟施工技术的实施过程也是如此。建筑施工过程模拟是否真实、细致、高效和全面，在很大程度上取决于建筑构件之间的施工顺序、运动轨迹等施工组织设计是否优化合理，以及建筑构件之间碰撞干涉问题能否及时发现并解决。

虚拟施工技术应用于建筑工程实践中，首先需要应用 BIM 软件 Revit 创建三维数字化建筑模型，然后可从该模型中自动生成二维图形信息及大量相关的非图形化的工程项目数据信息。借助于 Revit 强大的三维模型立体化效果和参数化设计能力，可以协调整个建筑工程项目信息管理，增强与客户沟通能力，及时获得包括项目设计、工作量、进度和运算方面的信息反馈，在很大程度上减少协调文档和数据信息不一致所造成的资源浪费。同样用 Revit 根据所创建的 BIM 模型可方便地转换为具有真实属性的建筑构件，促使视觉形体研究与真实的建筑构件相关联，从而实现 BIM 中的虚拟施工技术。

本节内容主要是结合 BIM 技术，通过 Revit 软件和 Navisworks 软件，对在建的上海某超高层建筑的部分施工过程进行了模拟，探讨了基于 BIM 的虚拟施工方案在建筑施工中的应用。

上海某超高层建筑主楼地下 5 层，地上 120 层，总高度 632 m。竖向分为 9 个功能区，1 区为大堂、商业、会议、餐饮区，2 区至 6 区为办公区，7 区、8 区为酒店和精品办公区，9 区为观光区，9 区以上为屋顶皇冠。其中 1 区至 8 区顶部为设备避难层。外墙采用双层玻璃幕墙，内外幕墙之间形成垂直中庭。裙房地下 5 层，地上 5 层，高 37 m，见图 4-20—图 4-22。

图 4-20　上海某超高层建筑效果图

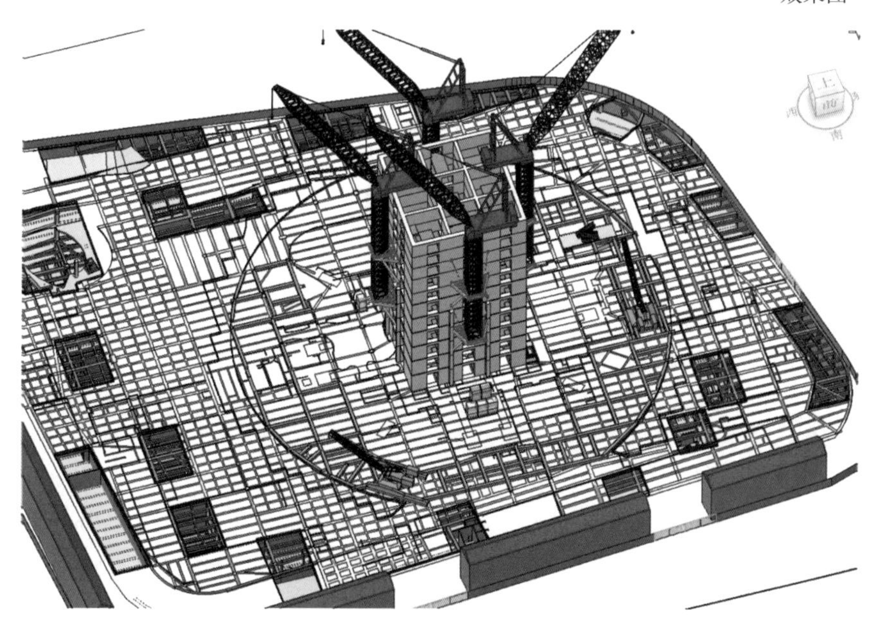

图 4-21　基于 BIM 的施工模拟

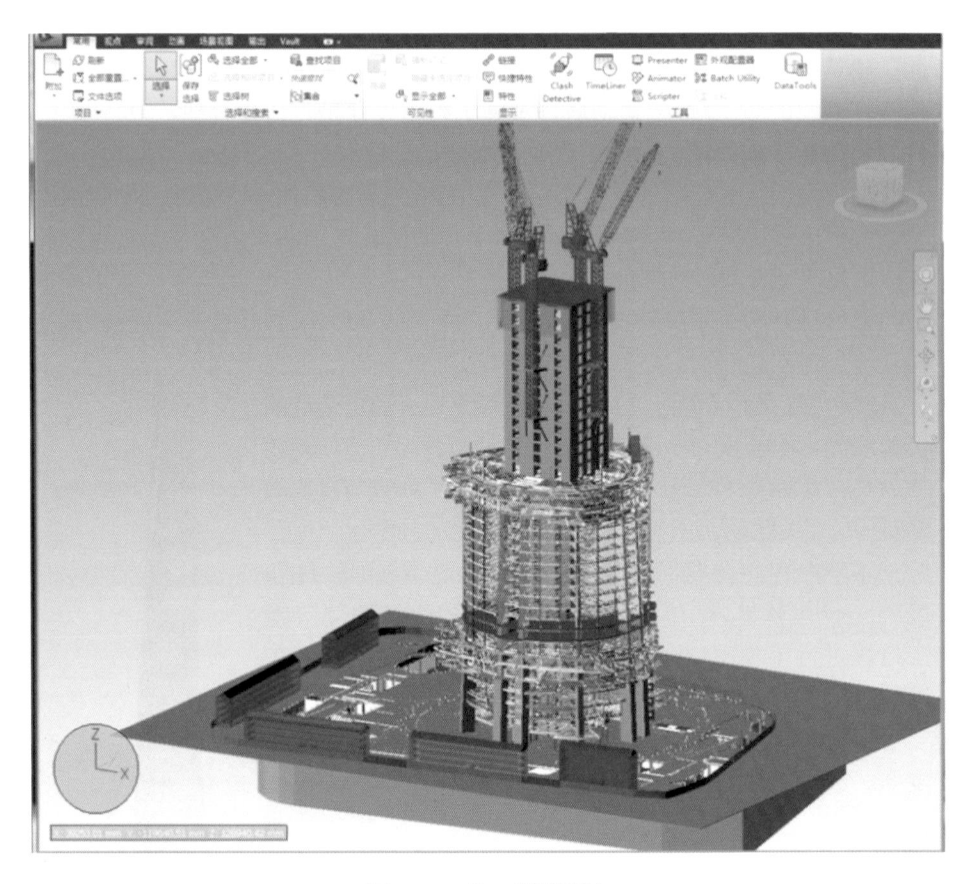

图 4-22　施工模拟预演

在此项目的 BIM 技术应用过程中，总包单位作为项目 BIM 技术管理体系的核心，从设计单位拿到 BIM 的设计模型后，先将模型拆分给各个专业分包单位进行专业深化设计，深化完成后汇总到总包单位，并采用 Navisworks 软件对结构预留、隔墙位置、综合管线等进行碰撞校验，各分包单位在总包单位的统一领导下不断深化、完善施工模型，使之能够直接指导工程实践，不断完善施工方案。另外，Navisworks 软件还可以实现对模型进行实时的可视化、漫游与体验；可以实现四维施工模拟，确定工程各项工作的开展顺序、持续时间及相互关系，反映出各专业的竣工进度与预测进度，从而指导现场施工。

在工程项目施工过程中，各专业分包单位要加强维护和应用 BIM 模型，按要求及时更新和深化 BIM 模型，并提交相应的 BIM 技术应用成果。对于复杂的节点，除利用 BIM 模型检查施工完成后是否有冲突外，还要模拟施工安装的过程，避免后安装构/配件由于运动路线受阻、操作空间不足等问题而无法施工，如图 4-23 所示。

根据用三维建模软件 Revit 建立的 BIM 施工模型，构建合理的施工工序和材料进场管理，进而编制详细的施工进度计划，制定出施工方案，便于指导项目工程施工。图 4-24 所示即为该项目的部分施工进度计划图。

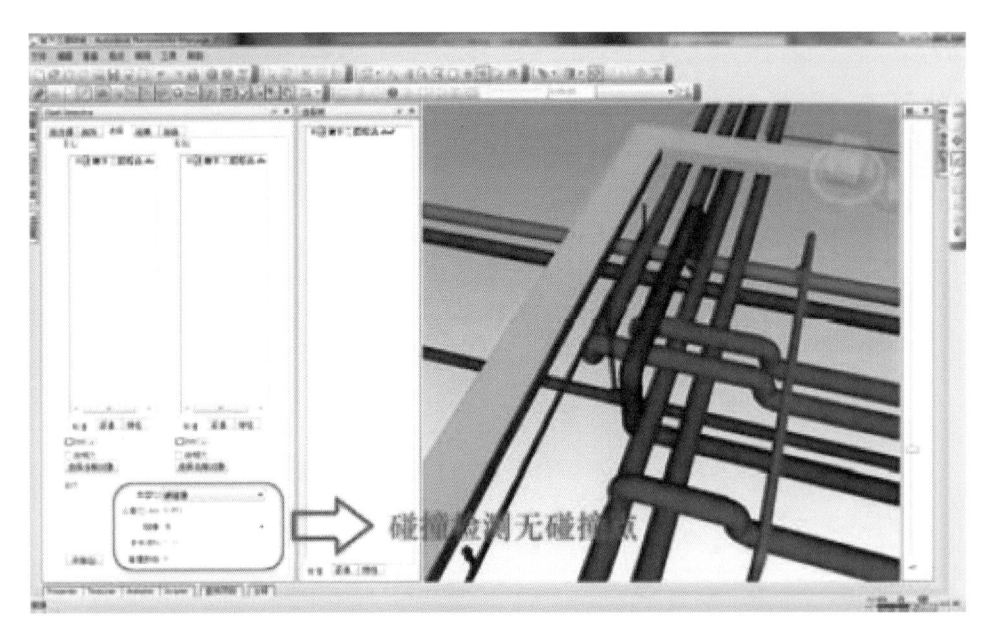

图 4-23 模拟管线安装顺序,查找潜在冲突

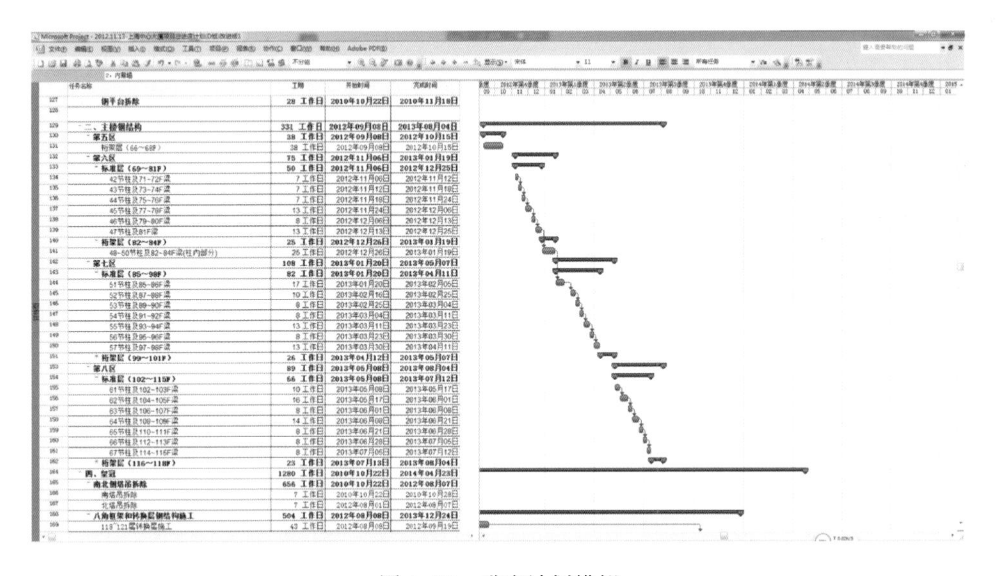

图 4-24 进度计划模拟

按照已制定的施工进度计划,再结合 Autodesk Navisworks 仿真优化工具来实现施工过程的三维模拟。通过三维的仿真模拟,可以提前发现并避免在实际施工中可能遇到的各种问题,如机电管线碰撞、构件安装错位等,以便指导现场施工和制订最佳施工方案,从整体上提高建筑的施工效率,确保施工质量,消除安全隐患,并有助于降低施工成本和减少时间消耗。图 4-25 所示即为三维施工进度模拟结果示意图。

(a) 进度 1 示意图

(b) 进度 2 示意图

(c) 进度 3 示意图

(d) 进度 4 示意图

图 4-25　施工过程模拟效果图

BIM

5 基于BIM的施工现场临时设施规划

5.1 概述

随着BIM技术在国内施工应用的推进，目前已经从原先的利用BIM技术做一些简单的静态碰撞分析，发展到了如何利用BIM技术来对整个项目进行全生命周期应用的阶段。

一个项目从施工进场开始，首先要面对的是如何对将来整个项目的施工现场进行合理的场地布置。要尽可能地减少将来大型机械和临时设施反复地调整平面位置，尽可能最大程度地利用大型机械设施的性能。以往做临时场地布置时，是将一张张平面图叠起来看，考虑的因素难免有缺漏，往往等施工开始时才发现不是这里影响了垂直风管安装的施工，就是那里影响了幕墙结构的施工。

如今将BIM技术提前应用到施工现场临时设施规划阶段就是为了避免上述可能发生的问题，从而更好地指导施工，为施工企业降低施工风险与运营成本。

5.2 大型施工机械设施规划

5.2.1 塔吊规划

重型塔吊往往是大型工程中不可或缺的部分，它的运行范围和位置一直都是工程项目计划和场地布置的重要考虑因素之一。如今的 BIM 模型往往都是参数化的模型,利用 BIM 模型不仅可以展现塔吊的外形和姿态,也可以在空间上反映塔吊的占位及相互影响。

上海某超高层项目大部分时间需要同时使用 4 台大型塔吊(图 5-1),4 台塔吊相互间的距离十分近,相邻两台塔吊间存在很大的冲突区域,所以在塔吊的使用过程中必须注意相互避让。在工程进行过程中存在 4 台塔吊可能相互影响的状态:

① 相邻塔吊机身旋转时相互干扰;

② 双机抬吊时塔吊巴杆十分接近;

③ 台风时节塔吊受风摇摆干扰;

④ 相邻塔吊辅助装配塔吊爬升框时相互贴近。

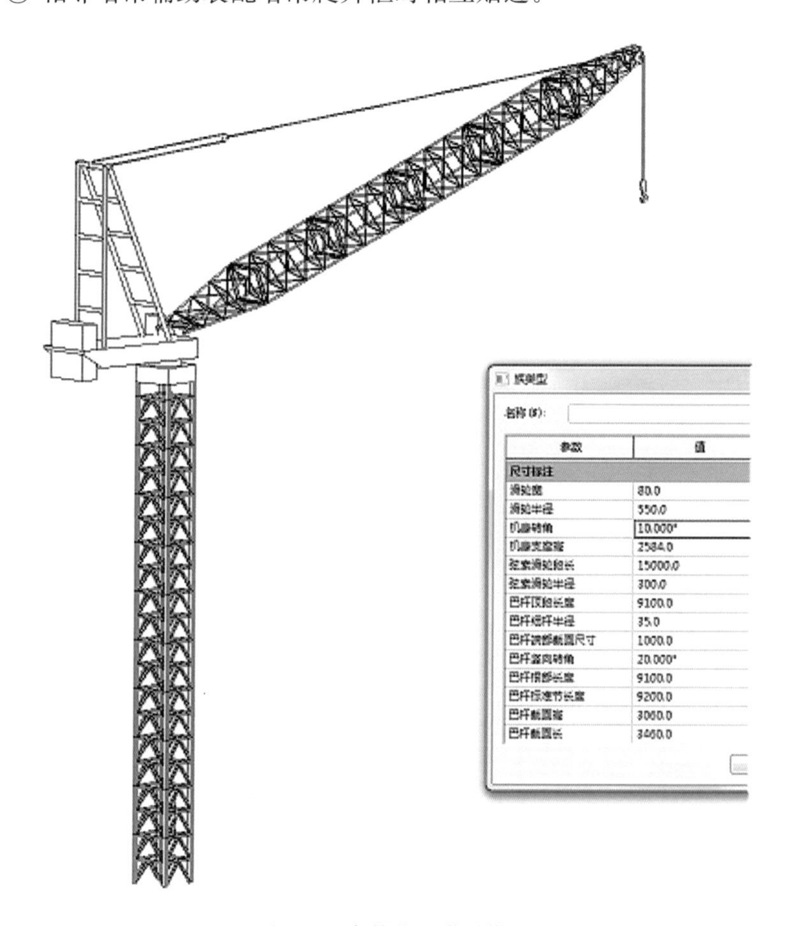

图 5-1　参数化的塔吊模型

必须准确判断这四种情况发生时塔吊行止位置。以前,通常采用两种方法:其一,在 AutoCAD 图纸上进行测量和计算,分析塔吊的极限状态;其二,在现场塔吊边运行边察看。这两种方法各有其不足之处,利用图纸测算,往往不够直观,每次都不得不在平面或者立面图上片面地分析,利用抽象思维弥补视觉观察上的不足，这样做不仅费时费力，而且容易出错。使用塔吊实际运作来分析的方法虽然可以直观准确地判断临界状态，但是往往需要花费很长的时间，塔吊不能直接为工程服务或多或少都会影响施工进度。现在利用 BIM 软件进行塔吊的参数化建模，并引入现场的模型进行分析，既可以 3D 的视角来观察塔吊的状态，又能方便地调整塔吊的姿态以判断临界状态，同时不影响现场施工，节约工期和能源。

通过修改模型里的参数数值，针对这四种情况分别将模型调整至塔吊的临界状态(图 5-2)，参考模型就可以指导塔吊安全运行。

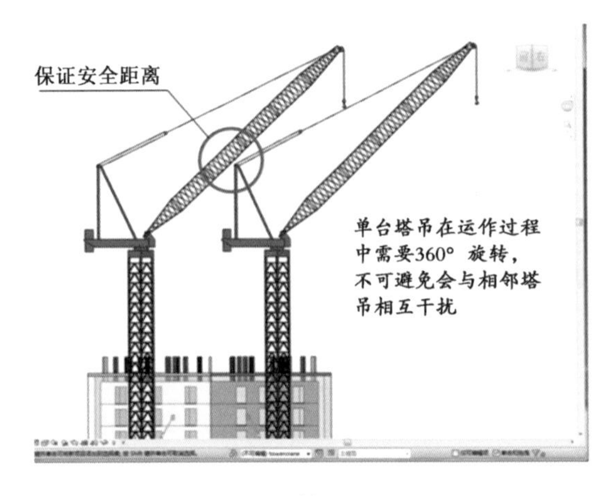

(a) 情况一

保证安全距离
由于塔吊本身的起重能力有限，并且存在部分重型构件，不可避免地需要采用双机抬吊的方式吊装构件，所以需要分析双机抬吊的临界状态

(b) 情况二

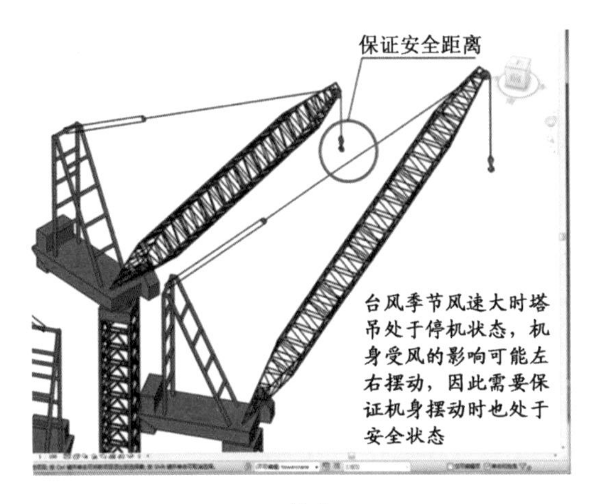

(c) 情况三

(d) 情况四

图 5-2　临界状态

5.2.2　施工电梯规划

在现有的建筑场地模型中，可以根据施工方案来虚拟布置施工电梯的平

面位置，并根据BIM模型直观地判断出施工电梯所在的位置，与建筑物主体结构的连接关系，以及今后场地布置中人流、物流的疏散通道的关系。还可以在施工前就了解今后外幕墙施工与施工电梯间的碰撞位置，以便及早地出具相关的外幕墙施工方案以及施工电梯的拆除方案。

1）平面规划

在以往的很多施工项目案例中，施工电梯布置的好坏，往往能决定一个项目的施工进度与项目成本。

施工电梯从某种意义上来说，就是一个项目施工过程中的“高速道路”，担负着项目物流和人流的垂直运输作用。如果能合理地、最大程度地利用施工电梯的运能，将大大加快施工进度。尤其是在项目施工到中后期，砌体结构、机电和装饰这3个专业混合施工时显得尤为重要。同时也能通过模拟施工，直观地看出物流和人流的变化值，从中能提前测算出施工电梯的合理拆除时间，为外墙施工收尾争取宝贵的时间，以确保施工进度。

施工电梯的搭建位置还会直接影响建筑物外立面施工。通过前期的BIM模拟施工，将直观地看出其与建筑外墙的一个重叠区，并能提前在外墙施工方案中解决这一重叠区的施工问题，对外墙的构件加工能起到指导作用。

2）方案技术选型与模拟演示

施工电梯方案策划时，最先考虑的就是施工电梯的运输通道、高度、荷载以及数量。往往这些数据都是参照以往实践过的项目的经验数据，但这些数据是否真实可靠，在项目实施前都无法确认。现在可以利用Revit软件的建筑模型来选择对今后外立面施工影响最小的部位安装施工电梯。然后可以将RVT格式的模型文件、MPP格式的项目进度计划一起导入广联达公司的BIM 5D软件内，通过手动选择进度计划与模型构件之间的一一对应关联，就能完成一个4D的进度模拟模型，然后通过5D软件自带的劳动力分析功能，能准确快速地知道整个项目高峰期、平稳期施工的劳动力数据。通过这样的模拟计算分析，就能较为准确地判断方案选型的可行性，同时也对施工安全性起到指导作用。在存在多套方案可供选择的情况下，利用BIM模型模拟能对多种方案进行更直观的对比，最终来选择一个既安全又节约工期和成本的方案。

3）建模标准

根据施工电梯的使用手册等相关资料，收集施工电梯各主要部件的外形轮廓尺寸、基础尺寸、导轨架及附墙架的尺寸、附墙架与墙的连接方式。施工电梯作为施工过程的机械设备，仅在施工阶段出现，因此在建模的精度方面要求不高，建模标准为能够反映施工电梯的外形尺寸，主要的大部件构成及技术参数，与建筑的相互关系等，如导轨架、吊笼、附墙架（各种型号）、外笼、电源箱、对重、电缆装置，如图5-3所示。

4）与进度协调

通过BIM模型的搭建，协调结构施工、外墙施工、内装施工等，通过建模模拟电梯的物流、人流与进度的关系，合理安排电梯的搭拆时间。

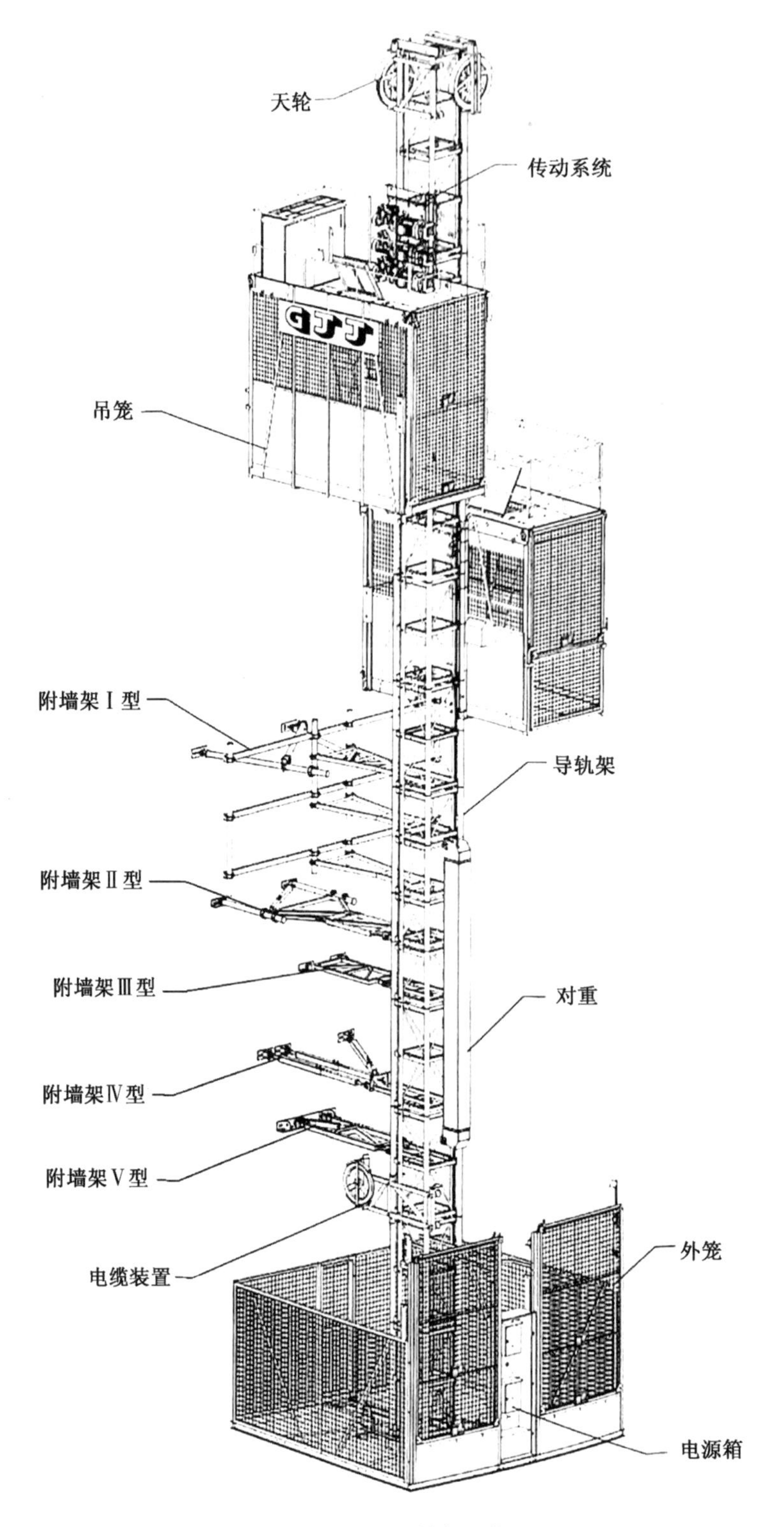

图 5-3　施工电梯各组件图

在施工过程中，受到各种场外因素干扰，往往导致施工进度不可能按原先施工方案所制订的节点计划进行，故经常需要根据现场实际情况来做修正。

5.2.3 混凝土泵规划

1）混凝土泵发展概述

混凝土泵在超高层建筑施工垂直运输体系中占有极为重要的地位，担负着混凝土垂直与水平方向输送任务。混凝土泵是一种有效的混凝土运输工具，它以泵为动力，沿管道输送混凝土，可以同时完成水平和垂直运输，将混凝土直接运送至浇筑地点。混凝土泵具有运送能力大、速度快、效率高、节省人力、能连续作业等特点。因此，它已成为施工现场运输混凝土最重要的一种方法。

自1927年由德国首创，泵送混凝土技术迅猛发展，泵送压力已经有了大幅度提高。1971年以前，混凝土出口压力大多不超过2.94 MPa，后提高到5.88～8.38 MPa，现在已达到22 MPa，而且还有继续提高的趋势。同时，液压系统的压力也在不断提高，基本都在32 MPa以上。因此，输送距离也在不断增加，最大水平输送距离已超过2 000 m，最大垂直泵送高度也达到500 m以上。泵送混凝土已经成为超高层建筑混凝土输送最主要的输送方式。

2）混凝土泵选型

常见的混凝土泵的生产厂家及型号等信息，如表5-1所示。

表5-1　常用混凝土泵的信息列表

制造商	产品型号	最大混凝土压力/MPa	最大输送量/$(m^3 \cdot h^{-1})$	泵送高度业绩/m
德国 Putzmeister	BSA-14000HD	22	71	532
德国 Schwing	BP8000	20	87	445
中国三一重工	HBT90CH	22	90	406

混凝土泵按照工作原理、工作性能和移动方式等进行分类。

（1）按工作原理分类

① 挤压式混凝土泵：结构简单、造价低，维修容易且工作平稳，但是由于输送量及泵送混凝土压力小，输送距离短，目前已很少采用。

② 液压活塞式混凝土泵：结构复杂、造价比较高，维修保养要求高，但是由于输送量及泵送混凝土压力大、输送距离长，因此已经成为超高层建筑混凝土泵送的主流设备。

（2）按移动方式分类

① 固定式混凝土泵（HBG）：安装在固定机座上的混凝土泵。

② 拖式混凝土泵（HBT）：安装在可以拖行的底盘上的混凝土泵。

③ 车载式混凝土泵（HBC）：安装在机动车辆底盘上的混凝土泵。

拖式混凝土泵是把泵安装在简单的台车上，由于装有车轮，所以既能在施工现场方便地移动,又能在道路上牵引拖运,这种形式在我国较为普遍。固定式混凝土泵多由电动机驱动,适用于工程量大、移动少的施工场合。

(3) 按输送量分类

① 超小型混凝土泵:理论运输量在10~20 m^3/h。

② 小型混凝土泵:理论输送量在30~40 m^3/h。

③ 中型混凝土泵:理论输送量在50~95 m^3/h。

④ 大型混凝土泵:理论输送量在100~150 m^3/h。

⑤ 超大型混凝土泵:理论输送量在160~200 m^3/h。

(4) 按驱动方式分类

① 活塞式混凝土泵。

② 挤压式混凝土泵。

③ 风动式混凝土泵。

活塞式混凝土泵又可分为机械式混凝土泵和液压式混凝土泵,机械式混凝土泵因为结构笨重、噪声过大、寿命短、能耗大,已逐步被淘汰;液压式混凝土泵又可分为油压式混凝土泵和水压式(即隔膜式)混凝土泵。挤压式混凝土泵适用于泵送轻质混凝土,由于压力小,故泵送距离短。风动式混凝土泵以压缩空气输送混凝土。

(5) 按分配阀形式分类

① 垂直轴蝶阀混凝土泵。

② S形阀混凝土泵。

③ 裙形阀混凝土泵。

④ 斜置式闸板阀混凝土泵。

⑤ 横置式板阀混凝土泵。

(6) 按泵送混凝土压力分类

① 低压混凝土泵:工作时混凝土泵出口的混凝土压力在2.0~5.0 MPa。

② 中压混凝土泵:工作时混凝土泵出口的混凝土压力在6.0~9.5 MPa。

③ 高压混凝土泵:工作时混凝土泵出口的混凝土压力在10.0~16.0 MPa。

④ 超高压混凝土泵:工作时混凝土泵出口的混凝土压力在22.0~28.5 MPa。

3) 混凝土泵模型的建立

要利用BIM技术来进行混凝土泵布置规划及混凝土浇捣方案的确定,首先需要建立较为完善的混凝土泵模型,同时应该充分发挥BIM的作用,混凝土泵的模型除了需要具有泵车的基本尺寸以外,还需要有其中的技术参数,而这些技术参数正是通过某种方式导出到相关的计算软件,进行混凝土浇捣的计算。

(1) 固定式混凝土泵模型的建立

固定式混凝土泵(图5-4)建模必须具有基本的型号、长宽高及混凝土输送压力、混凝土排量的数据，以利于在排布混凝土泵时进行混凝土浇捣的计算。

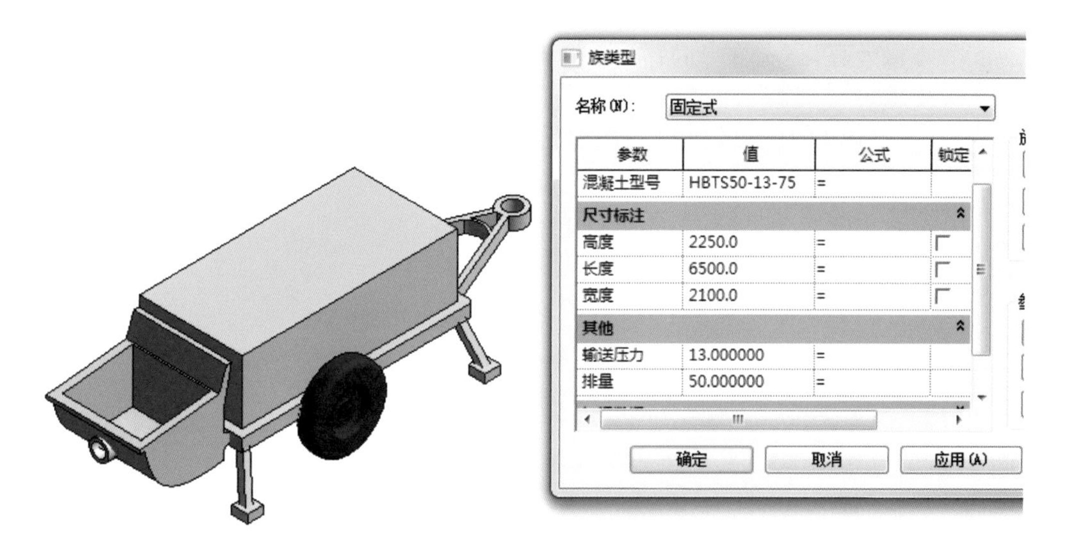

图 5-4　固定式混凝土泵及其参数

(2) 移动式混凝土泵模型的建立

移动式混凝土泵(图 5-5)建模必须具备混凝土泵的基本型号、最大泵送距离、管径、泵送次数、泵送压力、理论混凝土排量等相关数据，同时必须确保这些数据能够导出到相关的计算软件进行混凝土泵送计算。

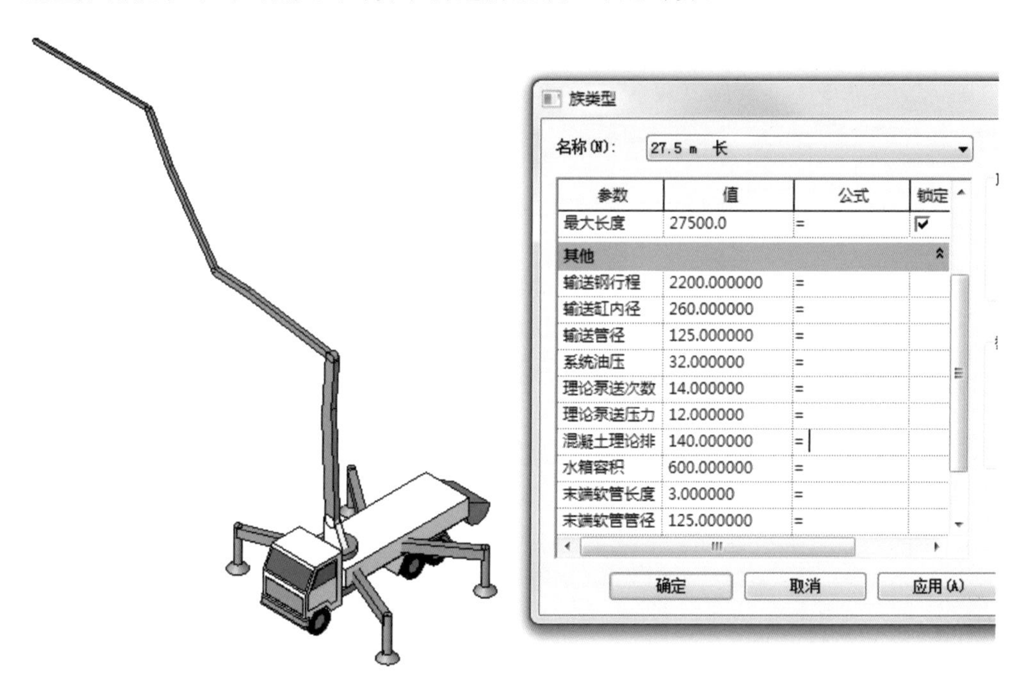

图 5-5　移动式混凝土泵及其参数

4) 混凝土方量的计算

在浇筑混凝土前，首先必须对混凝土的浇捣方量有个准确的估计，BIM软件本身具有统计混凝土方量的功能，但是对于有复杂扣减关系的混凝土方量计算，国外的 BIM 软件较难满足国内相关定额和清单计价规范的要求。

(1) 以 Revit 软件进行的混凝土方量案例

以 Revit 软件进行混凝土方量计算的结果比对及分析，并对四类常规的混凝土构件：柱、梁、墙、板进行了分析。分析比对的信息源分别是 Revit 软件产生的明细表和项目施工现场施工预算的计算表。

对比结果如表 5-2—表 5-6 所示。

表 5-2　　某工程中"柱"的 Revit 算量与现场施工预算对比表

部位		Revit 明细表/m³	施工预算计算稿/m³	差值/m³	百分比/%
柱	地下二层柱	167.72	194.72	−27.00	−13.87
	地下一层柱	139.75	190.54	−50.79	−26.66

表 5-3　　某工程中"梁"的 Revit 算量与现场施工预算对比表

部位		Revit 明细表/m³	施工预算计算稿/m³	差值/m³	百分比/%
梁	一层梁	329.40	351.93	−22.53	−6.40
	地下一层梁	282.71	297.01	−14.30	−4.81
	基础梁	115.99	119.88	−3.89	−3.24

表 5-4　　某工程中"墙"的 Revit 算量与现场施工预算对比表

部位		Revit 明细表/m³	施工预算计算稿/m³	差值/m³	百分比/%
墙	地下室外墙	710.88	611.27	+99.61	+16.30
	直形墙	203.32	199.07	+4.25	+2.13

表 5-5　　某工程中"板"的 Revit 算量与现场施工预算对比表

名称		Revit 算量/m³	预算算量/m³	差值/m³	百分比/%
基础筏板	后浇带以东	880.69	881.24	−0.55	−0.06
	后浇带以西	1 306.12	1 312.57	−6.45	−0.49
后浇带		36.47	38.70	−2.23	−5.76
地下一层板		351.71	347.34	+4.37	+1.26
一层板		527.59	527.92	−0.33	−0.06
总量		3 102.58	3 107.77	−5.19	−0.17

表 5-6　某工程中常规混凝土构件的 Revit 算量与现场施工预算的总量对比表

结　构	Revit 算量/m³	预算算量/m³	差值/m³	百分比/%
柱	307.47	385.26	−77.79	−20.19
梁	728.10	768.82	−40.72	−5.30
墙	914.20	810.34	+103.86	+12.82
板	3 102.58	3 107.77	−5.19	−0.17
总量	5 052.35	5 072.19	−19.84	−0.39

柱、梁、墙、板结构的混凝土总量，Revit 统计的比现场施工预算偏小 19.84 m^3，0.39%。

(2) 偏差结果分析

① Revit 软件算量扣减关系按照板>墙>柱>梁的顺序进行扣减。

② 以排序靠前的构件扣减靠后的构件，从而保持相对完整。

③ 同一类型构件(梁、墙)建模过程中总是先建模的构件剪切后建模的构件，构件如需统计得细致精确，应注意建模顺序。

④ 需单另建族的特殊构件如承台、集水井、变截面梁等，要注意其族类别，不同的族类别会影响到扣减关系以及在明细表中的位置。

⑤ 依照相关规范规定，小于 0.3 m^2 的孔洞忽略不计，而 Revit 等软件会精确统计每一个孔洞所扣除的混凝土量。

⑥ Revit 等软件对于具体的计算公式无法显示，对于算量的对比和复核会造成一定的困难。

⑦ 通过 Revit 计算的混凝土量，总量与预算手工计算的相差不大，但由于其扣减关系并不完全满足规范和定额，所以在子项的定义上有比较大的出入。

(3) 分析结论

使用 Revit 等国外的 BIM 软件直接进行精确的工程量计算会有较大的问题，但是用来估计每次浇捣混凝土的总量，在混凝土标号一致的前提下，误差在可接受范围内。

若要得到较为精准的混凝土方量，并且是可以复核检查的，还是应该结合国产算量软件，如鲁班、广联达等。以 BIM 数据作为唯一的数据源，传递数据给专业的本地化算量软件，再对于需要人工修正的部分进行一定的修正，最终计算出混凝土方量用于混凝土浇捣。

(4) 基于 BIM 技术的混凝土浇捣流程

在施工现场，常规的混凝土浇捣可能涉及多个部门，由多部门分工合作完成相关混凝土浇捣，常见的流程如图 5-6 所示。

对于某样新技术的采用，其初期阶段与最终理想状态总是具有一定差距。对于 BIM 技术，未来的理想状态，是成为每个工程参与人员的工具，并深深地融入到整个管理流程中，而目前来看，暂时还无法做到。大部分企业是以单独设立一个 BIM 部门的方式来完成如此巨大的技术革新和转变，加入一个新的

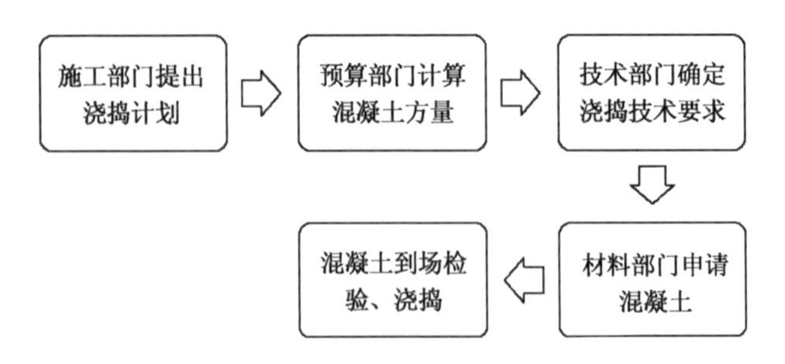

图 5-6　常规混凝土浇捣流程图

部门对原有的管理流程必定会有冲击，必须积极探索相关工作的流程。笔者根据施工经验对加入 BIM 部门之后的混凝土流程进行了重新梳理，如图 5-7 所示，仅供参考。

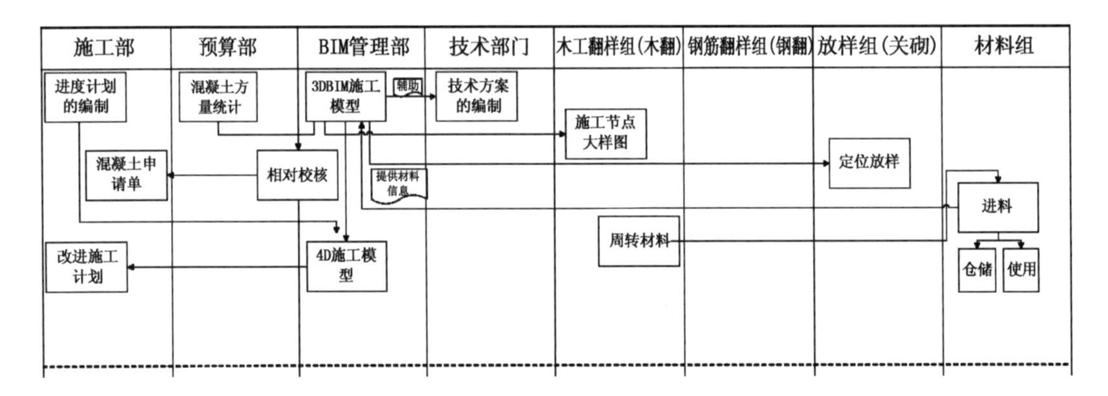

图 5-7　基于 BIM 技术混凝土浇捣流程图

图 5-7 所示流程将现在 BIM 模型可以提供的信息与现场的管理流程相结合，力求切实地解决相关的混凝土浇捣问题。

5) 基于 BIM 技术的混凝土泵送计算

混凝土泵送能力的计算要满足两个条件：

① 混凝土输送管道的配管整体水平换算程度，应不超过计算所得的最大水平泵送距离。

② 计算混凝土的总压力损失，应小于混凝土泵正常工作的最大出口压力。

(1) 混凝土输送管的水平换算长度计算

在规划泵送混凝土时，应根据工程平面和场地条件确定泵车的停放位置，并作出配管设计，使配管长度不超过泵车的最大输送距离。单位时间内的最大排出量与配管的换算长度密切相关。但配管是由水平管、垂直管、斜向管、弯管、异形管以及软管等各种管组成。在选择混凝土泵和泵送能力时，应将混凝土配管的各种工作形态转换成水平长度，配管的水平换算长度可按式(5-1)计算：

$$L=(l_1+l_2+\cdots)+k(h_1+h_2+\cdots)+fm+bn_1+tn_2 \qquad (5\text{-}1)$$

式中 L——配管的水平换算长度(m)；

l_1，l_2——各段水平配管长度；

h_1，h_2——各段垂直配管长度；

m——软管根数；

n_1——弯管个数；

n_2——变径锥形管个数；

k，f，b，t——分别为每米垂直管及每根软管、弯管、变径管的换算长度。

BIM 模型在建立之时，可以分别建立不同的混凝土泵送管，同时利用其快捷的统计功能，将数据输出至 Excel 表，可以直接得出换算公式，如图 5-8 所示。

族	族与类型	长度	体积
水平管	水平管: 125	22920	0.04
水平管	水平管: 125	25100	0.05
水平管	水平管: 125	17131	0.03
水平管	水平管: 125	24100	0.05
水平管	水平管: 125	15460	0.03
水平管	水平管: 125	22527	0.04
水平管	水平管: 125	6800	0.01
水平管	水平管: 125	2580	0.00
水平管	水平管: 125	4109	0.01
水平管	水平管: 125	11400	0.02
水平管	水平管: 125	801	0.00
水平管	水平管: 125	867	0.00
水平管	水平管: 125	766	0.00
水平管	水平管: 125	754	0.00
水平管	水平管: 125	608	0.00
水平管	水平管: 125	681	0.00
水平管	水平管: 125	6485	0.01
水平管	水平管: 125	13564	0.02
水平管	水平管: 125	11152	0.02
水平管	水平管: 125	5612	0.01
水平管	水平管: 125	13572	0.02
水平管	水平管: 125	1962	0.00
水平管	水平管: 125	6099	0.01
水平管	水平管: 125	5600	0.01
水平管	水平管: 125	4559	0.01
水平管	水平管: 125	2520	0.00
水平管	水平管: 125	6300	0.01
水平管	水平管: 125	6260	0.01
水平管	水平管: 125	2514	0.00
水平管	水平管: 125	4600	0.01
水平管	水平管: 125	1506	0.00
水平管	水平管: 125	1580	0.00
水平管	水平管: 125	874	0.00
水平管	水平管: 125	864	0.00
水平管	水平管: 125	514	0.00
水平管	水平管: 125	537	0.00
水平管	水平管: 125	15300	0.03
水平管	水平管: 125	3512	0.01
水平管	水平管: 125	2287	0.00
水平管	水平管: 125	2878	0.01
水平管: 40		277255	0.52

混凝土泵管水平换算长度计算表					
水平配管长度l1（m）	22.92	各段垂直配管长度h1（m）	3.408	弯管个数n1（个）	2
水平配管长度l2	25.1	各段垂直配管长度h2	3.408	变径锥形管个数n2（根）	3
水平配管长度l3	17.131	各段垂直配管长度h3	1.85	每米垂直管的换算长度k	0.7
水平配管长度l4	24.1	各段垂直配管长度h4	1.85	每米软管的换算长度f	0.6
水平配管长度l5	15.46	各段垂直配管长度h5	2.28	每米弯管的换算长度b	0.8
水平配管长度l6	22.527	各段垂直配管长度h6	2.28	每米变径管的换算长度t	0.5
水平配管长度l7	6.8	各段垂直配管长度h7	4	软管根数m（根）	5
水平配管长度l8	2.58	各段垂直配管长度h8	4		
水平配管长度l9	4.1	各段垂直配管长度h9	4		
水平配管长度l10	11.4	各段垂直配管长度h10	4		
水平配管长度l11	0.8	各段垂直配管长度h11	4		
水平配管长度l12	0.8	各段垂直配管长度h12	4		
水平配管长度l13	0.867	各段垂直配管长度h13	4		
水平配管长度l14	0.766	各段垂直配管长度h14	4		
水平配管长度l15	13.564	各段垂直配管长度h15	4		
配管的水平换算长度	210.7682				

族	族与类型	长度	体积
垂直管	垂直管: 圆形-125	3408	0.04
垂直管	垂直管: 圆形-125	3408	0.04
垂直管	垂直管: 圆形-125	1850	0.02
垂直管	垂直管: 圆形-125	1850	0.02
垂直管	垂直管: 圆形-125	2280	0.03
垂直管	垂直管: 圆形-125	2280	0.03
垂直管	垂直管: 圆形-125	4000	0.05
垂直管	垂直管: 圆形-125	4000	0.05
垂直管	垂直管: 圆形-125	4000	0.05
垂直管	垂直管: 圆形-125	4000	0.05
垂直管	垂直管: 圆形-125	4000	0.05
垂直管	垂直管: 圆形-125	4000	0.05
垂直管: 12		39075	0.48

图 5-8 通过 BIM 软件将统计数据传输到 Excel 计算表格

（2）混凝土压力损失

混凝土压力损失见表 5-7。

表 5-7　　混凝土泵送的换算压力损失

管件名称	换算量	换算压力损失/MPa	管件名称	换算量	换算压力损失/MPa
水平管	每 20 m	0.10	水平管	每只	0.10
垂直管	每 5 m	0.10	垂直管	每个	0.80
45°弯管	每只	0.05	45°弯管	每根	0.20

同样可以由 BIM 数据导出至 Excel，直接得出结果。

6) 混凝土泵的规划与基于 BIM 技术的混凝土浇捣方案

首先可以利用 BIM 技术直观地进行三维混凝土浇捣方案的布置。

（1）基于 BIM 技术的混凝土浇捣布置

通过 BIM 技术直观地布置场地，同时可以方便地在图中获取相关信息。可以反映出道路的宽窄、混凝土泵车的进出位置、大门位置、堆场的位置等信息，如图 5-9 所示。

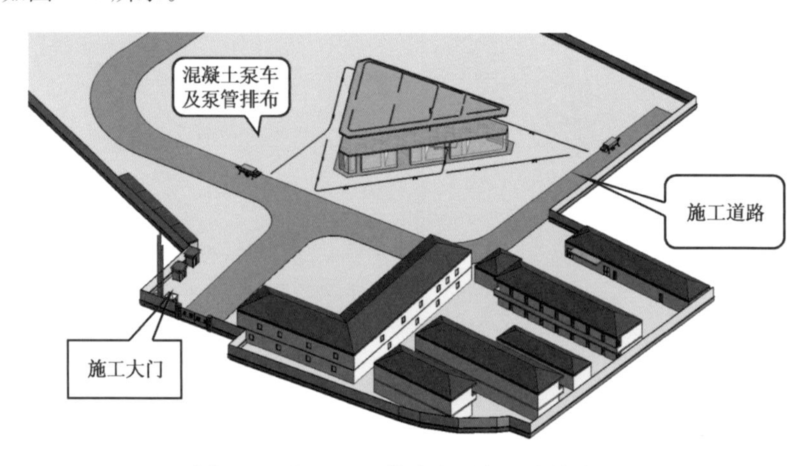

图 5-9　基于 BIM 技术的混凝土浇捣布置

（2）混凝土泵管的排布

利用 BIM 技术可以将混凝土泵的相关排布细节直观地表现出来，利于工人施工，主要需要表现如下节点：

① 水平泵管的排布，如图 5-10 所示；水平泵管的固定及连接部位，如

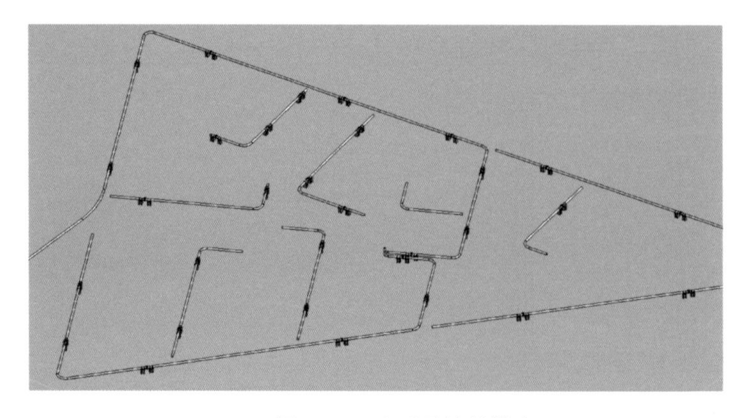

图 5-10　水平泵管的排布

图 5-11 所示。

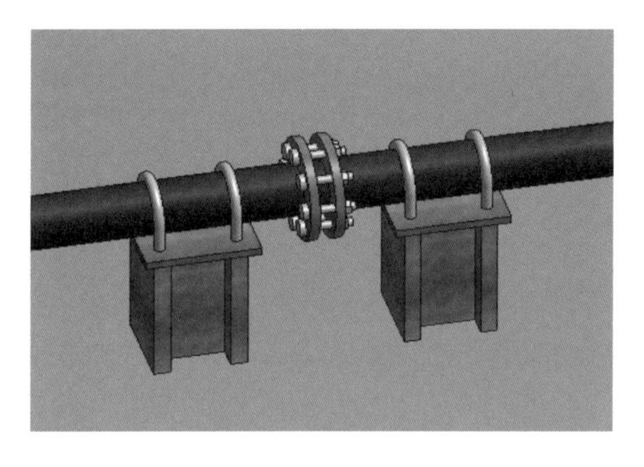

图 5-11 混凝土泵管的水平固定及连接

② 垂直泵管的排布。可以很方便地表示清楚混凝土泵管立管的分截以及与混凝土墙面的固定和连接。同时对于超高层泵送，其中需要设置的缓冲层也可以基于 BIM 技术很方便地将其表达出来，如图 5-12 所示。

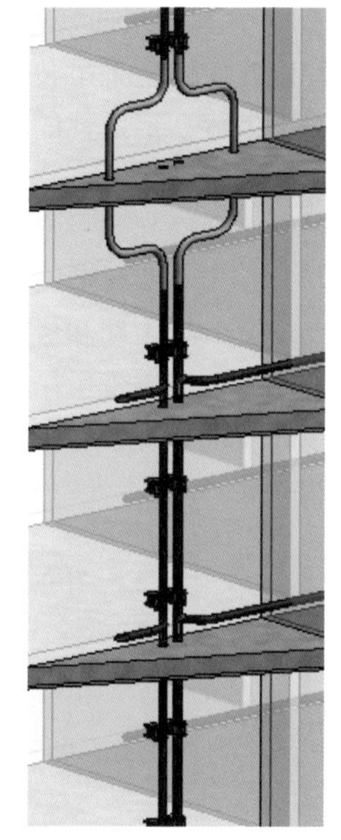

图 5-12 混凝土泵管的垂直固定及缓冲段的设置

5.2.4 其他大型机械规划

其他大型机械在施工过程中往往不是很起眼，但又随处可见。通过 BIM 技术来更合理布置大型机械，往往会对项目管理起到节约成本和工期的作用。

1) 平面规划

在平面规划上，制订施工方案时往往要在平面图上推敲这些大型机械的合理布置方案。但是单一地看平面的 CAD 图纸和施工方案，很难发现一些施工过程中的问题，但是应用 BIM 技术就可以通过 3D 模型较直观地选择更合理的平面规划布置，如图 5-13 所示。

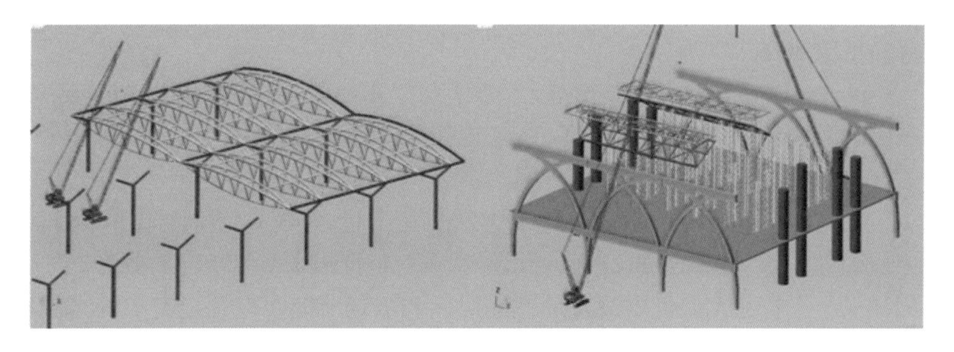

图 5-13 汽车吊平面规划布置模型

2）方案技术选型与模拟演示

以往在做施工吊装方案时，大多数的计算结果都是尽量在确保安全性的前提下进行一定系数的放大来对机械设备进行选型，如果有了 BIM 模型，就可以利用模型里所有输入的参数来做模拟施工，检测选型的可行性，同时也能对施工安全性起到一定的指导作用。有时候在存在多套方案可供选择的情况下，利用 BIM 模型模拟更能对多重方案进行直观性的对比，最终来选择一个既安全又节约工期和成本的方案。

以往采用履带吊吊装过程中，一旦履带吊仰角过小，就容易发生前倾，导致事故发生。现在利用 BIM 技术模拟施工，可以预先对吊装方案进行实际可靠的指导，如图 5-14 所示。

(a) 履带吊仰角过小时模拟情况

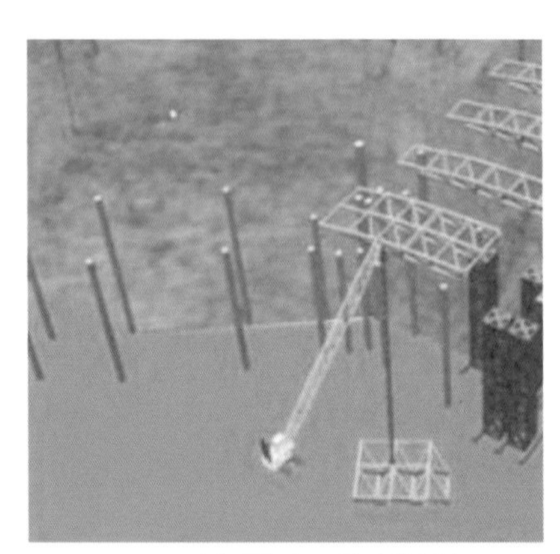

(b) 履带吊仰角调整后模拟情况

图 5-14　履带吊模拟施工

3）建模标准

建筑工程主要用到的大型机械设备包括汽车吊、履带吊、塔吊等，这些机械建模时最关键的是参数的可设置性，因为不同的机械设备其控制参数是有差异的。比如履带吊的主要技术控制参数为起重量、起重高度和半径。考虑到模拟施工对履带吊动作真实性的需要，一般可以将履带吊分成以下几个部分：履带部分、机身部分、驾驶室及机身回转部分、机身吊臂连接部分、吊臂部分和吊钩部分。

汽车吊与履带吊有相似之处，主要增加了车身水平转角、整体转角、吊臂竖直平面转角等参数，如图 5-15 所示。塔吊详见 5.2.1 节。

4）与进度协调

在施工过程中，往往因受到各种场外因素干扰，导致施工进度不可能按原先施工方案所制订的节点计划进行，经常需要根据现场实际情况来做修正，这同样也会影响到大型机械设备的进场时间和退场时间。以往没有 BIM 模拟施工的时候，对于这种进度变更情况，很难及时调整机械设备的进出场时间，经常会发生各种调配不利的问题，造成不必要的等工。

(a) 水平转角

(b) 整体转角

(c) 吊臂竖直转角

图 5-15　履带吊模型

现在，利用BIM技术的模拟施工应用可以很好地根据现场施工进度的调整，来同步调整大型设备进出场的时间节点，以此来提高调配的效率，节约成本。

5.3　现场物流规划

5.3.1　施工现场物流需求分析

施工现场是一个涉及各种需求的复杂场地，其中建筑行业对于物流也有自己特殊的需求。BIM技术首先是一个信息收集系统，可以有效地将整个建筑物的相关信息录入收集并以直观的方式表现出来，但是其中的信息到底如何应用，必须结合相关的施工管理应用，故而首先在本节之初，介绍现场物流管理如何收集和整理信息。

1) 材料的进场

建筑工程涉及各种材料，有些材料为半成品，有些材料是完成品，对于不同的材料既有通用要求，也有特殊要求。

材料进场应该有效地收集其运输路线、堆放场地及材料本身的信息，材料本身信息包含：

① 制造商的名称；

② 产品标识(如品牌名称、颜色、库存编号等)；

③ 任何其他的必要标识信息。

2）材料的存储

对于不同用途的材料，必须根据实际施工情况安排其储存场地，应该明确地收集其储存场地的信息和相关的进出场信息。

5.3.2 基于 BIM 及 RFID 技术的物流管理及规划

BIM 技术首先能够起到很好的信息收集和管理功能，但是这些信息的收集一定要和现场密切结合才能发挥更大的作用，而物联网技术是一个很好的载体，它能够很好地将物体与网络信息关联，再与 BIM 技术进行信息对接，则 BIM 技术能真正地用于物流的管理与规划。

1）RFID 技术简介

物联网是利用 RFID 或条形码、激光扫描器（条码扫描器）、传感器、全球定位系统等数据采集设备，按照约定的协议，通过互联网将任何人、物、空间相互连接，进行数据交换与信息共享，以实现智能化识别、定位、跟踪、监控和管理的一种网络应用。物联网技术的应用流程如图 5-16 所示。

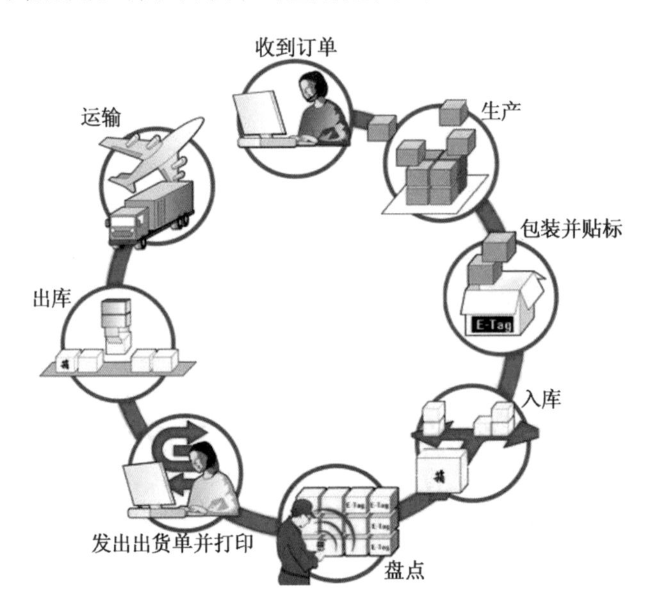

图 5-16 物联网应用流程

而目前在建筑领域可能涉及的编码方式有条形码、二维码以及 RFID 技术。RFID 技术，又称电子标签、无线射频识别，是一种通信技术，可通过无线电讯号识别特定目标并读写相关数据，而无须识别系统与特定目标之间建立机械或光学接触。常用的有低频（125～134.2 kHz）、高频（13.56 MHz）、超高频、无源等技术。RFID 读写器也分移动式的和固定式的，目前 RFID 技术在物流、门禁系统、医疗、食品溯源方面都有应用。

而二进制的条码识别是一种基于条空组合的二进制光电识别，广泛应用于各个领域。

条码与RFID从性能上来说各有优缺点，具体应根据项目的实际预算及复杂程度考虑采用不同的方案，其优缺点如表5-8所示。

表5-8　　条码识别与RFID的性能对比

系统参数	RFID	条码识别
信息量	大	小
标签成本	高	低
读写性能	读/写	只读
保密性	好	无
环境适应性	好	不好
识别速度	很高	低
读取距离	远	近
使用寿命	长	一次性
多标签识别	能	不能
系统成本	较高	较低

条码信息量较小，但如果均是文本信息的格式，基本已能满足普通的使用要求，且条码较为便宜。但是条码在土建领域使用有很多不足之处：

① 条码是基于二维纸质的识别技术，如果现场环境较为复杂，难以保证其标签的完整性可能影响正确识读。

② 二维条形码信息是只读的，不适合复杂作业流程的读写需求。

③ 条形码只能逐个扫描，工作量较大时影响工作效率。

④ 无论是条形码还是RFID均需要开发专用的系统以满足每个公司每个项目独一无二的工程流程和信息要求。

⑤ 建筑工程中有着较多的金属构件，对RFID的读取有一定的影响，虽然可以采取防金属干扰的措施，但会增加成本。故而对于部分构件还是可以采取条形码与RFID相结合的方式。

2）RFID技术的用途

RFID技术主要可以用于物料及进度的管理。

① 可以在施工场地与供应商之间获得更好的和更准确的信息流。

② 能够更加准确和及时地供货：将正确的物品以正确的时间和正确的顺序放置到正确的位置上。

③ 通过准确识别每一个物品来避免严重缺损，避免使用错误的物品或错误的交货顺序而带来不必要麻烦或额外工作量。

④ 加强与项目规划保持一致的能力，从而在整个项目的过程中减少劳动力的成本并避免合同违规受到罚款。

⑤ 减少工厂和施工现场的缓冲库存量。

3) RFID 与 BIM 技术的结合

(1) 软硬件配置

使用 RFID 与 BIM 技术进行结合需要配置如下软硬件:

① 根据现场构件及材料的数量需要有一定的 RFID 芯片,同时考虑到土木工程的特殊性,部分 RFID 标签应具备防金属干扰功能。形式可以采取内置式或粘贴式,如图 5-17 所示。

图 5-17　部分 RFID 标签

图 5-18　手持式 RFID 读取设备

② RFID 读取设备,分为固定式和手持式,对于工地大门或堆场位置口,可考虑安装固定式以提高读取 RFID 的稳定性和降低成本,对于施工现场可采取手持式,如图 5-18 所示。

③ 针对项目的流程专门开发的 RFID 数据应用系统软件[1]。

(2) 相关工作流程

由于土建施工多数为现场绑扎钢筋,浇捣混凝土,故而 RFID 的应用应从材料进场开始管理。而安装施工根据实际工程情况可以较多地采用工厂预制的形式,能够形成从生产到安装整个产业链的信息化管理,故而流程以及系统的设置应有不同。

土建施工流程如下:

① 材料运至现场,进入仓库或者堆场前进行入库前贴 RFID 芯片,芯片应包括生产商、出厂日期、型号、构件安装位置、入库时间、验收情况的信息、责任人(需 1～2 人负责验收和堆场管理、处理数据);

② 材料进入仓库;

③ 工人来领材料,领取的材料扫描,同时数据库添加领料时间、领料人员、所领材料;

④ 混凝土浇筑时,再进行一次扫描,以确认构件最终完成,实现进度的控制。

安装施工流程如下:

① 加工厂制造构件,在构件中加入 RFID 芯片,加入相关信息,需加入生产厂商、出厂日期、构件尺寸、构件所安装位置、责任人(需有 1～2 人与加工厂协调);

② 构件出场运输，进行实时跟踪；

③ 构件运至现场，进入仓库前进行入库前扫描，将构件中所包含的信息扫入数据库，同时添加入库时间、验收情况的信息、责任人(需 1～2 人负责验收和堆场管理、处理数据)；

④ 材料进入仓库；

⑤ 工人来领材料，领取的材料扫描，同时数据库添加领料时间，领料人员、领取的构件、预计安装完成时间(需 1～2 人负责记录数据)；

⑥ 构件安装完后，由工人确认将完成时间加入数据库(需 1 人记录、处理数据)。

(3) 相关案例

① 马里兰州总医院[2]

工程概况：该工程为位于美国马里兰州巴尔的摩的马里兰州总医院(MGH)扩建工程，约 9 600 m^2。MGH 成立于 1881 年，是马里兰大学医疗体系的一部分。此次的扩建于 2010 年 3 月完成，连接到现有的建筑结构(20 世纪 50 年代建造)，包括 8 间外科手术房、4 间特别房、18 床加护病房、药房和实验室。医院在扩建的施工期间要求保持正常营运。

在现有的庭院上增建一栋 6 层楼的建筑物，并延伸横跨到原有的 2 层楼医院的一部分，使其保持在 6 层楼的高度(图 5-19)。为了在紧迫的时间限制内有效地提供结构性支撑，此扩建工程从上而下分解为两个阶段：第一阶段包括所有附加建筑物的结构钢架、完成现有建筑物 3 楼以及从 4～6 楼的外壳；第二阶段包含庭院增建物的地下室到 3 楼的外壳和装修。

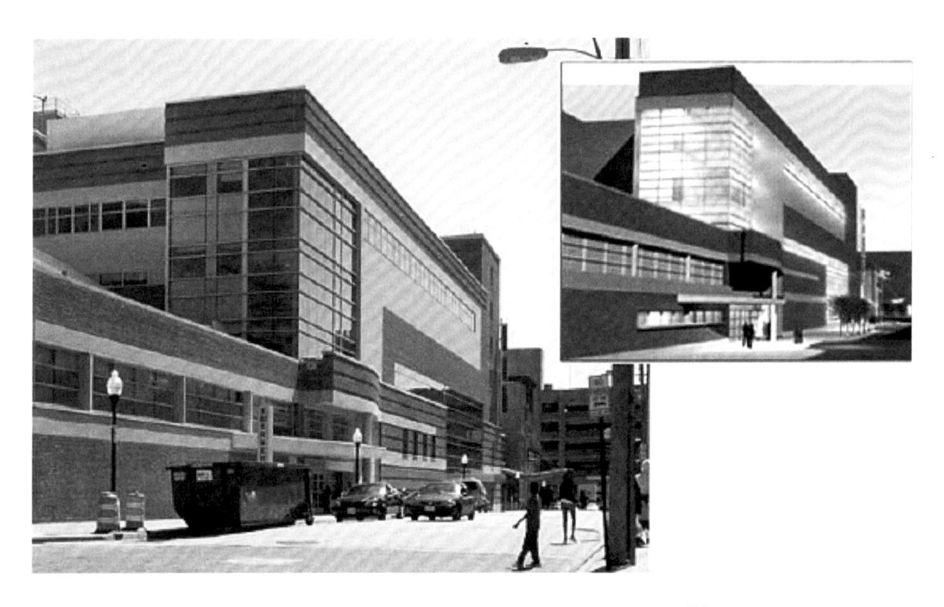

图 5-19　新马里兰州总医院的效果图与照片[2]

在该项目中，实体设备、3D 建筑信息模型的虚拟表现以及中央资料库之间的连结，都是使用条形码与平板电脑的专门软件来建立。在每一件设备易接近的位置皆有独特的条码标签。

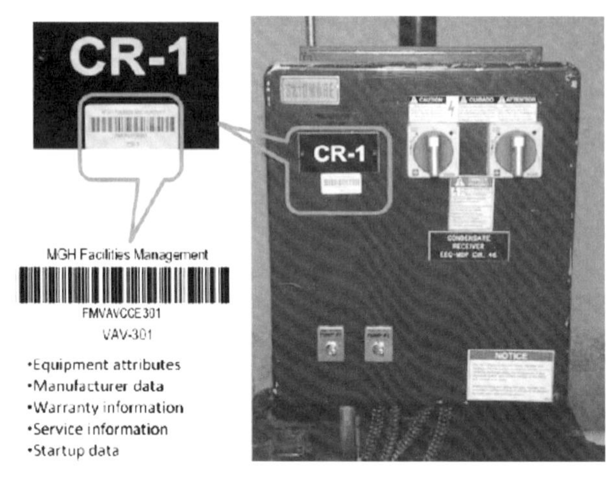

图 5-20　条码格式自 BIM 设备管理集成而改编[2]

一个名为 Bartender 的软件则用于产生 Code 39 标准条码符号系统的条码。所有的条码为 11 个字符长，条码的运算法则可标示各种设备的属性，包括类型、设备、位置和序列号(图 5-20)。例如，条码 FM-CRU-ENT-001 的意义是设备管理—控制率单元—位于入口处—编号 001。

Bartender 软件记录设备名称、设备 ID(由 Tekla 软件生成)以及条码本身。当所有的条码生成与打印，条码资料库生成为 MS Excel 工作表，以此为依据来使用 Vela 系统软件同步条码资料以及之后的 Tekla 模型。从现场收到的信息再使用 Vela 软件更新。现场收集到的信息(检查结果、调试资料等)由现场人员使用 Vela 系统开发的平板电脑软件来输入与更新。同样，现场人员也可以很容易地使用中央数据库的信息。Vela 软件可以在现场获取项目信息时以离线模式操作，之后再与办公室的中央数据库作同步处理。图 5-21 所示的是 BIM 与设备管理的整合，输入模型与现场资料到 Tekla 和 CMMS(Computer Maintenance Mcmagement System，计算机维护管理系统)，使用条码辨识。

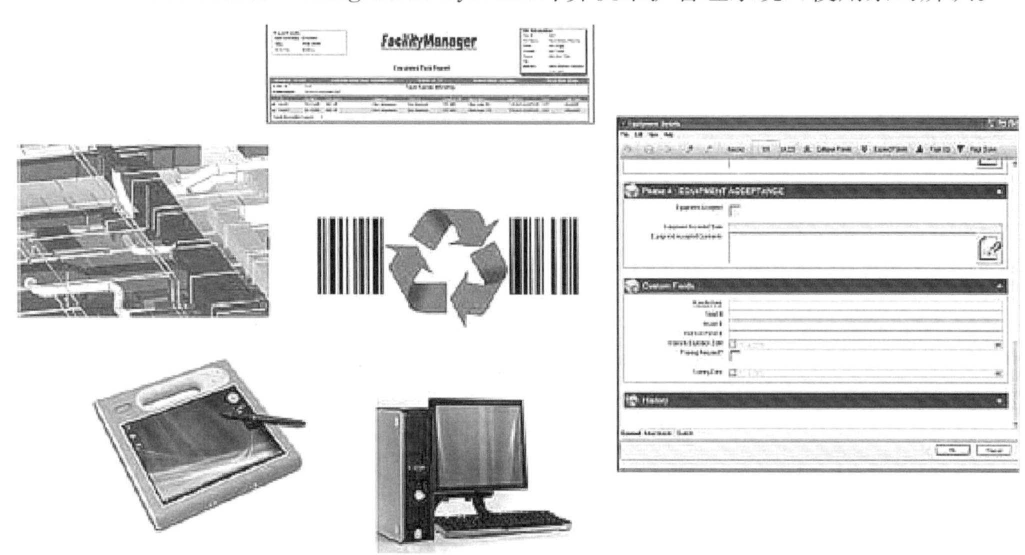

图 5-21　BIM 与设备管理整合——输入模型与现场资料到 Tekla 和 CMMS 使用条码辨识[2]

条码标识是所有信息整合的重点。使用 Vela 收集并产生的现场信息在线上更新汇入 Tekla 模型。Vela Sync Folder 里建有分层式文件夹，每项设备皆有一个文件夹。在每台设备通过条码识别后，此电子档案将会指向其所属的文件夹。接下来，在 Vela 和 Tekla 之间的集成转换器将运行并创建一个 xml 档案并且最终会将此 xml 档案汇入 Tekla。这样一来，医院即拥有所有电子档格式的竣工验收文件。

从 Tekla 模型将这些更新的信息通过条码 ID 参照设备管理资讯，并使用 Tiscor 来支持资产管理操作。这些平板电脑是由专业于坚固耐用装置的 Motion Computing 公司所提供，它们防水且每个重量约为 1.5 kg。它们的两个前端上有个 RFID 和条码的综合扫描器。它们也有内建照相机与录音机。这种电脑是能运行 Microsoft Windows Vista 操作系统的全功能系统，并采用触控荧幕及触控笔操作。

② 上海某住宅产业化项目[3]

上海某住宅产业化项目预制工程中也全面将 BIM 技术与 RFID 技术相结合，并贯穿于整个建筑物的多个阶段：设计阶段—PC 构件生产阶段—施工阶段。

在设计阶段，开发出具有唯一编码的 28 位 RFID 芯片代码，与构件本身代码一致，如图 5-22 所示。

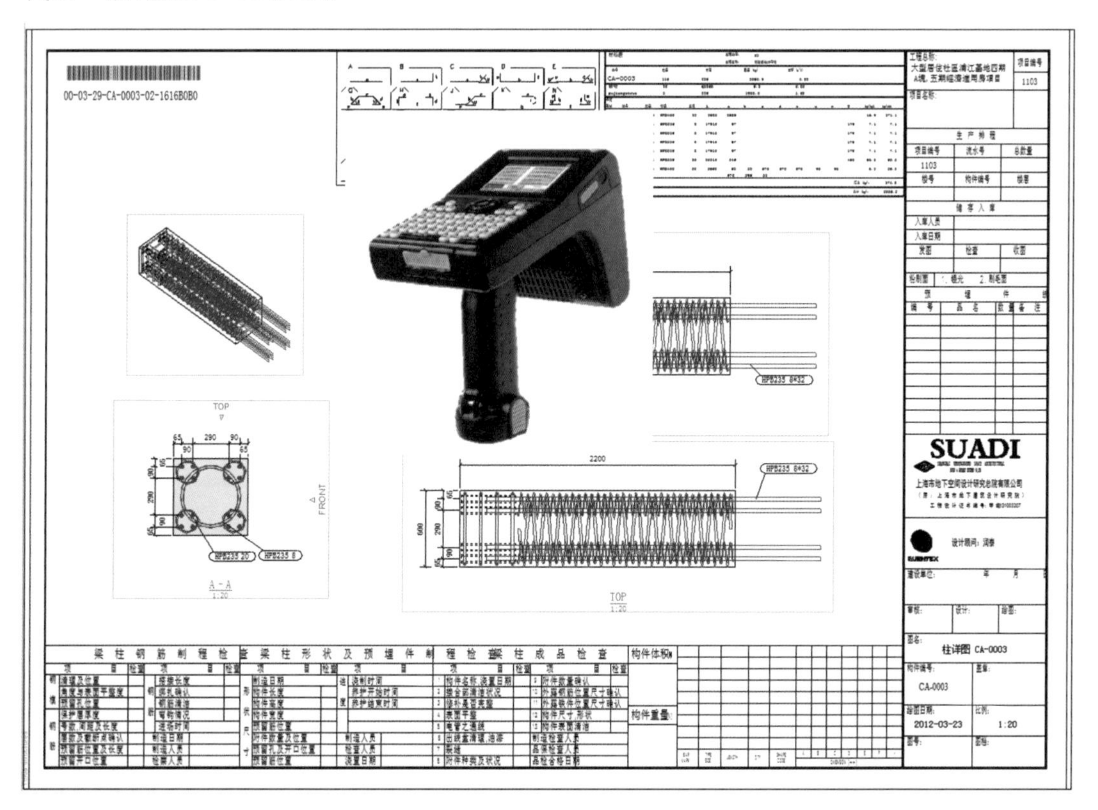

图 5-22　手持设备及图纸编号

在 PC 构件生产阶段，开发专门的 PC 构件状态管理平台，通过 RFID 芯片的扫描对 PC 构件生产的全过程进行监控，如图 5-23 所示。

生产进度管理 ×

PC编号　　计划生产日期 2012-03-19 至 2012-03-19

基地 请选择　　模号

查询　详情　批量

序号	PC编号	计划生产日期	基地	模号	位置号	钢筋绑扎	模具拼装	饰面铺设	钢筋入模	埋件安装	浇捣前检查	蒸汽养护	脱模起吊	构件移动	构件清洗	构件修补
1	00-03-29-CA-0001-10-0101F0F0	2012-03-19	下沙	Z4	T4											
2	00-03-25-WA-0006-07-2123A0A0	2012-03-19	下沙	W3	T1											
3	00-03-27-WA-0023-10-1111A0B0	2012-03-19	解放路	RW2	T2											
4	00-03-26-BA-0010-11-0102B0D0	2012-03-19	桥厂	B14	T11											
5	00-03-28-KA-0002-08-0507A0B0	2012-03-19	太仓	K19	T6											
6	00-03-26-GA-0011-07-0205B0B0	2012-03-19	下沙	G3	T3											
7	00-03-25-KA-0013-10-1819B0B0	2012-03-19	太仓	K32	T10											
8	00-03-27-BA-0007-09-0303B0B0	2012-03-19	桥厂	B1	T7											
9	00-03-27-WA-0014-11-1515G0J0	2012-03-19	解放路	W18	T12											
10	00-03-28-SA-0001-07-1113A0B0	2012-03-19	下沙	S2	T6											
11	00-03-25-BA-0008-08-0206B0B0	2012-03-19	太仓	B5	T6											
12	00-03-26-KA-0025-05-1416C0B0	2012-03-19	桥厂	K1	T1											
13	00-03-28-KA-0011-10-1415G0J0	2012-03-19	太仓	K18	T5											

图 5-23　PC 构件状态管理平台

同时工人的质检、运输、进场、吊装等全过程都采用手持式 RFID 芯片扫描的方式来完成，并将相关的构件信息录入到管理平台中，完成全过程的监控，如图 5-24 所示。

图 5-24　预制系统现场作业图

同时吊装信息也可以与4D管理平台进行关联，同步监控整个项目的进度。

5.4 现场人流规划

5.4.1 现场总平面人流规划

现场总平面人流规划需要考虑现场正常的进出安全通道和应急时的逃生通道，施工现场和生活区之间的通道连接等主要部分。在施工现场又分为平面和竖向，生活区主要是平面。在生活区需要按照总体策划的人数规划好办公区，宿舍、食堂等生活区设施之间的人流。在施工区，要考虑进出办公区通道、生活区通道、安全区通道设施、现场人流安全设施等，以及随着不同施工阶段工况的改变，相应地调整安全通道。

1）总述

利用工程项目信息集成化管理系统来分配和管理各种建筑物中人流模拟，采用三维模型来表现效果、检查碰撞、调整布局，最终形成可以直观展示的报告。

这个过程是建立在技术方案基础上，并在拥有比较完整的模型后，以现行的规范文件为标准进行的。模拟采用动画形式，使用相关人员来观察产生的问题，并适时地更新、修改方案和模型。

2）工作内容及目标

（1）数字化表达

采用三维的模型展示，以Revit，Navisworks为模型建模、动画演示软件平台。这些模拟可能包括人流的疏散模拟结果、道路的交通要求、各种消防规范的安全系数对建筑物的要求等。

工作过程：工作采用总体协调的方式，即在全部专业合并后所整合的模型（包括建筑、结构、机电）中，使用Navisworks的漫游、动画模拟功能，按照规范要求、方案要求和具体工程要求，检验建筑物各处人员或者车辆的交通流向情况，并生成相关的影音、图片文件。

（2）协同作业

采用软件模拟，专业工程师在模拟过程中发现问题、记录问题、解决问题、重新修订方案和模型的过程管理。

3）模型要求

对于需要做人流模拟的模型，需要先定义模型的深度，模型的深度按照LOD100—LOD500的程度来建模，具体与人流模拟的相关建模如表5-9所示。

表 5-9　　建模标准

深度等级	LOD100	LOD200	LOD300	LOD400	LOD500
场地	表示	简单的场地布置。部分构件用体量表示	按图纸精确建模。景观、人物、植物、道路贴近真实	可以显示场地等高线	—
停车场	表示	按实际标示位置	停车位大小、位置都按照实际尺寸准确标示	—	—
各种指示标牌	表示	标示的轮廓大小与实际相符，只有主要的文字、图案等可识别的信息	精确的标示，文字、图案等信息比较精准，清晰可辨	各种标牌、标示、文字、图案都精确到位	增加材质信息，与实物一致
辅助指示箭头	不表示	不表示	不表示	道路、通道、楼梯等处有交通方向的示意箭头	—
尺寸标注	不表示	不表示	只在需要展示人流交通布局时，在有消防、安全需要的地方标注尺寸	—	—
其他辅助设备	不表示	不表示	长、宽、高物理轮廓。表面材质颜色类型属性，材质，二维填充表示	物体建模，材质精确地表示	—
车辆、消防车等机动设备	不表示	按照设备或该车辆最高最宽处的尺寸给予粗略的形状表示	比较精确的模型，具有制作模拟的、渲染、展示的必备效果（如吊机的最长吊臂）	精确地建模	可输入机械设备、运输工具的相关信息

4）交通人流 4D 模拟要求

（1）交通道路模拟

交通道路模拟结合 3D 场地、机械、设备模型，在 L3 的程度下，进行现场场地的机械运输路线规划模拟。交通道路模拟可提供图形的模拟设计和视频，以及三维可视化工具的分析结果。

一般按照实际方案和规范要求（在模拟前的场地建模中，模型就已经按照相关规范要求与施工方案，做到符合要求的尺寸模式）利用 Navisworks 在整个场地、建筑物、临时设施、宿舍区、生活区、办公区模拟人员流向、人员疏散、车辆交通规划，并在实际施工中同步跟踪，科学地分析相关数据。

交通运动模拟中机械碰撞行为是最基本的行为，如道路宽度、建筑物高度、车辆本身的尺寸与周边建筑设备的影响、车辆的回转半径、转弯道路的半径模拟，都将作为模拟分析的要点，分析出交通运输的最佳状态，并同步修改模型内容。

（2）交通及人流模拟要求

① 使用 Revit 建模导出 .nwc 格式的图形文件，并导入 Navisworks 中进行模拟；

② Navisworks 三维动画视觉效果展示交通人流运动碰撞时的场景；

③ 按照相关规范要求、消防要求、建筑设计规范等，并按照施工方案指导

模拟；

④ 构筑物区域分解功能，同时展示各区域的交通流向、人员逃生路径；

⑤ 准确确定在碰撞发生后需要修改处的正确尺寸。

5）建模参照的规范要求

模型建立仍然以现行规范、标准为准则，主要参考《建设工程施工现场消防安全技术规范》(GB 50720—2011)，《建筑施工现场环境与卫生标准》(JGJ 146—2013)。

(1) 防火间距

工人宿舍之间的防火间距不小于5 m，且不宜大于40 m。

工人宿舍距易燃、易爆危险物品仓库的间距宜大于25 m。

围栏之间的距离至少为5.5 m。

临时消防车道宜为环形，如设置环形车道确有困难，应在消防车道尽端设置尺寸不小于12 m×12 m的回车场。

场地宽度应满足消防车正常操作要求且不应小于6 m，与在建工程外脚手架的净距不宜小于2 m，且不宜超过6 m。

易燃易爆危险品库房与在建工程的防火间距不应小于15 m，可燃材料堆场及其加工场、固定动火作业场与在建工程的防火间距不应小于10 m，其他临时用房、临时设施与在建工程的防火间距不应小于6 m。

临时建筑的耐火等级、最多允许层数、最大允许长度、防火分区的最大允许建筑面积，如表5-10所示。

表5-10　　临时建筑耐火等级

临时建筑	耐火等级	最多允许层数	最大允许长度/m	防火分区的最大允许建筑面积/m^2
宿舍	四级	2	60	600
办公用房	四级	2	60	600
食堂	四级	1	60	600

(2) 安全疏散要求

工人宿舍应在楼层两侧设置疏散楼梯，疏散门到疏散楼梯的最大距离不应大于25 m。当房间大于50 m^2时，至少应该设置2个门，疏散楼梯保持敞开及畅通。

疏散楼梯长度最长为15 m。

工人宿舍区应设有消防车通道，宽度和高度都不得小于4 m。

(3) 楼梯和走廊要求

工人宿舍疏散楼梯和走廊的宽度不应小于1.2 m。扶手高度在1～1.2 m，过道长度不超过25 m，一般过道采用外部过道，宽超过1.35 m。

(4) 设施要求

① 工人宿舍：

工人宿舍采用 2 层结构。

工人宿舍内净高不低于 2.7 m。

宿舍内应保证有必要的生活空间，室内净高不得小于 2.4 m，通道宽度不得小于 0.9 m，每间宿舍居住人员不得超过 16 人。

施工现场宿舍必须设置可开启式窗户。

② 食堂和餐厅：

平面布局可根据实际情况灵活布置，并能够满足人均 1.5 m^2 的使用面积。

食堂应设置在远离厕所、垃圾站、含有毒有害等污染源的场所。保证足够人流的通道宽度。

③ 卫生间：

应设置集中的卫生间，男女卫生间必须单独设置。

卫生间应与食堂分开。

施工现场应设置水冲式或移动式厕所，厕所地面应硬化，门窗应齐全。蹲位之间宜设置隔板，隔板高度不宜低于 0.9 m。

④ 浴室：

应设置集中的浴室，男女浴室必须分开。

浴室每 15 个人配置一个淋浴喷头，淋浴龙头间距不小于 1 m。

⑤ 办公用房：

办公用房宜包括办公室、会议室、资料室、档案室等。

办公用房室内净高不应低于 2.5 m。

办公室的人均使用面积不宜小于 4 m^2，会议室使用面积不宜小于 30 m^2。

(5) 交通管理

场内应设置足够多的交通警示牌、道路标识和照明装置。

场内道路为 3.5 m 宽，转弯半径不少于 12 m，场内限速为 20 km/h，宿舍区限速 5 km/h。

在工地分别设置进口、出口和停车场。

施工现场主要临时用房、临时设施的防火间距见表 5-11。

表 5-11　　临时用房、临时设施的防火间距　　单位：m

名称间距	办公用房、宿舍	发电机房、变配电房	可燃材料库房	厨房操作间、锅炉房	可燃材料堆场及其加工场	固定动火作业场	易燃易爆危险品库房
办公用房、宿舍	4	4	5	5	7	7	10
发电机房、变配电房	4	4	5	5	7	7	10
可燃材料库房	5	5	5	5	7	7	10
厨房操作间、锅炉房	5	5	5	5	7	7	10
可燃材料堆场及其加工场	7	7	7	7	7	10	10
固定动火作业场	7	7	7	7	10	10	12
易燃易爆危险品库房	10	10	10	10	10	12	12

（6）建筑施工现场环境与卫生

施工现场的施工区域应与办公、生活区划分清晰，并应采取相应的隔离措施。

施工现场必须采用封闭围挡，高度不得小于 1.8 m。

施工现场出入口应标有企业名称或企业标识。主要出入口明显处应设置工程概况牌，大门内应有施工现场总平面图和安全生产、消防保卫、环境保护、文明施工等制度牌。

道路出入口等处要有明显的符合要求的标识，标识记号做法要符合企业及规范的要求。对于各种停车场、标牌、指示标记的做法，可参考企业规范及相关标准。模型建造深度可参考前表。

6）实例式样

人流式样布置：在 3D 建筑中放置人流方向箭头，表示人流动向。设计最合理的线路，以 3D 的形式展示。

在模型中可以加入时间进度条以展现如下模拟：疏散模拟、感知时间、响应时间、道路宽度合适度、依据建筑空间功能规划的最佳营建空间(包括建筑物高度、家具的摆放布置、设备的位置等)，如图5-25 所示。

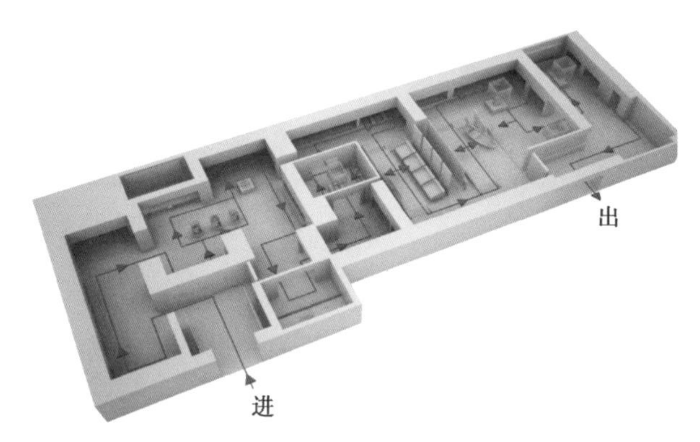

图 5-25　三维视图标示人流走向的示意模型

在场景中做真实的 3D 人流模拟，使用 Navisworks 的 3D 漫游和 4D 模拟来展示真实的人员在场景或者建筑物内的通行状况。也可用达到一定程度的机械设备模型，来模拟对于道路或者相关消防的交通通行要求，如图5-26所示。

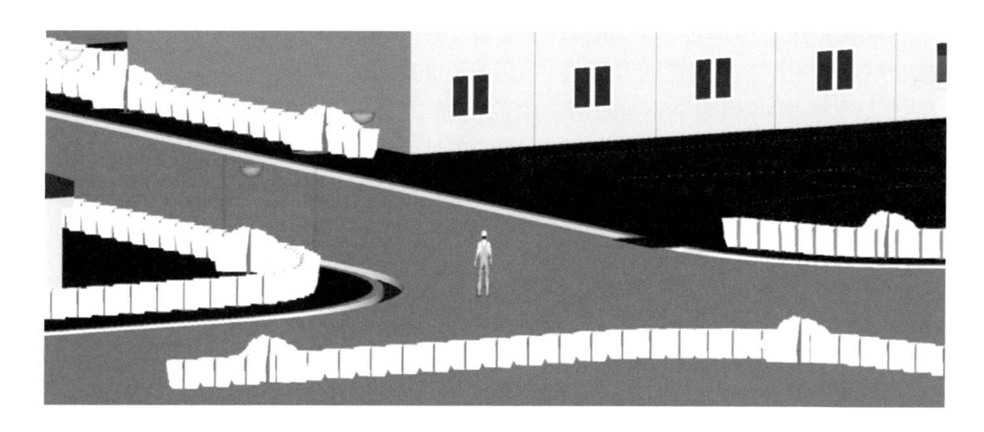

图 5-26　漫游模拟展示人流走向

在整合后的模型中进行结构、设备、周边环境和人流模拟的单独模拟，例如门窗高度、楼梯上雨篷、转弯角处的设备等，可能会对人流行走造成碰撞的模拟，都是必要的模拟作业，如图 5-27 所示。

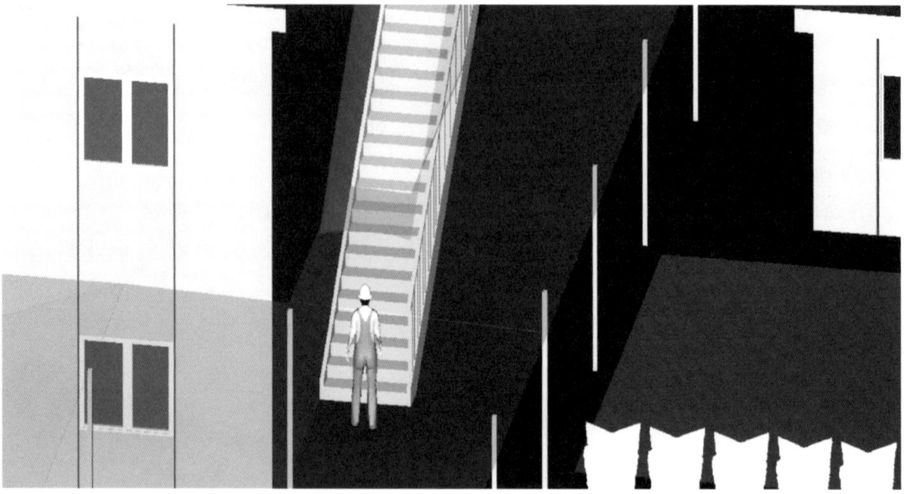

图 5-27　漫游模拟展示人流与建筑物等的碰撞关系

5.4.2　竖向交通人流规划

竖向人流通道设置在施工各阶段均不相同，需考虑人员的上下通道，并与总平面水平通道布局相衔接。考虑到正常通行的安全，应急时人员疏散通行的距离和速度，竖向通道位置均应与总平面的水平通道协调，考虑与水平通道口距离、吊机回转半径的安全范围、结构施工空间影响、物流的协调等。通过 BIM 模拟施工各阶段上下通道的状况，模拟出竖向交通人流的合理性、可靠性和安全性，满足项目施工各阶段进展的人员通行要求。

模型深度主要要求反映通道体型大小，构件基本形状和尺寸。与主体模型结合后，反映出空间位置的合理性，结构安全的可靠性，以及与结构的连接方式。

人流模拟将利用 Navisworks 中的漫游功能，实现图形仿真（漫游中的真实人类模型），在宿舍区、生活区、办公区等处，采取对个体运动进行图形化的虚拟演练（3D 人流模型在实际场景中的行走），从而可以准确确定个体在各处行走时，是否会出现撞头、绊脚、临边坠落等硬碰撞，与碰撞处理相结合控制人员运动，并调整模型。

同时模拟观察各种楼梯、升降梯等的宽度、高度，各场地可能存在的不适合人员行走的硬件隐患，并且模拟方案设计在灾难发生时最佳逃生路径。在人流模拟时还将考虑群体性的规划，模拟从单人到多人在所需规划的道路中的行走情况，如果人员之间的距离和最近点的路径超过正常范围（按照消防规范及建筑设计规范），必须重新设计新的路径，修改模型，以适应人流需要。

1）基础施工阶段

基础施工阶段的交通规划主要是上下基坑和地下室的通道，并与平面通道接通。挖土阶段、基础施工时一般采用临时的上下基坑通道，有临时性的和标准化工具式的。标准化工具式多用于较深的基坑，如多层地下室基坑、地铁车站基坑等，临时性的坡道或脚手架通道多用于较浅的基坑。

临时上下基坑通道根据维护形式各不相同。放坡开挖的基坑一般采用斜坡形成踏步式的人行通道，满足上下行人员同时行走，及人员搬运货物时通道宽度。在坡度较大时，一般采用临时钢管脚手架搭设踏步式通道。通道设置位置一般在与平面人员安全通行的出入口处，避开吊装回转半径之外为宜，否则应搭设安全防护棚。上下通道的两侧均应设置防护栏杆，坡道的坡度应满足舒适性与安全性要求，如图 5-28 所示。

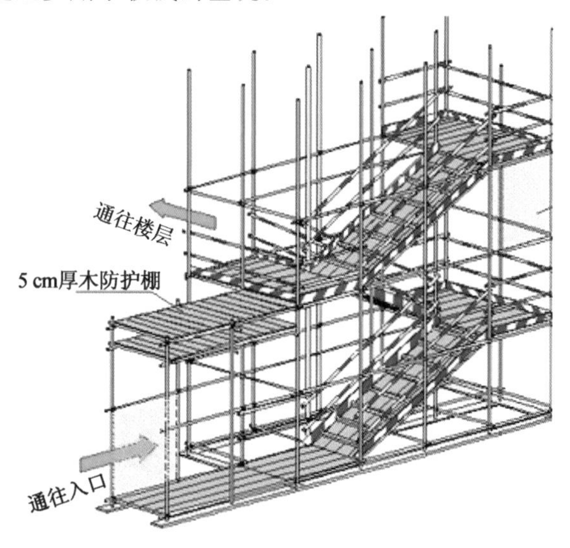

图 5-28 临时上下基坑施工人流通道模型

在采用支护围护的深基坑施工中，人行安全通道常采用脚手架搭设楼梯式的上下通道。在更深的基坑中常采用工具式的钢结构通道，常用于地铁车站基坑、超深基坑中。通道宽度为 1.0～1.1 m，通行人员只能携带简易工具，不能搬运货物通行。通道采用与支护结构连接的固定方式，一般随基坑的开挖，由上向下逐段安装，如图 5-29 所示。

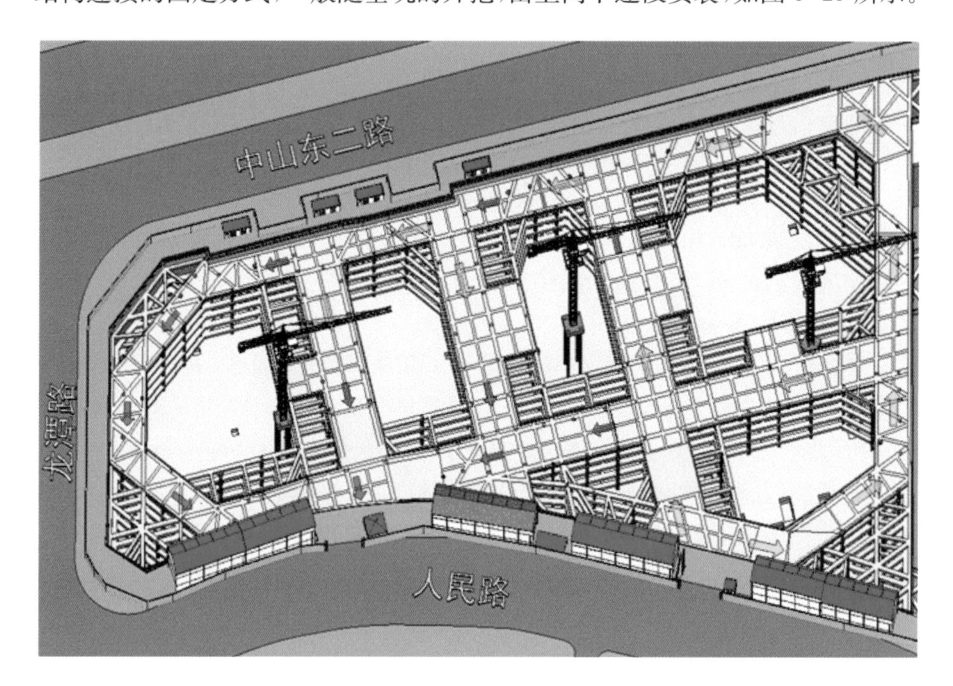

图 5-29 深基坑施工人流通道模型

基础结构施工完成后，到地面以下通道一般均为建筑永久的楼梯通道、车道等。通道上要设计扶手和照明、防滑、临空围护等。

2）结构阶段

结构阶段的人流主要是到已完成的结构楼层和作业面，人流通道主要利用脚手架、人货梯和永久结构楼梯。

多层建筑，一般采用楼梯式通道，有斜坡式、楼梯踏步式。楼梯 BIM 模型主要反映自身安全性及与结构的连接，通向各楼层、作业面的通道及与地面安全通道的连接，如图 5-30 所示。

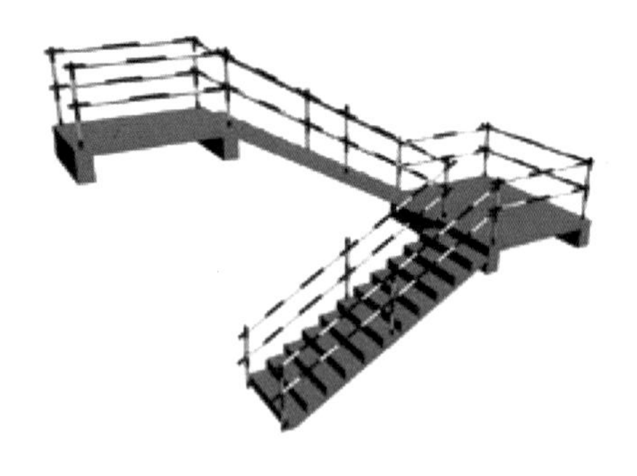

图 5-30　多层标准脚手架搭设人流通道模型

高层建筑采用人货电梯作为主要通道到结构楼层。到作业面上，还有一段距离，一般还要采用脚手架安全通道。BIM 模型要反映出竖向人流到结构楼层，再从结构楼层到作业面的流向。在已完成结构楼层的结构内部，利用永久结构的楼梯上下通行。通过建立结构施工人流演示模型图，反映人流与结构施工通道关系。高层结构施工部位，整体提升脚手架是常用的作业面安全作业围护平台。人流从已完成的结构楼层到结构施工作业面时通过整体提升脚手架。在脚手架模型上要反映出竖向人流，还要考虑通道个数、大小与人数、上下的流向，通道的出入口距离、作业点距离等人流安全疏散的关系。对超高层的钢框筒结构，在钢框结构施工部位，要反映结构楼层到钢框架结构施工部位人流的通道，主要反映通道到作业点的安全性。

3）装饰施工阶段

装饰施工进行的内容有外墙面（幕墙）和内部砌体、隔断、装饰等内容，结构内部楼梯已全部完成，竖向人流通道主要是内部的楼梯、人货电梯。外部人货梯拆除后，竖向人流通道主要是内部的楼梯、永久电梯（一般为货梯）。

对超高层建筑，结构施工时，低层的幕墙和内部隔断已开始施工，货运量增加。装饰阶段，通过电梯的货流量加大。人货梯的流量可以通过 BIM 建模模拟出流量的分配，协调与物流的关系。通过人流量和货运量计算需要的人货梯的数量。

在全程的施工阶段，通过对各阶段人流通道 BIM 建模，模拟出人流的上下安全通道的畅通连续性，调整通道的位置、形式、大小、安装形式及与各阶段施工协调，保证人流的正常通行和应急时的逃生。

5.4.3 人流规划与其他规划的统筹和协调

1）主要内容

人流规划是施工规划中的一项重要内容，需要重点考虑三个方面的统筹和协调。一是人流规划、机械规划和物流规划界面及协调。二是人流规划与人员活动区域（办公区、生活区、施工区）的关系及协调。同时，与此相关的进出办公区通道、生活区通道、安全区通道等设施也需要作充分的考虑和协调。三是人流规划与施工进度的关系及协调。

上述三个方面的统筹和协调需要统一考虑下述问题：

① 相关规划内容的BIM模型的统一标准。即施工规划的内容需要具有一致和协调的BIM建模精度、深度和文件交付格式，使得规划内容不产生偏离和不一致性的问题。

② 相关规划内容的BIM建模的统一基准。即建模前需要进行统一的规划，建立统一的基准和要求，使得BIM模型分别制作完成后可以顺利合并。

③ 相关规划内容的BIM表达方式。即对规划BIM表达的方式和过程可以协调一致。

2）相关表达

人流规划的BIM表达主要是两个方面的内容：一是人流规划的静态BIM模型；二是人流规划的动态BIM表达。

人流规划的静态模型可以按照前述的要求和方法进行建模。而人流规划的动态BIM表达是一个相对复杂的问题，它同样包含两个方面的内容：一是人流在不同阶段的动态组织和演示，它必须放到整个施工规划的环境中动态展示，来判断人流组织的合理性及有效性；二是人流与其相关的环境、设备、实施等之间的协调关系，确保人流组织的顺利实施和总体施工规划的实现。

3）实现方式和目标

① 实现可视化，也即BIM最直接的特点，它可以让我们实现施工项目在建造过程的沟通、讨论和决策在“所见即所得”的方式下顺利进行。

② 实现协调性。即人流规划与其他施工规划内容可能产生的矛盾和不一致性，在BIM模型中实现静态的差错检查，如人流是否和安全通道之间发生干涉或者碰撞等。

③ 实现模型真实过程的动态模拟。如地震或者其他灾害发生时，人员逃生模拟及消防人员疏散模拟，再如人员通行路线会不会产生断头和冲突等。

④ 实现不同要求的统计和分析。

⑤ 实现可以优化的目标。正是利用了BIM的静态和动态功能，可以发现矛盾和冲突，因此可以更为方便地对前期的一些不合理规划进行调整和优化，实现管理和组织上的更高效率、更高安全性、更好的经济性等。

实施上,需要根据施工进度建立和维护 BIM 模型,使用 BIM 平台汇总施工规划的各种信息,消除施工规划中的信息孤岛,并且将所有信息结合三维模型进行整理和储存,实现施工规划全过程中项目各方信息的随时共享。

实现上述要求和目标,对 BIM 模型的信息丰富程度以及相关环境模型的信息丰富程度都有相一致的要求,同时需要更加科学和高效以及完备的判别方式来实现。

对与先进科学技术和 BIM 技术的结合也提出了更高的要求,如人流建模和规划可以用 BIM 技术来实现,而施工总平面组织和规划可以用 BIM 结合地理信息系统(Geographic Information System, GIS)来建模,通过 BIM 及 GIS 软件的强大功能,迅速得出令人信服的分析结果,帮助项目在施工规划时评估施工现场的使用条件和特点,从而对人流组织作出合理和正确的决策。

对于不同责任分工者之间的协同设计也提出了更高的要求。不同责任分工者之间可能处于不同的办公地点(地理位置)或者不同的工作时间,这些通过网络连接,可以实现协同的设计内容。对于不同责任者提出了更加高的非面对面交流能力的要求,也同样对其专业技能提出了更高的要求。

参 考 文 献

[1] 程曦. RFID 应用指南:面向用户的应用模式、标准、编码及软硬件选择[M]. 北京:电子工业出版社,2011.

[2] Eastman C, Teicholz P, Sacks R, et al. BIM handbook: a guide to building information modeling for owners, managers, designers, engineers, and contractors [M]. 2th Ed. Hoboken: John Wiley & Sons, Inc., 2011.

[3] 熊诚. BIM 技术在 PC 住宅产业化中的应用[J]. 住宅产业,2012(6):17-20.

BIM

6 基于BIM的施工进度管理

6.1 概述

6.1.1 施工进度管理的内涵

工程项目进度管理，是指全面分析工程项目的目标、各项工作内容、工作程序、持续时间和逻辑关系，力求拟定具体可行、经济合理的计划，并在计划实施过程中，通过采取各种有效的组织、指挥、协调和控制等措施，确保预定进度目标实现[1]。一般情况下，工程项目进度管理的内容主要包括进度计划和进度控制两大部分。工程项目进度计划的主要方式是依据工程项目的目标，结合工程所处特定环境，通过工程分解、作业时间估计和工序逻辑关系建立等一系列步骤，形成符合工程目标要求和实际约束的工程项目计划排程方案。进度控制的主要方式是通过收集进度实际进展情况，将之与基准进度计划进行比对分析、发现偏差并及时采取应对措施，确保工程项目总体进度目标的实现。

施工进度管理属于工程项目进度管理的一部分，是指根据施工合同规定的工期等要求编制工程项目施工进度计划，并以此作为管理的依据，对施工的全过程持续检查、对比、分析，及时发现工程施工过程中出现的偏差，有针对性地采取有效应对措施，调整工程建设施工作业安排，排除干扰，保证工期目标实现的全部活动。

6.1.2 施工进度管理技术与方法的发展

工程项目进度管理技术与方法的发展大致可以分为两个阶段：

1）传统的工程进度管理技术与方法

20世纪初，被称为是计划和控制技术之父的亨利・甘特（Henry Gantt）发明了表示项目进度的横道线条图（Gantt Chart），该技术在第一次世界大战中得以运用，极大地缩短了建造货轮的时间。后人为了纪念甘特的成就，就把这种计划图表命名为“甘特图”。甘特图以其形象直观、简明易懂、绘图简单、便于检查和计算资源需要量等优点，赢得了人们的广泛欢迎，成为进行计划信息沟通的最主要方法[2]。

1956年，美国杜邦（DuPont）公司为了制订内部不同业务的系统规划，提出了关键路径法（Critical Path Method，CPM）[3]，该方法根据单个任务的工期和依赖关系来计算整个项目的工期，并标识哪些任务是关键任务，项目的进度监管只需对这些关键任务的进度进行重点监控，就可以保证项目基本按期完成。

1958年，美国海军特种计划局（US Navy's Special Projects Office）和洛克希德公司（Lockheed Corporation）系统工程部、博思艾伦咨询公司（Booz Allen Hamilton Holding Corporation）根据研发北极星导弹核潜艇的需要，提出了计划评审技术（Program Evaluation and Review Technique，PERT）[4]，这一技术把该工程的200多家承包商和1万多家分包商有效地组织起来，使该项目提前两年完成。

1962年，美国国家航空航天局（National Aeronautics and Space Administration，NASA）引入一种采用计划评审技术的系统，它强调成本控制和WBS的必要性。美国1962年颁布规定：凡是与政府签订合同的企业，都必须采用网络计划技术，以保证工程进度和质量[5]。

这些方法的应用有效地促进了工程项目进度管理效率的提升，但是随着工程项目规模的扩大和复杂性的提高，项目进度管理者面临的信息处理压力越来越大，传统的项目进度管理方法和技术需要在信息集成和分析效率方面作出一些革命性的改进和创新。

2）现代工程项目进度管理技术与方法

20世纪70年代末，美国国防部（United States Department of Defense，DOD）最早提出了项目成本和进度管理系统规范（Cost/Schedule Control System Criteria，C/SCSC），90年代末，美国项目管理协会（Project Management Institute，PMI）在此基础上提出项目挣值管理（Earned Value Management，EVM）的方法[6]。之后，随着计算机技术的不断发展，使用

软件来开展项目成本和进度集成管理的技术方法也相继出现，P3(Primavera, Project, Planner)以及 Microsoft Project 等项目管理软件可以支持实现项目进度与成本的集成管理[1]。这些发展不但成为现代项目进度管理理论和方法的重要组成部分，而且也已经成为各国现代项目管理实践的重要工具[7]。

随着计算机技术以及计算机辅助设计(Computer Aided Design, CAD)技术的普及和进步，三维模型乃至多维模型逐步成为国内外工程管理界的研究热点，如何构建工程三维模型并将工程三维模型与时间维度集成，实现基于4D模拟技术的进度管理也是其中的一个方面。

从资料来看，最早研究4D进度管理的是美国斯坦福大学集成设施工程中心 CIFE(Center for Integrated Facility Engineering)。CIFE 将计算机三维模型与施工进度进行集成，实现了对施工顺序的可视化表达，使用者可以任意选取模型组件，将其与具体施工活动关联，并定义逻辑关系，实现更高效率的人机交互[8]。随后，CIFE 开发了能够支持实现施工冲突最小化的 4D Production Model 系统，该系统由冲突检测器、4D 仿真器和结果修改器三个模块组成，分别支持用户实现施工冲突识别，施工过程仿真，以及生产率修改与施工时间定义等[9]。

4D 进度管理理论提出后，柏克德(Bechtel)公司在施工进度模拟方面做了大量研究，进而扩展了旗下 3DMTM(Motion Trail Model)的功能，可以支持系统工程计划制定、施工进度仿真等。Bechtel 也开发出一款图形仿真工具 4D-Planner 软件，用户可导入进度文件与三维模型，实现模型与进度关联，自动生成仿真文件，可协助项目管理人员高效地完成工程进度计划与管理工作。

上述技术与产品促进了传统工程项目进度管理集成性的提高，21世纪初，BIM 技术发展迅速，其面向对象的参数化设计理念使得三维建模更加容易，Eastman 在 BIM 手册中分析了支持项目计划与控制的 4D 模型创建途径，总结了 BIM 环境下 4D 模型应用给项目带来的益处，并提出了 BIM 支持的工程项目计划与控制中应注意的问题和建议[10]。Tulke Hanff 提出了基于 BIM 计算活动持续时间的模型，应用此模型可进行项目进度计划安排[11]。Alvarado Lacouture 在分析 BIM 功能及应用 BIM 技术进行进度计划编制基础上，构建了 AEC+FM 集成框架，提出应用 BIM 技术进行集成进度计划安排的方法[12]。这些方法研究突破了仅仅关注工序时间属性给传统工程项目进度计划与控制所形成的制约，力求以 BIM 所包涵的丰富信息为基础实现工程项目进度计划编制和跟踪控制，以提高工程项目计划的科学性、可行性以及跟踪控制的及时性、综合性和准确性，因此，基于 BIM 技术的进度管理已成为工程项目进度管理发展的一个趋势。

6.2 BIM在施工进度管理中的应用价值与流程

6.2.1 BIM与施工进度管理

1) 传统的施工进度管理

施工进度管理的主体是施工单位，其进度管理流程一般如图6-1所示。

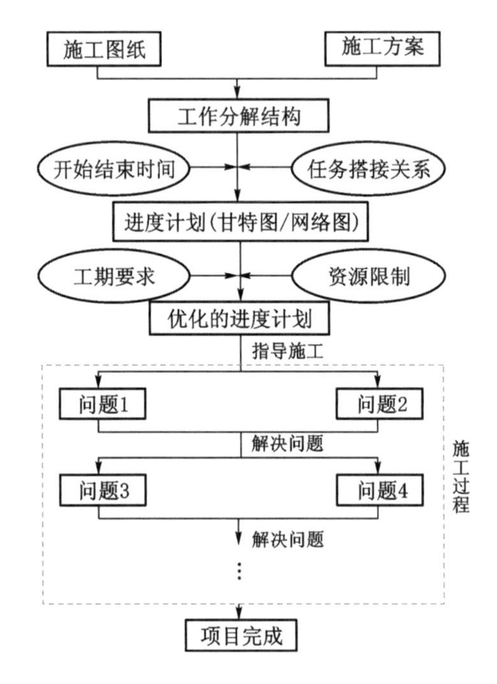

图6-1　施工进度管理的传统流程

在图6-1所示的传统施工进度管理实践中，施工总包单位首先在项目管理单位和监理单位的协调之下，仔细阅读由设计单位提供的施工图纸并与设计单位进行必要的沟通交流，明确施工目标，在完成施工图纸会审等一系列互通有无、查漏补缺的工作后，施工总包单位根据自己以往的施工经验，制定项目总体施工方案并编制总体施工进度计划，并将计划下发到各个分包单位，由分包单位以及各材料供应单位根据资源的限制对进度计划的方案进行反馈，施工总包单位根据这些反馈再对进度计划进行进一步优化。优化后的进度计划将具体指导施工过程，并在现场施工过程中根据所遇到的问题随时进行调整。编制施工进度计划的方法一般采用横道图或网络图方法，并可以借助相关工程进度管理软件来实现。在施工进度的控制方面，则主要是在施工日报、周报或月报的基础上，对关键进度节点的可实现性进行经验性评估，据此对各工序环节执行过程中出现的问题进行处理。

2）传统施工进度管理存在的主要问题

在传统的施工进度管理实践中，主要存在以下一些不足：

（1）项目信息丢失现象严重

工程项目施工是整个工程项目的有机组成部分，其最终成果是要提交符合业主需求的工程产品，而在传统工程项目施工进度管理中，其直接的信息基础是业主方提供的勘察设计成果，这些成果通常以二维图纸和相关文字说明构成。这些基础性信息是对项目业主需求和工程环境的一种专业化描述，本身就可能存在对业主需求的曲解或遗漏，再加上相关工程信息量都很大且不直观，施工主体在进行信息解读时，往往还会加入自己一些先入为主的经验性理解，导致在工程分解时会出现曲解或遗漏，无法完整反映业主真正的需求和目标，最终在提交工程成果的过程中无法让业主满意。

（2）无法有效发现施工进度计划中的潜在冲突

现代工程项目一般都具有规模大、工期长、复杂性高等特点，通常需要众多主体共同参与完成，在实践中，由于各工程分包商和供应商是依据工程施工总包单位提供的总体进度计划分头进行各自计划的编制，工程施工总包单位在进行计划合并时，难于及时发现众多合作主体进度计划中可能存在的冲突，常常导致在计划实施阶段出现施工作业与资源供应之间的不协调、施工作业面冲突等现象，严重影响工程进度目标的圆满实现。

（3）工程施工进度跟踪分析困难

在工程施工过程中，为了实现有效的进度控制，必须阶段性动态审核计划进度和实际进度之间是否存在差异、形象进度实物工程量与计划工作量指标完成情况是否保持一致。由于传统的施工进度计划主要是基于文字、横道图和网络图进行表达，导致工程施工进度管理人员在工程形象进展与计划信息之间经常出现认知障碍，无法及时、有效地发现和评估工程施工进展过程中出现的各种偏差。

（4）在处理工程施工进度偏差时缺乏整体性

工程施工进度管理是整个工程施工管理的一个方面，事实上，进度管理还必须与成本管理和质量管理有机融合，因此，在处理工程施工进度偏差时，必须同时考虑到各种偏差应对措施的成本影响和质量约束，但是由于在实践工作中，进度管理与成本管理、质量管理往往是割裂的，仅仅从工程进度目标本身来进行各种应对措施的制订，会出现忽视其成本影响和质量要求的现象，最终影响项目整体目标的实现。

3）BIM在施工进度管理中的价值

传统工程施工进度管理存在的上述不足，本质上是由于工程项目施工进度管理主体信息获取不足和处理效率低下所导致的。随着信息技术的发展，BIM技术应运而生。BIM技术能够支持管理者在全生命周期内描述工程产品，并有效管理工程产品的物理属性、几何属性和管理属性。简而言之，BIM是包含产品组成、功能和行为数据的信息模型，能支持管理者在整个生命周期内描述产品的各种细节。

BIM 技术可以支持工程项目进度管理相关信息在规划、设计、建造和运营维护全过程无损传递和充分共享。BIM 技术支持项目所有参建方在工程的全生命周期内以同一基准点进行协同工作，包括工程项目施工进度计划编制与控制。BIM 技术的应用无疑拓宽了施工进度管理思路，可以有效解决传统施工进度管理方式方法中的一些问题与弊病，在施工进度管理中将发挥巨大的价值。

（1）减少沟通障碍和信息丢失

BIM 能直观高效地表达多维空间数据，避免用二维图纸作为信息传递媒介带来的信息损失，从而使项目参与人员在最短时间内领会复杂的勘察设计信息，减少沟通障碍和信息丢失。

（2）支持施工主体实现“先试后建”

由于工程项目具有显著的一次性和个性化等特点，在传统的工程施工进度管理中，由于缺乏可行的“先试后建”技术支持，很多的设计错漏和不合理的施工组织设计方案，只能在实际的施工活动中才能被发现，这就给工程施工带来巨大的风险和不可预见成本。而利用 BIM 技术则可以支持管理者实现“先试后建”，提前发现当前的工程设计方案以及拟定的工程施工组织设计方案在时间和空间上存在的潜在冲突和缺陷，将被动管理转为主动管理，实现精简管理队伍、降低管理成本、降低项目风险的目标。

（3）为工程参建主体提供有效的进度信息共享与协作环境

在基于 BIM 构建的工作环境中，所有工程参建方都在一个与现实施工环境相仿的可视化的环境下进行施工组织及各项业务活动，创造出一个直观高效的协同工作环境，有利于参建方直接进行直观顺畅的施工方案探讨与协调，支持工程施工进度问题的协同解决。

（4）支持工程进度管理与资源管理的有机集成

基于 BIM 的施工进度管理，支持管理者实现各工作阶段所需的人员、材料和机械用量的精确计算，从而提高工作时间估计的精确度，保障资源分配的合理化。另外，在工作结构分解和活动定义时，通过与模型信息的关联，可以为进度模拟功能的实现作好准备。通过可视化环境，可从宏观和微观两个层面，对项目整体进度和局部进度进行 4D 反复模拟及动态优化分析，调整施工顺序，配置足够资源，编制更为科学可行的施工进度计划。

6.2.2 基于 BIM 的施工进度管理流程框架

基于 BIM 的工程项目施工进度管理应以业主对进度的要求为目标，基于设计单位提供的模型，将业主及相关利益主体的需求信息集成于 BIM 模型成果中，施工总包单位以此为基础进行工程分解、进度计划编制、实际进度跟踪记录、进度分析及纠偏等工作。BIM 为工程项目施工进度管理提供了一个直观的信息共享和业务协作平台，在进度计划编制过程中打破各个参建方之间的界限，使参建各方各司其责，支持相关主体协同制定进度计划，提前发现并解决施工过程中可能出现的问题，从而使工程施工进度管理达到最优状态，更好地指导具体施工过程，确保工程高质、准时完工。

基于 BIM 的工程施工进度计划及实施控制流程如图 6-2 所示。

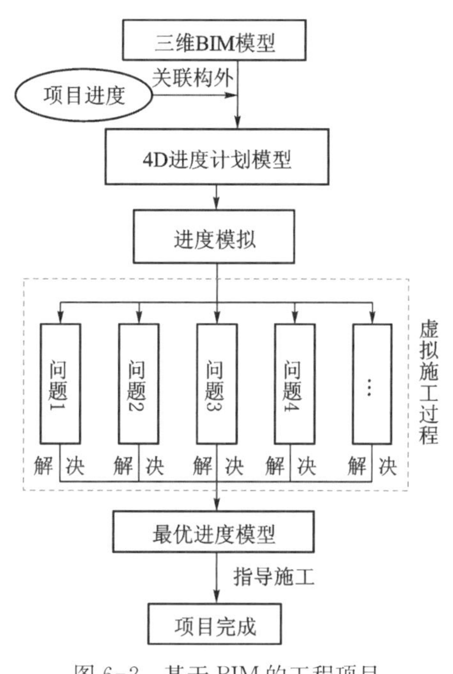

图 6-2 基于 BIM 的工程项目施工进度管理框架

6.2.3 基于 BIM 的施工进度管理常用软件

目前常见的支持基于 BIM 的施工进度管理的软件工具主要有 Innovaya 公司的 InnovayaVisual 4D Simulation 和 Autodesk 公司的 TimeLiner。

1）InnovayaVisual 4D Simulation

Innovaya 公司是最早推出 BIM 施工进度管理软件的公司之一，该公司推出的 Innovaya 系列软件不仅支持施工进度管理，也支持工程算量以及造价管理，在进度管理方面，InnovayaVisual 4D Simulation 软件兼容 Autodesk 公司的 Primavera 及 Microsoft Project 施工进度软件，甚至可以与利用 Microsoft Excel 编制的进度计划进行数据集成，其应用体系如图 6-3 所示。

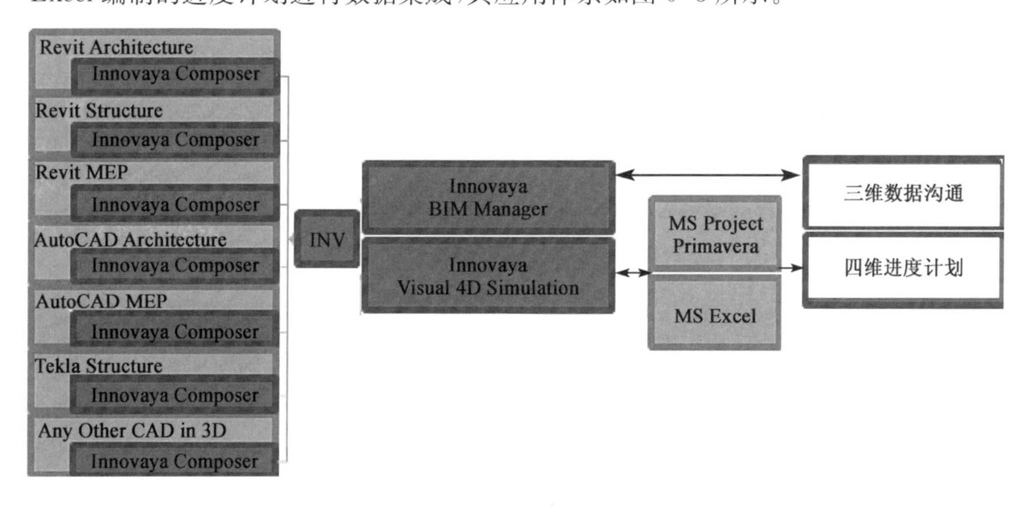

图 6-3 Innovaya 进度软件应用体系

InnovayaVisual 4D Simulation 是一个新型的进度计划和施工分析工具，可利用“.INV”数据交换格式，读取利用 Revit Architecture，Revit Structure，Revit MEP，AutoCAD Architecture，AutoCAD MEP，Tekla Structure 以及其他任何三维 CAD 工具构建的建筑三维模型数据，并支持将其与 MS Project，Excel 或者 Primavera 编制的施工计划关联起来，形成工程项目 4D 施工进度计划。这种计划基于 3D 构件将进度计划安排的施工过程表现出来——这便是 4D(3D+时间) 施工模拟的含义。由 4D 施工模拟方式产生的相关任务可以自动地关联到 BIM 软件上，调整施工进度图后，进度安排也会自动变化，并在 4D 施工模拟时体现。该模型可以在项目施工前期形成可视化的进度信息、可视化的施工组织方案以及可视化的施工过程模拟，在施工过程中可将工程变更及风险事件进行模拟。InnovayaVisual 4D Simulation 软件应用主界面示例如图 6-4 所示。

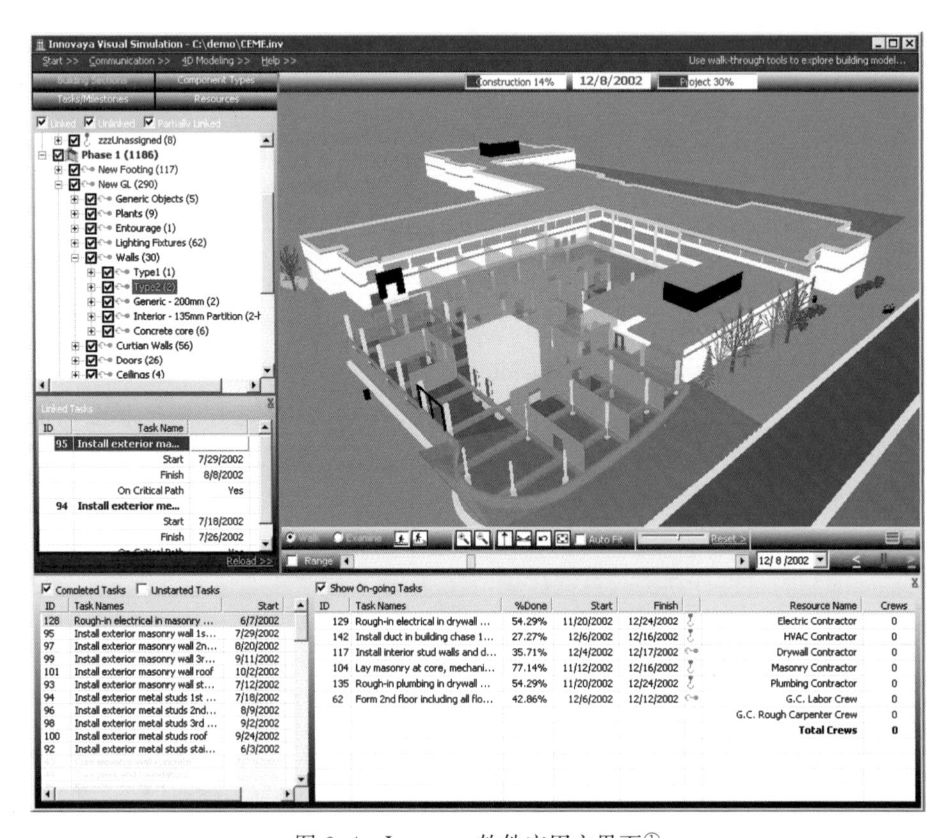

图 6-4　Innovaya 软件应用主界面①

利用 InnovayaVisual 4D Simulation 软件工具，可以将施工过程中的每一个工作可视化显示出来，提高工程项目施工管理的信息交流层次。全体参建人员可以很快理解进度计划的重要节点，同时进度计划通过实体模型的对应

① 资料来源：http://www.innovaya.com/prod_vs.htm。

表示，可有利于发现施工差距并及时采取措施，进行纠偏调整；当遇到设计变更或施工图更改时，也可以很快速地联动修改进度计划。不仅如此，利用InnovayaVisual 4D Simulation软件工具构建的四维进度信息模型，在施工过程中还可以应用到进度管理和施工现场管理的多个方面，主要表现为进度管理的可视化功能、监控功能、记录功能、进度状态报告功能和计划的调整预测功能，以及施工现场管理策划可视化功能、辅助施工总平面管理功能、辅助环境保护功能、辅助防火保安功能。同时还可以应用到物资采购管理方面，表现为辅助编制物资采购计划功能、物资现场管理功能及物资仓储可视化管理功能。

2) Navisworks Management TimeLiner

Navisworks Management TimeLiner是Autodesk公司Navisworks产品中的一个工具插件，利用TimeLiner工具可以进行工程项目四维进度模拟，它可以支持用户从各种传统进度计划编制软件工具中导入进度计划，将模型中的对象与进度中的任务连接，创建四维进度模拟，用户即可看到进度实施在模型上的表现，并可将施工计划日期与实际日期进行比较。同时，TimeLiner还能够将基于模拟的结果导出为图像和动画，如果模型或进度更改，TimeLiner将自动更新模拟。其应用主界面如图6-5所示。

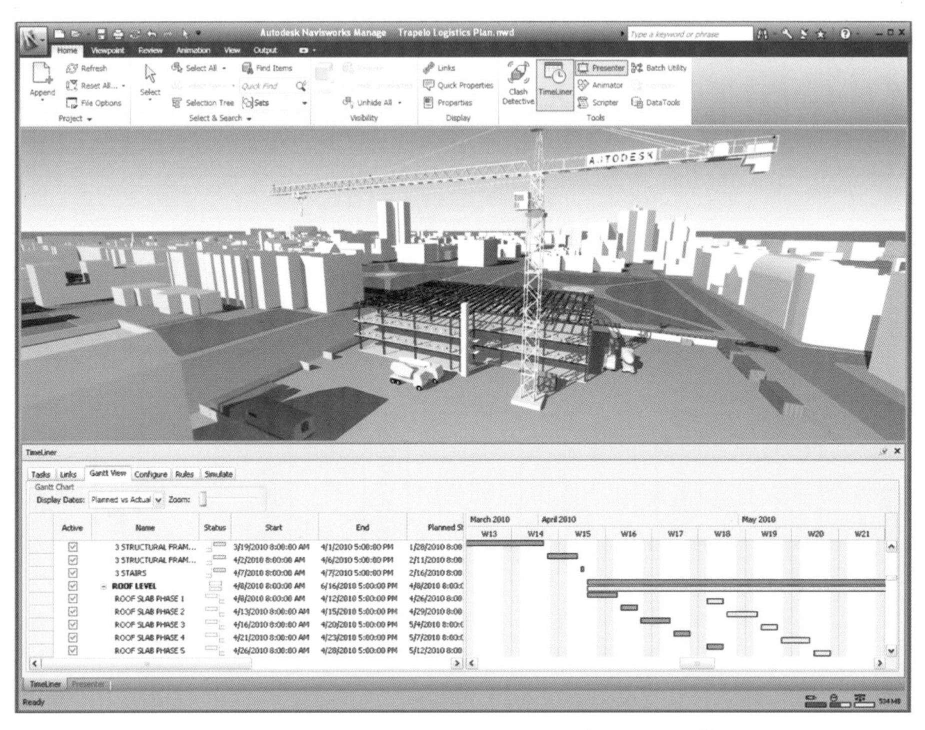

图6-5 Navisworks TimeLiner应用主界面示例①

由于TimeLiner是Navisworks Management的一个工具插件，因此它可

① 资料来源：http://www.hydracad.com/software/navisworks.htm

以方便地与 Navisworks Management 其他工具插件集成使用。通过将 TimeLiner 与对象动画链接到一起，可以根据项目任务的开始时间和持续时间触发对象移动并安排其进度，且可以帮助用户进行工作空间和过程规划。将 TimeLiner 与 Clash Detective 链接在一起，可以对项目进行基于时间的碰撞检查；将 TimeLiner、对象动画和 Clash Detective 链接在一起，可以对具有动画效果的 TimeLiner 进度进行冲突检测。

6.3 基于 BIM 的进度管理方法

6.3.1 基于 BIM 的施工进度管理功能

BIM 理论和技术的应用，有助于提升工程施工进度计划和控制的效率。一方面，支持总进度计划和项目实施中分阶段进度计划的编制，同时进行总、分进度计划之间的协调平衡，直观高效地管理有关工程施工进度的信息。另一方面，支持管理者持续跟踪工程项目实际进度信息，将实际进度与计划进度在 BIM 条件下进行动态跟踪及可视化的模拟对比，进行工程进度趋势预测，为项目管理人员采取纠偏措施提供依据，实现项目进度的动态控制。

基于 BIM 的工程项目进度管理功能设计如图 6-6 所示。

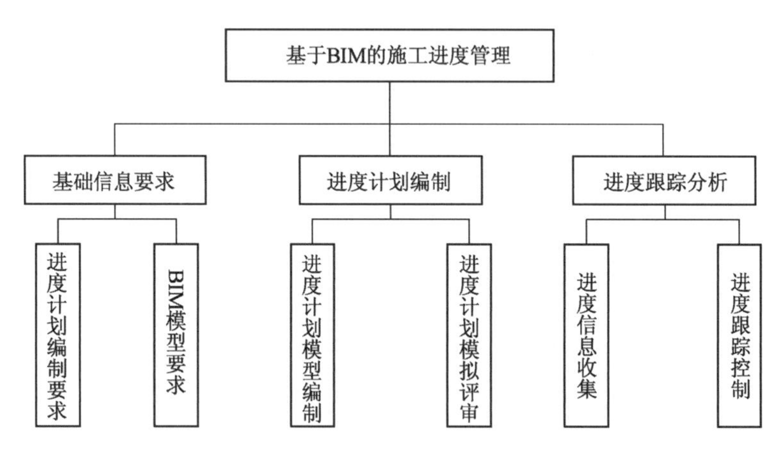

图 6-6　基于 BIM 的施工进度管理功能

6.3.2 基于 BIM 的施工进度计划基础信息要求

1) 进度计划编制要求

相比于传统的工程项目施工进度计划，基于 BIM 的工程项目施工进度计划更加有利于现场施工人员准确了解和掌握工程进展。进度计划通常包含工程项目施工总进度计划纲要、总体进度计划、二级进度计划和每日进度计划四个层次。

工程项目施工总进度计划纲要作为重要的纲领性文件，其具体内容应该包括编制说明、工程项目施工概况及目标、现场现状和计划系统、施工界面、里程碑节点等。项目设计资料、工期要求、参建单位、人员物料配置、项目投资、项目所处地理环境等信息可以有效地支持总进度计划纲要的编制。

以某博览中心为例，其总进度计划纲要如图 6-7 所示。

任务名称	工期	开始时间	完成时间
施工准备	45 days	2009年06月18日	2009年08月19日
1区施工	532 day	2009年08月19日	2011年09月01日
2区施工	535 day	2009年08月19日	2011年09月06日
室外道排	180 days	2010年10月01日	2011年06月09日
安装调试	50 days	2011年09月07日	2011年11月15日
竣工验收	10 days	2011年11月16日	2011年11月29日

图 6-7 总进度计划纲要示例①

总体进度计划由施工总包单位按照施工合同要求进行编制，合理地将工程项目施工工作任务进行分解，根据各个参建单位的工作能力，制订合理可行的进度控制目标，在总进度计划纲要的要求范围内确定本层里程碑节点的开始和完成时间。以上述项目 1 区和 2 区施工为例，里程碑事件的进度信息如图 6-8 所示。

任务名称	工期	开始时间	完成时间
施工准备	45 days	2009年06月18日	2009年08月19日
1区施工	532 day	2009年08月19日	2011年09月01日
主体结构施工	186 days	2009年08月19日	2010年05月05日
钢桁架及网架吊装施工(含胎架安装)	80 days	2010年05月06日	2010年08月25日
装饰金属屋面板施工	60 days	2010年08月26日	2010年11月17日
玻璃幕墙	120 days	2010年09月23日	2011年03月09日
安装施工	220 days	2010年06月03日	2011年04月06日
精装修施工	126 days	2011年03月10日	2011年09月01日
2区施工	535 day	2009年08月19日	2011年09月06日
主体结构施工	190 days	2009年08月19日	2010年05月11日
钢桁架及网架吊装施工(含胎架安装)	115 days	2010年05月12日	2010年10月19日
装饰金属屋面板施工	80 days	2010年10月20日	2011年02月08日
玻璃幕墙	100 days	2010年11月17日	2011年04月05日
安装施工	220 days	2010年06月09日	2011年04月12日
精装修施工	120 days	2011年03月23日	2011年09月06日
室外道排	180 days	2010年10月01日	2011年06月09日
安装调试	50 days	2011年09月07日	2011年11月15日
竣工验收	10 days	2011年11月16日	2011年11月29日

图 6-8 工程项目施工总进度计划示例①

二级进度计划由施工总包单位及分包单位根据总体进度计划要求各自负责编制。以上述项目 1 区施工为例，施工总包单位负责主体结构施工具体进度计划编制；分包单位负责钢桁架、屋面板、玻璃幕墙等专项进度计划编制。以钢桁架及网架吊装施工(含胎架安装)为例，该任务项下二级进度计划的开始时间和结束时间约束在总体进度计划的要求范围内，如图 6-9 所示。

① 资料来源：华中科技大学武汉国际博览中心 BIM 项目组。

任务名称	工期	开始时间	完成时间
施工准备	45 days	2009年06月18日	**2009年08月19日**
1区施工	**532 day**	**2009年08月19日**	**2011年09月01日**
主体结构施工	186 days	2009年08月19日	2010年05月05日
钢桁架及网架吊装施工(含胎架安装)	**80 days**	**2010年05月06日**	**2010年08月25日**
主桁架安装施工(含胎架安装)	30 days	2010年05月06日	2010年06月16日
次桁架安装施工	10 days	2010年06月17日	2010年06月30日
外网架(含胎架安装)	10 days	2010年07月01日	2010年07月14日
内网架(含胎架安装)	15 days	2010年07月15日	2010年08月04日
连接体网架(含胎架安装)	15 days	2010年08月05日	2010年08月25日
夹层梁安装施工	50 days	2010年06月07日	2010年08月13日
墙架安装施工	10 days	2010年07月12日	2010年07月24日
屋面檩条及钢支撑安装施工	30 days	2010年07月15日	2010年08月25日
装饰金属屋面板施工	60 days	2010年08月26日	2010年11月17日
玻璃幕墙	120 days	2010年09月23日	2011年03月09日
安装施工	220 days	2010年06月03日	2011年04月06日
精装修施工	126 days	2011年03月10日	2011年09月01日

图 6-9 工程项目施工二级进度计划示例①

每日进度计划是在二级进度计划基础上进行编制的，它体现了施工单位各专业每日的具体工作任务，目的是支持工程项目现场施工作业的每日进度控制，并且为 BIM 施工进度模拟提供详细的数据支持，以便实现更为精确的施工模拟和预演，真正实现现场施工过程的每日可控。

2) BIM 模型要求

BIM 模型是 BIM 施工进度管理实现的基础。BIM 模型的建立工作主要应在设计阶段，由设计单位直接完成；也可以委托第三方根据设计单位提供的二维施工图纸进行建模，形成工程的 BIM 模型。

BIM 模型是工程项目的基本元素（如门、窗、楼等）物理和功能特性的数据集合，是一个系统、完整的数据库。如图 6-10 所示，是采用 Autodesk 公司的建模工具 Revit 建立的工程项目 BIM 实体模型。

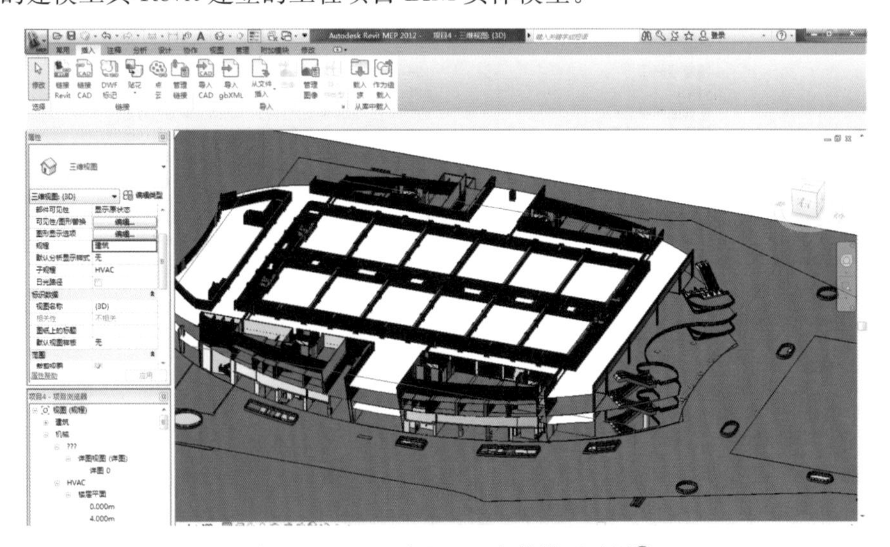

图 6-10 工程项目 BIM 实体模型示例①

① 资料来源：华中科技大学武汉国际博览中心 BIM 项目组。

BIM建模软件一般将模型元素分为模型图元、视图图元和标注图元[18]，模型结构如图6-11所示。

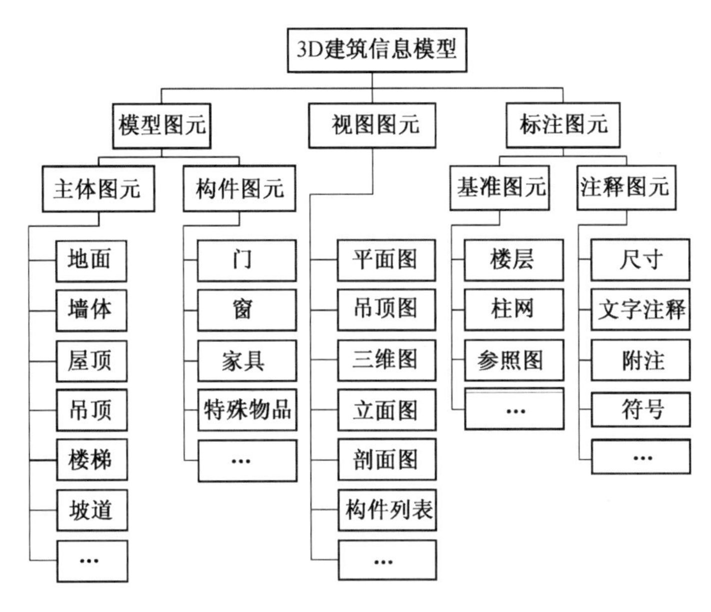

图6-11 BIM模型构成

上述信息模型的数据基本上涵盖了传统工程设计中的各种信息和要素，整合到一起就成为一个互动的"数据仓库"。模型图元是模型中的核心元素，是对建筑实体最直接的反映。基于BIM的工程项目施工进度管理涉及的主要模型图元信息如表6-1所示。

表6-1 基于BIM的施工进度管理4D模型

建筑信息	场地信息	地理、景观、人物、植物、道路贴近真实信息
	墙门窗等建筑构件信息	构件尺寸(长度、宽度、高度、半径等) 砂浆等级、填充图案、建筑节点详图等 楼梯、电梯、天花板、屋顶、家具等信息
	定位信息	各构件位置信息、轴网位置、标高信息等
结构信息	梁、板、柱	材料信息、分层做法、梁柱标识、楼板详图、附带节点详图(钢筋布置图)等
	梁柱节点	钢筋型号、连接方式、节点详图
	结构墙	材料信息、分层做法、墙身大样详图、空口加固等节点详图(钢筋布置图)
水暖电管网信息	管道、机房、附件等	按着系统绘制支管线，管线有准确的标高、管径尺寸，添加保温，坡度等信息
	设备、仪表等	基本族、名称、符合标准的二维符号，相应的标高、具体几何尺寸、定位信息等

续表

进度信息	施工进度计划	任务名称、计划开始时间、计划结束时间、资源需求等
	实际施工进度	任务名称、实际开始时间、实际结束时间、实际资源消耗等
	材料供应进度信息	材料生产信息、厂商信息、运输进场信息、施工安装日期、安装操作单位等
	进度控制信息	施工现场实时照片、图表等多媒体资料等
附属信息	技术信息	地理及市政资料，影响施工进度管理的相关政策、法规、规定，专题咨询报告，各类前期规划图纸、专业技术图纸、工程技术照片等
	规划设计信息	业主方签发的有关规划，设计的文件，函件，会议备忘录，设计单位提供的二维规划设计图、表、照片等
	单位及项目管理组织信息	项目整体组织结构信息，各参建方组织变动信息，各参建方资质信息，有关施工的会议纪要(进度相关)，业主对项目启用目标的变更文件等
	进度控制信息	业主对施工进度要求及进度计划文件，施工阶段里程碑及工程大事记，施工组织设计文件，施工过程进度变更资料等

6.3.3 基于 BIM 的施工进度计划编制

传统施工进度计划编制内容，主要包括工作分解结构的建立、工期估算以及工作逻辑关系安排等步骤。同样，基于 BIM 的施工进度计划的第一步是建立 WBS 工作分解结构，一般通过相关软件或系统辅助完成。将 WBS 作业进度、资源等信息与 BIM 模型图元信息链接，即可实现 4D 进度计划，其中的关键是数据接口集成。基于 BIM 的施工进度计划编制流程如图 6-12 所示。

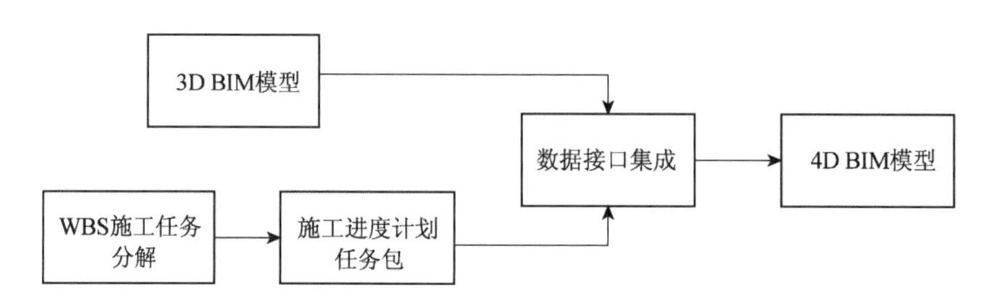

图 6-12 基于 BIM 的施工进度计划编制流程

1) 基于 BIM 的施工项目 4D 模型构建

基于 BIM 的施工项目 4D 模型构建可以采用多种软件工具来实现，以下采用 Navisworks Management 和 Microsoft Project 软件工具组合进行施工项目 4D 模型构建方法的介绍。

(1) 4D 模型构建方法

首先在 Navisworks Management 中导入工程三维实体模型，然后进行 WBS 分解，并确定工作单元进度排程信息，这一过程可在 Microsoft Project 软件中完成，也可在 Navisworks Management 软件中完成(后文将以这两种方式分别为例进行阐述)。工作单元进度排程信息包括任务的名称、编码、计划开始时间、计划完成时间、工期以及相应的资源安排等。

为了实现三维模型与进度计划任务项的关联,同时简化工作量,需先将 Navisworks Management 中零散的构件进行归集,形成一个统一的构件集合,构件集合中的各构件拥有各自的三维信息。在基于 BIM 的进度计划中,构件集合作为最小的工作包,其名称与进度计划中的任务项名称应为一一对应关系。

① 在 Microsoft Project 中实现进度计划与三维模型的关联。在 Navisworks Management 软件中预留有与各类 WBS 文件的接口,如图 6-13 所示,通过 TimeLiner 模块将 WBS 进度计划导入 Navisworks Management 中,并通过规则进行关联,即在三维模型中附加上时间信息,从而实现项目的 4D 模型构建。

在导入 Microsoft Project 文件时,通过字段的选择来实现两个软件的结合。如图 6-14 所示,左侧为 Navisworks Management 中各构件的字段,而右侧为 Microsoft Project 外部字段,通过选择相应同步 ID(可以为工作名称或工作包 WBS 编码),将构件对应起来,并将三维信息和进度信息进行结合。

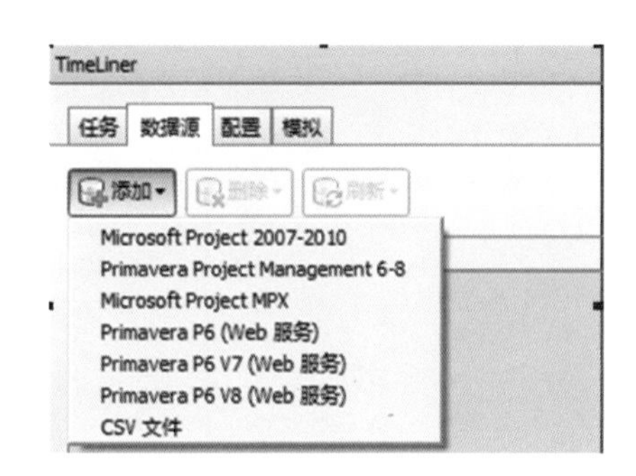

图 6-13　Navisworks Management 与 WBS 文件的接口

图 6-14　Navisworks Management 与 Microsoft Project 关联选择器

两者进行关联的基本操作为:将 Microsoft Project 项目通过 TimeLiner 模块中的数据源导入至 Navisworks Management 中,在导入过程中需要选择同步的 ID,然后根据关联规则自动将三维模型中的构件集合与进度计划中的信息进行关联[13]。

② 直接在 Navisworks Management 中实现进度计划与三维模型的关联。Navisworks Management 自带多种实现进度计划与三维模型关联的方式，根据建模的习惯和项目特点可选择不同的方式实现，以下介绍两种较常规的方式。

a) 使用规则自动附着。为实现工程进度与三维模型的关联，从而形成完整的 4D 模型，关键在于进度任务项与三维模型构件的链接。在导入三维模型、构建构件集合库的基础上，利用 Navisworks Management 的 TimeLiner 模块可实现构件集与进度任务项的自动附着，如图 6-15 所示。

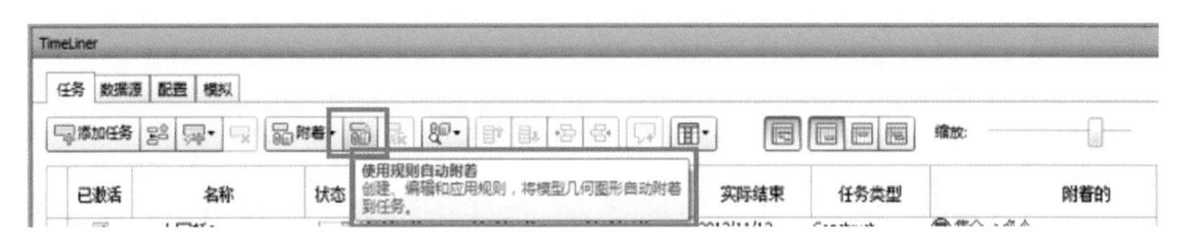

图 6-15　TimeLiner 中使用规则自动附着

基本操作为：使用 TimeLiner 中"使用规则自动附着"功能，选择规则"使用相同名称、匹配大小写将 TimeLiner 任务从列名称对应到选择集"，如图 6-16 所示，即可将三维模型中的构件集合与进度计划中的任务项信息进行自动关联，随后可根据工程进度输入任务项的 4 项基本时间信息（计划开始时间、计划结束时间、实际开始时间和实际结束时间）以及费用等相关附属信息，实现进度计划与三维模型的关联。

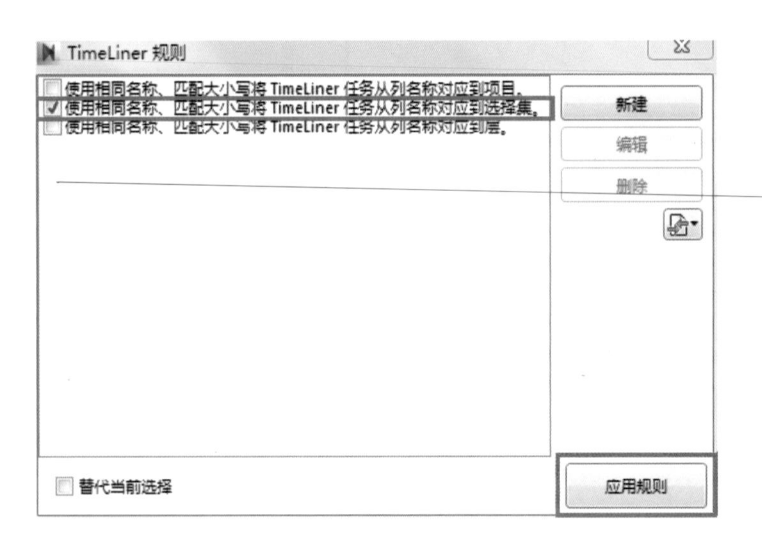

图 6-16　TimeLiner 中任务项名称与集合名称自动关联规则

b) 逐一添加任务项。根据工程进展和变更，可随时进行进度任务项的调整，对任务项进行逐一添加，添加进度任务项的操作如图 6-17 所示。

图 6-17　TimeLiner 模块中添加进度任务项

基本操作为:选择单一进度任务项,点击鼠标右键,选择附着集合,在已构建的构件集合库中选择该进度任务项下应完成构件集合名称,或可直接在集合窗口中选择相应集合,鼠标拖至对应任务项下,即可实现该任务项与构件集合的链接,如图 6-18 所示。

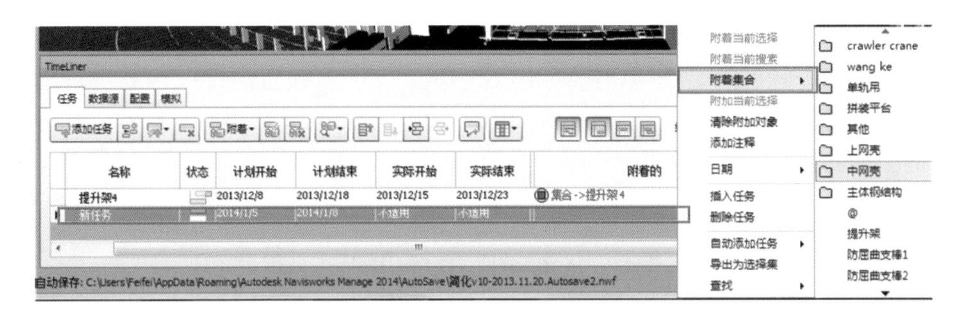

图 6-18　进度任务项与构件集合的链接

上述两种方法均可成功实现 4D 模型的构建,主要区别在于施工任务项与构件集合库进行关联的过程:

使用 Microsoft Project 和 Navisworks Management 中 TimeLiner 的自动附着规则进行施工进度计划的构建时,通过信息导入,可实现施工任务项与三维模型构件集合的自动链接,大大节省了工作时间,需要注意是任务项名称与构件集合名称必须完全一致,否则将无法进行 ID 识别,进而完成两者的自动链接。

在 TimeLiner 中手工进行一项一项的进度链接时,过程复杂,但可根据实际施工过程随时进行任务项的调整,灵活性更高,任务项名称和构件集合名称也无需一致。使用者可根据项目的规模、复杂程度、模型特点和使用习惯选择适合的 4D 模型构建方法。

(2) 4D 模型构建案例

① 在 Microsoft Project 中进行进度计划与三维模型的关联。本节以某门房项目为例,介绍 4D 模型构建过程,采用的软件工具是 Microsoft Project 和 Navisworks Management。

首先采用 WBS 方法将该门房项目的进度计划分解到最小的工作包,如表 6-2 所示。

表 6-2 门房项目 WBS 分解表

1 门房项目							
1.1 下部项目	1.2 上部项目						
1.1.1 基础	1.2.1 结构			1.2.2 装饰			1.2.3 给排水
1.1.1.1 独立基础	1.2.1.1 柱	1.2.1.2 梁	1.2.1.3 板	1.2.2.1 天棚抹灰	1.2.2.2 地面	1.2.2.3 踢脚	
1.1.1.2 基础梁	1.2.1.4 钢筋	1.2.1.5 外墙	1.2.1.6 内墙	1.2.2.4 窗框	12.2.5 窗户	1.2.2.6 门	1.2.3.1 给排水管道
1.1.1.3 筏板	1.2.1.7 地面	1.2.1.8 天棚	1.2.2.7 地板	1.2.2.8 墙裙	1.2.2.9 外墙喷漆		

根据分解后的工作包，在 Microsoft Project 中对项目的进度计划进行编制。整个工期维持 1 个月，工作时间为周一至周五，每天 8 小时工作制。具体的工期安排如图 6-19 所示[13]。

	WBS编码	任务模式	任务名称	工期	开始时间	完成时间	前置任务	资
1	1.1.1.1		柱基础	4 个工作日	2013年4月24日	2013年4月29日		
2	1.1.1.2		基础梁	1 个工作日	2013年4月30日	2013年4月30日	1	
3	1.1.1.3		底板	1 个工作日	2013年5月1日	2013年5月1日	2	
4	1.2.1.1		柱	3 个工作日	2013年5月2日	2013年5月6日	3	
5	1.2.1.2		梁	3 个工作日	2013年5月7日	2013年5月9日	4	
6	1.2.1.3		板	2 个工作日	2013年5月10日	2013年5月11日	5	
7	1.2.1.4		钢筋	4 个工作日	2013年5月11日	2013年5月15日	6FS-1 个工作日	
8	1.2.1.5		外墙	2 个工作日	2013年5月15日	2013年5月16日	7FS-1 个工作日	
9	1.2.1.6		内墙	1 个工作日	2013年5月17日	2013年5月17日	8	
10	1.2.1.7		地面	1 个工作日	2013年5月17日	2013年5月17日	8	
11	1.2.1.8		天棚	2 个工作日	2013年5月20日	2013年5月21日	10	
12	1.2.3.1		给排水	2 个工作日	2013年5月22日	2013年5月23日	11	
13	1.2.2.1		天棚抹灰	1 个工作日	2013年5月22日	2013年5月22日	11	
14	1.2.2.2		地面抹灰	1 个工作日	2013年5月23日	2013年5月23日	13	
15	1.2.2.3		踢脚	1 个工作日	2013年5月24日	2013年5月24日	14	
16	1.2.2.4		窗框	1 个工作日	2013年5月24日	2013年5月24日	14	
17	1.2.2.5		窗户	1 个工作日	2013年5月27日	2013年5月27日	16	
18	1.2.2.6		门	1 个工作日	2013年5月27日	2013年5月27日	16	
19	1.2.2.7		地板	3 个工作日	2013年5月28日	2013年5月30日	18	
20	1.2.2.8		墙裙	2 个工作日	2013年5月28日	2013年5月29日	18	
21	1.2.2.9		外墙喷漆	3 个工作日	2013年5月30日	2013年6月3日	20	

图 6-19 进度计划安排

在进度计划编制完成后，在 Navisworks Management 中根据工作包的划分构造相应的选择集，即将分散的各构件通过相互关系结合起来，与工作包一一对应，如图 6-20 所示[13]。这样能够大大降低后期的数据输入过程，数据信息的关联是基于工作包而非单个的构件，在后期的修改过程中也更加容易，同时也增强了项目的完整性。

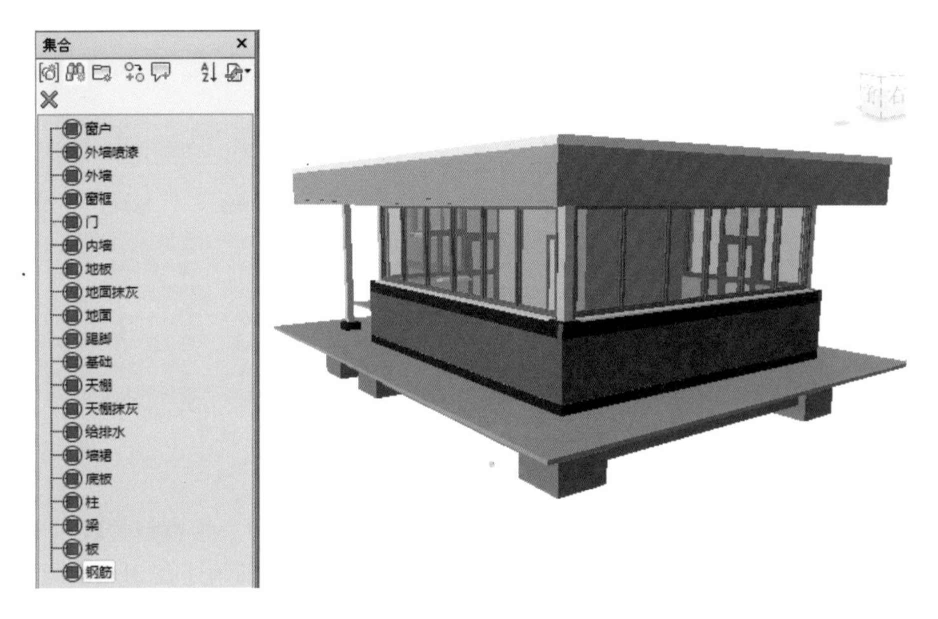

图 6-20　Navisworks Management 中构件集合

构件集合完成后，再利用 Navisworks Management 的数据源功能，将 Microsoft Project 软件中的进度信息导入。在字段选择器对话框中需要将 Microsoft Project 中的任务名称即 ID 与 Navisworks Management 中的选择集相关联，同时还有计划开始日期、计划结束日期、实际开始日期和实际结束日期等，如图 6-21 所示。将这些字段相互关联后，即能将进度信息直接自动赋予到三维的构件选择集上。

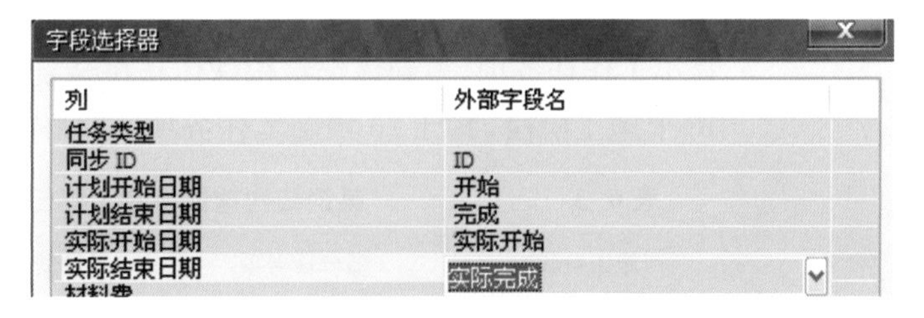

图 6-21　字段选择器窗口

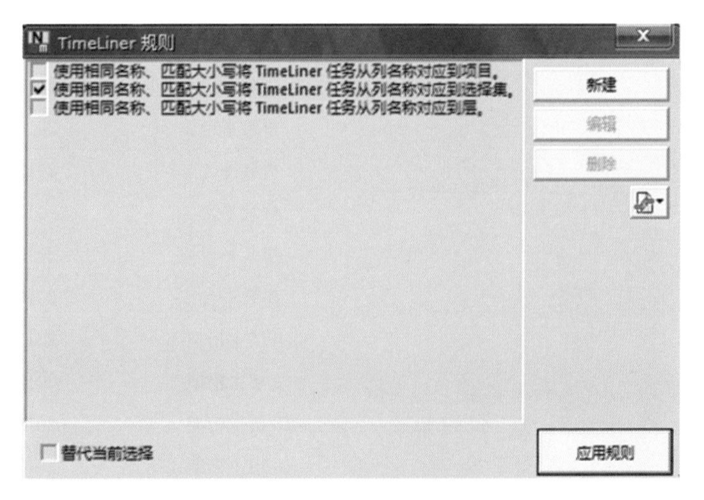

图 6-22　TimeLiner 规则对话框

在关联时，选择 TimeLiner 模块中的规则自动关联功能，如图 6-22 所示，并选择“使用相同名称、匹配大小写将 TimeLiner 任务从列名称对应到选择集”，就自动生成了关联于进度信息的四维构件选择集，如图6-23所示。

图 6-23　四维构件选择集

② 在 Navisworks Management 中直接将进度计划与三维模型关联。本节以某钢结构球体提升工程的4D模型构建过程为例，详细阐述在3D模型已构建的基础上，如何在 Navisworks Management 中建立进度计划并与三维模型进行关联。

a) 施工工艺任务分解。通过对该工程的施工工艺进行 WBS 分解，直至最小工作任务项，得到该钢结构球体从拼装到提升全过程，整个过程共划分为18个施工阶段，共计76项施工任务项，部分内容如表6-3所示。

表 6-3　某钢结构球体提升工程任务项划分

施工阶段	细分任务项	计划开始时间	计划施工时间
单轨吊	单轨吊 1	2013-07-01	2013-07-10
	单轨吊 2	2013-07-10	2013-07-20
	单轨吊 3	2013-07-20	2013-07-30
拼装平台	拼装平台 1	2013-07-01	2013-07-05
	拼装平台 2	2013-07-05	2013-07-10
	拼装平台 3	2013-07-10	2013-07-15
	拼装平台 4	2013-07-15	2013-07-20
	拼装平台 5	2013-07-20	2013-07-25
	拼装平台 6	2013-07-25	2013-07-30
18层主桁架	18层主桁架 1	2013-07-21	2013-07-21
	18层主桁架 2	2013-07-21	2013-07-21
	18层主桁架 3	2013-07-21	2013-07-21
	18层主桁架 4	2013-07-21	2013-07-21
	18层主桁架 5	2013-07-21	2013-07-21

续表

施工阶段	细分任务项	计划开始时间	计划施工时间
18层主桁架	18层主桁架6	2013-07-21	2013-07-21
	18层主桁架7	2013-07-22	2013-07-22
	18层主桁架8	2013-07-23	2013-07-23
斜支撑	主桁架斜支撑	2013-07-23	2013-07-23
20层主桁架	20层主桁架1	2013-07-24	2013-07-24
	20层主桁架2	2013-07-24	2013-07-24
	20层主桁架3	2013-07-24	2013-07-24
	20层主桁架4	2013-07-24	2013-07-24
…	…	…	…

b）三维模型集合库构建。如前文所述，在 Navisworks Management 中根据施工任务项的划分对三维模型中的单一分散的构建进行归类和集合，形成构件的集合库，即可将分散的各构件通过相互关系结合起来，便于与施工任务项的一一对应，也可大大降低后期的数据输入过程。

根据该钢结构球体施工阶段和任务项的划分，在三维模型的构件集合库创建过程中，为保持一致性，同样创建18个文件夹，共计76个构件集合，将三维模型中所有构件进行归类处理，链接到对应集合中，如图6-24所示，点击左方集合“中网壳”，右方三维模型便可显示中网壳所包含的全部构件（蓝色构件）。

图6-24 构件集合库的建立①

c）任务项与构件集合自动关联。使用 TimeLiner 中使用规则自动附着功能，选择规则“使用相同名称、匹配大小写将 TimeLiner 任务从列名称对应

① 资料来源：华中科技大学武汉国际博览中心 BIM 项目组。

到选择集”,即可将三维模型中的构件集与进度计划中的任务项信息进行自动关联。单击构件集合时均可在三维模型中显示对应构件,如图 6-25 所示。

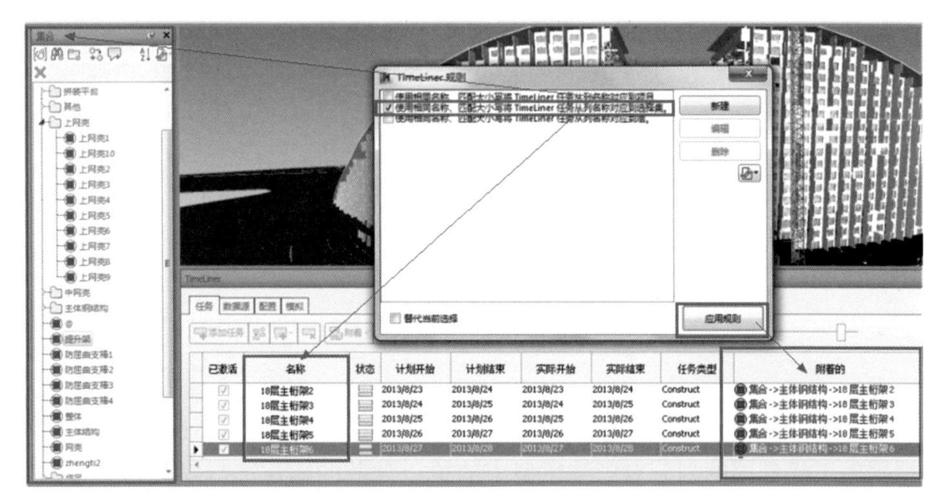

图 6-25　任务项与构件集合的关联①

d）TimeLiner 中进度任务项时间信息输入。根据自动关联的施工任务项清单,在 Navisworks Management 的 TimeLiner 模块中进行计划时间信息和实际时间信息的输入,如图 6-26 所示。

已激活	名称	状态	计划开始	计划结束	实际开始	实际结束	任务类型	附着的
✓	单轨吊1		2013/8/8	2013/8/12	2013/8/8	2013/8/12	Construct	集合->单轨吊->单轨吊1
✓	单轨吊2		2013/8/12	2013/8/15	2013/8/12	2013/8/15	Construct	集合->单轨吊->单轨吊2
✓	单轨吊3		2013/8/15	2013/8/22	2013/8/15	2013/8/22	Construct	集合->单轨吊->单轨吊3
✓	拼装平台1		2013/8/8	2013/8/10	2013/8/8	2013/8/10	Construct	集合->拼装平台->拼装平台1
✓	拼装平台2		2013/8/10	2013/8/12	2013/8/10			->拼装平台->拼装平台2
✓	拼装平台3		2013/8/12	2013/8/14	2013/8/12			->拼装平台->拼装平台3
✓	拼装平台4		2013/8/14	2013/8/16	2013/8/14			->拼装平台->拼装平台4
✓	拼装平台5		2013/8/16	2013/8/17	2013/8/16			->拼装平台->拼装平台5
✓	拼装平台6		2013/8/17	2013/8/19	2013/8/18			->拼装平台->拼装平台6
✓	18层主桁架1		2013/8/22	2013/8/23	2013/8/22			->主体钢结构->18层主
✓	18层主桁架2		2013/8/23	2013/8/24	2013/8/23			->主体钢结构->18层主
✓	18层主桁架3		2013/8/24	2013/8/25	2013/8/24			->主体钢结构->18层主
✓	18层主桁架4		2013/8/25	2013/8/26	2013/8/25			->主体钢结构->18层主
✓	18层主桁架5		2013/8/26	2013/8/27	2013/8/26			->主体钢结构->18层主
✓	18层主桁架6		2013/8/27	2013/8/28	2013/8/27	2013/ 8/28	Construct	集合->主体钢结构->18层主
✓	18层主桁架7		2013/8/28	2013/8/29	2013/8/28	2013/8/29	Construct	集合->主体钢结构->18层主

2013年8月

周日	周一	周二	周三	周四	周五	周六
28	29	30	31	1	2	3
4	5	6	7	8	9	10
11	12	13	14	15	16	17
18	19	20	21	22	23	24
25	26	27	28	29	30	31
1	2	3	4	5	6	7

今天: 2014/1/10

图 6-26　TimeLiner 中时间信息的输入①

至此,施工进度计划中的任务项和时间信息均与三维模型中的具体构件进行了一一对应,4D 模型已构建成功,可随时进行施工过程的 4D 进度模拟。在实际施工过程中,随着实际工作开始和实际工作结束时间的输入,也可进行计划进度与实际进度的 4D 对比分析,实现进度的 4D 管控。

---

① 资料来源:华中科技大学武汉国际博览中心 BIM 项目组。

2) 基于 BIM 的施工进度计划模拟

基于 BIM 的施工进度计划模拟也常被称为 4D 施工进度计划动态模拟，它将整个工程施工进程以 4D 可视化方式直观地展示出来。项目管理人员在 4D 可视化环境中查看各项施工作业，可以更容易地识别出潜在的作业次序错误和冲突问题[14]，可以更有弹性地处理设计变更或者工作次序变更[15]。此外，基于 BIM 的施工进度计划模拟使得项目管理人员在计划阶段更容易判断建造可行性问题和进行相关资源分配的分析，例如现场空间、设备和劳动力等，从而在编制和调试进度方案时更富有创造性。总体而言，借助基于 BIM 的施工进度计划模拟，可以实现施工进度、资源、成本及场地信息化、集成化和可视化管理，从而提高施工效率、缩短工期、节约成本。

基于 BIM 的施工进度计划模拟可以分成两类，一类是基于任务层面，一类是基于操作层面[16-17]。基于任务层面的 4D 施工进度计划模拟技术是通过将三维实体模型和施工进度计划关联而来。这种模拟方式能够快速地实现对施工过程的模拟，但是其缺陷在于缺乏对例如起重机、脚手架等施工机械和临时工序及场地资源的关注；而基于操作层面的 4D 施工进度计划模拟则是通过对施工工序的详细模拟，使得项目管理人员能够观察到各种资源的交互使用情况，从而提高工程项目施工进度管理的精确度以及各个任务的协调性。

(1) 基于任务层面的 4D 施工进度计划模拟方法

在支持基于 BIM 的施工进度管理的软件工具环境下，可通过其中的模拟功能，对整个工程项目施工进度计划进行动态模拟。以上述门房工程为例，在 4D 施工进度计划模拟过程中，建筑构件随着时间的推进从无到有动态显示。当任务未开始时，建筑构件不显示；当任务已经开始但未完成时，显示为 90% 透明度的绿色(可在软件中自定义透明度和颜色)；当任务完成后就呈现出建筑构件本身的颜色，如图 6-27 所示[13]。在模拟过程中发现任何问题，都可以在模型中直接进行修改。

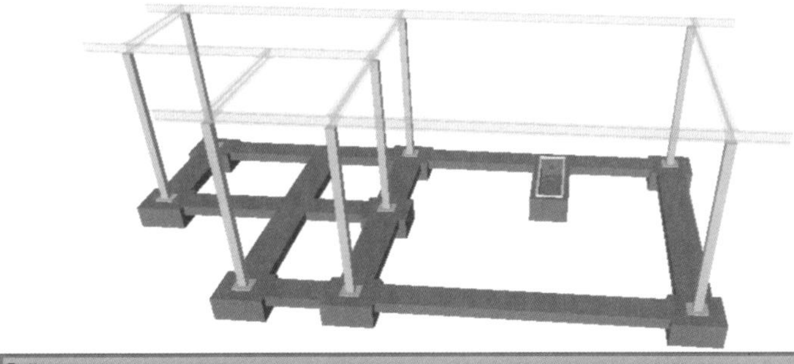

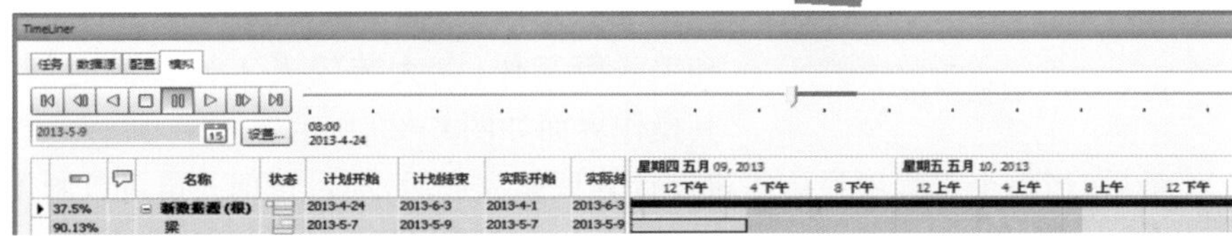

图 6-27　梁柱界面图

如图 6-27 所示，梁任务已开始但未完成，显示为 90%透明度的绿色；柱子和基础部分已经完成，显示为实体本身的颜色。

如图 6-28 所示[13]，软件界面上半部分为施工进度计划 4D 模拟，左上方为当前工作任务时间；下半部分为施工进度计划 3D 模拟操作界面，可以对施工进度计划 4D 模拟进行顺序执行、暂停执行和逆时执行等操作。顺时执行是将进度计划进展过程按时间轴动态顺序演示。逆时执行是将进度计划进展过程反向演示，由整个项目的完成逐渐演示到最初的基础施工。配合暂停执行功能，可以辅助项目管理人员更加熟悉施工进度计划各个工序间的关系，并在工程项目施工进度出现偏差时，采用倒推的方式对施工进度计划进行分析，及时发现影响施工进度计划的关键因素，并及时进行修改。

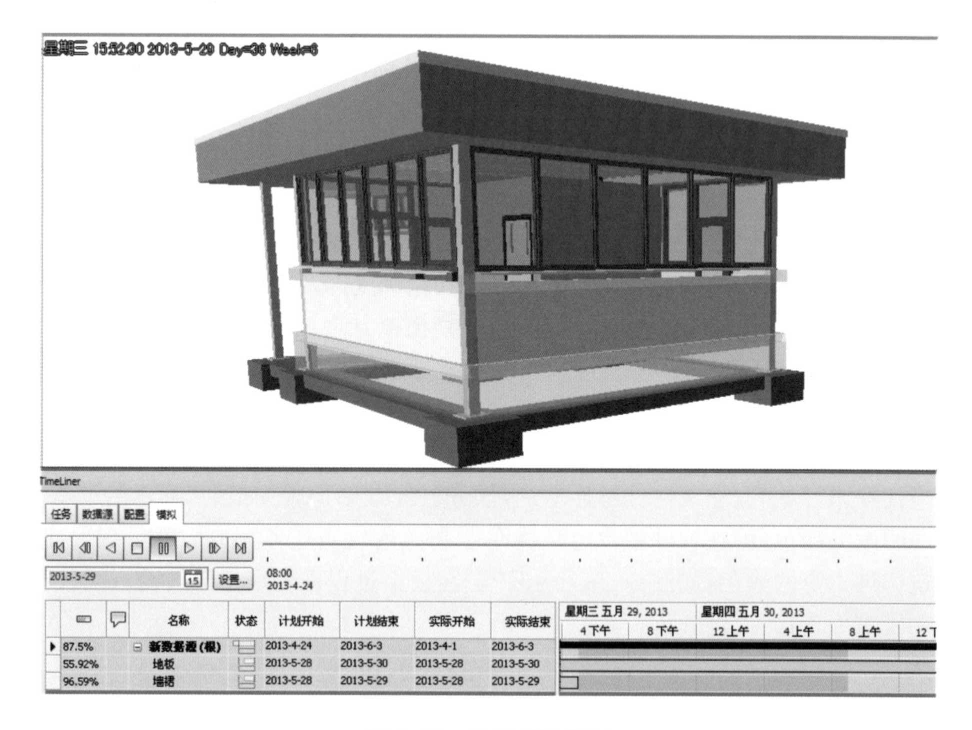

图 6-28　施工模拟界面

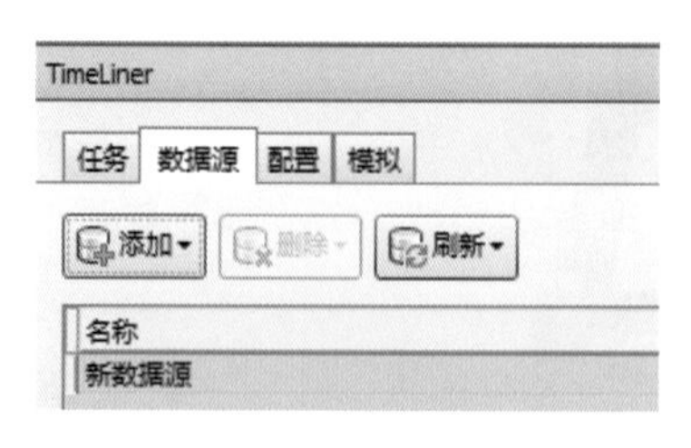

图 6-29　数据刷新功能

当施工进度计划出现偏差需要进行修改时，可以首先调整 Microsoft Project 施工进度计划数据源，然后在 Navisworks Management 中对数据源进行刷新操作，即能够实现快速的联动修改，而不需要进行重复的导入和关联等工作，大大节约人工操作的时间。其操作界面如图 6-29 所示。

最后，当整个工程项目施工进度计划调整完成后，项目管理人员可以利用 TimeLiner 模块中的动态输出功能，将整个项目进展过程输出为动态视频，以更直观和通用的方式展示建设项目的施工全过程，如图 6-30 所示。

(2) 基于操作层面的 4D 施工进度计划模拟方法

相比于任务层面的 4D 施工进度计划模拟，操作层面的模拟着重表现施工的具体过程。其模拟的精度更细，过程也更复杂，常用于对重要节点的施工具体方案的选择及优化。本节结合一个大型液化天然气(LNG)项目案例进行说明。

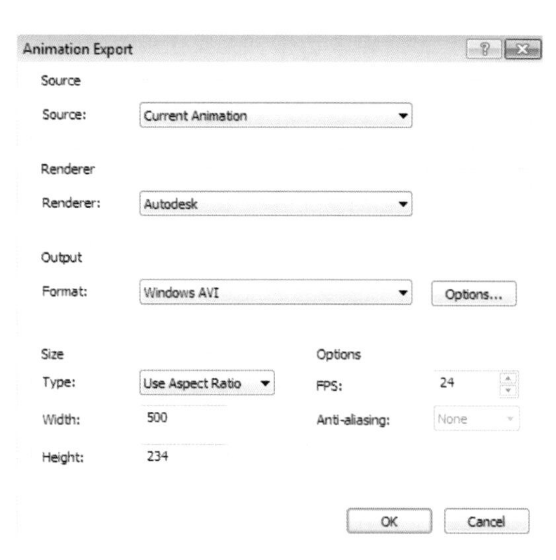

图 6-30 进度动态输出界面

本案例的内容是阐述 4D 环境下，如何模拟起重机工作状态，包括起吊位置的选择，以及最终选择起重机的最优行驶路线。

① 起重机的起吊位置定位。起重机的起吊位置是通过计算工作区域决定的。出于安全角度的考虑，起重机只能在特定的区域内工作，通常来说，这个区域在起重机的最大工作半径和最小工作半径之内，如图 6-31 所示。

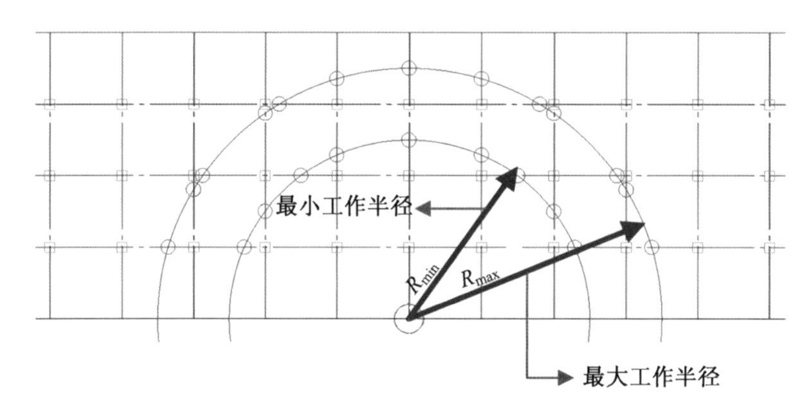

图 6-31 起重机工作半径示意图[①]

以履带式起重机为例，如式(6-1)、式(6-2)所示：

$$K_1 = \frac{M_S}{M_O} \geqslant 1.15 \tag{6-1}$$

$$K_2 = \frac{M_S}{M_O} \geqslant 1.14 \tag{6-2}$$

① 资料来源：西澳 BIM 石化项目组。

式中，M_S表示固定力矩；M_O表示倾覆力矩；K_1表示在考虑所有荷载下的参数，包括起重机的起重荷载和施加在其上面的其他荷载；K_2表示在考虑起重机的起重荷载下的参数，在大多数的施工中，K_2通常是被用作分析的对象，如式(6-3)所示。

$$K_2=\frac{M_S}{M_O}=\frac{G_1l_1+G_2l_2+G_0l_0-G_3d}{Q(R-l_2)}\geqslant 1.4 \tag{6-3}$$

式中 G_0——平衡重力；

G_1——起重机旋转部分的重力；

G_2——起重机不能旋转部分的重力；

G_3——起重机臂的重力；

Q——起重机的起吊荷载；

l_1——G_1重心与支点 A 之间的距离，A 为吊杆一侧的起重机悬臂梁的支点；

l_2——G_2重心与支点 A 之间的距离；

d——G_3重心与支点 A 之间的距离；

l_0——G_0重心与支点 A 之间的距离；

R——工作半径。

因此，最大的工作半径可由式(6-4)计算得到：

$$R\leqslant\frac{G_1l_1+G_2l_2+G_0l_0-G_3d}{k_2Q}+l_2 \tag{6-4}$$

而最小的工作半径则是由机械工作的安全指南决定。图 6-31 便是一台起重机的起吊点的确定示意图。

② 测算起重机的工作路径。如图 6-32 所示是施工现场的布置图。

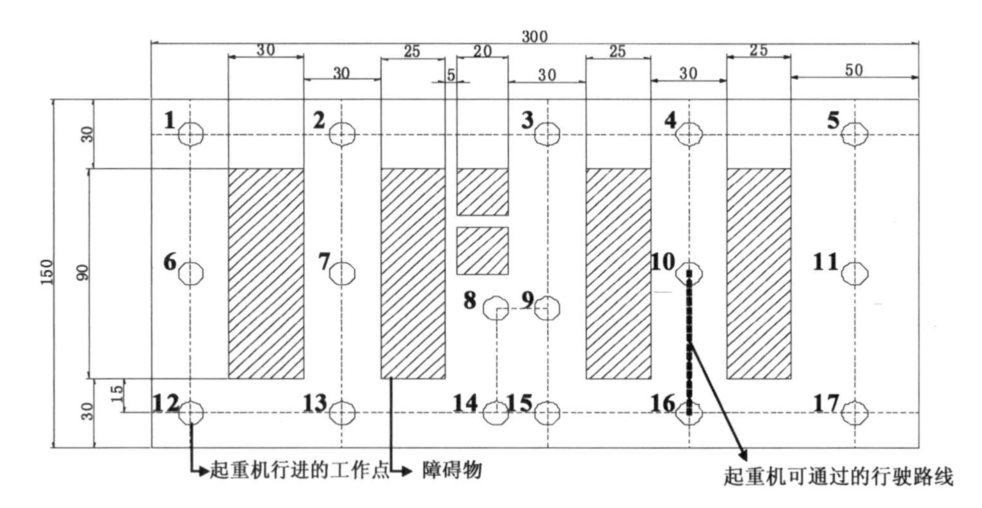

图 6-32 现场施工布置及机械路径示意图①(单位：m)

① 资料来源：西澳 BIM 石化项目组。

图 6-32 中,阴影部分表示在施工现场的建筑模型,圆圈表示起重机行进的工作点,虚线表示可通过的行驶路线。

由于图中的每个点坐标可以在 CAD 图纸上找到,因此可以计算出两个工作点之间的距离,用传统的最短路径流程算法我们可以得到一台起重机的工作路线,如图 6-33 所示。

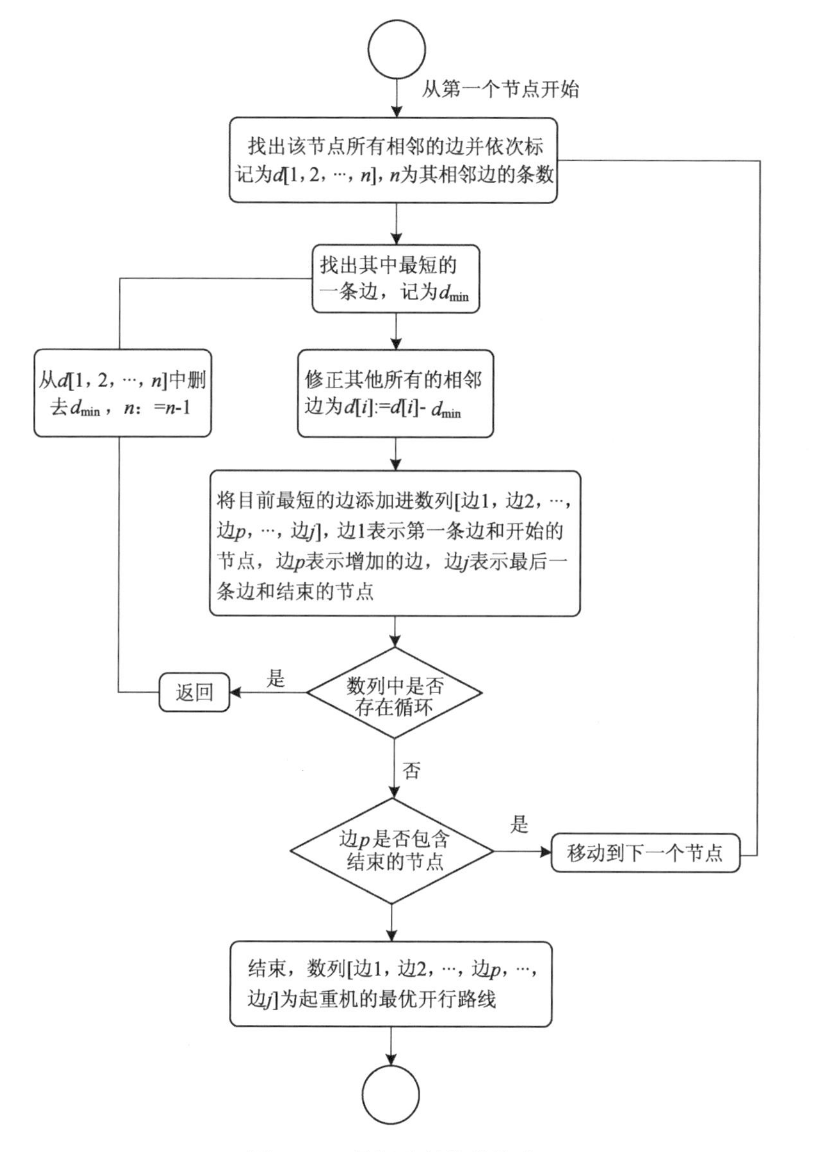

图 6-33　最短路径优化算法

这个程序可通过 Matlab 软件来运行。程序运行之前,需要输入一些起始的数据,包括起始节点的数据,也就是起重机原始位置,终点的位置,所有可通过节点的坐标以及起重机初始位置,哪些点之间可以作为起重机的工作行驶路径。假设起始节点为 1,结束节点为 10,则起重机工作路线的最终计算结果为(1，2)，(2，3)，(3，4)和(4，10)，如图 6-34 所示。

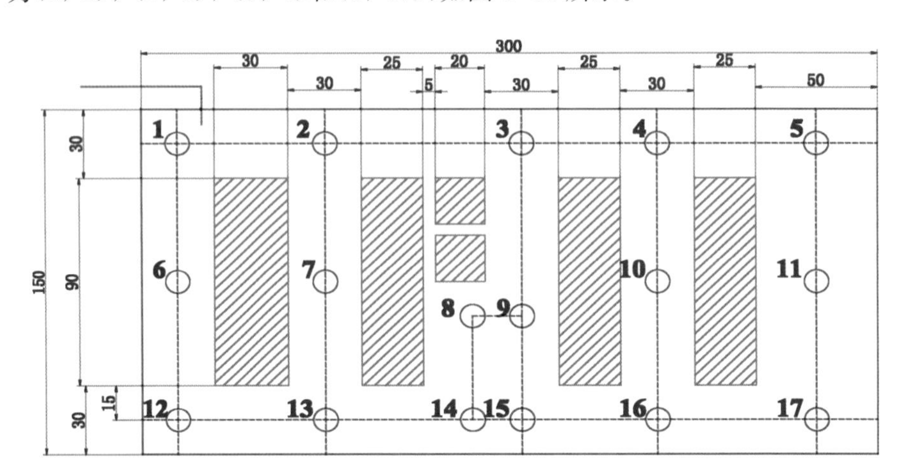

图 6-34　起重机最优路径示意图①(单位：m)

假设现场有两种不同的起重机：汽车吊和履带吊。对于某些路线，汽车吊可以通过但是履带吊却不能通过。表 6-4 列出了两种起重机在计算路线时用到的基本数据。

表 6-4　　**起重机参数表**　　单位：m

起重机类型	履带吊	汽车吊
长度	22	4.3
宽度	10	5.5
吊杆最大伸长长度	138	35.2

在实际的施工现场中，起重机工作时应根据准确的空间要求调整吊杆的角度，通常在 40°和 60°之间。因为吊杆是在一个特定的计算角度，所以必须要考虑到起重机吊杆所在的三维空间的限制，而且因为安全因素，还必须考虑移动的起重机和相邻建筑、工作人员和传送设备之间的距离。例如在图6-35、图 6-36 中，汽车吊可以通过这条道路，但是履带吊却因为格网状吊杆过长而无法通过。

图 6-35　汽车吊行驶空间示意图①

图 6-36　履带吊行驶空间示意图①

① 资料来源：西澳 BIM 石化项目组。

因此如果需要用履带吊来进行工作，则要重新考虑起重机的路线选择问题，为此，需要修改之前的路径选择优化算法，即添加检测路线是否可以通过起重机的判定。用数字 2 代表起重机臂长可以通过邻近模型，数字 0 则代表不能通过。对相应的流程图也作出一定的修改，如图 6-37 所示。

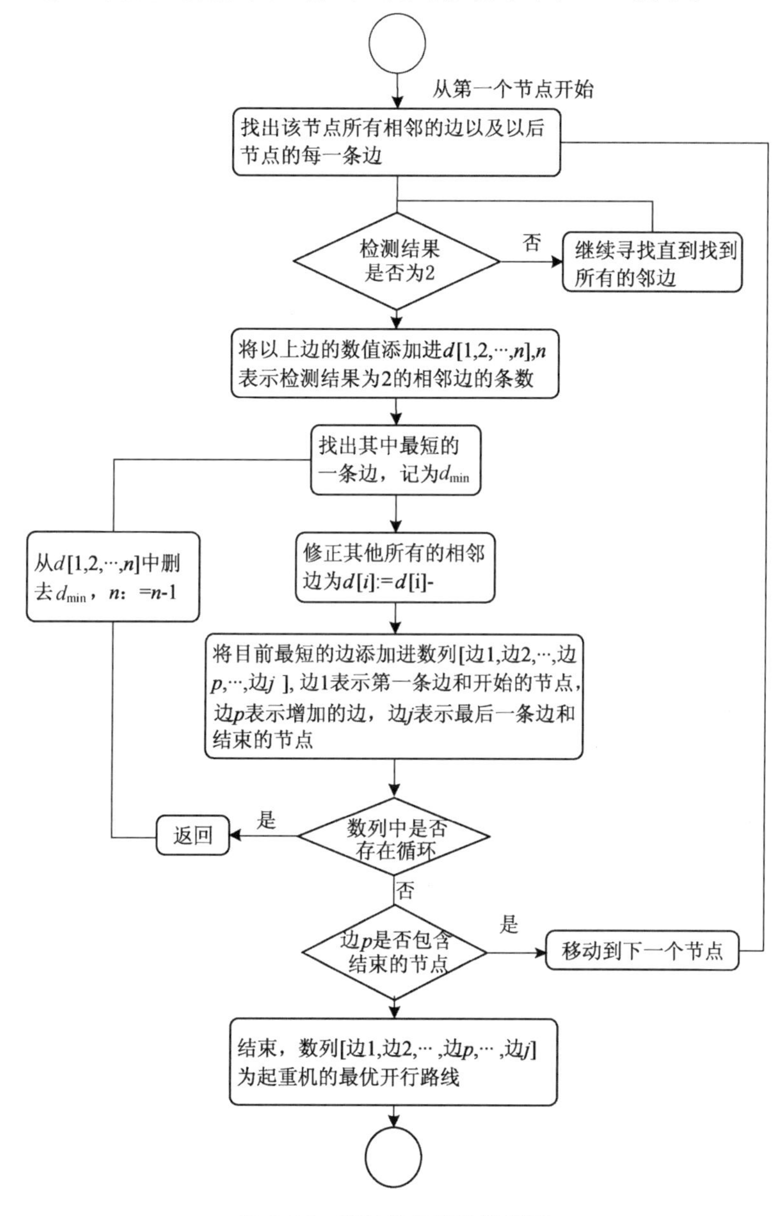

图 6-37 路径优化算法流程图

得到的最终优化的起重机工作路线如图 6-38 所示。

其计算结果的模拟路线示意如图 6-39 所示。

此时，在 4D 环境下，根据计算结果，定义起重机的具体路径，即能够实现操作层面的 4D 进度演示，如图 6-40 所示。

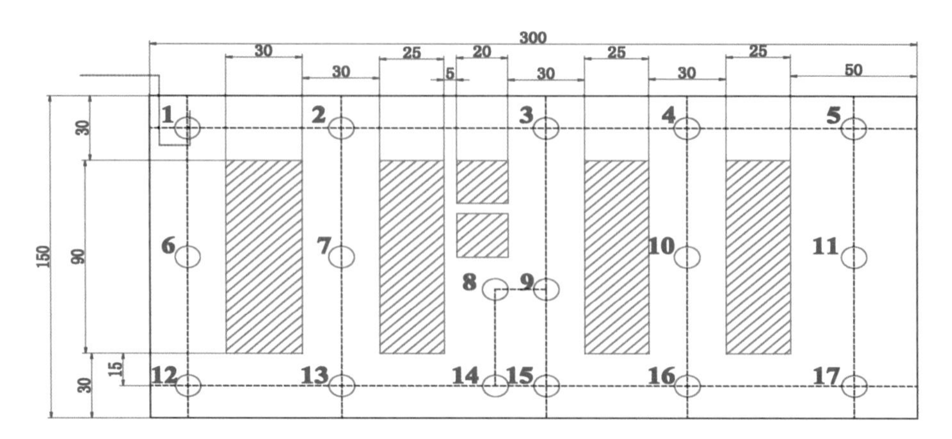

图 6-38 优化后的起重机平面工作路线①(单位:m)

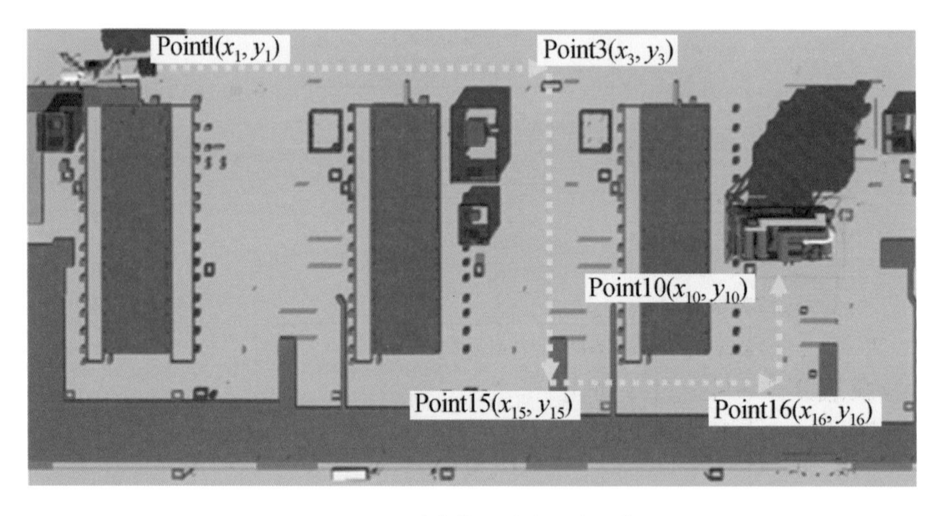

图 6-39 计算模拟路线示意图①

图 6-40 三维路径示意图①

① 资料来源:西澳 BIM 石化项目组。

本案例中，实现操作层面的4D CAD模拟一般包含以下五个步骤：

① 定义出约束条件，包括3D空间要求；

② 使用Matlab软件计算出两种起重机的最短工作路线；

③ 在4D的环境下确定每次移动的开始节点和结束节点；

④ 在4D的环境下设定出开始和结束之间的运动时间；

⑤ 通过4D的模拟比较两种起重机，并选择较好的一种作为最终的施工计划。

6.3.4 基于BIM的施工进度跟踪分析

基于BIM的施工进度跟踪分析的特点包括实时分析、参数化表达和协同控制。通过应用基于BIM的4D施工进度跟踪与控制系统，可以在整个建筑项目的实施过程中实现施工现场与办公所在地之间进度管理信息的高度共享，最大化地利用进度管理信息平台收集信息，将决策信息的传递次数降到最低，保证所作决定的立即执行，提高现场施工效率。

基于BIM的施工进度跟踪分析主要包括两个核心工作：首先是在建设项目现场和进度管理组织所在工作场所建立一个可以即时互动交流沟通的一体化进度信息采集平台，该平台主要支持现场监控、实时记录、动态更新实际进度等进度信息的采集工作；然后基于该信息平台提供的数据和基于BIM的施工进度计划模型，通过基于BIM的4D施工进度跟踪与控制系统提供的丰富分析工具对施工进度进行跟踪分析与控制。

1）进度信息收集

构建一体化进度信息采集平台是实现基于BIM的施工进度跟踪分析的前提。在项目实施阶段，施工方、监理方等各参建方的进度管理人员利用多种采集手段对工程部位的进度信息进行更新，该平台支持的进度信息采集手段主要包括现场自动监控和人工更新。

（1）现场自动监控

现场监控包括利用视频监控、三维激光扫描等设备对关键工程或者关键工序进行实时进度采集，使进度管理主体不用到现场就能掌握第一手的进度管理资料。

① 通过GPS定位或者现场测量定位的方式确定建设项目所在准确坐标。

② 确定现场部署的各种监控设备的控制节点坐标，在现场控制点不能完全覆盖建筑物时还需要增加临时监控点，在控制点上对工程实体采用视频监控、三维激光扫描等设备进行全时段录像、扫描工程实际完成情况，形成监控数据，如图6-41所示。

③ 将监控数据通过网络设备传回到基于BIM的4D施工进度跟踪与控制系统进行分析处理，为每一个控制点的关键时间节点生成阶段性的全景图形，并与BIM进度模型进行对比，计算工程实际完成情况，准确地衡量工程进度。

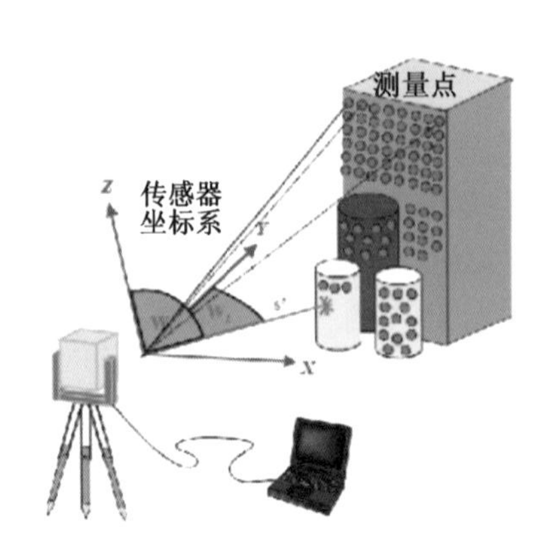

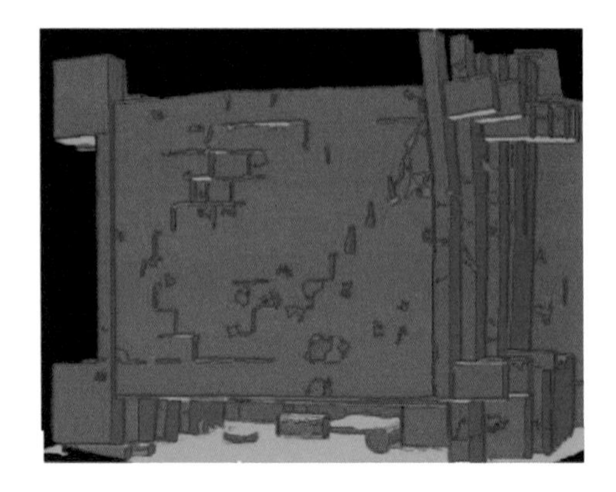

图 6-41　三维激光扫描原理及效果[19-20]

(2) 人工更新

对于进度管理小组日常巡视的工程部位也可采用人工更新的手段对BIM进度模型进行更新。具体过程包括：

① 进度管理小组携带智能手机、平板电脑等便携式设备进入日常巡视的工程部位。

② 小组人员利用摄像设备对工程部位进行拍照或摄影，如图 6-42 所示，并与 BIM 进度管理模块中的 WBS 工序进行关联。

图 6-42　进度管理人员人工采集更新①

③ 小组人员利用便携式设备上的 BIM 进度管理模块接口对工程部位的形象进度完成百分比、实际完成时间、计算实际工期、实际消耗资源数量等进度信息进行更新，有时还需要调整工作分解结构、删除或添加作业、调整作业间逻辑关系等。

通过整合各种进度信息采集方式实时上传的视频图片数据、三维激光扫描数据及人工表单数据等，施工进度管理人员可以对目前进度情况作出判断

① 资料来源：华中科技大学武汉国际博览中心 BIM 项目组。

并进行进度更新。项目进展过程中,更新进度很重要,实际工期可能与原定估算工期不同,工作一开始作业顺序也可能更改。此外,还可能需要添加新作业和删除不必要的作业。因此,定期更新进度是进度跟踪与控制的前提。

2) 进度跟踪与控制

在项目实施阶段,在更新进度信息的同时,还需要持续跟踪项目进展、对比计划与实际进度、分析进度信息、发现偏差和问题,通过采取相应的控制措施解决已出现的问题,并预防潜在问题以维护目标计划。基于 BIM 的进度管理体系从不同层次提供多种分析方法以实现项目进度的全方位分析。

BIM 施工进度管理系统提供项目表格、甘特图、网络图、进度曲线、四维模型、资源曲线与直方图等多种跟踪视图。项目表格以表格形式显示项目数据;项目横道图以水平“横道图”格式显示项目数据;项目横道图、直方图以栏位和“横道图”格式显示项目信息,以剖析表或直方图格式显示时间分摊项目数据;四维视图以三维模型的形式动态显示建筑物建造过程;资源分析视图以栏位和“横道图”格式显示资源、项目使用信息,以剖析表或直方图格式显示时间分摊资源分配数据。

关于计划进度与实际进度的对比一般综合利用横道图对比、进度曲线对比、模型对比完成。基于 BIM 的 4D 施工进度跟踪与控制系统可同时显示三种视图,实现计划进度与实际进度间对比,如图 6-43 所示。

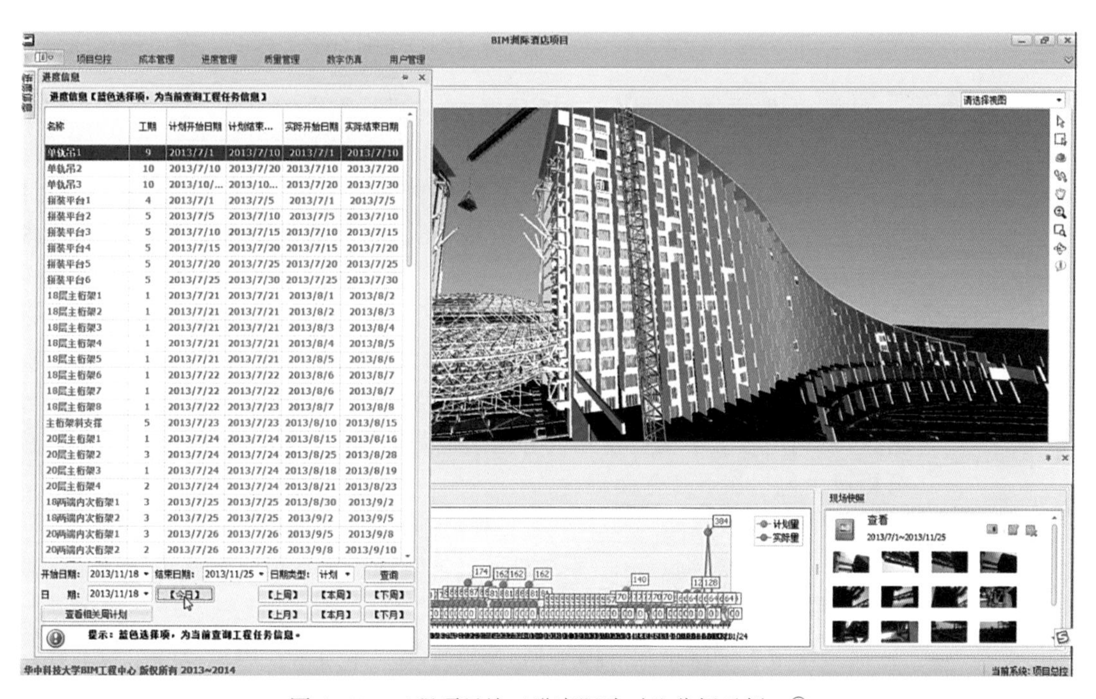

图 6-43 工程项目施工进度跟踪对比分析示例一①

---

① 资料来源:华中科技大学武汉国际博览中心 BIM 项目组。

可以通过设置视图的颜色实现计划进度与实际进度的对比。另外，通过项目计划进度模型、实际进度模型、现场状况间的对比，可以清晰地看到建筑物的"成长"过程，发现建造过程中的进度偏差和其他问题，如图 6-44 所示。

图 6-44　工程项目施工进度跟踪对比分析示例二①

所有跟踪视图都可用于检查项目，首先进行综合的检查，然后根据工作分解结构、阶段、特定 WBS 数据元素来进行更详细的检查。还可以使用过滤与分组等功能，以自定义要包含在跟踪视图中的信息的格式与层次[18]。根据计划进度和实际进度信息，可以动态计算和比较任意 WBS 节点任意时间段内计划工程量和实际工程量，如图 6-45 所示[19]。

进度情况分析主要包括里程碑控制点影响分析、关键路径分析以及计划与实际进度的对比分析。通过查看里程碑计划以及关键路径，并结合作业实际完成时间，可以查看并预测项目进度是否按照计划时间完成。关键路径分析，可以利用系统中横道视图或者网络视图进行。基于 BIM 的施工进度跟踪分析至少包括如下几方面用途：

① 帮助施工管理者实时掌握工程量的计划完工和实际完工情况。

② 在分期结算过程中，系统动态计算实际工程量可以为施工阶段工程款结算提供数据支持。

③ 作为工程成本控制的依据，通过计划用量与实际用量之间进行对比和分析，进行实时动态管理，当现场实际工程量与计划工程量之间发生偏差时系统发出预警，可及时寻找原因，进行改进，防患于未然。

① 资料来源：华中科技大学武汉地铁 BIM 项目组。

图 6-45 4D进度可视化跟踪视图

④ 作为施工人员调配、工程材料采购、大型机械的进出场等工作的依据。

为了避免进度偏差对项目整体进度目标带来的不利影响,需要不断地调整项目的局部目标,并再次启动进度计划的编制、模拟和跟踪,如需改动进度计划则可以通过进度管理平台发出,由现场投影或者大屏幕显示器的方式将计算机处理之后的可视化的模拟施工视频、各种辅助理解图片和视频播放给现场施工班组,现场的施工班组按照确定的纠偏措施动态地调整施工方案,对下一步的进度计划进行现场编排,实现管理效率的最大化。

综上所述,通过利用BIM技术对施工进度进行闭环反馈控制,可以最大程度地使项目总体进度与总体计划趋于一致。

参 考 文 献

[1] 李建平,王书平,宋娟. 现代项目进度管理[M]. 北京:机械工业出版社,2008.

[2] Malcolm D G, Roseboom J H, Clark C E, et al. Application of a technique for research and development program evaluation [J]. Operations Researeh, 1959, 7(5): 646-669.

[3] Nasution S H. Fuzzy critical path method [J]. Man and Cybernetics, 1994, 24(1): 48-57.

[4] Keefer D L, Verdini W A. Better estimation of PERT activity time parameters [J]. Management Science, 1993, 39(9): 1086-1091.

[5] 中国建筑学会建筑统筹管理分会. 网络计划技术大全[M]. 北京:地震出版社,1993.

[6] Zee Barry. Earned value analysis: a case study[J]. PMNetwork, 1996, 10(12): 48-56.

[7] 尹成明. 一汽一大众 Magotan 项目管理中

时间进度管理研究[D]. 长春：吉林大学，2007.
[8] 王柯. 基于 IFC 的 3D+建筑工程费用维的信息模型研究[D]. 上海：同济大学，2007.
[9] McKinney K, Fischer M. Generating, evaluating and visualizing construction schedules with CAD tools[J]. Automation in Construction, 1998, 7 (6):433-447.
[10] Eastman C, Teicholz P, Sacks R, et al. BIM handbook: a guide to building information modeling for owners, managers, designers, engineers, and contractors [M]. 2th Ed. Hoboken: John Wiley & Sons, Inc., 2011.
[11] Tulke J, Hanff J. 4D construction sequence planning-new process and data model[C]//CIB-W78 24th International Conference on Information Technology in Construction, Maribor, 2007.
[12] Ospina-Alvarado A M, Castro-Lacouture D. Interaction of processes and phases in project scheduling using BIM for AECFM integration [C]//Construction Research Congress, 2010:939-947.
[13] 何晨琛. 基于 BIM 技术的建设项目进度控制方法研究[D]. 武汉：武汉理工大学，2013.
[14] 张建平，曹铭，张洋. 基于 IFC 标准和工程信息模型的建筑施工 4D 管理系统[J]. 工程力学，2005，22(S1):221-227.
[15] Chau K W, Anson M, Zhang J P. 4D dynamic construction management and visualization software: 1. development[J]. Automation in Construction, 2005, 14 (4): 512-524.
[16] Kamat V R, Martinez J C, Fischer M, et al. Research in visualization techniques for field construction[J]. Journal of Construction Engineering and Management, 2011, 137(10): 853-862.
[17] Kim C, Kim H, Park T, et al. Applicability of 4D CAD in civil engineering construction: case study of a cable-stayed bridge project[J]. Journal of Computing in Civil Engineering, 2011, 25(1): 98-107
[18] 牛博生. BIM 技术在工程项目进度管理中的应用研究[D]. 重庆：重庆大学，2012.
[19] Stone W C, Juberts M, Dagalakis N, et al. Performance analysis of next-generation LADAR for manufacturing, construction, and mobility[G]. Gaithersburg: National Institute of Standards and Technology (NIST), 2004.
[20] Zeibak-Shini R, Sacks R, Filin S. Toward generation of a building information model of a deformed structure using laser scanning technology[C]//14th International Conference on Computing in Civil and Building Engineering (ICCCBE), 2012.

BIM

7 基于 BIM 的工程造价管理

7.1 概述

7.1.1 工程造价管理

工程造价管理经过了多年的发展，已经从最初单纯地进行工程造价的确定，逐步发展成为工程造价的控制乃至全过程管理，工程造价管理理论和实践的研究范围逐步覆盖到工程建造全过程的各个阶段，研究内容涵盖了与不同业务之间的综合应用和数据集成应用。各国纷纷在发展现有工程造价确定与控制理论和方法的基础上，借助其他管理领域理论与方法上最新的发展，开始了对工程造价管理进行更为深入和全面的研究。

1) 工程造价的费用构成

我国现行的建设工程总投资费用包括建设投资和流动资产投资两个部分，总投资构成如图 7-1 所示。工程造价涵盖了整个建设项目的投资，其中施工建造阶段主要涉及建筑安装工程费，主要由直接费、间接费、利润和税金构成。

(1) 直接费

直接费是只在施工过程中耗费的与建筑产品实体生产直接有关的各项费

用,包括直接工程费和措施工程费。直接工程费是指构成工程实体的各项费用,主要包括人工费、材料费和机械使用费。措施费是指有助于构成工程实体形成的各项费用,主要包括冬雨期施工增加费、夜间施工增加费、材料二次搬运费、脚手架费和临时设施费等。

(2) 间接费

间接费是指完成工程项目施工,发生于该工程施工前和施工过程中的非工程实体费用,这些费用不能直接计入某个建筑工程,而只有通过分摊的办法间接计入工程成本的费用,主要包括企业管理费和规费。

(3) 利润

利润是劳动者为企业劳动创造的价值。利润是按照国家和地方规定的计算基础和利润率计取的。

(4) 税金

税金是劳动者为社会劳动创造的价值。税金包括按照国家税法规定应该计入建筑安装工程造价内的营业税、城市维护建设税和教育费附加等。与利润不同点是税金具有法令性和强制性。

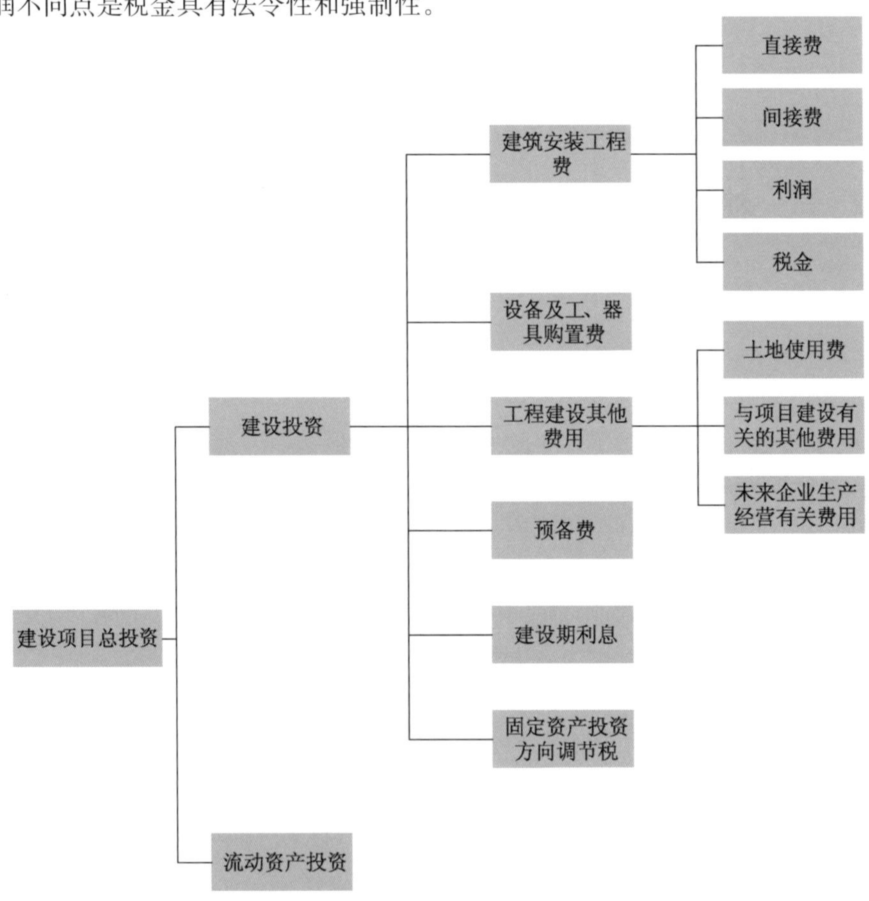

图 7-1　建设工程项目总投资构成

2）工程造价基本原理

（1）工程造价基本构成单元

从组成工程造价的建筑实体来讲，工程造价的基本构成单元是“分项工程”。首先，建筑工程一般较为复杂，按照一个整体工程去定价和管理难度很大。这就需要按照一定的规则，将建筑产品进行合理的分解，层层分解到构成完整建筑产品的基本构造要素——分项工程。工程造价也需要从最小的分项工程为单位进行计算，按照分项工程⟶分部分项工程⟶单位工程⟶单项工程⟶建设项目总造价逐层汇总计算形成。

其次，从建设项目划分内容来看，将建筑工程按照结构部位和工程工种来划分，可以划分为若干个分部工程。但是，由于建筑产品设计参数、施工工序、材料型号等不同，影响分部工程的消耗因素众多，相同的部位和工种并不能形成统一的价格。因此，需要进一步细分，按照具体工艺、构造材料等的要求，划分为更简单的组成部分，即分项工程。

（2）工程造价的关键元素

工程造价的公式如式(7-1)所示，可以看出，组成工程造价的关键要素包括工程实物量、消耗量、要素价格。

$$\text{工程总造价} = \sum_{i=1}^{n}(\text{工程实物量} \times \text{消耗量} \times \text{要素价格}) \tag{7-1}$$

① 工程实物量的计算和确定是工程造价管理的核心任务，正确、快速计算工程量是编制工程预算的基础工作。因此，工程量计算的准确与否，直接影响工程造价的准确性和投资控制能力。工程量计算一般是依据施工图纸及配套的标准图集、计价规范和施工方案等进行，具有工作量大、计算繁琐和费事等特点，一般来讲，工程量计算约占整个工程预算文件编制60%以上的工作量，工程量计算的精度和快慢程度直接影响预算的质量与速度。所以，如何采用科学先进的方法提高工程量计算速度和准确性，对工程造价管理具有重大的意义。

② 消耗量一般由国家或各地方政府制定的建设工程定额确定。工程定额是指在工程建设中生产单位合格产品所消耗的人工、材料、机械等资源的规定额度。这种规定额度反映的是在一定的社会生产力发展水平条件下，完成工程建设中某项产品与各种生产消费之间的特定的数量关系，体现正常的施工条件下的人工、材料、机械等消耗的社会平均合理水平。因此，定额使我们能够针对不同的工程计算出符合统一价格要求的工程造价。

③ 要素价格是指人工、材料、机械的价格。

在标准定额的基础上，考虑生产要素的价格因素并进行汇总计算，就可以得到各个工程实体的造价，进而计算出工程直接费、间接费、计划利润和税金，最终得到整个建设工程的造价。

3）传统造价管理局限性

我国建设工程造价管理工作中，工程量计算方法从起初的根据初步设计概算，凭借施工人员经验估价发展到软件绘图算量，同时，计价方式也从采用定额模式发展到清单模式估价，造价管理体系日趋完善，与国际市场日益接轨。我国经济的高速发展带动着基本建设突飞猛进，包括原材料在内的建设资源价格不断上涨，建筑工程的总造价和单位造价也在不断提高。如何合理确定和控制工程造价，使工程造价的增长控制在合理的范围内，是工程建设者需要考虑的一个重要问题。

虽然我国建设工程造价管理已经经过了几十年的发展，造价管理方式也在实践中不断完善，但是整个工程造价行业发展水平仍然与当前经济、社会发展水平存在差距，其中一个重要原因就是造价管理信息化、精细化的程度不够，出现各省或地区各自为政的局面，严重制约了建筑企业跨省作业，甚至走向国际市场。这种情况限制了我国工程造价管理工作效率的提高，一定程度上影响了我国建筑工程行业的健康发展。

① 造价管理过程孤立，无法支撑全过程造价。首先，工程造价管理过程普遍存在着各阶段独立和被动管理的现象，各阶段的造价信息仅为了满足本阶段业务需求而简单使用，其对造价的过程管理特别是成本管控的巨大潜力没有得到发挥。例如，施工图预算对工程预算仅仅起到指导和总控的作用，工程预算基本上是重做，没有复用，导致大量人力、物力的消耗和浪费，成本超支。

其次，造价管理与项目管理之间数据不统一。造价数据在工程项目成本管理中起着重要的作用，是项目成本测算的基础。目前，由于造价数据共享存在困难，造价工程师与工程其他岗位人员协同工作也存在障碍，影响部门之间业务数据交换的及时性和有效性，这也正是我国建筑企业基于三算对比的成本管理制度效果不太理想的原因之一。

最后，没有形成前后关联、资源共享的全过程造价管理。原因是目前国内还缺少一套能够实现项目造价全过程数据共享与管理的完整的计价体系。例如，建设项目工程前期项目策划的估算和设计概算费用关系还存在脱节。所以有必要加强造价全过程数据管理的相关业务标准及信息化体系建立，实现从最初的可行性研究报告到工程竣工各阶段实现精细化的工程造价管理，使得成本控制与风险控制具有连续性。

② 缺乏企业定额，缺少计价依据支撑。目前大部分的企业没有建立企业定额，这和宏观环境、企业能力、成本都有关系，特别是国家地区定额的发布和普遍使用，使企业没有动力去做。在没有自己的企业定额基础上，企业依旧使用国家或地方颁布的定额，背离了工程量清单计价模式的本质要求。而现行的国家定额，其取费标准的调整跟不上市场的节奏，导致与市场的实际情况产生一定脱节，迫使主管部门不断进行定额调整，结果是系数套系数，计算方法复杂，计算不精确，给专业计价人员增加了困难。

③ 清单和定额计价模式并存。首先，我国的的造价管理模式是定额计价模式和工程量清单计价模式共存的局面，各地在普遍采用工程量清单模式的

基础上，对定额计价模式莫衷一是。很多地方在投标报价中强制采用当地定额，不管是建设单位、施工单位都采用统一的定额，即由各地区主管部门统一采用单价法编制反映地区平均成本价的工程预算定额，实行价格管理。同时每月在当地的建设网站或者媒体公布当地的价格信息，形成指导价与指定价结合，定期不定期公布造价指导性系数，再进行工程造价调整。

其次，定额计价模式不利于施工企业之间正常的价格竞争、技术竞争和管理竞争。以定额计价模式为依据形成的工程造价属于社会平均价格，按照招标投标竞争定价的原则，这种平均价格可作为市场竞争的参考价格，但不能反映参与竞争企业的实际消耗和技术管理水平，在一定程度上限制了企业的公平竞争。

最后，地方法规细则受定额计价影响较深。很多地方在投标报价中也在采用当地定额。还有就是在清单宣贯或制订地方性的工程量清单实施细则中，都把工程量清单和传统定额牢牢捆绑在一起，甚至列出工程量清单和定额子目的对应包含、组合关系，这既违背了清单计价的初衷，也违反了市场规律，使企业无法展开良性竞争，制约了我国工程造价管理水平的提高和造价行业的发展。

④ 计价依据时效性差。我国在建设工程招标投标中所采用的工程造价计算模式仍然是以定额计价为主的传统模式，而定额的更新比较滞后，这导致很多数据并不适应当前的市场形势。一方面，由于新材料、新工艺的快速发展，引起施工技术变化，要求定额能够及时更新。但是，目前定额版本的更新发布一般 2～5 年一次，明显滞后，造价过程中缺乏有效、准确的依据。另一方面，与消耗量定额配套的价格体系没有建立，即使建立，也没有按照材料周期得到及时更新。价格信息的准确性、及时性和全面性都存在严重问题。仅凭二次动态调价无疑又增加了一次甚至多次计价工作，无论从时间还是成本方面，均不利于提高工作效率和降低项目的成本投入。

⑤ 项目造价数据难以实现共享。造价数据在工程项目中起着重要的作用，它是项目资源计划、变更签证、进度支付、工程计算的依据。造价数据的共享对提高工程项目运行效率尤为重要。

造价数据的共享和协同使用是项目各岗位业务上的需要。首先，在项目建设过程中，造价数据会被各个业务人员使用，材料员需要按照预算提取需用计划；成本管理人员需要按照预算进行成本核算和控制；经营人员需要按照预算进行工程结算等。这就涉及多个岗位对造价数据的共享需求。其次，由于造价数据共享存在困难，造价工程师与工程其他岗位人员协同工作会存在障碍。例如，在对项目进行多算对比时，不仅需要项目的预算数据、材料消耗、分包结算等，而且还需要这些数据相关部门或岗位的协助。而项目组织管理中部门的平级设置，一定程度上造成各业务部门之间沟通困难，体现在业务合作上效率不高、各自为政。这种效率较低的沟通方式影响了部门之间业务数据交换的及时性和有效性，这也正是我国建筑企业基于三算对比的造价管理制度形同虚设的原因之一。

⑥ 工程造价信息化管理手段落后。目前，工程造价信息化一般都集中在工程量计算和计价两个方面，缺乏造价数据管理的信息化手段，难以实现对历史造价信息和关键要素的积累、利用和更新的高效管理，例如历史造价工程的复用、造价指标的抽取和利用等，也较难通过信息化手段和技术，为决策者提供可靠的判断。

4）造价工具软件现状

工程造价软件已经在我国的建筑企业中普遍使用，并且应用深度也不断增加。软件供应商也非常多，主要包括广联达、鲁班、神机、品茗、清华斯维尔等。图 7-2 显示了造价软件的界面。工程造价基础性软件主要包括两大类：计价软件、工程量计算软件。这些软件主要完成造价的编制和工程量计算工作等基础性工作。一般的应用模式是利用相关图形（建筑、钢筋和安装等）工程量计算软件进行工程量的计算，并导入工程计价软件，再根据计价模式的不同（定额计价和清单计价），进行工程价格计算。围绕基础的造价软件，还有一些辅助性的造价软件，例如工程造价审核、工程对量、工程结算管理等。造价系列软件的发展大大提高了工程造价管理的工作效率，人们在享受计价软件提供的便利的同时，随着科技的发展和业务要求的不断提高，对工程计价工具的期望值也不断提升。目前我国的计价软件也暴露出一些共性问题。

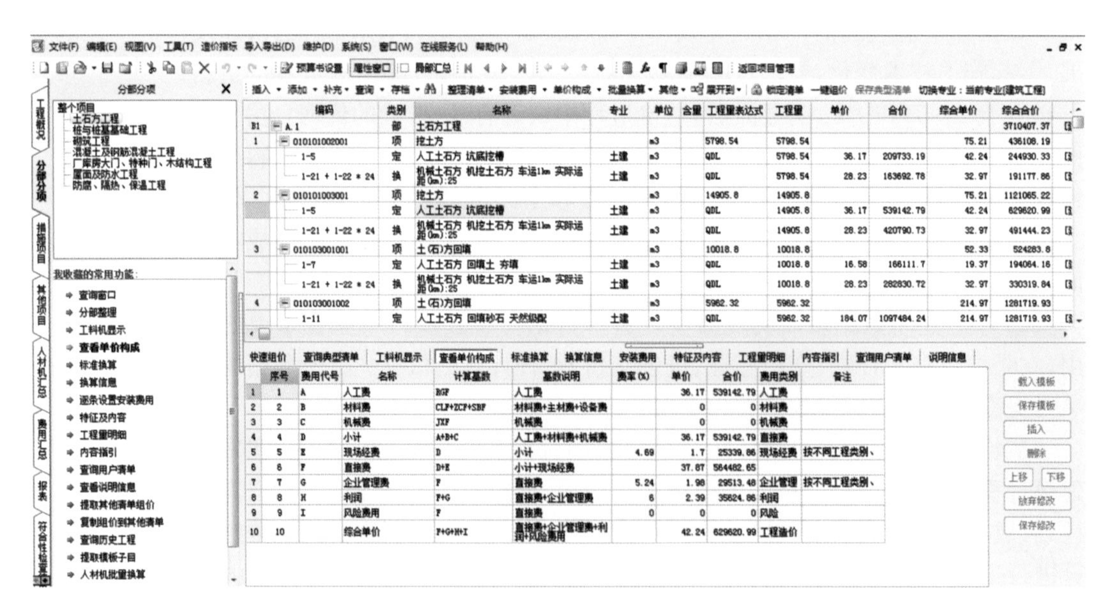

图 7-2　计价软件

(1) 难以实现造价全过程管理

现有的工程造价管理是一种事前预算和事后核算型造价管理方式。在招标阶段进行投标预算，在工程竣工之后通过竣工结算反映最终造价，把造价管理的重点放在造价发生之后的工程成本的审核上，而不是在造价发生的全过程中，无法对整个工程进行实时的监控，缺乏对整个造价的控制作用和意义。

为满足造价全过程管理，应该集成造价工具软件，建立一套科学的工程造价信息化管理服务平台。建筑工程生产活动本身是一项多业务、多环节、多因素、多角色、内外部联系密切的复杂活动。传统的工程造价管理是以纸为载体，这种方式层次多、效率低、费用高，极易因信息缺失和交流沟通失误造成管理失效。因此，应该建立一套科学的工程造价信息化管理服务平台、最大限度地缩小计划与实际发生之间的差距，充分利用可控资源（人、材、机），整合完善项目管理的数据链和数据流，在工程项目全生命周期中通过动态跟踪对造价全过程进行实时动态监控和管理，真正意义上做到工程造价全过程管理与控制的信息化集成应用。

（2）难以实现造价基础数据的共享与协同

工程造价管理要想实现过程动态管控，最重要的就是保证与之相关的工程造价基础数据的自动化、智能化与信息化，其核心就是能够及时、准确地调用基础数据。目前，造价管理中难以实现数据的共享与协同，这主要表现在两个方面。

第一，造价工程师无法与其他岗位进行协同办公。例如，当进行项目的多算对比和成本分析时，需要项目多岗位和多业务的运行数据，由于没有日常的数据共享平台，临时匆忙地收集数据往往造成协调困难，效率非常低，而且拿到的数据也很难保证及时性和准确性。这些量化的工程数据不仅是工程项目各项决策的信息基础，也可以精确控制施工实际成本，实现过程的监督，并作为核查比对的依据。总之，工程基础数据是支撑工程造价过程管控的关键，只有实现真正意义上的建设工程管理集成化和信息化，才能实现数据的共享，进而实现全过程的造价控制。

第二，工程建设过程中涉及众多的工程软件的应用，软件之间目前没有形成标准化的接口，造价软件与其他软件之间无法实现数据交换和共享。从工程造价管理的角度来说，如果建筑辅助设计软件、结构设计软件以及工程管理软件能够与之建立无缝接口的话，就能实现各业务数据之间的低成本转移，这样就能解决工程造价工作中最繁琐的数据信息、图形信息的输入和共享问题，使得工程造价管理软件的最大难点迎刃而解，其价值也可以得到最大限度的发挥。

（3）缺乏统一的造价数据的积累

目前，工程建设过程中所形成的造价数据无法形成统一、标准的历史数据库。从国外成功经验来看，对建设成本和未来成本的分析计算，基本上是建立在已完工程的造价信息数据库基础上进行，这样的分析具有动态性、科学性和准确性。在我国，由于工程建设模式不同，已完工程的历史数据由设计单位、施工单位和建设单位分别创建和保管，即使是施工单位自身，也很少能够建立统一的施工阶段的造价信息库，同一类的造价数据在不同业务部门之间可能口径都不一致，造价数据缺乏统一性、完整性和一致性。更重要的是没有利用数据库技术进行统一的管理，无法利用先进的数据挖掘等技术手段对历史造价数据进行整理、抽取和分析，进行数据复用和辅助决策。例如对造价指标的抽取，包括估算指标库、概算指标库、预算定额库等，这些指标数据对于新项目的估价、成本分析等具有重要意义。

(4) 造价数据分析功能弱

目前无论主流造价软件还是表格法的套价软件，只能分析一条清单总量的数据，数据粒度远不能达到项目管理精细化需求，只能满足投标预算和结算，无法实现按楼层、按施工区域或按构件分析的粒度，更不能实现基于时间维度的分析。同时，企业级管理能力不强，大型工程由众多单体工程组成，大型企业的成本控制更动态涉及数百项工程，快速准确的统计分析需要强大的企业级造价分析系统，并需要各管理部门协同应用，但目前的造价分析技术还局限在单机软件分析单体工程上。

7.1.2　BIM 在工程造价管理中的应用价值和流程框架

"工程造价"是工程建设项目管理的核心指标之一，工程造价管理依托于两个基本工作：工程量统计和工程计价。BIM 技术的成熟推动了工程软件的发展，尤其是工程造价相关软件的发展。传统的工程造价软件是静态的，二维的，处理的只是预算和结算部分的工作，对于工程造价过程管控几乎不起任何作用。BIM 技术的引入使工程造价软件发生了根本性的改变。第一是从 2D 工程量计算进入 3D 模型工程量计算阶段，完成了工程量统计的 BIM 化；第二是逐渐由 BIM4D(3D＋时间/进度)建造模型进一步发展到了 BIM5D(3D＋成本＋进度)全过程造价管理，实现工程建设全过程造价管理 BIM 化。

1) BIM 在工程造价管理中的应用价值

使用 BIM 技术对工程造价进行管理，首先需要集成三维模型、施工进度、成本造价三个部分于一体，形成 BIM5D 模型，这样才能够真正实现成本费用的实时模拟和核算，也能够为后续施工阶段的组织、协调、监督等工作提供有效的信息。项目管理人员通过 BIM5D 模型在开始正式施工之前就可以确定不同时间节点的施工进度与施工成本，可以直观地按月、按周、按日观看到项目的具体实施情况，即形象进度，并得到各时间节点的造价数据，很好地避免设计与造价控制脱节、设计与施工脱节、变更频繁等问题，使造价管理与控制更加有效。BIM 在工程造价管理中的应用价值主要包括以下几点。

(1) 提高工程量计算准确性

对施工项目而言，精确地计算工程量是工程预算、变更签证控制和工程结算的基础，造价工程师因缺乏充分的时间来精确计算工程量而导致预算超支和结算不清的事情屡见不鲜。造价工程师在进行成本和费用计算时可以手工计算工程量，或者将图纸导入工程量计算软件中计算，但不管哪一种方式都需要耗费大量的时间和精力。有关研究表明，工程量计算在整个造价计算过程中会占到 50%～80%的时间。工程量计算软件虽在一定程度上减轻了造价工程师的工作强度，但造价工程师在计算过程中同样需要将图纸重新输入工程量计算软件，这种工作常常造成人为误差。

BIM是一个包含丰富数据，面向对象的具有智能化和参数化(parametric)特点的建筑设施的数字化表示，BIM中的构件信息是可运算的信息。借助这些信息计算机可以自动识别模型中的不同构件，根据模型内嵌的几何、物理和空间信息，结合实体扣减计算技术，对各种构件的数量进行统计。以墙体的计算为例，计算机可以自动识别软件中墙体的属性，根据模型中有关该墙体的类型和组分信息统计出该段墙体的数量，并对相同的构件进行自动归类。因此，当需要制作墙体明细表或计算墙体数量时，计算机会自动对它们进行统计，构件所需材料的名称、数量和尺寸，都可以在模型中直接生成，而且这些信息将始终与设计保持一致。BIM的自动化工程量计算为造价工程师带来的价值主要包括以下几个方面：

① 基于BIM的自动化工程量计算方法提高了算量工作的效率，将造价工程师从繁琐的劳动中解放出来，为造价工程师节省出更多的时间和精力用于更有价值的工作，如造价分析等。同时，可以及时将设计方案的成本反馈给设计师，便于在设计的前期阶段对成本进行控制。

② 基于BIM的自动化工程量计算方法比传统的计算方法更加准确，工程量计算是编制工程预算的基础，但计算过程非常繁琐，容易因人为原因造成计算错误，影响后续计算的准确性。自动化算量功能可以使工程量计算工作摆脱人为因素影响，得到更加客观准确的数据。

(2) 更好地控制设计变更

传统的工程造价管理中，一旦发生设计变更，造价工程师需要手动检查设计图纸，在设计图纸中确定关于设计变更的内容和位置，并进行设计变更所引起的工程量的增减计算。这样的过程不仅缓慢、耗时长而且可靠性不强。同时，对变更图纸、变更内容等数据的维护工作量也很大，如果没有专门的软件系统辅助，查询非常麻烦。

利用BIM技术，造价信息与三维模型数据就进行了一致关联，当发生设计变更时，修改模型，BIM系统将自动检测哪些内容发生变更，并直观地显示变更结果，统计变更工程量，并将结果反馈给施工人员，使他们能清楚地了解设计图纸的变化对造价的影响。例如，设计变更中要求窗户尺寸缩小，该变更将自动反映到所有相关的材料明细表中，造价工程师使用的所有材料需用数量和尺寸也会随之变化。同时，设计变更所产生的数据将自动记录在模型中，与相关联的模型绑定在一起，这样随时可以查询变更的完整信息。使用模型代替图纸进行造价计算和变更管理的优势显而易见。

(3) 提高项目策划的准确性和可行性

所谓施工项目策划是指根据建设业主总的目标要求，从不同的角度出发，通过对建设项目进行系统分析，对施工建设活动的全过程作预先的考虑和设想，以便在施工活动的时间、空间、结构三维关系中选择最佳的结合点重组资源和展开项目运作，为保证项目在完成后获得满意可靠的经济效益、环境效益和社会效益而提供科学的依据。单个施工项目规模和体量呈现逐步扩大趋势，带来项目的施工周期变长和资金需求量变大，如果要保证工程按期完成，必须有足够的资源及相应的合理化配置作为保证，所以，制订准确可行的施工策划方案对于合理安排资金、材料、设备、劳动力等具有重要的意义。

利用BIM5D模型，有利于项目管理者合理安排工程进度计划、资金计划和配套资源计划。具体来讲，就是使用BIM软件快速建立工程实体的三维模型，通过自动化工程量计算功能计算实体工程量，进而结合BIM数据库中的人工、材料、机械等价格信息，分析任意部位、任何时间段的造价。同时，利用BIM数据库，赋予模型内各构件进度时间信息，形成BIM5D模型，我们就可以对数据模型按照任意时间段、任一分部分项工程细分其工程量和造价，辅助工程人员快速地制订项目的资金计划、材料计划、劳动力计划等资源计划，并在施工过程中，按照实际进度合理调配资源，及时准确掌控工程成本，高效地进行成本分析及进度分析。同时，利用BIM模型的模拟和自动优化功能，可实现多项目方案的实时模拟，并进行对比、分析、选择和进一步优化，例如通过对多方案的反复比选，优化施工计划，合理利用资金，提高资金的周转率和使用效率。因此，从项目整体上看，通过BIM可提高项目策划的准确性和可行性，进而提升项目的管理水平。

(4) 造价数据的积累与共享

在现阶段，造价机构与施工单位完成项目的预算和结算后，相关数据基本以纸质载体或Excel，Word，PDF等载体保存，要么存放在档案柜中，要么存放在硬盘里，它们孤立而分散地存在，查询和使用起来非常不便。

有了BIM技术，就可以形成带有设计和施工全部数据的三维模型资料库，便捷地进行存储，并通过统一的模型入口准确地调用和分析，实现不同业务和不同角色之间的信息共享。BIM数据库的建立是基于对历史项目数据及市场信息的积累，有助于施工企业高效利用项目信息模型，快速生成业主方需要的各种进度报表、结算单、资金计划，避免施工单位每月都花大量时间核实这些数据。

同时，施工企业可以从公司层面统一建立BIM数据库，通过造价指标抽取，为同类工程提供对比指标；也可以方便地为新项目的投标提供可借鉴的历史报价参考，避免企业造价专业人员流动带来的重复劳动和人工费用增加。在项目建设过程中，施工单位也可以利用BIM技术按某时间、某工序、特定区域进行工程造价管理，做到项目精细化管理。正是BIM这种统一的项目信息存储平台，实现了信息的积累、共享及管理的高效便捷。

(5) 提高项目造价数据的时效性

在工程施工过程中，从项目策划到工程实施，从工程预算到结算支付，从施工图纸到设计变更，不同的工作、阶段或业务，都需要能够及时准确地获取项目的造价信息，而施工项目的复杂性使得传统的项目管理方式在特定阶段获取特定造价信息的效率非常低下。

BIM技术的核心是一个由计算机三维模型所形成的数据库，这些数据库信息在建筑全寿命过程中会随着施工进展和市场变化进行动态调整，相关业务人员调整BIM模型数据后，所有参与者均可实时地共享更新后的数据。数据信息包括任意构件的工程量和造价，任意生产要素的市场价格信息，某部分工作的设计变更，变更引起的其他数据变化等。BIM这种富有时效性的共享数据平台的工作方式，改善了沟通方式，使项目工程管理人员及项目造价人员及时、准确地筛选和调用工程基础业务数据成为可能。也正是这种时效性，大大提高了造价基础数据的准确性，从而提高了工程造价的管理水平，避免了传统造价模式与市场脱节、二次调价等问题。

(6) 支持不同阶段的成本控制

BIM模型丰富的参数信息和多维度的业务信息能够辅助不同阶段和不同业务的成本控制。在施工项目投标过程中，投标造价的合理性至关重要。在充分理解施工图纸基础上，将设计图纸中的项目构成要素与BIM数据库积累的造价信息相关联，可以按照时间维度，按任一分部、分项工程输出相关的造价信息，自动统计指标信息，对于投标造价成本的合理性分析和审核具有重要意义。

在设计交底和图纸会审阶段，传统的图纸会审是基于二维平面图纸进行的，且各专业图纸分开设计，仅凭借人为检查很难发现问题。BIM的引入，可以把各专业设计模型整合到一个统一的BIM平台上，设计方、承包方、监理方可以从不同的角度审核图纸，利用BIM的可视化模拟功能，进行各专业碰撞检查，及时发现不合实际之处，降低设计错误数量，极大地减少理解错误导致的返工费用，避免工程实施中可能发生的各类变更，做到成本的事前控制。

在施工过程中，材料费用通常占预算费用的70%，占直接费的80%，比重非常大。因此，如何有效地控制材料消耗是施工成本控制的关键。通过限额领料可以控制材料浪费，但是在实际执行过程中往往效果并不理想。原因就在于配发材料时，由于时间有限及参考数据查询困难，审核人员无法判断报送的领料单上的每项工作消耗的数量是否合理，只能凭主观经验和少量数据大概估计。通过BIM技术，审核人员可以利用BIM的多维模拟施工计算，快速准确地拆分汇总并输出任一细部工作的消耗量标准，真正实现限额领料的初衷，真正做到成本的过程控制。

(7) 支撑不同维度多算对比分析

工程造价管理中的多算对比对于及时发现问题、分析问题、纠正问题并降低工程费用至关重要。多算对比通常从时间、工序、空间三个维度进行分析对比，只分析一个维度可能发现不了问题。比如某项目上月完成600万元产值，实际成本450万元，总体效益良好，但很有可能某个子项工序预算为90万元，实际成本却发生了100万元。这就要求我们不仅能分析一个时间段的费用，还要能够将项目实际发生的成本拆分到每个工序中。又因为项目经常按施工段进行区域施工或分包，这又要求我们能按空间区域或流水段统计、分析相关成本要素。当从这三个维度进行统计及分析成本情况，需要拆分、汇总大量实物消耗量和造价数据，仅靠造价人员人工计算是难以完成的。

要实现快速、精准的多维度多算对比，需利用 BIM5D 技术和相关软件。对 BIM 模型各构件进行统一编码，在统一的三维模型数据库的支持下，从最开始就进行模型、造价、流水段、工序和时间等不同纬度信息的关联和绑定，在过程中，能够以最少的时间实时实现任意维度的统计、分析和决策，保证多维度成本分析的高效性和精准性，以及成本控制的有效性和针对性。

2）基于 BIM 工程造价管理的流程框架

对施工企业来讲，工程造价管理业务涵盖了整个施工项目全生命周期，因此，BIM 在造价管理中的应用也将涉及不同的项目阶段、不同项目参与方和不同的 BIM 应用点三个维度的多个方面，复杂程度可想而知。所以，如果想保证 BIM 在工程造价管理中的顺利应用和实施，仅仅完成孤立的单个 BIM 任务是无法实现 BIM 效益最大化的，这就需要 BIM 各应用之间按照一定的流程进行集成应用，集成程度是影响整个建设项目 BIM 技术应用效益的重要因素。

BIM 集成应用需要遵循一定的流程，流程包括三部分的内容：第一是流程活动和任务，每一个任务的典型形态可以用图 7-3 表示。第二是任务的输入和输出，完整的 BIM 项目都是由一系列任务按照一定流程组成的，每一个任务的输入都有两个来源：其一是该任务前置任务的输出，其二是该任务责任方的人工输入，人工输入就是完成这个任务所增加的信息。第三就是交换信息，也就是每个任务具体输入和输出的信息内容是什么，每一个任务都会在上一个任务节点输出的信息中，根据当前 BIM 应用要求，获取所需要的部分信息，并加入新的造价信息。最终形成完整的造价信息模型。因此统一的 BIM 模型平台是 BIM 集成应用和实施的基础。图 7-4 是 BIM 在工程造价管理中的流程框架。

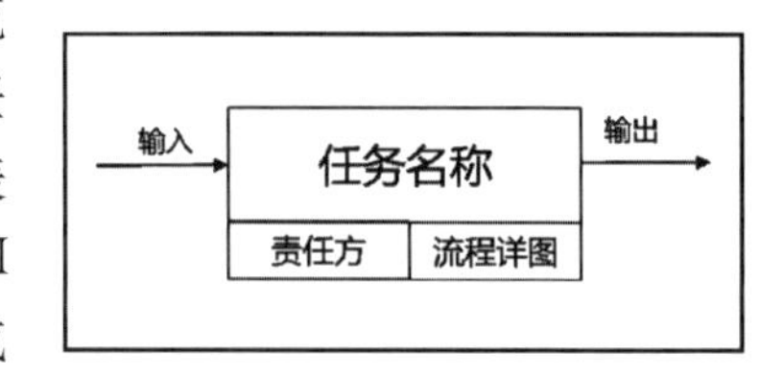

图 7-3　流程节点

（1）设计阶段

在设计阶段，施工企业还没有参与进来，但是设计阶段是 BIM 应用的基础，本阶段会产生施工所需要的 BIM 基本三维信息模型。基本信息模型是实施 BIM 的基础，它包括所有不同 BIM 应用子模型共同的基础信息，这些信息可用于项目整个生命周期，也是基于 BIM 的工程造价管理的核心基本信息模型。本阶段模型包含以构件实体为基本单元的建筑对象的几何尺寸、空间位置以及和各构件实体之间的关系信息，以及工程项目类型、名称、用途、建设单位等项目的基本工程信息。根据设计专业不同，输出的模型信息可以分为建筑模型、结构模型、机电模型等。

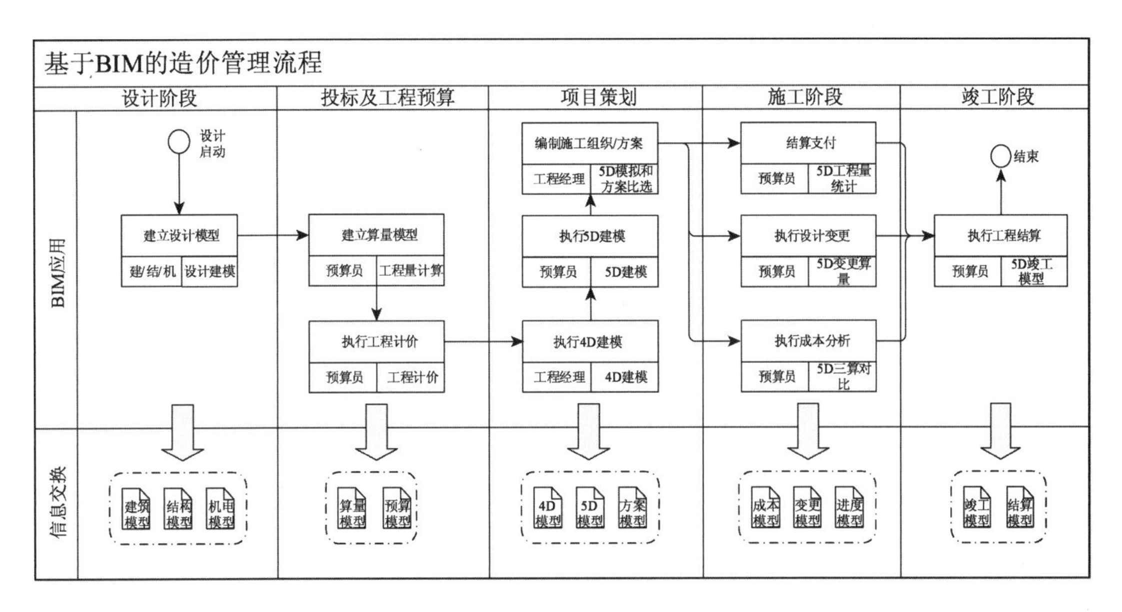

图7-4 基于BIM的造价管理流程

(2) 投标及工程预算阶段

在投标阶段,由于业主单位招标时间紧,准确地进行工程量计算和工程计价成为困扰施工单位的两大难题。特别是工程量计算,一般工程很难做到为保证清单工程量的精确而进行反复核实,只能对重点单位工程或重要分部工程进行审核,避免误差。在本阶段使用BIM技术,在设计模型的基础上,搭建三维算量模型,可以快速准确地计算工程量,并通过计价软件进行合理组价,自动将量和价的信息与模型绑定,为后面造价管理工作提供基础。同时,在中标后,针对投标建立的算量模型,结合市场价、企业定额等,可进一步编制工程预算,为项目目标成本和成本控制提供依据。

本阶段将输出算量模型和预算模型。他们是在设计提供的基本信息模型上增加工程预算信息,形成具有造价信息和工程量信息的子信息模型。工程预算存在定额计价和清单计价两种模式,对于使用较多的清单计价而言,预算信息模型包括建筑构件的清单项目,以及相应的人、材、机资源信息和相应费率等。通过此模型,系统能识别并自动提取建筑构件的清单类型和工程量(如体积、质量、面积或长度等)等信息,自动计算建筑构件的资源用量及造价信息,为施工过程的计量支付、变更等提供基础信息的依据。

(3) 项目策划阶段

在项目施工准备阶段,项目策划是非常重要的,施工项目实施策划是指为满足建设业主总的目标要求,对施工过程进行总体策划,主要包括施工组织设计、重要的施工方案、进度计划、资源配套计划等内容。施工进度计划是单位工程施工组织设计的重要组成部分,它的任务是按照组织施工的基本原则,根据选定的施工方案,在时间和施工顺序上作出安排,同时按照进度计划的要求，确定施工所必须的各类资源（人力、材料、机械设备、水、电等）的需要量，编制各类配套计划，并根据计划资源配比进行优化，达到最合理的人力、财力配置，保证在规定的工期内提供合格的建筑产品。

传统的进度计划优化，需要对计划进行资源绑定，工作量巨大，修改调整麻烦。采用BIM技术，在3D模型的基础上，可使用施工流水段切割模型构件，达到施工协同管理的目的，同时将进度计划与流水段、模型绑定，将模型的形成过程以动态的3D方式表现出来，形成4D模型。4D信息模型可以结合进度计划和相关资源进行进度优化和控制，并可支持工程项目施工过程可视化动态模拟和施工管理。结合上一步形成的算量模型和预算模型最终形成5D模型，如图7-5所示。

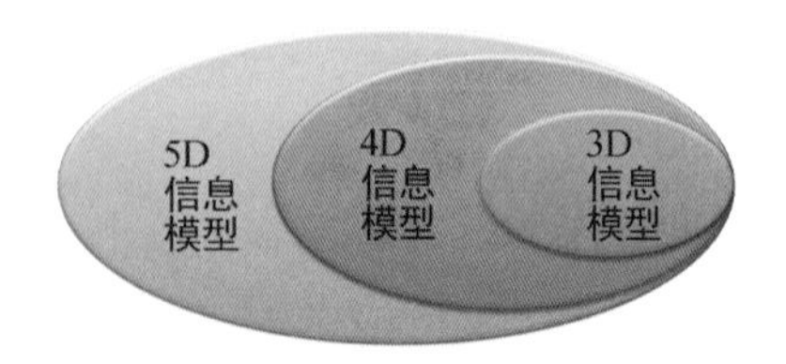

图7-5　5D模型组成

基于5D信息模型可根据建筑构件的类型自动关联预算信息，自动计算任意节点WBS或施工段相关实体构件工程量以及相应施工进度的人力、材料、机械等资源消耗量和预算成本。同时，将资源与时间结合，可以进行资源平衡分析，将核心和稀缺资源尽可能地分配给关键路径上的任务，充分利用非关键路径上的浮动时间来灵活调整各个资源的使用。在以后的实际施工过程中，利用BIM5D进行工程量完成情况、资源计划和实际消耗等多方面的统计分析，能够在施工过程中进行施工资源动态管理和成本实时监控。

（4）施工阶段

施工阶段的造价管理和控制主要包括进度计量、工程款支付、变更管理和成本管理。施工单位可以利用在前期形成的BIM5D模型基础上，及时准确编制各类资源配套计划。例如，在对物资的管理过程中，合理、准确、及时地提交物资采购计划是十分重要的，通过BIM模型与造价信息进行关联，可以根据计划完成情况，准确得到相应的材料需用计划。在现场材料管理过程中，利用BIM技术可以及时快速获得不同部位的工程量信息，有利于材料管理人员进行有效的限额领料控制。

同时，按照工程进展情况，形成动态的进度模型，不仅可以与计划进行对比，还可以自动分解出报告期的已完成进度计划项，并进一步得到已完工工程量，及时准确进行进度款申报，同时可以完成对分包支付的控制。在设计变更发生时，利用三维模型技术，直接修改算量模型，修改记录将会被BIM平台记录，形成变更模型，自动计算变更工程量。最后，根据工程实际运行情况，BIM平台集成项目管理系统，自动收集模型相关的分包结算、材料出库、机械结算等数据，形成实际成本，利用BIM5D模型按照时间、工序、流水段等不同纬度进行工程造价管理，并通过多算对比达到成本控制和核算的目的。最终形成成本模型。

(5) 竣工阶段

工程造价管理的最后阶段就是工程结算。工程结算需要依据经过多次设计变更形成的竣工图纸,除此之外,还需要在施工过程中形成的洽商签证、工程计量、价差调整、暂估价认价等单据,依据多而繁琐,造成结算工作时间长、任务重。利用BIM5D技术,集成项目管理系统,可将众多的过程记录集成在BIM模型上,使得单据具备量、价和时间属性,不仅能够在工程施工过程中及时查询,而且在工程结算的时候,BIM系统将会对模型上所有的结算信息进行汇总,形成结算模型,并以规范的格式输出及保存,由此缩短工程结算的时间,降低结算工作的工作量。

7.2 基于BIM的工程预算

对于建筑施工企业来说,工程预算是必不可少的工作,提高其效率和准确性对提高项目经济效益、降低成本至关重要。预算工作形成的工程预算价格是工程造价管理的核心对象,也是工程建设项目管理的核心控制指标之一。因此,提供准确、高效、合理的工程价格信息很重要。工程价格的产生主要包括了两个要素:工程量和价格。准确计算这两个要素的工作就是工程量计算和工程计价。

7.2.1 基于BIM的工程量计算

工程量计算耗时最多,也是一个基础性工作。它不仅是工程预算编制的前提,也是工程造价管理的基础。只有准确的工程量的统计,才能保证投标、合同、变更、结算等造价管理工作有序高效进行。现行的工程量统计工作存在一些问题。

首先,概预算人员工作强度普遍过大。工程量的计算是工程造价管理工作中最繁琐、最复杂的部分。计算机辅助工程量计算软件的出现,确实在一定程度上减轻了概预算人员的工作强度。目前,市场主流的工程量计算软件的开发模式大致分为两种:一是基于自主开发的二维图形平台;二是基于AutoCAD的三维图形平台进行二次开发。但不论哪种平台都存在两个明显缺陷:三维渲染粗糙;图纸需要手工二次输入。概预算人员往往需要重新绘制工程图纸来进行工程量的自动计算。所以,概预算人员的工作强度仍然很大。

其次,工程量计算精度普遍不高。由于在利用工程量辅助计算软件时,工程图纸数据输入及工程量输出时,手工操作所占比例仍然过大,同时对于较复杂的建筑构件描述困难,而且缺乏严谨的数学空间模型,计算复杂建筑物时容易出现误差，所以工程量精度无法达到恒定水准。最后，工程量计算重复冗余。建设项目各相关方需要对同一建设项目工程量进行流水线式的重复计算，上下游之间的模型完全不能复用，往往需要重新建模，各方之间还需要对相互间的工程量计算结果进行核对，浪费大量的人力物力。

BIM是一个包含丰富数据面向对象的具有智能化和参数化特点的建筑设施的数字化表示，BIM中的构件信息是可运算的信息，借助这些信息计算机可以自动识别模型中的不同构件，并根据模型内嵌的几何和物理信息对各种构件的数量进行统计。正是因为BIM的这种特性，使得基于BIM的工程量计算具有更高的准确性、快捷性和扩展性。

1）基于三维模型的工程量计算

BIM应用强调信息互用，它是协调和合作的前提和基础，BIM信息互用是指在项目建设过程中各参与方之间、各应用系统之间对项目模型信息能够交换和共享。三维模型是基于BIM进行工程量计算的基础，从BIM应用和实施的基本要求来讲，工程量计算所需要的模型应该是直接复用设计阶段各专业模型。然而，在目前的实际工作中，专业设计对模型的要求和依据的规范等与造价对BIM模型的要求不同，同时，设计时也不会把造价管理需要的完整信息放到设计BIM模型中去，所以，设计阶段模型与实际工程造价管理所需模型存在差异。这主要包括：

① 工程量计算工作所需要的数据在设计模型中没有体现，例如，设计模型没有内外脚手架搭设设计；

② 某些设计简化表示的构件在算量模型中没有体现，例如做法索引表等；

③ 算量模型需要区分做法而设计模型不需要，例如，内外墙设计在设计模型中不区分；

④ 设计BIM模型软件与工程量计算软件计算方式有差异，例如，在设计BIM模型构件之间的交汇处，默认的几何扣减处理方式与工程量计算规则所要求的扣减规则是不一样的。

因此，造价人员有必要在设计模型的基础上建立算量模型，一般有两种实施方法：其一按照设计图纸或模型在工程量计算软件中重新建模；其二是从工程量计算软件中直接导入设计模型数据。对于二维图纸而言，市场流行的BIM工程量计算软件已经能够实现从电子CAD文件直接导入的功能，并基于导入的二维CAD图建立三维模型。对于三维设计软件，随着IFC标准的逐步推广，三维设计软件可以导出基于IFC标准的模型，兼容IFC标准的BIM工程量计算软件可以直接导入，造价工程师基于模型增加工程量计算和工程计价需要的专门信息，最终形成算量模型。图7-6显示了设计模型向算量模型的转换。

从目前实际应用来讲，在基于BIM工程量计算的实际工作过程中，由于设计包括建筑、结构、机电等多个专业，会产生不同的设计模型或图纸，这导致

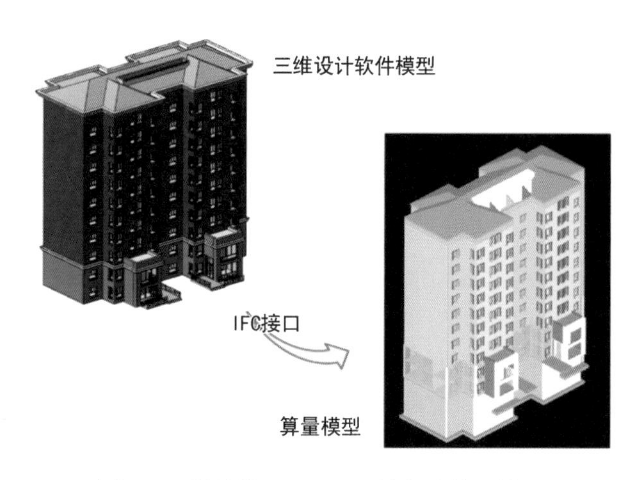

图 7-6　设计模型通过 IFC 转化为算量模型

工程量计算工作也会产生不同专业的算量模型，包括建筑模型、钢筋模型、机电模型等。不同的模型在具体工程量计算时是可以分开进行的，最终可以基于统一 IFC 标准和 BIM 图形平台进行合成，形成完整的算量模型，支持后续的造价管理工作。例如，钢筋算量模型可以用于钢筋下料时钢筋的断料和加工，便于现场钢筋施工时钢筋的排放和绑扎。总之，算量模型是基于 BIM 的工程造价管理的基础。图 7-7 显示了不同专业设计模型通过模型服务器上传后基于统一的规则进行集成，图中左侧的构件列表显示不同专业的模型构建，选择相应构件，图中显示构件模型图。

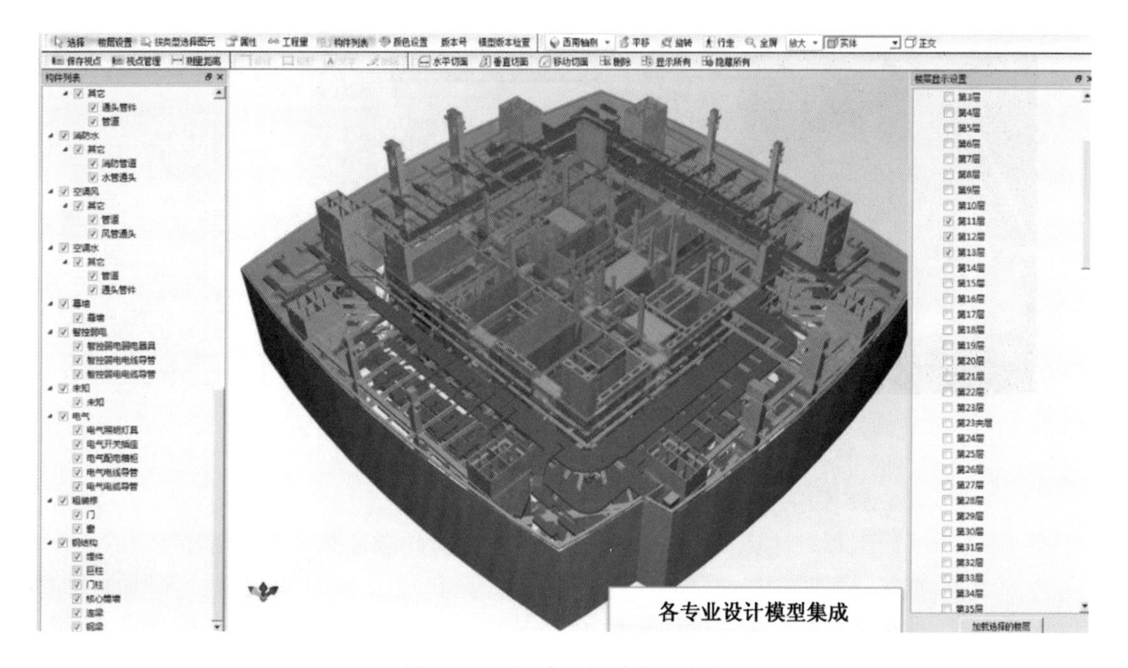

图 7-7　不同专业设计模型合并

2）工程量自动计算

基于 BIM 的工程量计算主要包含两层含义。

① 建筑实体工程量计算的自动化，并且是准确的。BIM 模型是参数化的，各类的构件被赋予了尺寸、型号、材料等的约束参数，同时模型中对于某一构件的构成信息和空间、位置信息都精确记录，模型中的每一个构件都是与显示中实际物体一一对应，其中所包含的信息是可以直接用来计算的。因此，计算机可以在 BIM 模型中根据构件本身的属性进行快速识别分类，工程量统计的准确率和速度上都得到很大的提高。以墙体的计算为例，计算机可以自动识别软件中墙体的属性，根据模型中有关该墙体的类型和组分信息统计出该段墙体的数量，并对相同的构件进行自动归类。因此，当需要制作墙体明细表或计算墙体数量时，计算机会自动对它进行统计。图 7-8 显示了土建工程量自动计算结果。

② 内置计算规则保证了工程量计算的合规性和准确性。模型参数化除了包含构件自身属性之外，还包括支撑工程量计算的基础性规则，这主要包括构件计算规则、扣减规则、清单及定额规则。构件计算除包含通用的计算规则之外，还包含不同类型构件和地区性的计算规则。通过内置规则，系统自动计算构件的实体工程量。不同构件相交需要根据扣减规则自动计算工程量，在得到实体工作量的基础之上，模型丰富的参数信息可以生成项目特征，根据特征属性自动套取清单项和生成清单项目特征等。在清单统计模式下可同时按清单规则、定额规则平行扣减，并自动套取清单和定额做法。同时，建筑构件的三维呈现也便于工程预算时工程量的对量和核算。

图 7-8　土建工程量自动计算

3）关联构件的扣减计算

工程量计算工作中，相关联构件工程量扣减计算一直是耗时繁琐的工作。首先，构件本身相交部分的尺寸数据计算相对困难，如果构件是异形的，计算就更加复杂。传统的计算是基于二维电子图纸，图纸仅标识了构件自身的尺寸，而没有与相关联构件在空间的关系和交叠数据。人工处理关联部分的尺寸数据，识别和计算工作繁琐，很难做到完整和准确，容易因为纰漏或疏忽造成计算错误。其次，在我国当前的工程量计算体系中，工程量计算是有规则的，同时，各省或地区的计算规则也不尽相同。例如，混凝土过梁伸入墙内部分工程量不扣，但构造柱、独立柱、单梁、连续梁等伸入墙体的工程量要扣除。除建筑工程量之外，还包括相交部分的钢筋、装饰等具体怎么计算，这些都需要按照各地的计算规则来确定。

BIM 模型中每一个构件除了记录自身尺寸、大小、形状等属性之外，在空间上还包括了与之相关联或相交的构件的位置信息，这些空间信息详细记录了构件之间的关联情况。这样，BIM 工程量计算软件就可以得到各构件相交的完整数据。同时，BIM 工程量计算软件通过集成各地计算规则库，规则库描述构件与构件之间的扣减关系计算法则，软件可以根据构件关联或相交部分的尺寸和空间关系数据智能化匹配计算规则，准确计算扣减工程量。图 7-9 显示了集水坑关联扣减计算。

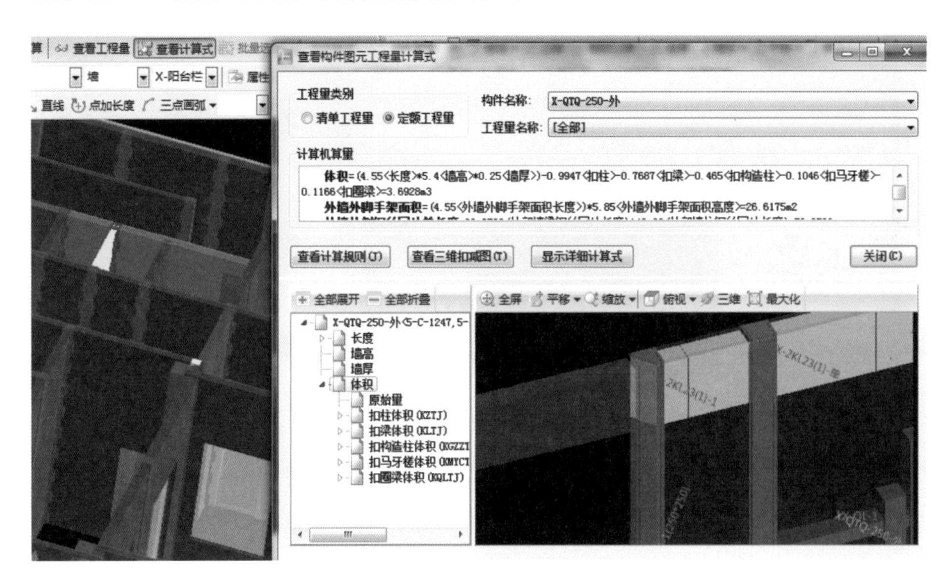

图 7-9　关联构件扣减

4）异型构件的计算

在实际工程中，经常遇到复杂的异型建筑造型及节点钢筋，造价人员往往需要花费大量的时间来处理。同时，异型构件与其他构件的关联和相交部分的形状更加不可确定，这无疑给工程量计算增加了难度。传统的计算需要对构件进行切割分块，然后根据公式计算，这必然花费大量的时间。同时，切割也造成了异型构件工程量计算准确性降低，特别是一些较小的不规则构件交叉部分的工程量无法计算，只能通过相似体进行近似估算。

BIM 工程量计算软件从两方面解决了异型构件的工程量计算。首先，软件对于异型构件工程量计算更加准确。BIM 模型详细记录了异型构件的几何尺寸和空间信息，通过内置的数学方法，例如布尔计算和微积分，能够将模型切割分块趋于最小化，计算结果非常精确。

其次,软件对于异型构件工程量计算更加全面完整。异型构件一般都会与其他构件产生关联和交叠,这些相交的部分不仅很多,而且形状更加异常。算量软件可以精确计算这部分的工程量,并根据自定义扣减规则进行总工程量计算。同时,构件空间信息的完整性决定了软件不会遗漏掉任何细小的交叉部位的工程量,使得计算工程十分完整,进而保证了总工程量的准确性。图 7-10 显示了异型螺旋楼梯的土建工程量计算。

图 7-10　异型构件工程量计算

7.2.2　基于 BIM 的工程计价

随着计算机技术的发展,建筑工程预算软件得到了迅速发展和广泛应用。尽管如此,目前工程造价人员仍需要花费大量时间来进行工程预算工作,这主要有几个方面的原因。

第一,清单组价工作量很大。清单项目单价水平主要是清单的项目特征决定,实质上就是构件属性信息与清单项目特征的匹配问题。在组价时,预算人员需要花费大量精力进行定额匹配工作。第二,设计变更等修改造成造价工作反复较多。由于我国实际的工程往往存在"三边工程",图纸不完整情况经常存在,修改频繁,由此产生新的工程量计算结果必须重新组价,并手工与之前的计价文件进行合并,无法做到直接合并,造成计价工作的重复和工作量增加。第三,预算信息与后续的进度计划、资源计划、结算支付、变更签证等业务割裂,无法形成联动效应,需要人工进行反复查询修改,效率不高。

基于 BIM 的工程量计算软件形成了算量模型,并基于模型进行精确算量,算量结果可以直接导入BIM计价软件进行组价,组价结果自动与模型进行关联,最终形成预算模型。预算模型可以进一步关联4D进度模型,最终形成BIM5D模型,并基于BIM5D进行造价全过程的管理。基于BIM的工程预算包括以下几方面特点。

1）基于模型的工程量计算和计价一体化

目前市场上的工程量计算软件和计价软件功能是分离的,算量软件只负责计算工程量,对设计图纸中提供的构件信息输入完后,不能传递至计价软件中来,在计价软件中还需重新输入清单项目特征,这样会大大降低工作效率,出错几率也提高了。基于BIM的工程工程量计算和计价软件实现计价算量一体化,通过BIM算量软件进行工程量计算。同时,通过算量模型丰富的参数信息,软件自动抽取项目特征,并与招标的清单项目特征进行匹配,形成模型与清单关联。在工程量计算完成之后,在组价过程中,BIM造价软件根据项目特征可以与预算定额进行匹配,实现自动组价功能,或依据历史工程积累的相似清单项目综合单价进行匹配,实现快速组价功能。图7-11显示了计价工作与三维模型关联,图左下部为清单,方便编制。

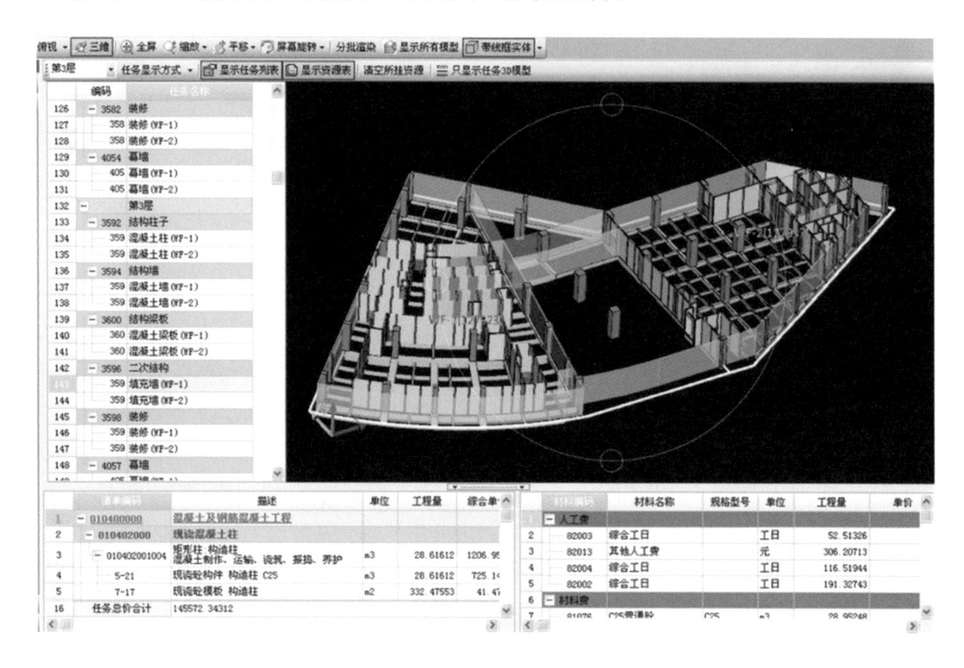

图7-11　基于模型的计价

2）造价调整更加快捷

在投标或施工过程中,经常会遇到因为错误或某些需求而发生图纸修改、设计变更,往往需要进行工程量的重新计算和修改,目前的工程量计算软件和计价软件割裂导致变更工程量结果无法导入原始计价文件,需要利用计价软件人工填入变更调整,而且系统不会记录发生的变化。基于BIM的计价和工程量计算软件的工作全部基于三维模型,当发生设计修改时,我们仅需要修改模型，系统将会自动形成新的模型版本，按照原算量规则计算变更工程量，同时根据模型关联的清单定额和组价规则修改造价数据。修改记录将会记录在相应模型上，支撑以后的造价管理工作。

3）深化设计降低额外费用产生

在建筑物某些局部会涉及众多的专业，特别是在一些管线复杂的地方，如果不进行综合管线的深化设计和施工模拟，极有可能造成返工，增加额外的施工成本。使用专业的 BIM 碰撞检查和施工模拟软件对所创建的建筑、结构、机电等 BIM 模型进行分析检查，可提前发现设计中存在的问题，并根据检查分析结果，直接在 BIM 算量软件的建模功能对模型进行调整，并及时更正相应的造价数据，有利于降低施工时修改带来的额外成本。图 7-12 显示了三维模型进行碰撞检查的便捷直观。

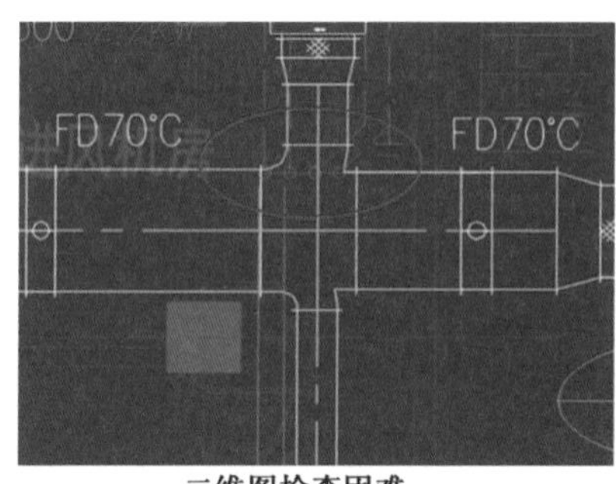

二维图检查困难

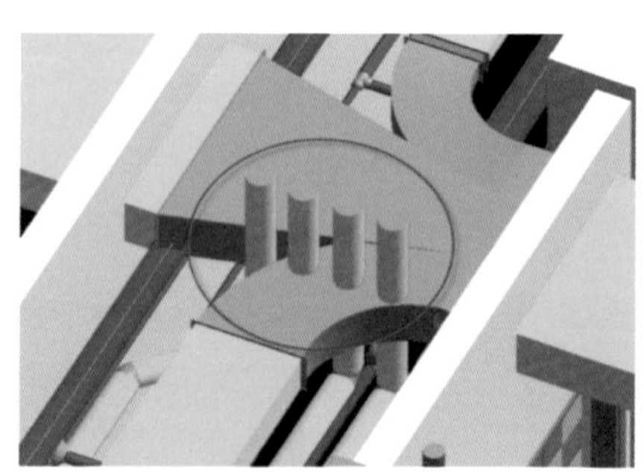
三维图直观便捷

图 7-12　碰撞检查

4）BIM5D 辅助造价全过程管理

工程进度计划在实际应用之中可以与三维模型关联形成 4D(三维模型＋进度计划)模型，同时，将预算模型与 BIM4D 模型集成，在进度模型的基础上增加造价信息，就形成 BIM5D 模型。基于 BIM5D 可以辅助造价全过程的管理。

① 在预算分析优化过程中，可以进行不平衡报价分析。招投标是一个博弈过程，如何制定合理科学的不平衡报价方案，提高结算价和结算利润是预算编制工作的重点。例如，BIM5D 可以实现工程实际进度模拟，在模拟过程中，可以非常形象知道相应清单完成的先后顺序，这样可以利用资金收入的时间先后提高较早完成的清单项目的单价。

② 在施工方案设计前期，BIM5D 技术有助于对施工方案设计的详细分析和优化，能协助制订出合理而经济的施工组织流程，这对成本分析、资源优化、工作协调等工作非常有益。

③ 在施工阶段，BIM5D 还可以动态地显示出整个工程的施工进度，指导材料计划、资金计划等精确及时下达，并进行已完成工程量和消耗材料量的分析对比，及时地发现施工漏洞，从而尽最大可能采取措施，控制成本，提高项目的经济效益。图 7-13 显示工程预算与 4DBIM 集成后形成的 BIM5D 模型。5D 模型是基于 BIM 进行造价管理的基础。

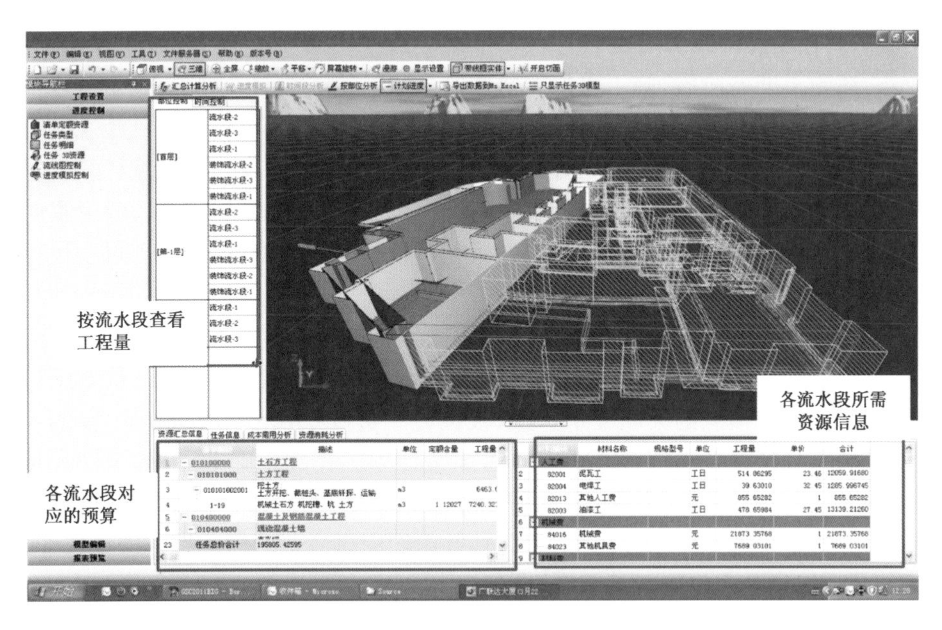

图 7-13 基于 BIM5D 的造价管理

7.3 基于 BIM 的 5D 模拟与方案优化

3D 信息模型与预算模型、进度计划集成扩展成为 BIM5D 模型，如图 7-14 所示，BIM5D 模型包括了建筑构件信息、进度信息、WBS 划分信息、预算信息以及它们之间的关联关系。基于 5D 施工信息模型可以自动计算任意时间段、任意 WBS 节点或任意施工流水段的工程量以及相对施工进度的人力、材料、机械消耗量和预算成本，进行工程量计划完成、资源计划平衡和方案造价优化等多方面施工 5D 动态模拟和优化工作。BIM5D 的模拟与方案对比应用包括以下几个方面。

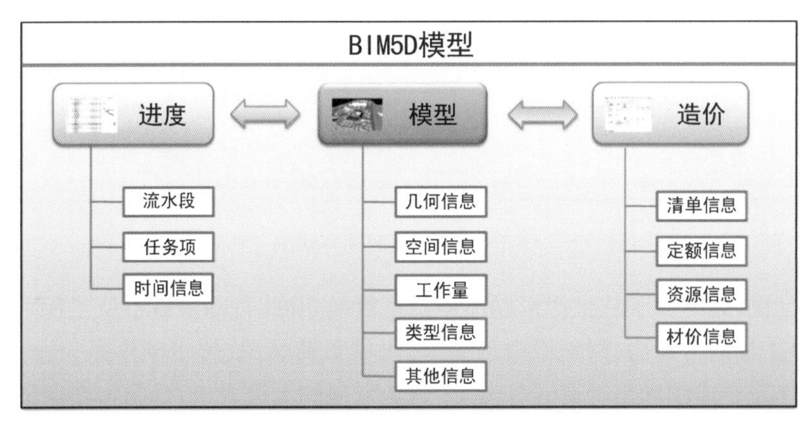

图 7-14 5D 模型

1) 合理安排施工进度

在施工准备阶段,施工单位需要编制详尽的施工组织设计,而施工进度计划是其中重要的工作之一。施工进度应按照项目合同要求合理安排施工的先后顺序,根据施工工序情况划分施工段,安排流水作业。合理的进度计划必须要遵循均衡原则,避免工作过分集中,有目的地消减高峰期工程量、减少临时设施的搭设次数,避免劳动力、材料、机械消耗量大进大出,保证施工过程按计划、有节奏地进行。

首先,利用 BIM5D 模型可以方便快捷地进行施工进度模拟和资源优化。施工进度计划绑定预算模型之后,基于 BIM 模型的参数化特性,以及施工进度计划与预算信息的关联关系,可以根据施工进度快速计算出不同阶段的人工、材料、机械设备和资金等的资源需用量计划。在此基础上,工程管理人员可以通过形象的 4D 模型科学合理安排施工进度,能够结合模型以所见即所得的方式进行施工流水段划分和调整,并组织安排专业队伍连续或交叉作业,流水施工,使工序衔接合理紧密,避免窝工,这样既能提高工程质量,保证施工安全,又可以降低工程成本。图 7-15 显示了对工作面冲突的模拟检测。横轴是时间,纵轴是楼层,图中的线代表不同分包工作面,根据模拟结果可以合理安排各分包先后顺序和衔接关系。

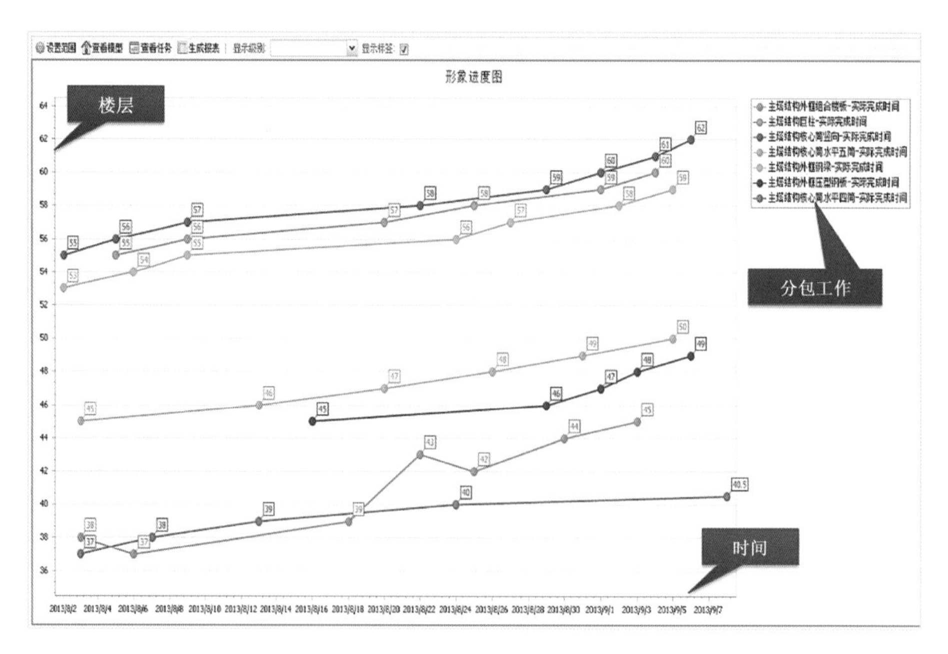

图 7-15　工作面冲突检测

其次,系统基于三维图形功能模拟进度的实施,自动检查单位工程限定工期、施工期间劳动力、材料供应均衡度、机械负荷情况、施工顺序是否合理、主导工序是否连续和是否有误等情况,避免资源的大进大出。同时,在保证进度的情况下,实现工期优化和劳动力、材料需要量趋于均衡,以及提高施工机械利用率。图 7-16 显示了利用 BIM5D 结合资源曲线进行资源计划平衡。

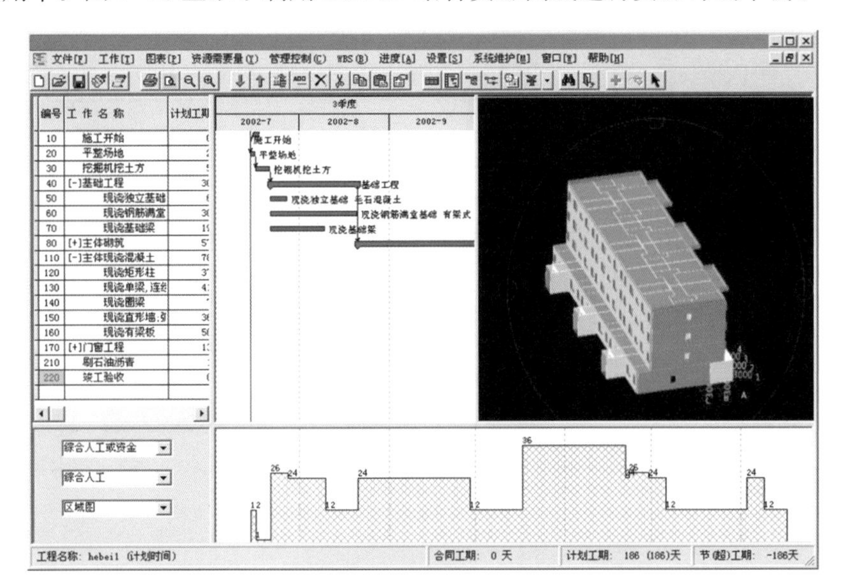

图 7-16　资源计划平衡

优化平衡工作主要包括以下几个方面：

(1) 工期优化

工期优化也称时间优化，BIM5D 系统根据进度计划会自动计算计划工期和关键路径。当计划的计算工期大于要求工期时，通过压缩关键线路上的工作的持续时间或调整工作关系，以满足工期要求的过程。工期优化应该考虑下列因素：一是根据工作的工程量信息、所属工作面、相关资源需用情况自动进行优化计算，压缩任务项的最短持续时间。二是先压缩持续时间较长的工作。一般认为，持续时间较长的工作更容易压缩。三是优先选择缩短工作时间所需增加费用较少的工作。

(2) 资源有限，工期最短优化

BIM5D 模型可以使我们清晰了解每一个构件、工作、施工段、时间段的人、材、机械、设备和资金等资源情况。当项目的资源供应有限的情况下，系统可以设置每日供给各个工序固定的资源，合理安排资源分配，寻找最短计划工期的过程。

(3) 工期固定，资源均衡优化

制定项目计划时，不同资源的使用尽可能地保持平衡是十分重要的，每日资源使用量不应出现过多的高峰和低谷，从而有利于生产施工的组织与管理，有利于施工费用的节约。大多数项目的资源消耗曲线呈阶梯状，理想的资源消耗曲线应该是一个矩形。虽然编制这种理想的计划是非常困难的，但是，利用 BIM5D 模拟功能，利用时差微调进度计划，资源随之进行自动化的调整，系统能够实时显示资源平衡曲线，同时，可以设置优化目标，例如资源消耗的方差 R 最小，达到目标自动停止优化。图 7-17 是对某工程资源均衡优化后的资源图。

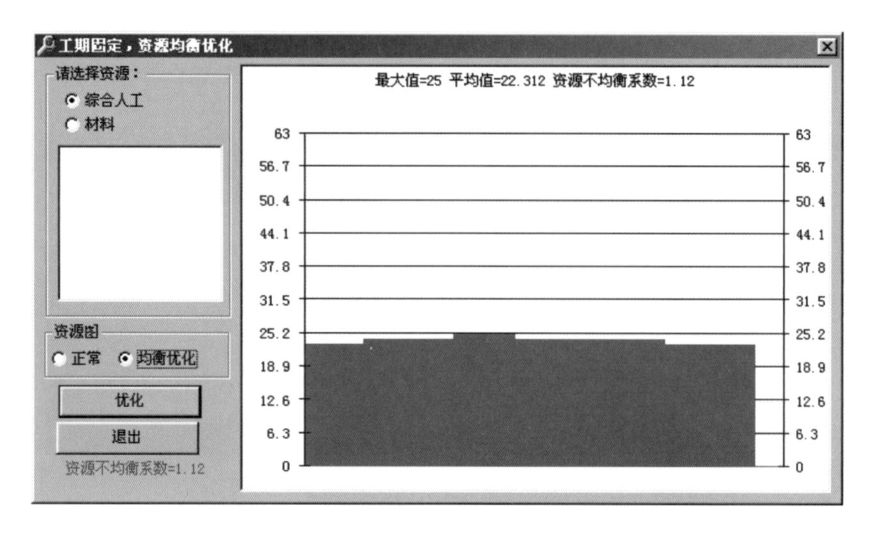

图 7-17 资源优化结果

(4) 工期成本优化

工程项目的成本与工期是对立统一的矛盾体。生产效率一定的条件下，要缩短工期，就得提高施工速度，就必须投入更多的人力、物力和财力，使工程某些方面的费用增加，同时管理费等某些间接费又减少。此时，就是要考虑两方面的因素，寻求最佳组合。一是在保证成本最低情况下的模拟最优工期，包括进度计划中各工作的进度安排。二是在保证一定工期要求情况下，模拟出对应的最低成本，以及网络计划中各工作的进度安排。要完成上述优化，BIM5D 丰富的信息参数提供了支持，例如 BIM5D 包含每个工序的时间信息，工序资源的日最大供应量，间接费变化率等。

2) 施工方案的造价分析及优化

在施工方案确定过程中，可以利用 BIM5D 模拟功能，对各种施工方案从经济上进行对比评价，可以做到及时修改和计算，方便快捷。BIM 算量模型绑定了工程量和造价信息，当我们需要对比验证几个不同方案的费用时，可以按照每种方案对模型进行修改，系统将会根据修改情况自动统计变更工程量，同时按照智能化的构件项目特征匹配定额进行快速组价，得到造价信息。这样可以快速得到每个方案的费用，可采用价值最低的方案为备选方案。例如某框架结构的框架柱内的竖向钢筋连接，从技术上来讲，可以采用电渣压力焊、帮条焊和搭接焊三种方案，根据方案的不同，修改模型和做法，自动得到用量和造价信息，一目了然。除此之外，还可以集成考虑工期和成本，运用价值工程分析法来优选方案。

3) 优化资金使用计划

正确编制资金使用计划和及时进行投资偏差分析，在工程造价管理工作中处于重要而独特的地位。资金使用计划的科学合理编制，可以帮助我们明确施工阶段工程造价的目标值，使工程造价的控制有据可依，方便资金筹措和协调，提高资金的利用率和周转率。同时，有利于工程人员对未来项目资金的使用情况和进度控制进行预测。

利用 BIM 技术在编制资金使用计划上也有较大优势，BIM5D 模型整合了建筑模型时间维度以及造价信息，同时根据资源计划在时间轴上形成了资金的使用计划。系统通过模型自动模拟建设过程，进而动态展示施工所需分包、采购、租赁等资金需用状况，更为直观地体现建设资金的动态投入过程。根据资金投入曲线可以直观地看到资金需要量的分布情况，如果资金分布不平衡或不均匀，可以采用资源计划优化方法进行优化，进而优化资金计划，避免资金在一段时间过于紧张，而在另外一段时间闲置。图 7-18 显示了优化后的资金计划。

资源需要量计划

表 打印

资金需要量计划表

2004年06月 至 2005年10月

编号	使用时间	合计	人工费	材料费	机械费	设备费	其它直接费	间接费	备注
1	2004年6月	903.3	506.04	0	397.25	0	0	0	
2	2004年7月	2800.22	1568.73	0	1231.49	0	0	0	
3	2004年8月	2800.22	1568.73	0	1231.49	0	0	0	
4	2004年9月	1759.62	1044.56	0	715.06	0	0	0	
5	2004年10月	345.36	345.36	0	0	0	0	0	
6	2004年11月	28162.82	7084.09	20896.01	182.73	0	0	0	
7	2004年12月	55569.62	14867.41	40314.21	388.01	0	0	0	
8	2005年1月	174029.64	29709.23	138601.69	5718.72	0	0	0	
9	2005年2月	305230.22	44557.33	247287.89	13385.01	0	0	0	
10	2005年3月	340079.62	56763.09	267073.12	16243.41	0	0	0	
11	2005年4月	314945.7	50401.21	248684.54	15859.94	0	0	0	
12	2005年5月	301158.07	44399.65	242441.31	14317.11	0	0	0	
13	2005年6月	114640.19	11987.59	98287.48	4365.12	0	0	0	
14	2005年7月	15538.17	1146.72	13746.7	644.75	0	0	0	
15	2005年8月	3364.23	2558.65	805.07	.51	0	0	0	
16	2005年9月	21788.84	4008.76	17531.17	248.92	0	0	0	
17	2005年10月	6380.48	1003.41	5190.38	186.69	0	0	0	
18									
19	总计	1689496.33	273520.56	1340859.58	75116.2	0	0	0	

第1页

图 7-18　资金需求计划

资金计划是施工过程中资金申请和审批的依据，可以把资金计划作为造价控制的手段，在工程施工过程中定期地进行实际收入和实际支出对比分析，发现其中的偏差，并分析偏差产生的原因，采取有效措施加以控制，以保证资金控制目标的实现。

7.4 基于 BIM 的工程造价过程控制

建筑业一直被认为是能耗高、利润低、管理粗放的行业，特别是施工阶段，建筑工程浪费一直居高不下，造成工程项目建造成本增加，利润减少。对于建筑施工企业来讲，应该不断提高项目精益化管理水平，改进整个项目交付过程，在为业主提供满意的产品与服务的同时，以最小的人力、设备、资金、材料、时间和空间等资源投入，创造出更多的价值。因此，施工阶段需要严格按照设计图纸、施工组织设计、施工方案、成本计划等的要求，将造价管理工作重点集中在如何有效地控制浪费、增加收入上来。

利用BIM5D技术可以有效地提高施工阶段的造价控制能力和管理精细化水平。图7-19显示了BIM5D造价过程控制的流程。在前期进行基于BIM的精确工程量计算、计价工作之后，基于BIM模型进行施工模拟，不断优化方案，提高计划的合理性，提高资源利用率，这样可减少在施工阶段可能存在的错误损失和返工的可能性，减少潜在的经济损失。施工阶段，基于BIM5D模型，可精确及时生成材料采购计划、劳动力入场计划和资金需用计划等，借助BIM模型中材料数据库信息，严格按照合同控制材料的用量，确定合理的材料价格，发挥"限额领料"的真正效用。同时，基于三维模型，自动进行变更工程量计算和计价、工程计量和结算，相应变更和计量记录自动保存，方便查询；并能够实时把握工程成本信息，实现成本的动态管理，通过成本多算对比提高成本分析能力。

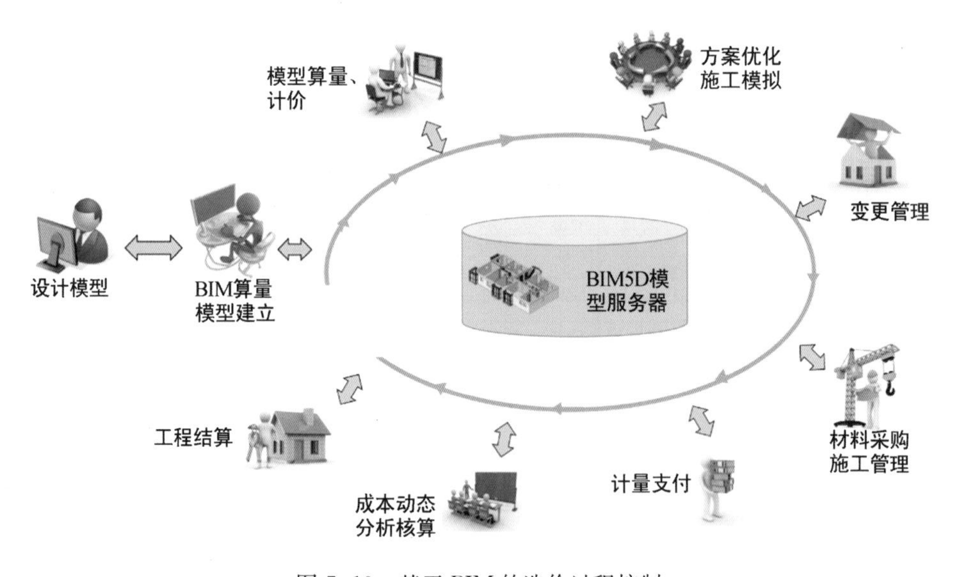

图7-19　基于BIM的造价过程控制

7.4.1　基于BIM的变更管理

1）工程变更管理及其存在问题

工程变更管理贯穿于工程实施的全过程，工程变更是编制竣工图、编制施工结算的重要依据，对施工企业来讲，变更也是项目开源的重要手段，对于项目二次经营具有重要意义，工程变更在伴随着工程造价调整过程中，成为甲乙双方利益博弈的焦点。在传统方式中，工程变更产生的变更图纸需要进行工程量重新计算，并经过三方认可，才能作为最终工程造价结算的依据。目前，一个项目所涉及的工程变更数量众多，在实际管理工作中存在很多问题。

① 工程变更预算编制压力大，如果编制不及时，将会贻误最佳索赔时间；

② 针对单个变更单的工程变更工程量产生漏项或少算，造成收入降低；

③ 当前的变更多采用纸质形式，特别是变更图纸，一般是变更部位的二维图，无变化前后对比，不形象也不直观，结算时虽然有签字，但是容易导致双方扯皮，索赔难度增加；

④ 工程历时长，变更资料众多，管理不善的话容易造成遗忘，追溯和查询麻烦。

2）基于 BIM 的变更管理内容

利用 BIM 技术可以对工程变更进行有效管理，主要包括几个方面内容。

① 利用 BIM 模型可以准确及时地进行变更工程量的统计。当发生设计变更时，施工单位按照变更图纸，直接对算量模型进行修改，BIM5D 系统将会自动统计变更后的工程量。同时，软件计算也可弥补手算时不容易算清的关于构件之间影响工程量的问题，提高变更工程量的准确性和合理性，并生成变更量表。由于模型集成了造价信息，用户可以设置变更造价的计算方式，是重新组价还是实物量组价。软件系统将自动计算变更工程量和变更造价，并形成输出记录表，如图 7-20 所示。

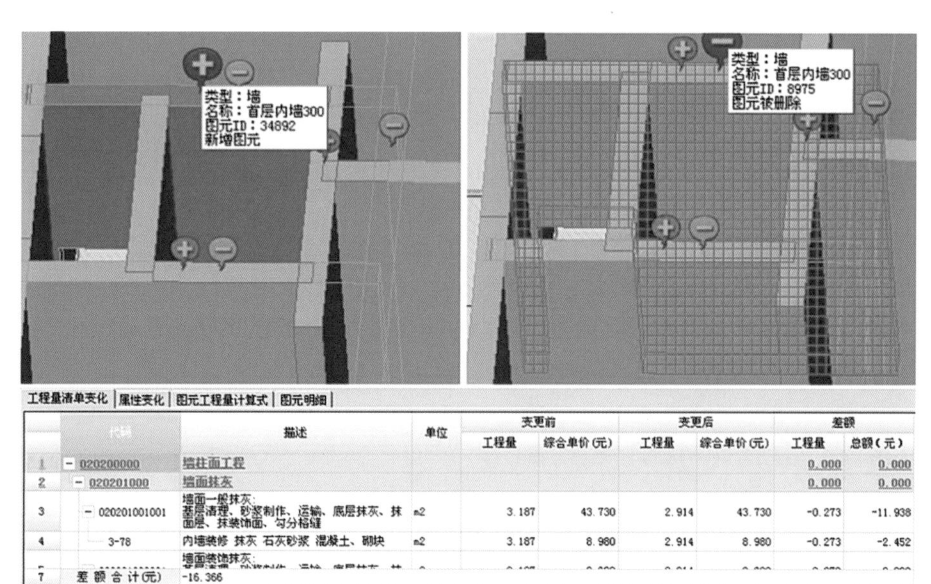

		描述	单位	变更前		变更后		差额	
				工程量	综合单价(元)	工程量	综合单价(元)	工程量	总额(元)
1	− 020200000	墙柱面工程						0.000	0.000
2	− 020201000	墙面抹灰						0.000	0.000
3	− 020201001001	墙面一般抹灰: 基层清理、砂浆制作、运输、底层抹灰、抹面层、抹装饰面、勾分格缝	m2	3.187	43.730	2.914	43.730	−0.273	−11.938
4	3-78	内墙装修 抹灰 石灰砂浆 混凝土、砌块	m2	3.187	8.980	2.914	8.980	−0.273	−2.452
7	差额合计(元)	−16.366							

图 7-20　变更工程量统计

② BIM5D 集成了模型、造价、进度信息，有利于对变更产生的其他业务变化进行管理。首先是模型的可视化功能，可以三维显示变更，并给出变更前

后的图形变化，对于变更的合理性一目了然，同时，也有利于日后的结算工作。如图 7-21 所示，蓝色标识变更前，红色标识变更后，变更前后的变化内容清晰呈现。其次，使用模型来取代图纸进行变更工程量计算和计价，模型所需材料的名称、数量和尺寸都自动在系统中生成，而且这些信息将始终与设计保持一致，在出现设计变更时，如某个构件尺寸缩小，该变更将自动反映到所有相关的材料明细表中，造价工程师使用的材料名称、数量和尺寸也会随之变化，因此，除了可以及时对计划进行调整之外，还可以及时显示变更可能导致的项目造价变化情况，掌握实际造价是否超预算造价。

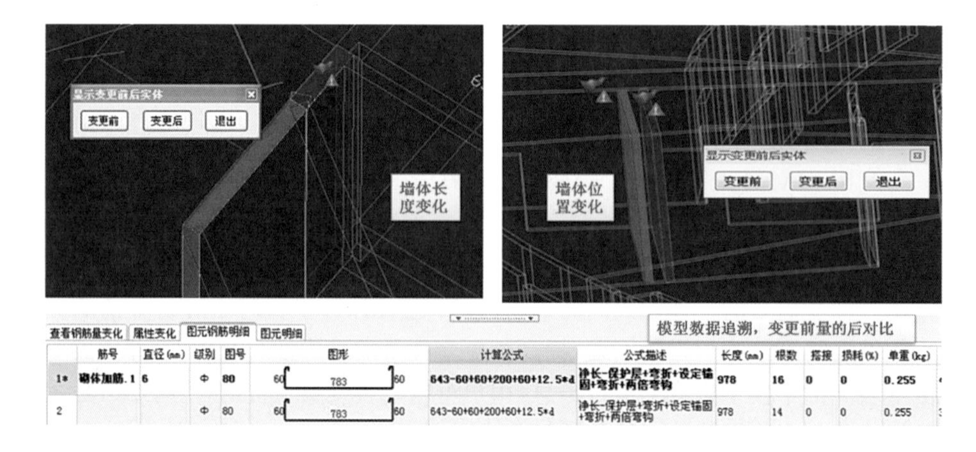

图 7-21　变更可视化

③ BIM5D 集成项目管理(PM)可提升变更过程管理水平。BIM 强调集成和协同，BIM5D 为变更管理提供了先进的技术手段，在实际变更管理过程中，变更过程的管理需要依靠项目管理系统完成。项目管理系统一般提供变更的日常管理和专业协同，当变更发生时，设计经理通过项目管理系统可以启动变更流程，形成变更申请，上传至 BIM 模型服务器。造价工程在 BIM5D 系统中根据申请内容完成工程量计算、计价、资料准备等工作，相关变更工程量表和计价信息按照流程转给项目经理审批，并自动形成变更记录，这些过程都通过变更单与相关的模型绑定。任何时点都可以通过模型服务器进行查询，方便结算工作，如图 7-22 所示。

7.4.2　基于 BIM 的材料控制

在工程造价管理与过程中，工程材料的控制是至关重要的，材料费在工程造价中往往占据很大的比重，一般占整个预算费用 70%左右，占直接费更是高达 80%左右。同时，材料供应的及时性和完备性，是施工进度能够顺利进行的重要保证。因此，在施工阶段不仅要严格按照预算控制材料用量，选择合理的材料采购价格，还要能够及时准确地提交材料需用计划，及时完成材料采购，保证实体工程的施工，只有这样，才能有效地控制工程造价和保证施工进度。

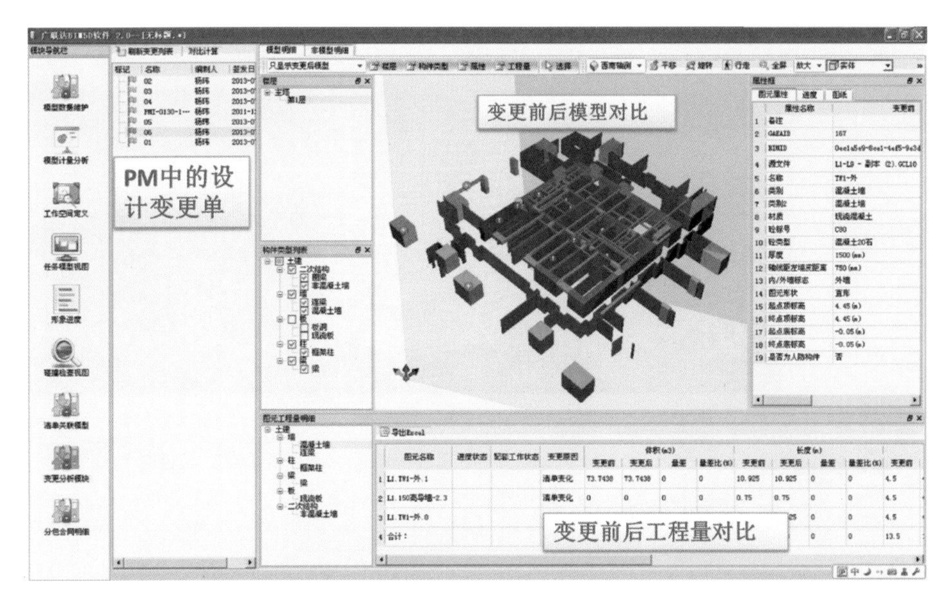

图 7-22 基于 BIM 变更协同管理

BIM5D 将三维实体模型中的基本构件与工程量信息、造价信息关联，同时按照施工流水段将构件进行组合或切割，进而与具体的实体工程进度计划进行关联。所以，根据实体工程进度，BIM 系统按照年度、月度、周自动抽取与之关联的资源信息，形成周期的材料需用计划和设备需用计划。通过 BIM5D 系统，材料管理人员随时可以查看任意实体或流水段的材料需用情况，及时准确编制材料需用计划，指导采购，只有这样，才能够切实保证实体工程的进度。

在实际材料现场管理过程中的 BIM 应用主要包括两个方面：

一方面是提高钢筋精细化管理水平。由于钢筋用量占材料成本的比重较高，精确的下料有助于提高钢筋的使用率和降低浪费。基于 BIM 的钢筋算量模型提供了丰富的结构方面的参数化特征，并结合钢筋相关的规则设置，可以实现钢筋断料优化、组合，合理利用原材和余料，降低成本。同时为钢筋加工和钢筋排布自动生成图纸。通过系统随时统计各部位和流水段的钢筋用量，使得钢筋进度报量精准，既可保证施工进度，又能降低钢材的采购成本。

另一方面，通过限额领料可以控制材料浪费。材料库管人员根据领料单涉及的模型范围，通过 BIM5D 平台系统直接可以查看相应的钢筋料单和材料需用计划，通过计划量控制领用量，并将领用量计入模型，形成实际材料消耗量。项目管理者可针对计划进度和实际进度查询任意进度计划节点在指定时间段内的工程量以及相应的材料预算用量和实际用量，并可进行相关材料预算用量、计划量和实际消耗量 3 项数据的对比分析和超预算预警。图 7-23 显示通过 BIM5D 系统可以及时查看材料用量情况。

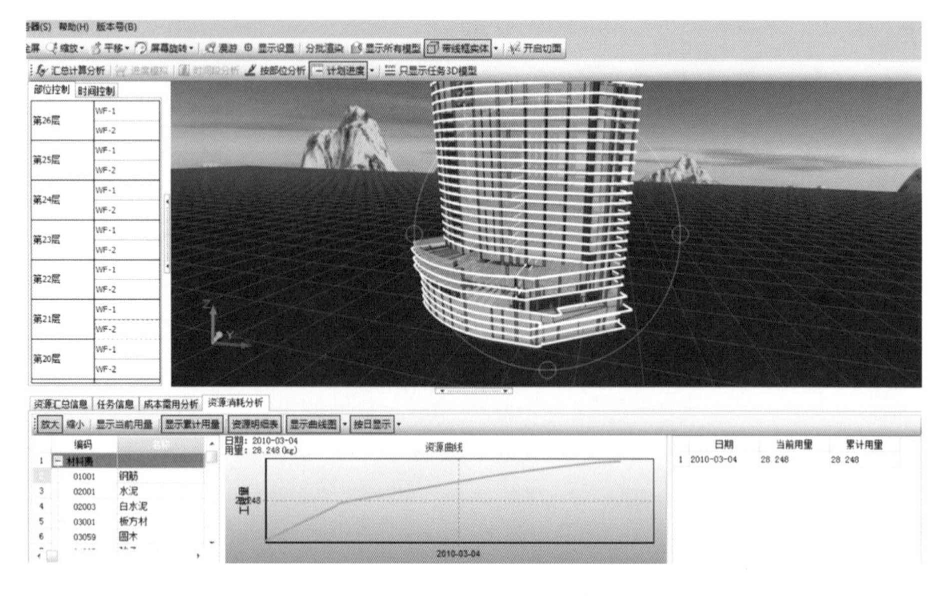

图 7-23　材料用量统计

7.4.3　基于 BIM 的计量支付

在传统管理模式下，施工总承包企业根据施工实际进度完成情况分阶段进行工程款的回收；同时，也需要按照工程款回收情况和分包工程完成情况，进行分包工程款的支付。这两项工作都要依据准确的工程量统计数据。一方面，施工总包方需要每月向发包方提交已完工程量的报告，同时花费大量时间和精力按照合同以及招标文件要求与发包方核对工程量所提交的报告；另一方面还需要核实分包申报的工程量是否合规。计量工作频繁往往使得效率和准确性难以得到保障。

BIM 技术在工程计量计算工作中得到应用后，则完全改变了上述工作状况。首先，由于 BIM 实体构件模型与时间维度相关联，利用 BIM 模型的参数化特点，按照所需条件筛选工程信息，计算机即可自动完成已完工构件的工程量统计，并汇总形成已完工程量表。造价工程师在 BIM 平台上根据已完工程量，补充其他价差调整等信息，可快速准确地统计这一时段的造价信息，并通过项目管理平台及时办理工程进度款支付申请。

其次，从另一个角度看，分包单位按月度也需要进行分包工程计量支付工作，总包单位可以基于 BIM5D 平台进行分包工程量核实。BIM5D 在实体模型上集成了任务信息和施工流水段信息，各分包与施工流水段是对应的，这样系统就能清晰识别各分包的工程，进一步识别已完成工程量，降低了审核工作的难度。如果能将分包单位纳入统一 BIM5D 系统，这样，分包也可以直接基于系统平台进行分包报量，提高工作效率。

最后，这些计量支付单据和相应数据都会自动记录在 BIM5D 系统中，并关联在一定的模型下，方便以后的查询、结算、统计汇总工作。图 7-24 显示了 BIM5D 系统与合同管理系统协同，完成进度计量和支付的过程。BIM5D 系统及时准确地提供了计量单中量的信息。

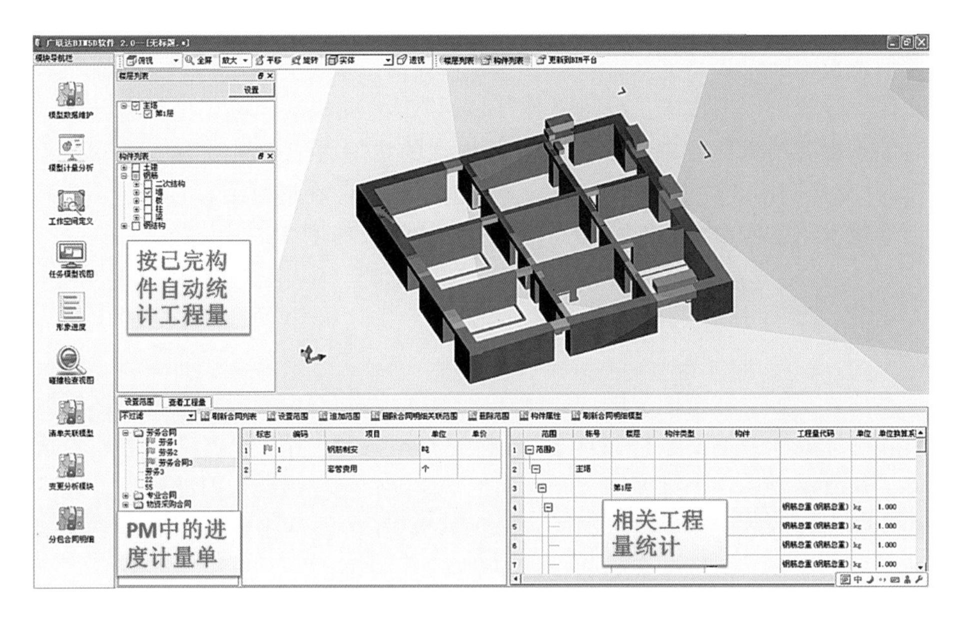

图 7-24　基于 BIM 的进度计量

7.4.4　基于 BIM 的结算管理

虽然结算工作是造价管理最后一个环节，但是结算所涉及的业务内容覆盖了整个建造过程，包括从合同签订一直到竣工的关于设计、预算、施工生产和造价管理等的信息。结算工作存在几个难点：

一是依据多。结算涉及合同报价文件，施工过程中形成的签证、变更、暂估材料认价等各种相关业务依据和资料，以及工程会议纪要等相关文件。特别是变更签证，一般项目变更率在 20%以上，施工过程中与业主、分包、监理、供应商等产生的结算单据数量也超过百张，甚至上千张。

二是计算多。施工过程中的结算工作涉及月度、季度造价汇总计算，报送、审核、复审造价计算，以及项目部、公司、甲方等不同纬度的造价统计计算。

三是汇总累。结算时除了需要编制各种汇总表，还需要编制设计变更、工程洽商、工程签证等分类汇总表，以及分类材料（钢筋、商品混凝土）分期价差调整明细表。

四是管理难。结算工作涉及成百上千的计价文件、变更单、会议纪要的管理，业务量和数据量大造成结算管理难度大，变更、签证等业务参与方多和步骤多也造成管好结算工作难。

BIM技术和5D协同管理的引入，有助于改变工程结算工作的被动状况。BIM模型的参数化设计特点，使得各个建筑构件不仅具有几何属性，而且还被赋予了物理属性，如空间关系、地理信息、工程量数据、成本信息、材料详细清单信息以及项目进度信息等。特别是随着施工阶段推进，BIM模型数据库也不断修改完善，模型相关的合同、设计变更、现场签证、计量支付、甲供材料等信息也不断录入与更新，到竣工结算时，其信息量已完全可以表达竣工工程实体。除了可以形成竣工模型之外，BIM模型的准确性和过程记录完备性还有助于提高结算的效率，同时，BIM可视化的功能可以随时查看三维变更模型，并直接调用变更前后的模型进行对比分析，避免在进行结算时描述不清楚而导致索赔难度增加，减少双方的扯皮，加快结算速度。

7.4.5 基于BIM的分包管理

项目实施经常按施工段、按区域进行施工或者分包，这就需要能按区域分析和统计成本关键要素，实行限额领料、与分包单位结算和控制分包项目成本。这就需要从三个维度(时间、空间区域、工序)进行分析，因此要求管理者能快速高效拆分汇总实物量和造价的预算数据，传统的手工预算难以支撑如此大的工作量。传统模式的分包管理常存在以下问题：

一是无法快速准确分派任务进行工程量计划，数据混乱、重复派工；

二是结算不及时、不准确，使分包工程量超支，超过总包能向业主结算回来的工程量；

三是分包结算争议多。

BIM对于分包管理起到了重要作用，强大的三维可视化表现力可以对工程的各种情况进行提前预警，使项目参建方提前对各类问题进行沟通和协调，在分包管理时可以从项目整体管控的角度出发，对分包进行管理，同时给予综合的协调支持。

1）基于BIM的任务单管理

基于BIM的任务单管理系统可以快速准确分析出按进度计划进行的工程量清单，提供准确的用工计划，同时系统不会重复派工，控制漏派工，实现基于准确数据的派工管理。派工单与BIM关联后，在可视化的BIM图形中，可按区域开出派工单，系统自动区分和控制是否已派过，减少差错。图7-25显示了由BIM系统自动生成任务单的界面。

2）分包结算和分包成本控制

作为施工单位，需要与下游分包单位进行结算。在这个过程中施工单位的角色成为了甲方，供应商或分包方成了乙方。传统造价模式下，由于施工过程中人工、材料、机械的组织形式与传统造价理论中的定额或清单模式的组织形式存在差异，在工程量的计算方面，分包计算方式与定额或清单中的工程量计算规则不同，双方结算单价的依据与一般预结算不同。对这些规则的调整，

下达任务组　撤销任务组

任务组名称	生成时间	状态
2012-8-29-任务组	2012-08-30	未下达
2011/12/9-任务组	1900-01-01	已下达
2011/12/8-任务组	1900-01-01	已下达
2011/12/19-任务组	2011-12-20	已下达

下达任务单　撤销任务单

任务单名称	生成时间	状态
20120829-任务单-A	2012-08-30	未下达
20120829-任务单-B	2012-08-29	未下达
20120829-任务单-C	2012-08-29	已下达

任务名称	计划开始时间	计划结束时间	工期	执行开始时间	执行结束时间	备注
AA5	2012-08-28	2012-08-28	1			
AA4	2012-08-28	2012-08-28	1			
AA3	2012-08-28	2012-08-28	1			
AA7	2012-08-29	2012-08-29	1			
AA6	2012-08-29	2012-08-29	1			
AA2	2012-08-28	2012-08-28	1			
AA1	2012-08-28	2012-08-28	1			

图 7-25　工程任务单

以及准确价格数据的获取，传统模式主要依据造价管理人员的经验与市场的不成文规则，常常成为成本管控的盲区或灰色地带。

根据分包合同的要求，可建立分包合同清单与 BIM 模型的关系，明确分包范围和分包工程量清单，按照合同要求进行过程算量，为分包结算提供支撑。如图 7-26 显示了基于 BIM 模型的分包合同管理。

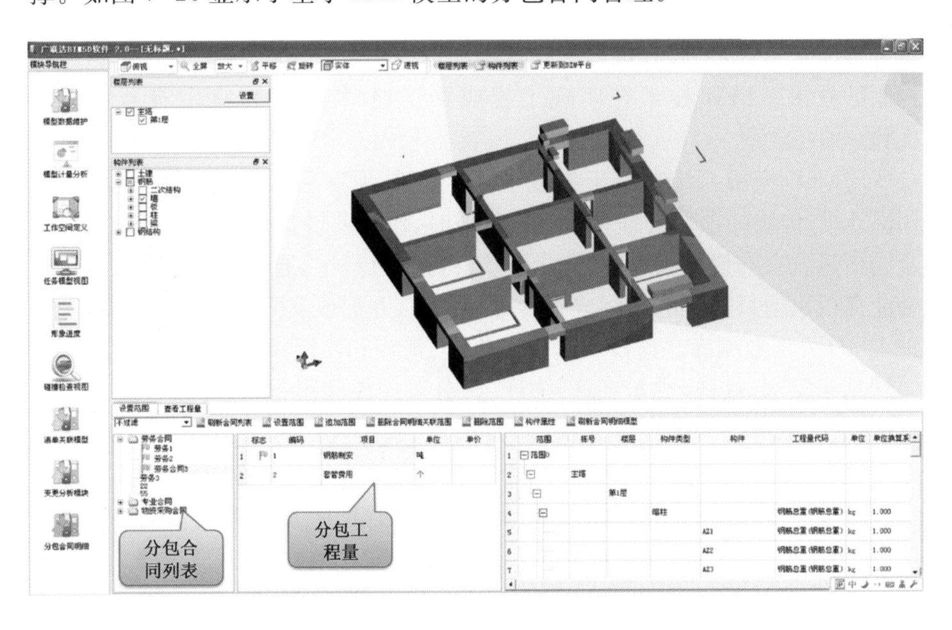

图 7-26　基于 BIM 模型的分包合同管理

7.4.6　基于 BIM 的工程造价动态分析

成本管理和控制一直以来都是施工单位造价管理中的重中之重，但同时也是一个难点。传统的项目成本管理往往是在统一的成本科目和核算对象的基础上，进行收入、预算和实际成本的对比分析，这种方式是基于财务核算原理进行，起到了周期性成本核算的目的，但是无法真正达到成本动态的分析和控制。这是因为，

第一，这种传统的方式无法达到项目成本事前控制。成本管理工作基本处于事后核算分析，事前成本预控少，特别是事中的动态及时分析很难。

第二，成本分析工作量大，项目经营人员每月、每季都需要进行大量的统计工作，统计时由于核算数据复杂，特别是这些数据来源于不同的业务部门，统计口径又不一样，需要重新进行成本分摊工作，工作的繁琐复杂往往造成核算不及时或不准确。

第三，成本分析颗粒度不够。首先是无法做到主要资源细化控制，大宗材料的控制不够精细。无法得到不同阶段、不同部位的材料量价对比分析，以便找出材料超预算原因；其次就是分析、统计和对比工作做不到工序或者构件级。例如，某个核算期间，总的成本没有超支，但是部分关键构件或者工序成本超出预算，传统核算方式无法识别出来，这样就使得成本分析工作达不到应有的效果。

1）基于 BIM 的成本管理优势

在传统的项目管理系统（PM）的基础上，集成 BIM5D 技术对施工项目成本进行动态管理，可以有效地融合技术和管理两个手段的优势，提高项目成本控制的效果。BIM 技术在实现工程成本管理、控制和核算中有着巨大的优势。

BIM5D 模型系统是基于集成了 3D 模型、预算和工序的关系数据库，当 BIM5D 与传统的项目管理系统进行集成时，作为项目管理中管理主线之一的合同信息就会与模型关联。同时，在实际施工过程中，通过项目管理系统进行各业务板块运行过程的实际成本管理和控制，并形成实际业务成本数据，及时进入 5D 关系数据库。这样就实现了收入、预算和实际成本的三算对比模型。一切基于模型，这样，成本汇总、统计、拆分对应瞬间可得，成本统计分析工作就很轻松，软件强大的统计分析能力可轻松满足我们的各种成本分析需求。图 7-27 显示了 BIM5D 系统强大的造价动态分析功能，能够统计不同构件、不同阶段成本，并通过分析曲线进行显示。基于 BIM 的实际成本动态管理方法，较传统方法具有极大优势。

首先，统计工作高效准确。由于 BIM 5D 的基础是以模型为核心的造价数据库，先进的数据库汇总分析能力大大加强，速度快，实现短周期的成本分析不再困难。同时，基于模型的成本数据实现动态维护，成本数据随工程进度不断丰富完善，成本分析的准确度越来越高。另外通过 PM（项目管理系统）与 BIM5D 数据集成，可以实时监督成本运行情况。图 7-27 中显示了项目实时动态成本统计。

其次，成本分析能力加强。可以实现多维度分析汇总和统计，在传统的三算对比基础上，可以分别针对时间、空间、工序和构件不同纬度进行收入、预算

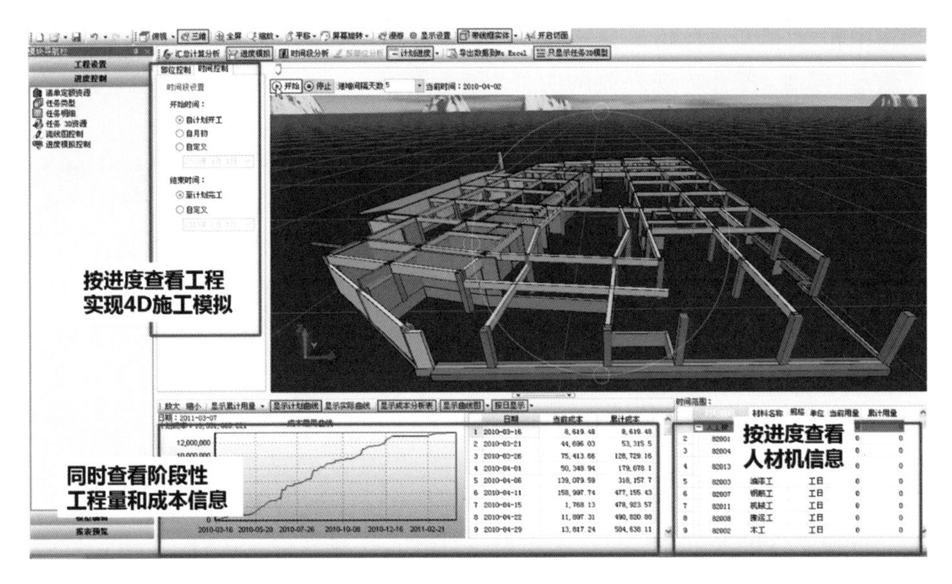

图 7-27　BIM5D 动态成本分析

和实际成本的汇总分析。同时，提供更多分类、更多分析条件的成本统计报表。

最后，有助于提升整个企业成本控制能力。将实际成本 BIM 模型通过互联网集中在企业总部服务器，可以抽取项目成本指标，形成企业级成本指标库。企业总部成本部门、财务部门就可共享每个工程项目的实际成本数据，实现总部与项目部的信息对称。同时，总部可以针对成本指标进行项目成本控制和考核，提高项目成本综合管控能力。

2）基于 BIM 的成本管理内容

基于 BIM 的施工成本动态分析管理包括三个方面的内容。

（1）成本管理事前控制

利用 BIM5D 和项目管理系统进行集成，对施工成本实现以预算成本为控制基准的成本预控。本阶段一般会形成成本控制计划。传统的成本控制计划将合同预算按照成本科目和核算对象两个维度进行拆分，工作量巨大，也容易出错。虽然这样形成的计划成本可以起到成本核算的目的，但是无法从总承包项目部管理的角度实现对成本的动态管理和分析的目的。

BIM5D 基于三维模型，集成了合同预算、相关资源工作任务分解、时间进度等参数信息，可以自动对成本进行任意维度的分解。基于 BIM 的成本计划以总包合同收入为依据，以合约规划为手段制订项目计划成本，实现成本过程管理和控制。其中，合约规划是指将工程合同按照可支出的口径进行分解，形成规划项，例如按照不同的分包项分解成为分包合同，这样有利于清晰各业务成本的过程动态管理和控制。BIM 技术提供了可视化的三维模型，并与进度计划和造价信息进行合成。通过施工组织设计优化后的进度计划包含了分包的拆解信息，这样就可以很方便地将合同预算分解成可管理的合同规划包，规划包中包含了人、材、机等预算资源信息，同时，各合约规划项的明细与分解后的总包合同清单单价构成对应，实现以合同收入控制预算成本，继而以预算成本控制实际成本的成本管控体系。图 7-28 显示了基于 BIM 的合约规划编制框架，并基于规划进而形成统一的成本计划。

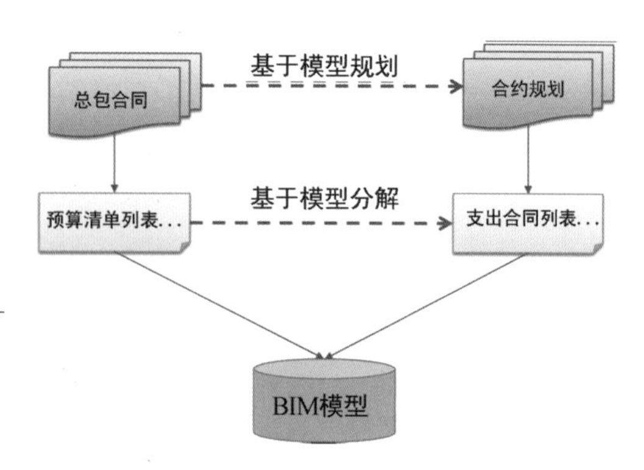

图 7-28　基于 BIM 的合约规划

（2）成本综合动态分析

成本控制最有效的手段就是进行工程项目的三算实时对比分析。BIM5D 可提高项目部基于三算对比的成本综合分析能力。首先，基于 BIM 的三算对比分析需要统一的成本项目，合同收入、预算成本、实际成本核算分析都需要基于一致的口径。成本项目一般包含了材料费、机械费、人工费和分包费等项目，利用 BIM5D 可视化功能，将模型相关的清单资源与成本项目进行对应，间接实现了合约规划和成本科目的关联。其次，在不同的成本核算期间，基于 BIM 模型，可实现不同维度的收入、预算成本和实际成本的三算对比分析。按照管理控制层次不同，成本分析分三个层级：成本项目层级、合同层级、合同明细层级，其中，合同明细层级可以进行量、价、金额三个指标的对比分析，重点是材料量价分析。图 7-29 显示了根据工程量、清单价格、合同价格，实现收入、预算、成本的三算对比。

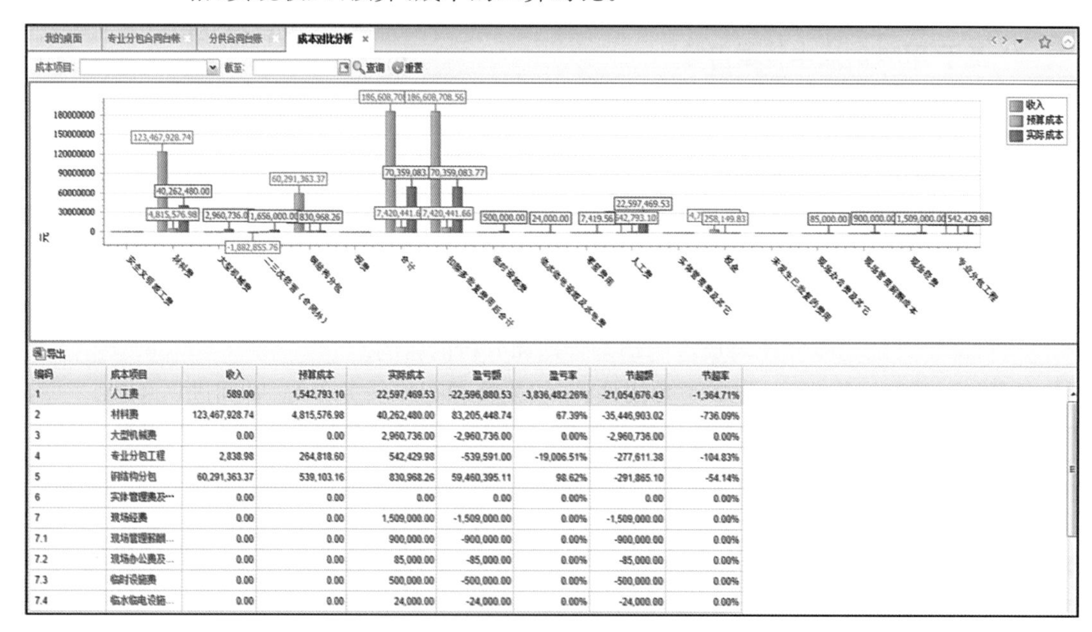

编码	成本项目	收入	预算成本	实际成本	盈亏额	盈亏率	节超额	节超率
1	人工费	589.00	1,542,793.10	22,597,469.53	-22,596,880.53	-3,836,482.26%	-21,054,676.43	-1,364.71%
2	材料费	123,467,928.74	4,815,576.98	40,262,480.00	83,205,448.74	67.39%	-35,446,903.02	-736.09%
3	大型机械费	0.00	0.00	2,960,736.00	-2,960,736.00	0.00%	-2,960,736.00	0.00%
4	专业分包工程	2,838.98	264,818.60	542,429.98	-539,591.00	-19,006.51%	-277,611.38	-104.83%
5	钢结构分包	60,291,363.37	539,103.16	830,968.26	59,460,395.11	98.62%	-291,865.10	-54.14%
6	实体管理费及…	0.00	0.00	0.00	0.00	0.00%	0.00	0.00%
7	现场经费	0.00	0.00	1,509,000.00	-1,509,000.00	0.00%	-1,509,000.00	0.00%
7.1	现场管理薪酬...	0.00	0.00	900,000.00	-900,000.00	0.00%	-900,000.00	0.00%
7.2	现场办公费及...	0.00	0.00	85,000.00	-85,000.00	0.00%	-85,000.00	0.00%
7.3	临时设施费	0.00	0.00	500,000.00	-500,000.00	0.00%	-500,000.00	0.00%
7.4	临水临电设施...	0.00	0.00	24,000.00	-24,000.00	0.00%	-24,000.00	0.00%

图 7-29　成本项目级别的三算对比分析

在施工过程中，合同收入、预算成本和实际成本数据是实现成本动态对比分析的基础，利用 BIM 技术可以方便快捷地得到三算数据。第一，BIM 模型结合了预算信息和进度信息，形成 5D 模型，在施工过程中，按照月度实际完成进度，自动形成关联模型的已完工程量清单，并导入项目管理系统形成月度业主报量，根据业主批复工程量和预算单价形成实际收入。同时根据清单资源自动归集到成本项目，形成核算期间内的成本项目口径的合同收入。第二，根据月度实际完成任务，确定当月完成模型范围。从关联模型中自动导出形成月度实际完成工程量，按照成本口径归集，形成预算成本。进一步细化，按照合约规划项自动统计，形成具体分包合同的预算成本。第三，在项目管理系统中，随着工程分包、劳务分包、材料出库、机械租赁等业务的进展，每月自动按照分包合同口径形成实际成本归集，进一步归集到成本项目。这样就形成项目的实际成本。图 7-30 显示了基于 BIM 的动态成本分析的框架图。

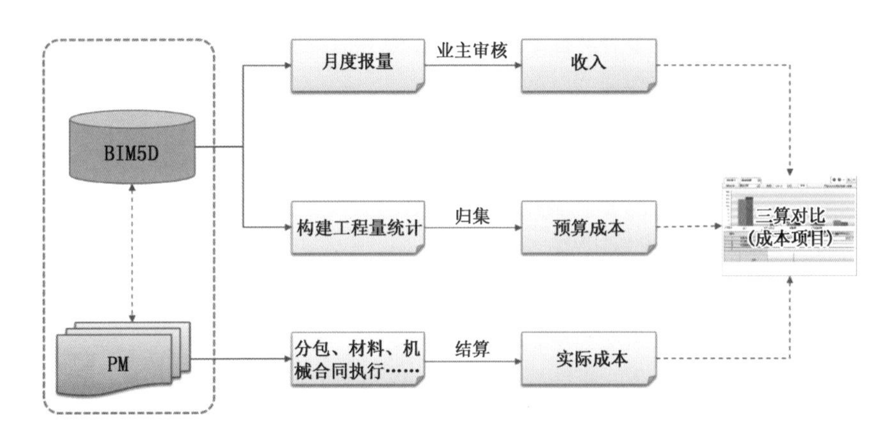

图 7-30　成本动态分析模型

(3) 精细化的成本分析

在对成本进行分析的时候，经常会发生这种情况，某个子项工程超出了预算，另一项节省了预算，项目整体实际成本没有超支，但这并不代表项目成本管理没有问题，如果不分析出具体问题，下一个核算期间，超支的项目可能会继续超支。传统的成本分析难以解决这样的问题，基于 BIM 的成本分析可以实现工序、构件级别的成本分析。在 BIM5D 成本管理模式下，关于成本的信息全部和模型进行了绑定，间接绑定了进度任务，这样，就可以在工序、时间段、构件级别进行成本分析。特别是基于 BIM 模型的资源量控制，主要材料(钢筋、混凝土)基于模型已经细化到楼层、部位，通过 BIM 模型的预算量，可控制其实际需用和消耗量，并将预算和收入进行及时的对比分析和预控。对于合同而言，可以按照分包合同，细化到各费用明细，通过 BIM 模型的工程量，控制其过程报量和结算量。

7.5 BIM 在工程造价管理中的应用趋势和展望

7.5.1 基于 BIM 的全过程造价管理

工程造价管理的每个对象（工程）都有海量的数据，且计算十分复杂，即使一个六层楼的住宅，若要达到精细化管理的水准也是如此。随着经济发展，大型复杂工程剧增，造价管理工作难度越来越高。传统手工算量、非基于 BIM 的单机软件预算，已大大落后于时代的需要（表 7-1）。目前，我国造价软件仍然以单机的单条套定额的预算软件为主，与国外算量技术的快速发展有较大的差距。

表 7-1　传统造价软件与基于 BIM 的造价软件的产品系列与核心优势对比

对比项	传统造价软件	基于 BIM 的造价软件
项目管理	单项目管理	项目群、企业级管理，方便进行查阅、对比、审核；更好地进行全过程造价管理
数据来源	输入单条清单和定额工程量数据，无法进行数据的追踪	接受算量软件完整数据，包括图形数据
分析功能	只有汇总分析	图形与造价结合，框图出价，可以快速进行进度款管理；方便进行数据的反查
数据共享	无法协同	基于互联网数据库技术，提高协同、共享、审批、流转速度，提高人员工作效率等
企业管理	数据粒度太粗，无法被 ERP 利用	多维度结构化、高细度数据库，可以与 ERP 对接，为企业管理系统充分利用基础数据
企业应用	单兵作战，无法形成企业的数据库	累积企业经验数据库，进行协同、共享；避免重复组价，提高工作效率

BIM 技术的发展与成熟，提供了强大的技术手段，提高工程造价管理水平的时机已到。BIM 技术能帮助我们建立工程项目多维度结构化数据库，并可将数据细度达到构件级。基于 BIM 技术的核心能力，可以在项目群、企业级造价管理中的投资决策、规划设计、招投标、施工、变更管理、竣工结算各个阶段全面升级，实现基于 BIM 的全过程造价管理（图 7-31），提升现有造价管理技术能力，并实现管理方式的根本转变。

基于 BIM 的造价管理平台以全新的理念进行软件设计和构架，能兼容造价管理模式，当然也能进行定额计价和清单计价，它基于互联网和 BIM 技术，提供云推送服务，可以将一份预算文件方便地转化为多形式的造价文件，如投标价、分包价、成本价、送审价、结算价、审定价等。通过对这些历史经验数据的沉淀、积累和管理形成可以共享、参考和调用的造价数据库，具有很强的适应性和造价管理能力。它以工程项目管理为核心，实现对群体、单体、单位工程数据的动态集成管理，保证项目数据的完整性。基于BIM的造价软件可以进行项目、单项工程、单位工程分级，它的标段设置功能能满足进度款结算的需要，每一层级都应有相应的造价信息，招投标信息，可以清晰地看到造价比例、单方造价指标、材料指标等，便于进行对比分析、判断和决策等。

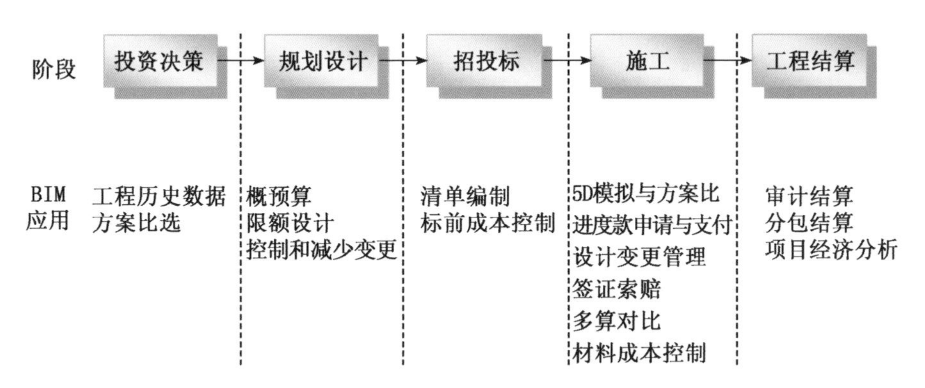

图7-31 BIM技术在全过程造价管理中的应用

7.5.2 企业级BIM数据库的建立

1) BIM数据集中管理

BIM模型一般是针对单项目模型，对于企业而言，正在施工的项目有几十个甚至上百个，同时管理多个项目时，必须实现项目群的BIM模型的集中管理。量、价BIM数据创建好后，可将包含成本信息的BIM模型上传到基础数据分析系统服务器，系统就会自动对文件进行解析，同时将海量的成本数据进行分类和整理，形成一个多维度的、多层次的，包含三维图形的成本数据库。同一个企业，在同一个BIM系统中，即可统计多个项目的上个月完成的产值，下个月该采购多少钢筋等。这为企业的集中采购、集约化经营提供了基础。

2) BIM数据协同

BIM的核心价值之一在于协同，利用云技术与BIM技术的结合，可以有效地实现BIM数据的集中管理与在公司成员间的数据协同。通过互联网技术，系统将不同的数据发送给不同的人，或者不同的人可以根据不同的权限查询相关的数据信息。例如，总经理可以看到项目资金使用该情况，项目经理可以看到造价指标信息，材料员可以查询下月材料使用量，不同的人各取所需，共同受益，从而对建筑企业的成本精细化管控和信息化建设产生重大作用。

3) 企业定额

企业定额是指企业根据自身的施工技术和管理水平，以及有关工程造价资料制定的，供本企业使用的人工、材料和机械台班消耗量标准。企业定额是招投标、成本控制与核算、资金管理的重要依据，也是企业的核心竞争力之一。

但可惜的是，因为定额所涉及的子目众多，需要大量的数据搜集工作等，给企业定额的编制带来了巨大的困难。企业定额的形成和发展需要经历从实践到理论、由不成熟到成熟的多次反复检验、滚动、积累。在企业定额库的建立与完善过程中，BIM 将发挥巨大的作用：

① BIM 有助于企业定额的建立。BIM 模型本身就包含了完整的工程消耗量信息，且可以实现时间、空间、进度工序（Work Breakdown Structure，WBS）的多维数据分析抽取，将企业各个项目的 BIM 模型数据整合在一起便是一个最真实最丰富的企业定额数据源，以此为基础，建设企业定额库的难度和工作量都是最低的。

② BIM 有助于企业定额的动态维护。传统模式下，定额的量价信息需要依靠人工从定额站和建材信息网等处采集，信息的准确性、及时性和全面性都有严重问题。若以此建立起的企业定额，终将因缺乏活力而失去生命力。而 BIM 模型数据将随着工程项目的建设而逐步丰满，企业定额的维护过程中，通过软件系统可以智能化、自动化从中汲取充分的给养。

基于 BIM 和互联网数据库技术的企业定额库系统框架如图 7-32 所示。

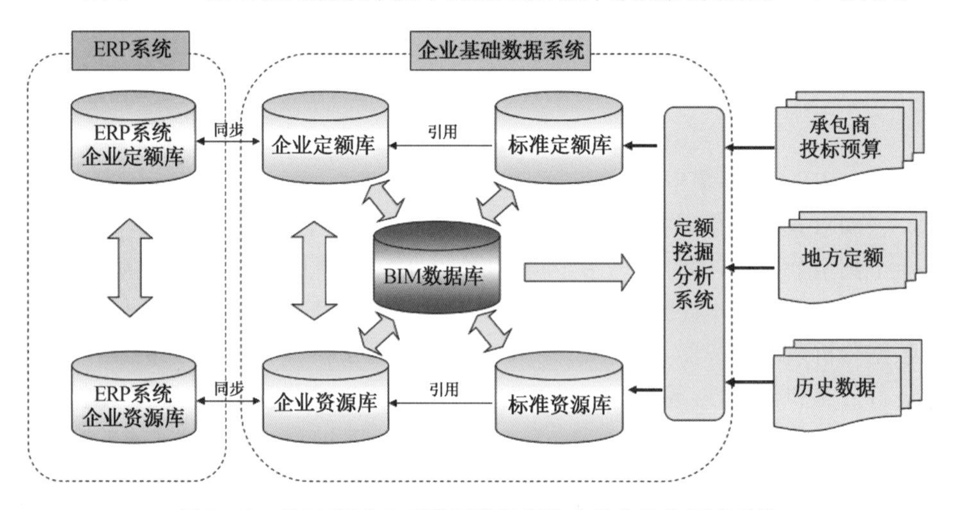

图 7-32　基于 BIM 和互联网数据库技术的企业定额库系统

7.5.3　BIM 与 ERP 的对接

“十二五”期间，国家住房与城乡建设保障部出台的特级资质考评中增加了信息化的要求，因而我国施工企业纷纷进行信息化建设，但成效并不太理想。最主要的原因在于，系统中缺乏关键项目基础数据（量、价、消耗量指标）的支撑，普遍发挥不出应有的价值和功能，有的甚至成了空中楼阁，严重挫伤了企业信息化的积极性。

建筑企业项目和企业管理面对的数据可分为两大类，即基础数据和过程数据。基础数据是在管理中和流程关系不大的数据，不因施工方案、管理模式变化而变化，如工程实物量、各生产要素(人、材、机)价格、企业消耗量(企业定额)等项。工程实物量决定于施工图纸；各生产要素价格，由市场客观行情确定；企业消耗量指标也相对固定不变。而费用收支、物资采购、出入库等数据都会在生产过程中因施工方案、管理流程和合作单位的变化而变化，因此是过程数据。

在实际过程中，基础数据是由BIM技术来提供和实现，而过程数据是由ERP来记录，BIM与ERP的合作，就能实现计划与实际量进行对比，发现项目的内控管理水平，挖掘不足，提出解决方案，从而进一步提升企业的管理。

BIM技术平台的优势在于它是一个极佳的工程基础数据承载平台，优势在于工程基础数据的创建、计算、共享和应用，主要解决“项目该花多少钱”。ERP优势在于过程数据的采集、管理、共享和应用，主要体现“项目花了多少钱”。二者是完全的互补关系，即BIM技术系统可为PM，ERP系统提供工程项目的基础数据，完成海量基础数据的计算、分析和提供，解决建筑企业信息化中，基础数据的及时性、对应性、准确性和可追溯性的问题。两个系统的完美结合，将取得多赢的结果，两个系统的价值将大幅增加，客户价值更是大增。

BIM技术工程基础数据系统和同样有BIM支撑的ERP系统的无缝连接，完全可以实现计划预算数据和过程数据的自动化、智能化生成，自动完成拆分、归集任务，不仅可大幅减轻项目的工作强度，减少工作量，还可避免人为的错误(不准确、不及时、不对应、无法追溯)，实现真正的成本风险管控，让项目部和总部都能实现第一时间发现问题，第一时间提出问题解决方案和措施，做到明察秋毫，精细化管理程度就可向制造业水准靠拢。

根据目前市场BIM与ERP对接情况来看，需要对接的具体数据分为企业级数据和项目级数据。

企业级数据:分部分项工程量清单库、定额库、资源库、计划成本类型等数据。

项目级数据:项目信息、项目WBS、项目CBS、单位工程、业务数据。具体数据对应关系如图7-33所示。

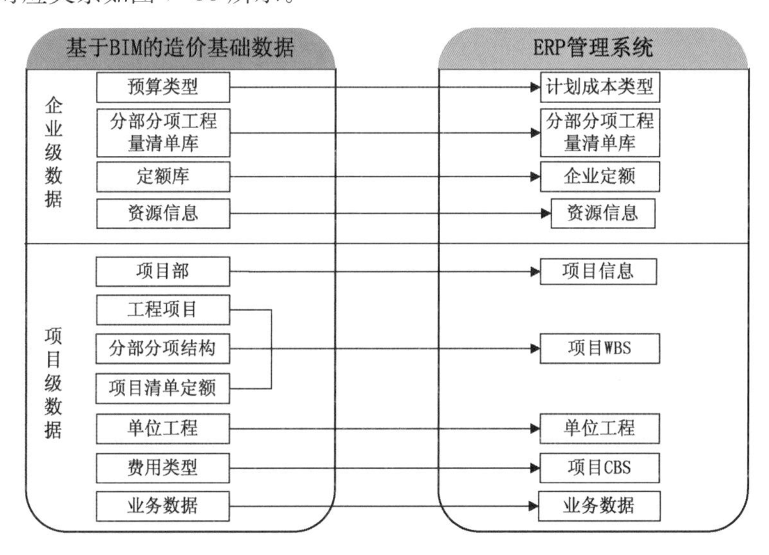

图7-33 基于BIM的造价基础数据与ERP系统对接

在基础数据分析系统服务器的数据库上有两套 Web Service，一套是自己的客户端使用的，可以获取和操作基础数据分析系统服务器数据库中的数据，另外一套给 ERP 系统调用，只能用于获取该服务器数据库中的 ERP 数据。

对 ERP 接口主要以 Web Service 的形式提供，具有平台无关性和语言无关性，可以比较方便地和其他系统集成。

由于接口主要是在企业内部系统之间调用，所以采用比较简单的信任 IP 控制。

部分接口返回的数据量可能比较大，针对这些接口，采用分页获取数据的方式。目前采用分页获取数据的接口有：

① 获取资源信息；

② 获取安装实物量信息；

③ 获取安装配件信息；

④ 获取安装超高信息。

BIM 与 ERP 的无缝连接将是未来的趋势。将造价软件数据与项目管理系统之间实现数据对接，可实现计划数据的自动获取，有效提升计划数据获取的效率与准确性。

7.6 结语

BIM 技术在国内工程造价中的应用已达 14 年之久，尽管 BIM 技术的发展仍处在初级阶段，但 BIM 技术现有的能力已能帮助我们实现巨大的价值。BIM 技术还将有非常大的发展空间，对造价行业的影响是全面性的、革命性的。

今后的工程造价信息化解决方案必然是基于 BIM、基于互联网技术的系统解决方案，当前的主流单机工具软件模式将逐步被改变和取代。

企业级数据积累将变成可能和容易。现在整个经济社会逐步进入大数据时代，谁拥有了数据，谁将获得明天。BIM 技术对建筑行业数据能力的影响是，既提供工程项目创建、管理和共享数据的高效能的系统平台，也为企业级的基础数据库建设奠定基础。建筑企业的企业级数据库建设将有强大的系统工具。

工程造价是一个大数据行业，因行业一直无法整合分析海量的工程量、价格和消耗量指标数据，使行业一直处在粗放和企业无数据状态，企业数据都在预算人员手中，在项目人员的脑子之中，这种状况导致行业进步困难。

BIM 技术和互联网数据库技术的结合将改变这一切。

一是 5～10 年的时间，几乎所有项目管理造价管理系统将架构于基于 BIM 的系统之上，从工具化单人单点的应用，升级到项目级企业级的应用。

二是今后造价咨询单位将全面深度应用BIM技术。不仅软件上基于BIM的项目级、企业级造价管理系统,咨询服务业务将全面升级,从审核预算到全过程数据提供,扩充服务业务和咨询能力,企业数据积累能力大大加强,逐步赶上国际顾问单位先进水平;而且BIM技术也将因此影响造价咨询业现有的竞争格局,关系竞争逐步向能力竞争过渡。

三是建筑企业的BIM技术应用将使核心业务管控变成可行,也开始具备强大的对项目的支撑能力,并逐步与ERP系统打通,实现基础数据系统和ERP系统的能力升级。由于BIM技术的支撑,建筑企业的工程成本管理将进入精细化时代。

建筑企业的承包制当前还是主流经营模式,因企业造价成本管理能力的提升,因企业内部透明度的提高和公司对项目信息对称能力的提升,将会有越来越多的企业实现直营。直营将会更有竞争力,集约化经营优势将能逐步体现,规模经济成为现实。

BIM技术的发展对行业最终的影响,我们还难以估量,但BIM技术会成为我们企业和项目管理的必须的工具,更是造价管理行业竞争必须具有的能力。

参考文献

[1] 何关培. BIM总论[M]. 北京:中国建筑工业出版社,2011.

[2] 葛文兰. BIM第二维度——项目不同参与方的BIM应用[M]. 北京:中国建筑工业出版社,2011.

[3] 徐蓉. 工程造价管理[M]. 上海:同济大学出版社,2005.

[4] 袁建新,迟晓明. 施工图预算与工程造价控制[M]. 北京:中国建筑工业出版社,2008.

[5] 王广斌,张洋,谭丹. 基于BIM的工程项目成本核算理论及实现方法研究[J]. 科技进步与对策,2009,26(21):47-49.

[6] 张建平,范喆,王阳利,等. 基于4D-BIM的施工资源动态管理与成本实时监控[J]. 施工技术,2011,40(4):37-40.

[7] 张建平,李丁,林佳瑞,等. BIM在工程施工中的应用[J]. 施工技术,2012,41(371):10-17.

[8] 尹为强,肖名义. 浅析BIM5D技术在钢筋工程中的应用[J]. 土木建筑工程信息技术,2010,2(3):46-50.

[9] 李静,方后春,罗春贺. 基于BIM的全过程造价管理研究[J]. 建筑经济,2012(09):96-100.

BIM

8 BIM 的其他应用

8.1 施工到运营的信息模型数字化集成交付

8.1.1 数字化集成交付概述

通过本书此前章节的介绍,我们知道了基于 BIM 的混凝土、钢结构、玻璃幕墙等各种构件的施工,以及相关构件的预制加工,那么施工阶段与构件相关的 BIM 数据最终是作何考虑呢?

信息是物理的,即“万物皆比特”,数字化集成交付即是在机电工程三维图形文件的基础上,以建筑及其产品的数字化表达为手段,集成了规划、设计、施工和运营各阶段工程信息的建筑信息模型文件传递。

施工阶段及此前阶段积累的 BIM 数据最终是需要为建筑物、构筑物增加附加价值的,需要在交付后的运营阶段再现或再处理交付前的各种数据信息,以便更好地服务于运营。

建筑行业工程竣工档案的交付目前主要采用纸质档案,其缺点是档案文件堆积如山,数据信息保存困难,容易损坏、丢失,查找使用麻烦。《纸质档案数字化技术规范》(DA/T 31—2005)等国家档案行业相关标准规范仅描述了将纸质竣工档案通过扫描、编目整理,形成传统档案的数字化加工、存储,未能实现结构化、集成化、数字化、可视化的信息化处理。

在集成应用了 BIM 技术、计算机辅助工程(Computer Aided Engineering, CAE)技术、虚拟现实、人工智能、工程数据库、移动网络、物联网以及计算机软件集成技术,引入建筑业国际标准《工业基础类》(Industry Foundation Classes, IFC),通过建立机电设备信息模型(Machine Electric Plumbing-Building Information Modeling, MEP-BIM),可形成一个面向机电设备的全信息数据库,实现信息模型的综合数字化集成。

8.1.2 数字化集成交付特点

建筑工程竣工档案具有可视化、结构化、智能化、集成化的特点,采用全数字化表达方法,对建筑机电工程进行详细的分类梳理,建立数字化三维图形。建筑、结构、钢结构等构件分类包括场地、墙、柱、梁、散水、幕墙、建筑柱、门、窗、屋顶、楼板、天花板、预埋吊环、桁架等。建筑给水排水及采暖、建筑电气、智能建筑、通风与空调工程的构件分类包括管道、阀门、仪器仪表、管件、管件附件、卫生器具、线槽、桥架、管路、设备等。构件几何信息、技术信息、产品信息、维护维修信息与构件三维图形关联。

集成交付需要一个基于BIM的数据库平台,通过这样一个平台提供网络环境下多维图形的操作,构件的图形显示效果不限于二维 *XY* 图形,亦包括三维 *XYZ* 图形不同方向的显示效果。建筑机电工程系统图、平面图均可实现立体显示,施工方案、设备运输路线、安装后的整体情况等均可进行三维动态模拟演示、漫游。

1) 智能化

智能化要求建筑机电工程三维图形与施工工程信息高度相关,可快速对构件信息、模型进行提取、加工,利用二维码、智能手机、无线射频等移动终端实现信息的检索交换,快速识别构件系统属性、技术参数,定位构件现场位置,实现现场高效管理。

2) 结构化

数字化集成交付系统在网络化的基础上,对信息在异构环境进行集成、统一管理,通过构件编码和构件成组编码,将构件及其关键信息提取出来,实现数据的高效交换和共享。

3) 集成化

规划、设计信息、施工信息、运维信息在工程各个阶段通常是孤立的,给同一项目各个专业信息传达造成了极大的不便。通过对各阶段信息进行综合,并与模型集成,可达到工程数据信息的集成管理。

8.1.3 数字化集成交付的应用

目前,我们通过在项目的研究应用,总结如下:

1）集成交付总体流程

由施工方主导，依据相关勘察设计和其他工程资料，对信息进行分类，对模型进行规划，制定相关信息文件、模型文件格式、技术、行为标准。应用支持IFC协议的不同建筑机电设计软件虚拟建造出信息模型。将竣工情况完整而准确地记录在BIM模型中。

通过数字化集成交付系统内置的IFC接口，将三维模型和相关的工程属性信息一并导入，形成MEP-BIM，将所建立的三维模型和建模过程中所录入的所有工程属性同时保留下来，避免信息的重复录入，提高信息的使用效率。

通过基于BIM的集成交付平台，将设备实体和虚拟的MEP-BIM一起集成交付给业主，实现机电设备安装过程和运维阶段的信息集成共享、高效管理。

数字化集成交付总体流程如图8-1所示。

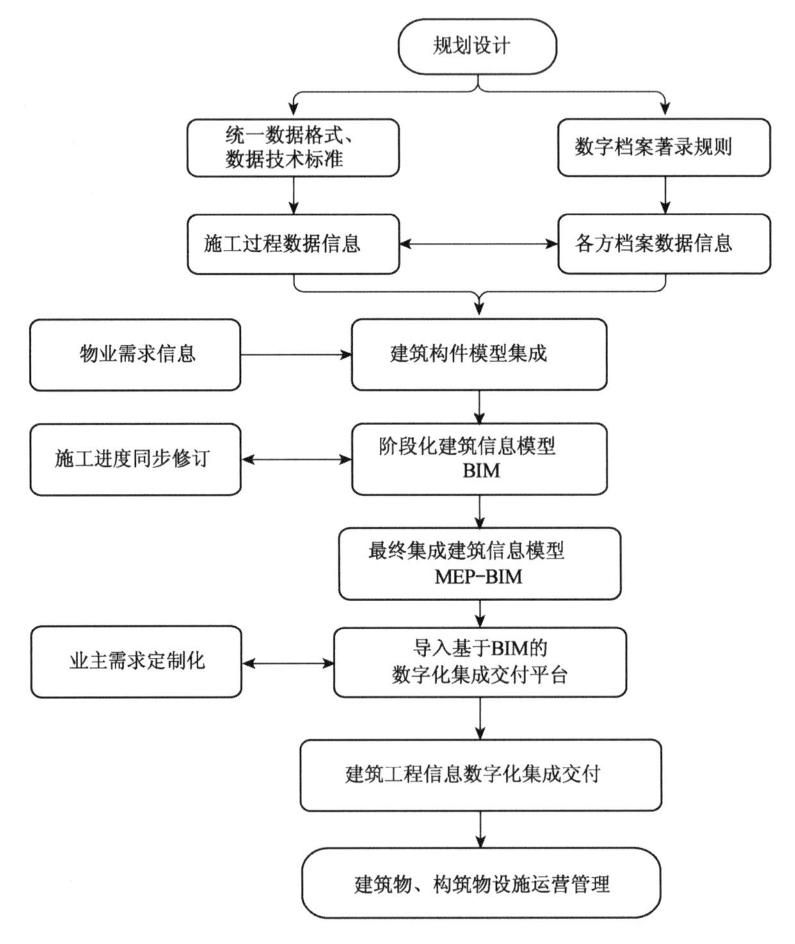

图8-1　数字化集成交付总体流程图

2）机电工程数字化集成交付的应用

MEP模型以构件为基础单位组成，对构件及其逻辑结构进行定义和描述，包括构件定义、构件空间结构、构件间关系、系统定义和系统与构件间关系：

① 构件定义包括构件的类型以及名称等基本属性；

② 空间结构是根据建筑楼层和分区等空间信息定义的模型结构；

③ 构件间关系描述系统中各个构件之间的连接关系；

④ 系统定义包括系统类型及其基本属性；

⑤ 系统与构件间关系定义各个构件所属的系统。

建筑构件的分类依据分部工程、子分部工程划分，如表 8-1 所示。可编辑的构件属性要求如表 8-2 所示。数字化集成交付模式下构件属性集属性信息的分类如表 8-3 所示。

表 8-1　　　　建筑构件的分类

分部工程	子分部工程	构件分类名称
建筑给水排水及采暖	室内给水系统	管道、阀门、附件、仪表、卫生器具、设备
	室内排水系统	
	室内热水供应系统	
	卫生器具安装	
	室内采暖系统	
	室外给水管网	
	室外排水管网	
	室外供热管网	
	建筑中水系统及游泳池系统	
	供热锅炉及辅助设备安装	
建筑电气	室外电气	母线、配电箱、电度表变、配电站内设备、照明开关插座、避雷设备、桥架、接线
	变配电室	
	供电干线	
	电气动力	
	电气照明安装	
	备用和不间断电源安装	
	防雷及接地安装	
智能建筑	通信网络系统	探测器、按钮、火灾报警电话设备、火灾报警设备、桥架、线槽、插座、机房内设备、广播设备、监控设备、安防设备
	办公自动化系统	
	建筑设备监控系统	
	火灾报警及消防联动系统	
	安全防范系统	
	综合布线系统	
	智能化集成系统	
	电源与接地	
	环境	
	住宅(小区)智能化系统	

续表

分部工程	子分部工程	构件分类名称
通风与空调系统	送排风系统	风管道、管件、附件、末端、阀门、机械设备；水管道、管件、附件、阀门、设备、仪表
	防排烟系统	
	除尘系统	
	空调风系统	
	净化空调系统	
	制冷设备系统	
	空调水系统	

表 8-2　可编辑的构件属性

构件编号	构件名称	属性集名称	属性集描述	属性名称	属性类型	属性值	属性描述
自动生成	可编辑	可编辑	可编辑	可编辑	可编辑	可编辑	可编辑

表 8-3　构件信息分类

信息分类	构件编码	几何信息	技术信息	产品信息	建造信息	维保信息	关联信息
构件信息内容	自动生成构件结构化编码	模型实体尺寸	材料	名称	进场日期	调试记录	上下游信息
		系统	材质	品牌	安装方式	使用年限	控制关联
		区域位置	技术参数	生产厂家	安装日期	保修年限	—
		形状颜色	—	生产日期	操作单位	维保频率	
		详图	—	供应商信息	—	维保单位	
		二维表达	—	价格	—	备品信息	
		—	—	—	—	—	
备注		可编辑扩充	可编辑扩充	可编辑扩充	可编辑扩充	可编辑扩充	可编辑扩充

信息模型的文件导入集成交付平台的数据格式处理流程如图 8-2 所示。

图 8-2　模型集成数据接口流程图

导入集成交付平台后，即可实现信息模型的查看、数据的提取、导入导出。此时集成交付前阶段的信息数据即可转入到物业设施设备的管理运营中去。

8.2 物业设施设备管理中BIM的应用

8.2.1 物业设施设备管理

1）物业设备设施管理的现状和发展

物业管理指受物业所有人的委托，依据物业管理委托合同，对物业所属建筑物、构筑物及其设备，市政公用设施、绿化、卫生、交通、治安和环境容貌等管理项目进行维护、修缮和整治，并向物业所有人和使用人提供综合性的有偿服务。物业管理中设施设备综合管理是其重要部分。

一般意义上的物业设施与设备包括建筑给排水、采暖通风及空调和建筑电气，传统的物业设备管理侧重于现场管理，主要是在物业管理过程中对上述水暖电设备进行维护保养，把各种设备能够正常运行作为工作目标，着眼于有故障的设备，具有“维持”的特点。但随着网络技术的运用和建筑智能化建设的推进，信息化的现代建筑设备更快地进入各种建筑，使物业管理范围内的设备设施形成庞大而复杂的系统，各项传统产业的业务也由于结合了信息技术而出现很大的变化。物业设备设施营运过程中的成本花费占物业管理成本的比重越来越大，“维持”水平上的管理已越来越不适应物业管理智能化、信息化的需求。

国内物业设备设施管理工作较为滞后，首先是建设方、设计方、施工方和物业管理方在工作上脱节；建设方在建设阶段较少考虑今后运营时的节约和便利，而过多地考虑了如何节省一次性投资，如何节省自己的时间和精力；且在安装设备的过程中，较少考虑各项设备集成后的协调和匹配，而在建筑物设备的施工、调试与验收过程中，设计人员又很少参与具体工作。物业管理部门通常在建设后期或建成后接手，工程前期介入的工作几乎不做或做得很少，设备工程师的招聘还常常处于行政、清洁、保安人员之后，很少有一个预先的、系统的工程跟进和熟悉过程。工程竣工后系统运行尚不稳定，竣工资料亦不完整，但却匆匆赶着验收、评奖，特别是采用了一些智能设备的物业，往往为了眼前需要把智能化吹得天花乱坠，却不管这些设备是否确实在运维过程中起到应有作用。其次是部分物业管理企业服务的观念还没树立起来，在工程交付使用后，相当数量的企业和房地产商下属的物业管理公司中的人员，没有受过专业培训，颠倒与业主的关系，动辄给业主发布通知、指令，缺少服务意识。第三个认识误区，就是认为只要设备设施无故障、开得动就行了，这就是物业设备设施管理的全部工作内容，这个认识在不少物业管理公司具有普遍性，这就导致许多大楼空调过冷过热、电梯时开时停、管道跑冒滴漏现象很普遍。这种观念并没有认识到物业设备管理的服务对象是人，没有意识到良好的物业环境品质（即各种物业设备设施的运行效果）才是物业设备管理的最高工作目标。另外，国内物业设备管理的技术含量不高，人才匮乏，招聘合适的设备管理人员比较困难，凭经验、拼设备等手工作坊式的运作还是国内物业设备管理的主流，国内各种层次的培训，无论是内容还是对象都还没能完全跟上物业设备管理的发展形势。

在 20 世纪 80 年代末 90 年代初，设施设备的管理从传统的物业管理范围内脱离出来，其被视为新兴行业，称为物业设施管理（Facility Management，FM），定义为从建筑物业主、管理者和使用者的利益出发，对所有的设施与环境进行规划、管理的经营活动。这一经营管理活动的基础是为使用者提供服务，为管理人员提供创造性的工作条件以使其得以尊重和满足，为建筑物业主保证其投资的有效回报并不断地得到资产升值，为社会提供一个安全舒适的工作场所并为环境保护作出贡献。

FM 管理的特征从现场管理上升到经营战略，主要工作目标从维持保养上升到寻求服务品质与服务成本的最优化，管理的着眼点从发生问题的设备到全部固定资产，管理对象的时间从当前扩大到物业管理范围全生命周期内及未来的更新设施，管理所需的知识与技术从单纯地与建筑物本身的水暖电设备相关延展到与建筑、设备、不动产、经营、财务、心理、环境、信息等相关，承担 FM 工作的部门也从单一的设施运行维护部门发展到需由多部门交叉、协调，进行复合管理。

2）BIM 与物业设施设备管理的关联

BIM 实现了知识资源的共享，为设施设备从概念到拆除的全生命周期中的所有决策提供了可靠依据。该技术已经多次应用在国家项目中，并取得了一定成效。设施设备管理中机电设备（Mechanical，Electrical and Plumbing，MEP）工程是建筑给排水、采暖、通风与空调、建筑电气、智能建筑、建筑节能和电梯等专业工程的总称。MEP 系统是一个建筑的主要组成部分，直接影响到建筑的安全性、运营效率、能源利用以及结构和建筑设计的灵活性等。传统的 MEP 运维信息主要来源于纸质的竣工资料，在设备属性查询，维修方案和检测计划确定，以及对紧急事件应急处理时，往往需要从海量的纸质图纸和文档中寻找所需的信息，这一过程无疑费时费力。BIM 通过 3D 数字化技术为运维管理提供虚拟模型，直观形象地展示各个机电设备系统的空间布局和逻辑关系，并将其相关的所有工程信息电子化和集成化，对 MEP 的运维管理起到非常重要的作用。

关于 MEP-BIM 在运维管理中的应用，Francisco 等[1]通过对 125 名物业管理者的调研表明，一半以上的物业管理者认为在物业管理中应用 BIM 可节省信息查询的时间，并且 3D 可视化对物业管理有用，但对现有流程的改变和较大的投资将在一定程度上阻碍 BIM 在物业管理中的应用。具体而言，在信息模型标准和信息共享方面，Yu 等[2]通过分析设施管理的功能和涉及的主要构件，建立了物业管理数据模型(Facilities Management Classes, FMC),FMC与IFC类似,但在运维管理方面进行了很多扩展。Hassanain等[3]通过分析运维管理的过程模型和对象模型,对IFC 2X进行扩展,建立了集成维护管理模型(Integrated Maintenance Management Models, IMMM),可描述建筑设备及其功能需求、运行状况等信息和运维管理的检测、维修、替换等工作。美国建筑科学研究院(National Institute of Building Sciences, NIBS)[4]建立了施工运营建筑信息交换标准(Construction Operation Building Information Exchange, COBIE),试图将设计和施工过程中需要交付给运维方的信息统一成标准格式的Excel文件,包括楼层、房间等空间信息,机电设备、性能、系统及其关系等机电信息以及资源、工程和用户等其他信息。El-Ammari[5]研究了基于IFC的物业管理模型,通过Ifcxml实现在运维中共享设计和施工模型,并应用虚拟现实平台为物业管理提供三维平台。Akcamete等[6]提出在BIM中附加设施的检测和维修记录,支持运维管理者分析各个维修任务的优先级,合理地安排检修计划。

从上述研究综述可见,目前BIM技术在运维管理中的应用,主要集中在如何从设计和施工信息模型中提取运维管理所需的各种空间和设备信息,对于如何进一步管理和充分利用这些信息,已有的文献资料中涉及的内容较为缺乏。因此,在MEP运维管理方面,更好地发挥BIM技术所带来的技术革新的优势的案例亦相对较少。

实施于深圳嘉里建设广场二期工程项目的基于BIM的机电设备智能管理系统(BIM-based Facility Intelligent Management System, BIM-FIM2012)在BIM运维管理方面较好地达到了BIM与设施设备管理的结合。案例研究通过引入国际标准IFC,基于从设计和施工阶段所建立的面向机电设备的MEP-BIM(机电设备全信息数据库)用于信息的综合存储与管理。在此基础上,开发BIM-FIM2012,其目的一方面是为了实现MEP安装过程和运营阶段的信息共享,以及安装完成后将实体建筑和虚拟的MEP-BIM一起集成交付;另一方面是为了加强运营期MEP的综合信息化管理,为延长设备使用寿命、保障所有设备系统的安全运行提供高效的手段和技术支持。BIM-FIM2012案例介绍如下。

8.2.2 BIM-FIM系统简介

1) 系统功能模块

BIM-FIM 2012综合应用BIM技术、计算机辅助工程技术、虚拟现实技术、人工智能技术、工程数据库、移动网络技术、物联网技术以及计算机软件集成技术,引入建筑业国际标准IFC,通过建立MEP-BIM,并通过一个面向机电设备的全信息数据库,实现信息的综合管理和应用。系统包括登录、用户管理、文件、工具、视图、建筑构件管理、基本信息管理、知识库管理、维护维修管理和应急预案管理十个主要部分,其功能组织结构图如图8-3所示。

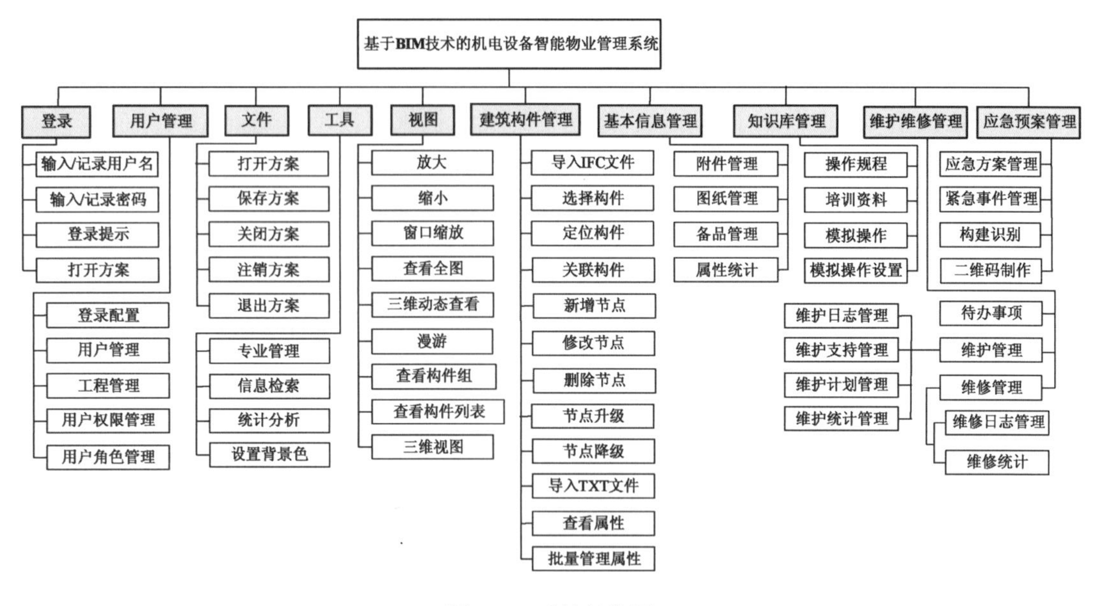

图 8-3　系统结构图

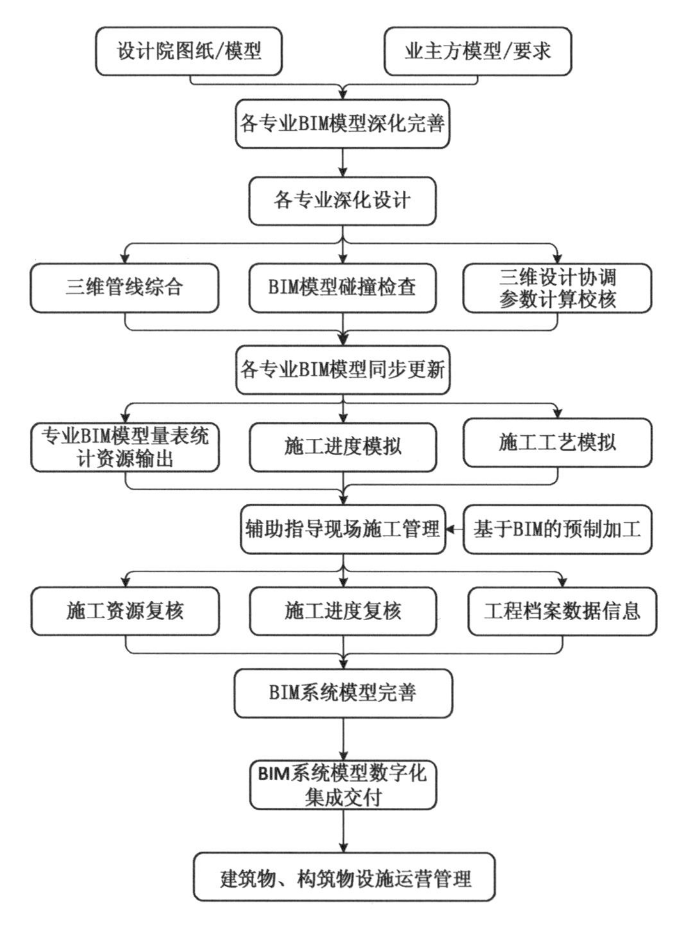

图 8-4　信息模型处理整体流程图

2）基本信息管理

为实现物业设施设备的管理，须明确施工管理中信息的管理、组织方式，实现 BIM 与设施设备管理的基础集成。涵盖工程建设阶段的总体信息模型处理整体流程如图 8-4 所示。

与集成交付一样，BIM-FIM 系统信息模型的处理由施工方主导，依据相关勘察设计和其他工程资料，对信息进行分类，对模型进行规划，制定相关信息文件、模型文件格式、技术、行为标准。应用支持 IFC 协议的不同建筑机电设计软件虚拟建造出信息模型，将竣工情况完整而准确地记录在 BIM 模型中。

MEP 的运维信息是指运维阶段创建的 MEP 信息，主要包括资产定义、检测数据、设备状况、运维计划进度以及运维的资源消耗和成本。资产定义是根据运维管理需求，从运维的角度对 MEP 构件进行组合，一个资产可以是一台空调机组及其附属的控制阀，也可以是某一片区的所有排风管道。确定资产后，需定义该资产的性能指标及其正常范围。资产的检测数据是对其性能指标的动态检测结果，通过相关检测仪器测量获得。运维计划进度是运维管理的工作安排，包括日常运维任务和紧急维修任务。运维的资源需求和成本是指完成运维工作所需的人力、设备和材料以及综合成本。运维工作的资源和成本对全生命周期的成本分析至关重要，也为后续运维决策提供依据。信息模型精度方面的规定请参看之前相关章节，信息模型的拓扑关联结构见图 8-5，集成 IFC 文件读取数据见图 8-6。

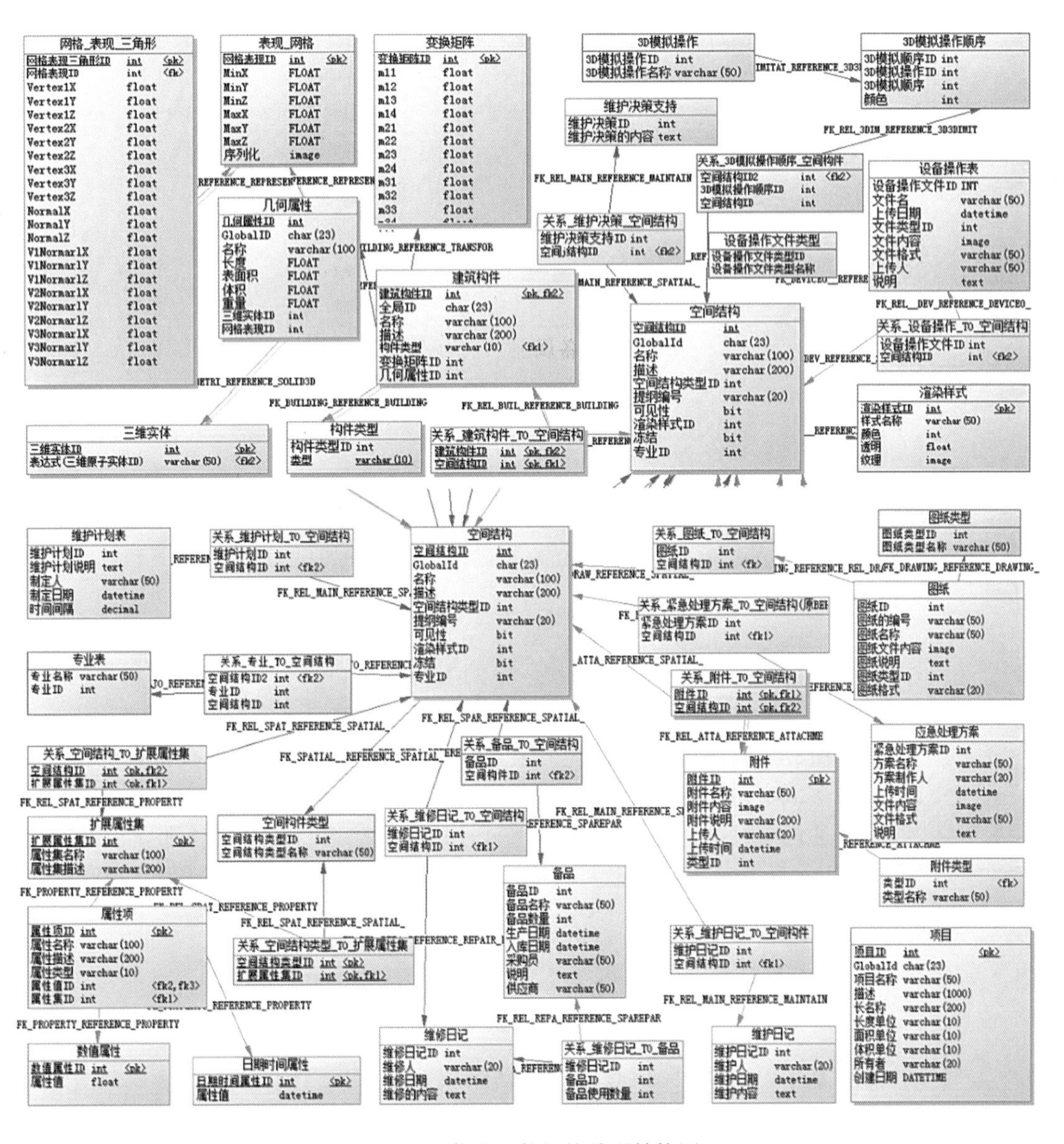

图 8-5　信息文件拓扑关联结构图

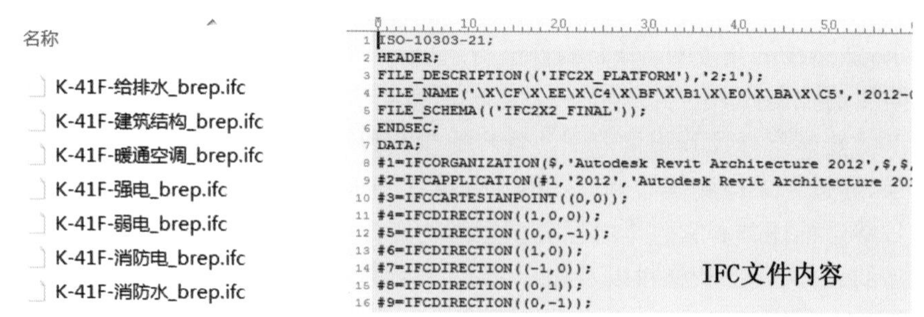

导入IFC文件，生成模型与属性信息

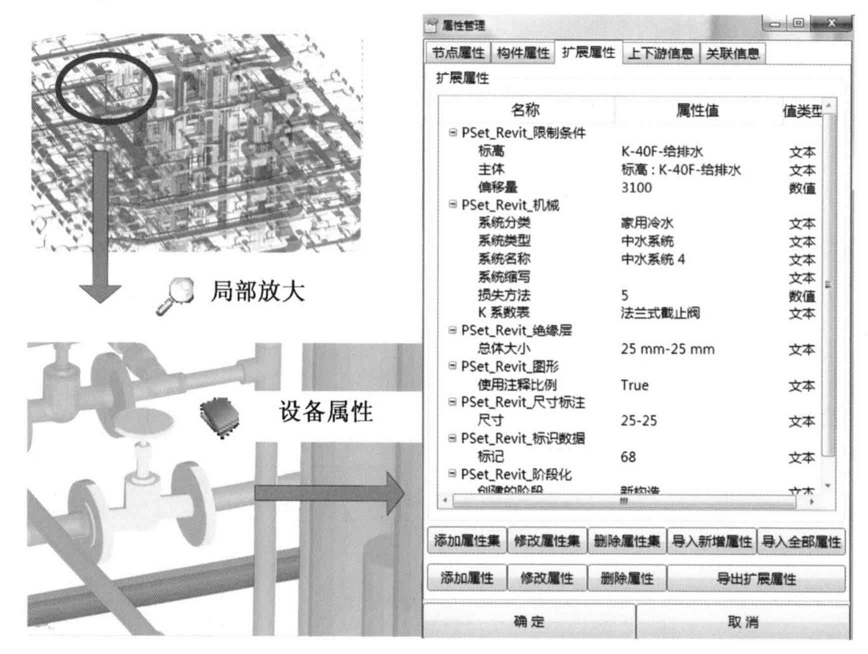

图 8-6　集成 IFC 文件读取数据

通过数字化集成交付系统内置的 IFC 接口，可将三维模型和相关的工程属性信息一并导入，形成 MEP-BIM，将所建立的三维模型和建模过程中所录入的所有工程属性同时保留下来，避免信息的重复录入，提高信息的使用效率。集成交付平台如图 8-7、图 8-8 所示。

通过友好的人机交互平台 BIM-FIM 系统，可将设备实体和虚拟的 MEP-BIM 一起集成交付给业主，实现机电设备安装过程和运维阶段的信息集成共享、高效管理。

8.2.3　基于 BIM 的维护维修管理

基于 Web Service 技术和移动终端平台，可将计算机平台和移动终端平台的系统，及其内部的信息在服务器中集成和统一管理起来，并提供一个异构

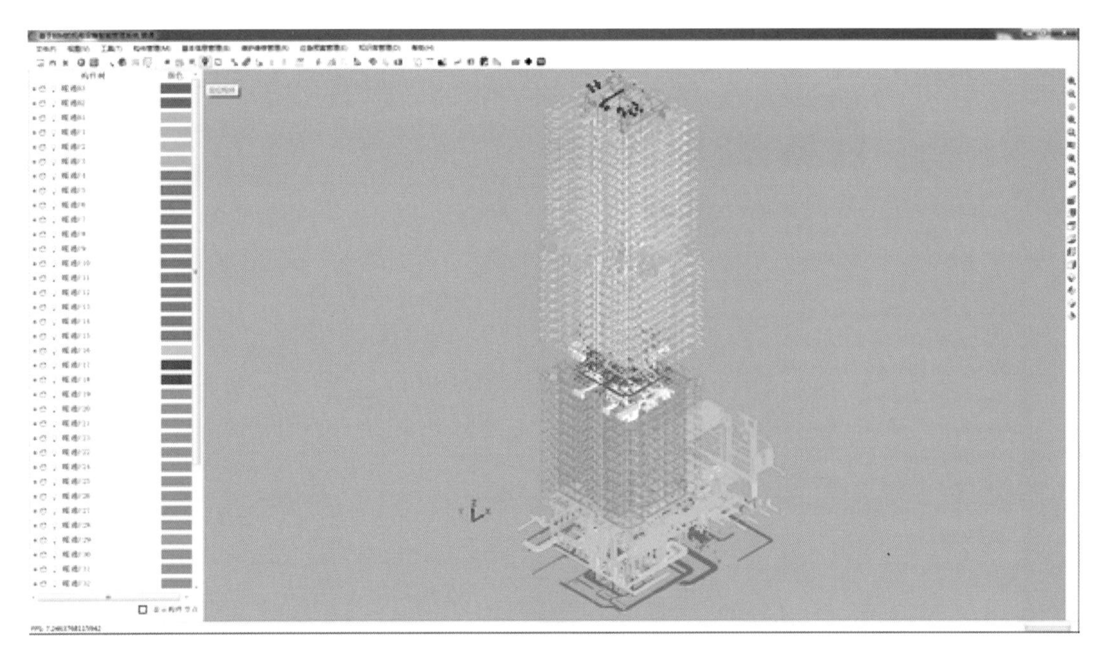

图 8-7　整体集成交付平台效果

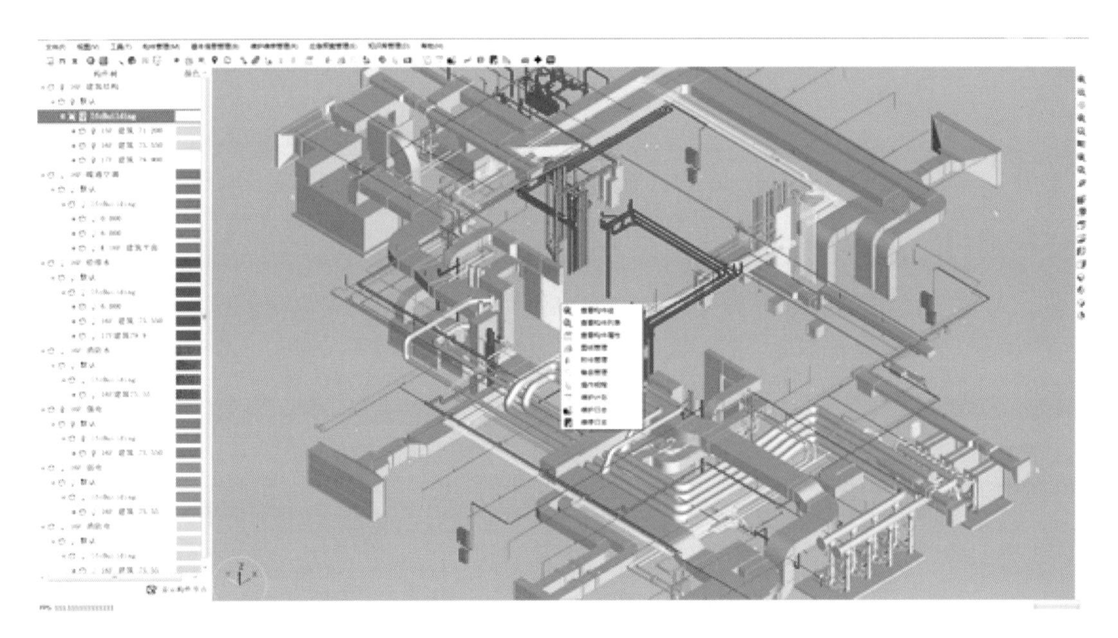

图 8-8　局部集成交付平台效果图

平台下，集设备维护管理、设备维修管理以及巡检路径规划于一体的运维管理环境，辅助运维管理人员实现高效、准确的机电设备日常管理和突发事件处理。

BIM-FIM2012 中维护维修管理功能对 BIM 模型中构件的维护维修情况进行详细的记录，通过对维护维修信息的分析，从而提供更好的维护维修方

图 8-9　待办事项示例

案。提醒业主何设备应于何时进行何种维护，或何种设备需要更换为何种型号的新设备等，此外还包括维护、维修日志和备忘录等。且维护维修信息具有拓展性，可随时添加相关构件的资产信息、状态信息，以及关联的空间租赁信息等。

1）待办事项

在 BIM-FIM2012 系统中，用户点击"维护维修管理"-"待办事项"，如图 8-9 所示，当用户进入待办事项界面时，显示的是当天需要办的事情，进入该界面之后，可以通过日历表选择不同的日期查看当天的待办事项。

2）维护管理

维护管理是对构件的维护情况进行管理。主要包括维护日志、维护计划、维护支持、维护统计。在 BIM-FIM 系统中均可结合模型中构件实现信息文件的添加、修改、删除、查询、统计分析工作。

进入到维护日志界面，此时若选中节点，在左侧列表中显示的是当前选中节点的名称，右侧维护日志列表中显示的是与当前节点相关联的维护日志。若没有选中节点，左侧列表中为空，右侧列表中的维护日志为当前方案所有的维护日志，当用户单击左侧与右侧列表中间的灰色的竖线可以实现左侧列表的隐藏，如图 8-10 所示，隐藏之后当用户把鼠标停靠在窗体的左侧边缘处，会出现展开图标，双击展开图标又可以展开左侧列表，如图 8-11 所示。

图 8-10　维护日志

图 8-11　维护日志左侧隐藏

3）维修管理

维修管理是对构件的维修情况进行管理，主要包括维修日志、维修统计及备品使用情况的管理。维修管理的主要界面同维护基本一致，主要区别在于运维管理时维护与维修在资产处置方面是不同的管理方式，如图 8-12 所示。

图 8-12　维修管理相关窗口

8.2.4　基于 BIM 的灾害与应急管理

基于物联网的灾害与应急预案管理功能可为业主方提供设备故障发生后的应急管理平台，提供三种途径以实现灾害与应急处理。第一种是使用笔记本电脑和扫描枪，通过 BIM 数据库与 BIM 模型，快速对事故构件及上游构件进行 3D 定位，同时也可方便调阅维护、维修等知识手册以及备品数量等。第二种途径是在掌上电脑（Personal Digital Assistant，PDA）平台上扫描损坏设备，快速获取其关键信息，同时也可以在无线局域网环境下，从 BIM 数据库中获取包括图纸、维护维修手册等其他信息。最后，还可以通过 RFID 标签所组成的网络环境，定位物业管理人员的当前位置，指示前往上游构件的最短或最快路径。基于物联网的管理平台省去大量重复的找图纸、对图纸工作，而用二维编码技术以及多维可视化 BIM 平台进行信息动态显示与查询分析。运维人员可以通过此平台，快速扫描和查询设备的详细信息、定位故障设备的上下游构件，指导灾害与应急管控。此外，该功能还能为运维人员提供预案分析，如总阀控制后将影响其他哪些设备，基于知识库智能提示业主应该辅以何种措施解决当前问题。

1) 基于 BIM 的设施设备标识

二维码是用某种特定的几何图形按一定规律在平面(二维方向上)分布的黑白相间的图形上记录数据符号信息；在代码编制上巧妙地利用构成计算机内部逻辑基础的“0”、“1”比特流的概念，使用若干个与二进制相对应的几何形体来表示文字数值信息，通过图象输入设备或光电扫描设备自动识读以实现信息自动处理，它具有条码技术的一些共性：每种码制有其特定的字符集；每个字符占有一定的宽度；具有一定的校验功能等。同时还具有对不同行的信息自动识别功能及处理图形旋转变化等特点。许多种类的二维条码中常用的码制有 Data Matrix，QR Code，PDF417，Code 49，Code 16K 等，其中，QR Code 码专有的汉字模式非常适合应用的需求。

因此可选择 QR Code 作为主要的构件编码方式，如图 8-13 所示。

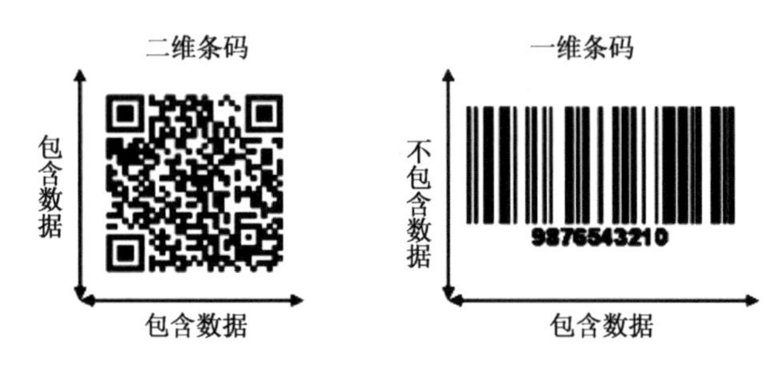

图 8-13　QR Code 码和一维条码信息存储数据的方式

QR Code 码除具有一维条码及其他二维条码所具有的信息容量大、可靠性高、可表示汉字及图像多种文字信息、保密防伪性强等优点外，还具有如下主要特点：超高速识读，用 CCD 二维条码识读设备，每秒可识读 30 个含有 100 个字符的 QR Code 码符号；全方位识读，QR Code 码具有全方位(360°)识读特点；能够有效地表示中国汉字，由于 QR Code 码用特定的数据压缩模式表示中国汉字，它仅用 13bit 就可以表示一个汉字。

RFID 也是一种非接触式的自动识别技术，通过射频信号自动识别目标对象并获取相关数据，具有快速扫描、体积小、形式多样、耐久性强、可重复使用、穿透性识读、数据容量大等优点。RFID 作为二维码的重要补充，在一些不方便粘贴条码或不易扫描的局部，替代二维码以作为设备的标识。

建筑楼层内 MEP 设备及构件繁多且分布复杂，且有些构件(如通风管道)位于吊顶以上等无法直接看到的位置，因此不可能为每个构件贴上标签，实际上也不需要这样做。为了更方便、快捷地实现设备识别，本文设计了一种构件成组的机制，即按照房间等区域进行构件成组，以特定的编码方式保存在标签中，当条码扫描枪等移动终端在扫描并读取其标签信息后，会在操作终端(PC 或 PDA)显示所有该标签中保存的构件，此时用户可以选择查看某一个构件的详细信息，及其上下游构件的相关信息，从而使得构件识别变得更加快捷、方便。

首先，根据不同的楼层平面图，确定局部区域的边界，比如房间、走廊、楼梯通道等，其中机房是MEP设备特别集中的区域，如果作为一个区域将其成组标识，通常会造成该标签中设备及构件数量太大的情况，因此可以将机房中的重点设备单独标签，其他设备及构件成组标识。其次，根据BIM模型中附带的楼层信息，提取该楼层所有的模型，并将模型投影到楼层平面中，与设定的区域边界进行2D碰撞检测(overlaps testing)。如果存在重叠区域，则将该构件加入区域内部的构件组中，否则该构件不属于该区域。最后，通过标签生成算法，生成二维码编码或RFID tag并输出。

2）基于BIM构件的3D定位与平面定位

基于BIM构件的3D定位是指在3D模型中快速地定位到指定的构件并且让其凸显出来。在系统中运用了关联构件技术，把节点树中的节点和它对应的构件进行了关联，通过节点可快速地查找到对应的构件。图形平台中显示的数百万个构件是通过3D坐标进行组织的，系统通过构件的网格表现数据和表示构件的三角形数据计算出构件的三维坐标值，并把所有的构件渲染在图形平台上。找到了对应的构件之后，重新设计构件的图形数据，图形平台重新渲染3D模型，此时定位的构件颜色为红色，从其他构件中凸显出来，从而实现构件的三维定位。应用流程如图8-14所示。

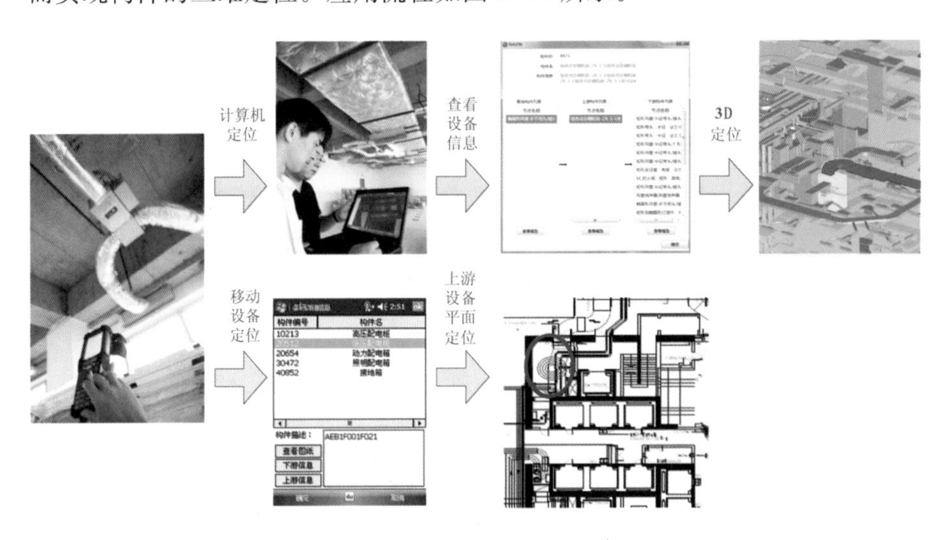

图8-14　基于BIM构件的三维定位与平面定位应用流程

在案例中的移动平台终端上，使用了基于BIM构件的平面定位技术，亦称之为图纸定位，即在平面图纸中标出构件的位置。实现该技术需要为建筑的每一层都设计一张对应的定位图纸，当在移动终端上扫描2D码并得到构件名称和编号后，通过web服务获取构件的坐标值，然后通过Z坐标值得到该构件所在楼层的定位图纸，最后使用构件平面坐标(X, Y)和图纸的长度与宽度进行计算，得出构件在定位图纸的位置，并且在图纸上高亮显示该构件。

8.2.5 基于BIM的运营与模拟管理

目前在施工阶段、运维阶段作为工程语言实施的主要以2D图纸为主，在建筑物、构筑物运营阶段，主要关注在运维信息的结构化、集成化管理及相关运营培训、模拟。BIM-FIM2012实现了2D图纸及相关文档的结构化集成。运营与模拟的管理模块和维护维修、灾害与应急管理相辅相成、互相关联。

1）图纸文档管理

图纸管理中包含了与项目相关的所有图纸，可按照图纸的不同用途以及所属不同的专业进行分类管理，同时实现图纸与构件的关联，能够快速地找到构建的图纸。同时实现3D视图与2D平面图的关联。用户可通过选择专业以及输入图纸相关的关键字，快速地查找图纸，并且打开图纸，如图8-15所示。

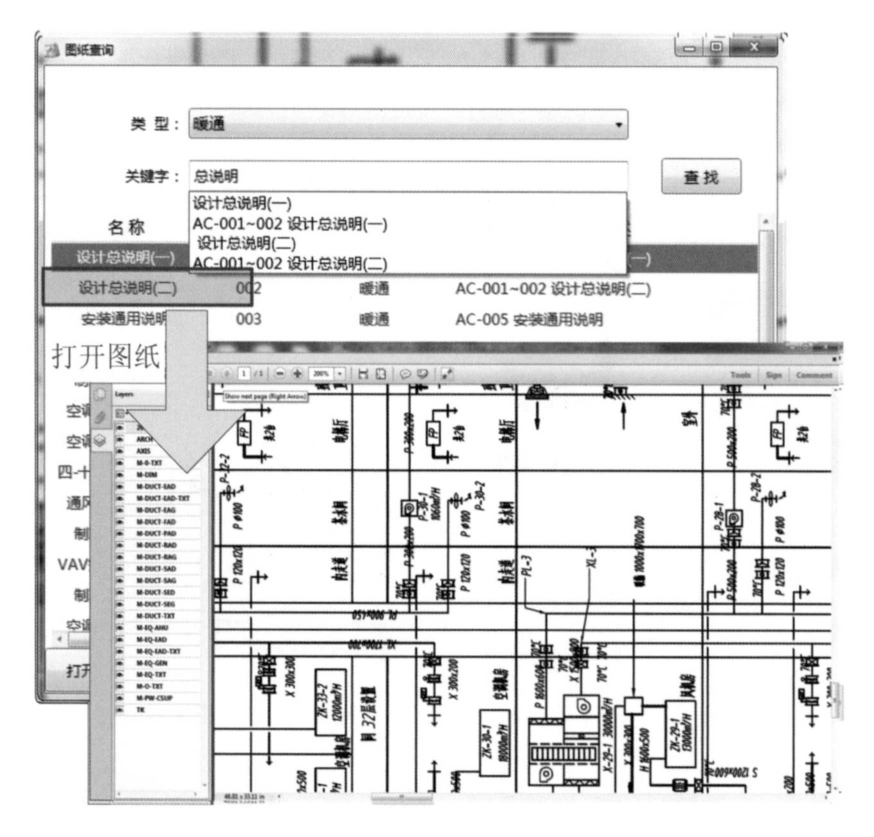

图8-15 图纸管理

基于BIM的设施设备运营管理需要储存充分必要的设备操作规程、培训资料等，当工作人员在操作设备的过程中遇到问题时，可以在系统中快速地找到相应的设备操作规程进行学习，以免操作出错导致损失，同时在新人的培训以及员工的专业素质提升方面也提供资源支持。

2）模拟操作管理

模拟操作是通过动画的方式更加形象、生动地展现设备的操作、安装以及某些系统的工作流程等。同时在内部员工的沟通上也有很大的帮助。

模拟操作设置方式：添加模拟操作的名称，为该模拟操作设置构件模拟顺序，在设置模拟顺序时，用户可以通过设置每一步的颜色以及透明度，让模拟操作更加形象生动，如图 8-16 所示。

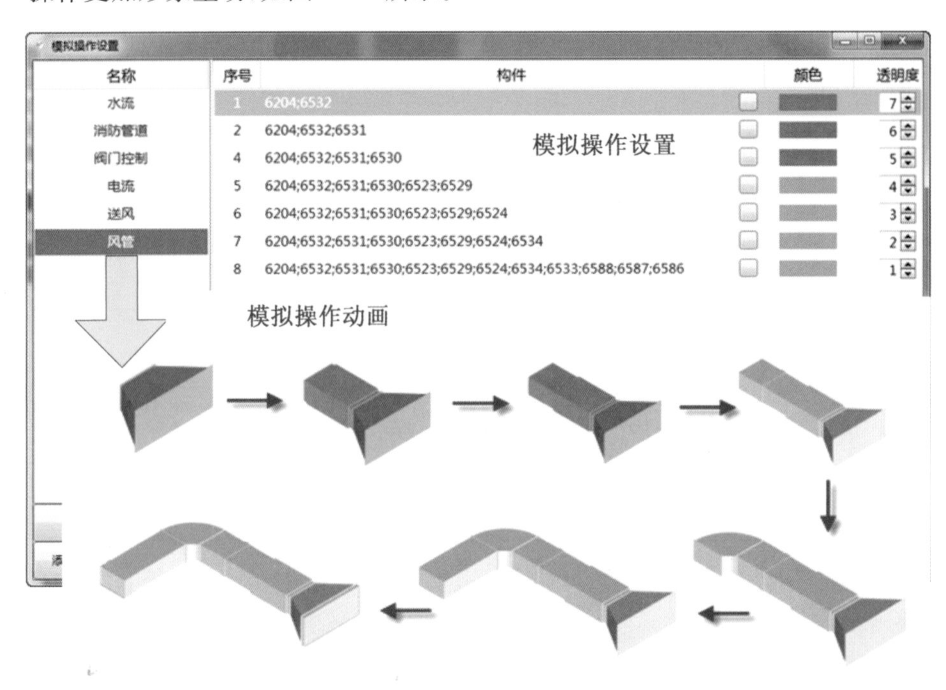

图 8-16　模拟操作设置示意图

8.2.6　嘉里建设广场二期项目 BIM-FIM 应用

为实现嘉里建设广场二期的运行维护 BIM 化，即思想上接受新技术、新理念的转变，行为上结合信息模型、信息化的手段进行整体协调工作，在嘉里项目施工阶段我们即组织各参与方建立各自专业的 BIM 模型，并指派信息专员收集相关信息完善、优化三维模型，然后通过 BIM-FIM 实现各专业模型的集成。

首先，施工阶段各专业模型的建立需要考虑项目体系架构下的软件选择、建模的详细程度标准、模型文件的存储管理等。

软件的选择考虑通用的 Revit 系列，但不强制使用，软件需支持 IFC 格式。建模的详细程度参考美国国家标准 2007 版相关规定，但做局部调整，如表 8-4 所示。

表 8-4　　暖通专业各阶段精度要求

暖通专业	方案阶段 LOD	初设阶段 LOD	施工图阶段 LOD	施工阶段 LOD	运维交付 LOD
暖通风系统					
风管道	100	200	300	300	300
管件	100	200	300	300	300
附件	100	200	300	300	300
末端	100	200	300	300	300
阀门	100	100	300	400	400
机械设备	100	100	300	400	500
暖通水系统					
水管道	100	200	300	300	300
管件	100	200	300	300	300
附件	100	200	300	300	300
阀门	100	100	300	400	400
设备	100	100	300	400	500
仪表	100	100	300	400	400

文件管理方面标准模板、图框、族和项目手册等通用数据保存在中央服务器中，并实施严格的访问权限管理。模型文件的命名均依照下列标准：

项目编号_项目简称_设计(施工)(运维)阶段_专业_区块/系统_楼层_日期.后缀

然后确定各专业模型交付标准、模型交付格式、模型查阅与修改方法等，施工阶段的模型经过综合的评价后即转入到运维交付阶段，开始实施设施的管理。

模型交付标准需结合模型精度确定，信息的分类及体现方式如表 8-5 所示。

表 8-5　　信息的分类及体现方式

信息类型	信息内容	信息格式	信息体现
几何信息	实体尺寸	数值	模型
	形状	数值	模型
	位置	数值	模型
	颜色	数值	模型
	二维表达	文本	模型/图纸
技术信息	材料	文本	模型
	材质	文本	模型
	技术参数	文本	模型

续表

信息类型	信息内容	信息格式	信息体现
产品信息	供应商	文本	模型
	产品合格证	文本	图片
	生产厂家	文本	模型
	生产日期	时间	模型
	价格	数值	模型
建造信息	建造日期	时间	模型
	操作单位	文本	模型
	使用年限	数值	模型
维保信息	保修年限	数值	模型
	维保频率	文本	模型
	维保单位	文本	模型

综合管理的方法、方式确定后，利用BIM即可展开应用，通过项目的探索，我们认为BIM的理念、手段可以帮助项目实现更好的管理、增加楼宇的附加价值。

参 考 文 献

[1] Foms-Samso F, Bogus S M, Migliaccio G C. Use of building information modeling (BIM) in facilities management[C]//Annual Conference Canadion Society for civil Engineering. Ottwawa, Canada, 2011: 1815-1824.

[2] Yu K, Froese T, Grobler F. A development framework for data models for computer-integrated facilities management[J]. Automation in construction, 2000, 9(2): 145-167.

[3] Hassanain M A, Froese T M, Vanier D J. Development of a maintenance management model based on IAI standards[J]. Artificial Intelligence in Engineering, 2001, 15(2): 177-193.

[4] NIBS. The IFC/COBie report 2012 [R/OL]. [2013-12-05]. http://www.thenbs.com/pdfs/IFC_COBie-Report-2012.pdf.

[5] El-Ammari K H. Visualization, data sharing and interoperability issues in model-based facilities management systems[D]. Montreal: Concordia University, 2006.

[6] Akcamete A, Akinci B, Garrett J H. Potential utilization of building information models for planning maintenance activities [C]//Proceeding of the International Conference on Computing in Civil and Building Engineering. Nottingham, UK, 2010.